Über dieses Buch Mehr als tausend glückliche, gesunde »Retortenkinder« weltweit, mehr als tausend Paare, denen die Medizin den langersehnten Nachwuchs bescherte. Dem ersten Retortenkind der Welt, Louise Brown, folgten bald die ersten Retortenzwillinge, das erste bundesrepublikanische Baby Oliver, das erste »Tiefkühlretortenkind« Zoë.
In ihrer aufsehenerregenden Untersuchung der neuen Reproduktionstechnologien stellt Gena Corea die gegenwärtig gebräuchlichen medizinisch-technischen Eingriffe – künstliche Befruchtung, Embryotransfer, In-vitro-Befruchtung – kritisch dar und rekonstruiert überzeugend, wie Wissenschaft und Industrie die Fortpflanzungsorgane immer weiter in Einzelteile zerlegen und diese künstlich nachzubilden trachten, um eines Tages dann die Ersatzteile zusammenzusetzen und die von ihnen erschaffene Mutter-Maschine anwerfen zu können. Die Autorin entlarvt die neue Hoffnung für Unfruchtbare als einen Mythos. Die beängstigenden Auswirkungen dieses medizinischen »Fortschritts« auf die betroffenen Frauen und die gesellschaftlichen Folgen dieser dramatischen biologischen Revolution sind in ihrem Ausmaß und ihrer Tragweite überhaupt noch nicht abzuschätzen. Gena Corea macht deutlich, daß Medizin in diesem Bereich nicht so sehr Heilkunst zu sein scheint, sondern eher ein Mittel der sozialen Kontrolle und der politischen Herrschaft.
»Die Reproduktionstechnologie ist Produkt der männlichen Realität. Die in ihr ausgedrückten Werte sind typisch für die Männerkultur. Sie ist ein männliches Erzeugnis und Stützpfeiler der Männerherrschaft über Frauen«, schreibt die Autorin in der Einleitung zu ihrem Buch. »Letzten Endes geht es bei all dem nicht um Fruchtbarkeit. Es geht um die Ausbeutung von Frauen.«

Die Autorin Gena Corea studierte an der University of Massachusetts und begann ihre berufliche Laufbahn als Reporterin beim »Berkshire Eagle«. Später schrieb sie als freie Journalistin für verschiedene Zeitungen und Zeitschriften, u.a. für die »New York Times«. »MutterMaschine« ist ihre zweite Buchveröffentlichung. Sie lebt in Boston.

Gena Corea

MutterMaschine

Reproduktionstechnologien – von der künstlichen Befruchtung zur künstlichen Gebärmutter

Aus dem Amerikanischen von
Pieke Biermann

Nachwort und deutsche Bearbeitung:
Paula Bradish

Fischer Taschenbuch Verlag

Die Frau in der Gesellschaft
Lektorat: Ingeborg Mues

Veröffentlicht im Fischer Taschenbuch Verlag GmbH,
Frankfurt am Main, Juni 1988

Titel der amerikanischen Originalausgabe:
»The Mother Machine«
erschienen bei Harper & Row, Publishers, New York

Lizenzausgabe mit freundlicher Genehmigung
des Rotbuch Verlages, Berlin
Für die deutschsprachige Ausgabe:

Umschlaggestaltung: Susanne Berner
Druck und Bindung: Clausen & Bosse, Leck
Printed in Germany
ISBN 3-596-24713-6

Inhalt

Verwandte Technologien

Der grössere Rahmen

Einleitung

Um uns herum vollzieht sich eine dramatische biologische Revolution:

– in der gesamten industrialisierten Welt entstehen Kliniken für Retortenbefruchtungen (auch IVF, *In-vitro*-Fertilisation, IVB, *In-vitro*-Befruchtung oder Befruchtung im Reagenzglas zwecks Herstellung von Retortenbabys genannt);
– Ärzte besamen künstlich Frauen, spülen ihnen Embryos aus, übertragen sie anderen Frauen (das nennt man Embryotransfer); sie hoffen, bald auch Frauen schwängern zu können, die die Wechseljahre hinter sich haben;
– menschliche Embryos werden (in Australien, England, den Vereinigten Staaten zum Beispiel) eingefroren für spätere Transfers oder Übertragungen;
– in der Planung sind Transportmöglichkeiten, um Embryos von einem Ort zum anderen zu fliegen, damit zum Beispiel einer Frau in einer Stadt ein Embryo ausgespült und einer anderen Frau in einer entlegenen anderen Stadt übertragen werden kann;
– kommerzielle Unternehmen bieten Leihmütter (auch Ersatzmütter oder schlichtweg Brüterinnen genannt) für eine aus unfruchtbaren Paaren und alleinstehenden Männern gemischte Kundschaft feil;
– Kliniken, die das Geschlecht von Embryos vorherbestimmen können, offerieren ihre Dienste zum Beispiel Paaren, die unbedingt einen Jungen möchten.

Es wird Tag für Tag deutlicher, daß ausgeklügelte Reproduktionstechnologien nicht der Zukunft vorbehalten sind, sondern bereits heute unser Leben durchdringen. Aber was wissen wir eigentlich wirklich über diese neuesten »Wunder der Medizin«?

Wenn wir glauben, was uns Ärzte und Naturwissenschaftler (jedenfalls, soweit die Medien darüber berichten) erzählen, dann erwarten wir, daß mit derartigen Technologien Unfruchtbarkeit behandelt und Erbkrankheiten verhütet werden können. Wenn wir die Medizin für eine Institution halten, die uns gesund machen soll, dann halten wir folgerichtig die Reproduktionstechnologien für therapeutische Maßnahmen; dann erscheinen uns – im Zusammenhang mit Retortenbabyprojekten – Begriffe wie »Behandlung«,

»therapeutische Maßnahmen«, »Patientin« angemessen. Die Sprache, die wir zur Verfügung haben – in diesem Fall die der Therapie –, formt die Art und Weise, in der wir Realität wahrnehmen. Wenn wir allerdings die neuen Reproduktionstechnologien wirklich begreifen wollen, läßt diese Sprache uns hoffnungslos im Stich.

Wir haben Wörter, um den »Vordergrund« zu beschreiben, die Oberflächenrealität, aber keine für die Beschreibung des »Hintergrunds«, der darunterliegenden Wahrheiten. Wir haben Wörter, die die Medizin als Heilkunst beschreiben, aber keine, um sie als Methode gesellschaftlicher Kontrolle oder politischer Herrschaft kenntlich zu machen.

Es gibt allerdings Leute, die sich intensiv mit diesem blinden Fleck in der Sprache (und im Denken) auseinandersetzen. Dr. Thomas Szasz, Arzt und Psychiater, etwa mahnt, daß die Medizin, sowie sie sich mit dem Staat verbündet, uns durchaus kontrollieren kann, und schlägt einen Begriff für die politische Herrschaft durch Ärzte vor: Pharmakratie. Er ist aus der griechischen Wurzel *pharmakon* (»Arznei«) abgeleitet und eine Analogie zu »Theokratie« (Herrschaft durch Gott oder Priester) und »Demokratie« (Herrschaft durch das Volk). Mein Buch unterscheidet sich radikal von den meisten Texten zum Thema, denn ich gehe davon aus, daß Reproduktionstechnologien eine politische Angelegenheit sind, und ich werde Ärzte, Embryologen und andere daran Beteiligte gelegentlich als Pharmakraten bezeichnen.

Im »Vordergrund« von deren Debatten stehen folgende Fragen: Wie läßt sich die Reifequalität der Eier verbessern, bevor sie durch einen chirurgischen Eingriff der Frau aus den Eierstöcken gesaugt werden? Wer ist juristisch zuständig, wenn dabei irgend etwas schiefgeht? Ist die Bezahlung von Leihmüttern steuerlich gesehen eine Entschädigung oder eine Mieteinnahme?

Im »Hintergrund« jedoch geht es um den gesamten gesellschaftlichen und politischen Zusammenhang, in dem diese Technologie entwickelt wird. Unter Technologien verstehe ich hier etwas im Interesse des Patriarchats Geschaffenes, mit dem die Frau zum Ding reduziert wird. So wie der patriarchalische Staat es heute recht findet, bestimmte Körperteile von Frauen (Brüste, Vagina, Popos) in der Prostitution und in der Sexindustrie im weitesten Sinn für sexuelle Zwecke zu vermarkten, so wird er es bald billig finden, andere Teile unseres Körpers (Unterleib, Eierstöcke, Eier) für Zwecke der Fortpflanzung zu vermarkten.

Wir leben in einer Gesellschaft, in der Weiße höher bewertet werden als Leute mit anderen Hautfarben, und so werden sich diese Technologien nicht auf alle Frauen gleichermaßen auswirken. Nach den Eiern einer schwarzen Frau wird es keine große Nachfrage geben, sehr wohl aber nach ihrer Gebärmutter, denn die könnte ja den Embryo eines weißen Paares austragen (vgl. Kapitel 11).

Im Hintergrund geht es auch um Fragen wie: Welchen Preis haben wir Frauen eigentlich dafür zu zahlen, daß wir in eine derartige biomedizinisch manipulierte Fortpflanzung hineinmanövriert werden? Welche Folgen hat es für Frauen als gesellschaftliche Gruppe, wenn wir immer weniger werden, einfach weil sich mittlerweile das Geschlecht vorherbestimmen läßt? Was bedeutet es wirklich, wenn eine Frau der Retortenbefruchtung »zustimmt« – in einer Gesellschaft, in der Männer als gesellschaftliche Gruppe nicht nur die Wahlmöglichkeiten, die uns als Frauen überhaupt offenstehen, kontrollieren, sondern auch noch unsere Wahl*motivation* (vgl. Kapitel 9)?

Die Befürworter der Reproduktionstechnologien behaupten gern, daß Frauen dank ihrer tatsächlich neue Chancen bekommen und endlich eine Wahl haben. Feministinnen haben demgegenüber und mit Blick auf den Hintergrund darauf hingewiesen, daß jede Diskussion über »Rechte« und »Wahlmöglichkeiten« eine Gesellschaft voraussetzt, in der es ernsthafte Autoritäts- und Machtunterschiede nicht gibt. Wo allerdings Machtunterschiede vorherrschen, da herrscht aller Wahrscheinlichkeit nach auch (subtiler oder sonstiger) Zwang vor.

Über diese und andere Kräfte, die das Leben von Frauen unter männlicher Hoheit beeinflussen, gibt es hinreichend Dokumente. Sattsam bekannt sind uns die immer neuen Enthüllungen, wie Männer im Medizinbetrieb mit Frauen umgehen.[1] Die Schäden, die Frauen angetan wurden – in Form von DES (Diäthylstilböstrol), der Pille, Intrauterin-Spiralen, Östrogentherapien, Tranquilizern, sinnlosen Gebärmutterentfernungen, Kaiserschnitten und so weiter –, sind genau katalogisiert. Aber all das scheint vergessen, sobald die neuen Reproduktionstechnologien zur Sprache kommen. Es ist, als hätten sich »alte« (etwa die Intrauterin-Spirale) und »neue« Technologie aus zwei voneinander getrennten Medizinsystemen entwickelt und als wäre das eine nachweislich frauenverletzend, während die andere Frauen hilft. Tatsächlich aber handelt es sich um ein und dasselbe System und um die gleiche Grundidee, nach der Frauen minderwertig sind.

Die Reproduktionstechnologie ist Produkt der männlichen Realität. Die in ihr ausgedrückten Werte – Vergegenständlichung, Herrschaft – sind typisch für die Männerkultur. Sie ist ein männliches Erzeugnis und Stützpfeiler der Männerherrschaft über Frauen. Zwar betätigen sich inzwischen einige Frauen als Ärztinnen, Krankenschwestern, Unternehmerinnen in dieser Branche. Sie werden dort auch anerkannt, weil sie an den von Männerwerten diktierten Regeln festhalten. Sie sind weiblichen Geschlechts, aber die Realität, aus der heraus sie handeln, ist männlich. Je weiter die Technologie expandiert, desto mehr Frauen werden in ihr tätig sein. Die Alibifrau wird Triumphe feiern, und sie wird das liefern, was Janice Raymond »die Illusion einer umfassenden Einbeziehung von Frauen« genannt hat (Raymond 1979, S. 26).

Unfruchtbare Frauen könnten mit diesem Buch Schwierigkeiten haben. Sie leiden extrem unter ihrer Unfruchtbarkeit, und Reproduktionstechnologien verheißen offenbar das Ende aller ihrer Leiden, und da komme ich einfach daher und ziehe die Verheißungen in Zweifel. Wie übel solche Frauen mir die unliebsamen Tatsachen, über die ich berichte, auch immer nehmen mögen: Ich bin auf ihrer Seite. Und gerade weil ich das bin, muß ich darüber berichten, daß der großen Mehrheit der Frauen, die sich für IVB-Projekte zur Verfügung gestellt haben, eben nicht geholfen werden konnte und daß viele von ihnen bei der Experimentiererei mit ihren Körpern sehr gelitten haben. Diese Tatsache ist noch nicht ans Licht gekommen. Ans Licht darf bisher nur, wenn irgendeine (weiße) Frau in irgendeiner Stadt dank Retortenzeugung ein Baby bekommen hat und nun überglücklich ist. Ihr Foto kommt in die Zeitung, sie wird im Fernsehen interviewt. Daß von allen Tatsachen nur solche Glanzlichter herausgegriffen werden, macht es unfruchtbaren Frauen schwer einzuschätzen, was die Technologien in Wahrheit verheißen.

Angepriesen werden sie in endlosen Schlagzeilen als »neue Hoffnung für Unfruchtbare«, als Segen für Frauen, aber ebensogut läßt sich das Gegenteil behaupten, nämlich daß sie neue Verzweiflung bringen. Bis vor ein paar Jahren konnte eine Frau sich trotz allen Schmerzes irgendwann mit ihrer Unfruchtbarkeit abfinden, ihr Leben weiterführen und Wege finden, es voll auszuleben. Inzwischen ist es nicht mehr so einfach, aus der Tretmühle Medizin auch wieder auszusteigen. Eine unfruchtbare Frau verbringt den größten Teil ihres Erwachsenenlebens womöglich mit den kräftezehrenden Prozeduren, die solche Menschenversuche mit sich bringen. Und immer gibt es ein noch verheißungsvolleres Projekt, für das sie sich melden kann, dessen niedrige Erfolgsquote herunter- und dessen »Hoffnung« hochgespielt wird. Und die Jahre laufen dahin.

Das Leid, das Unfruchtbarkeit bei Frauen verursacht, ist immens und verdient, ernst genommen zu werden. Ich glaube allerdings nicht, daß die Leute, die auf dieses Leid damit reagieren, daß sie Frauen anbieten, ihnen immer wieder und immer wieder in irgendwelchen Experimenten Sonden und Punktionsnadeln einzuführen, sie per Ultraschall und anderer Elektronik abzutasten, auszusaugen und an ihnen herumzuschneiden, dieses Leid ernster nehmen als ich. Solche Leute fragen nicht danach, wieviel vom Leid der Frauen gesellschaftlich geprägt und aufgezwungen ist und also durchaus nicht unvermeidlich. Ich bezweifle auch, daß irgendein Pharmakrat, der bei einem ganz anders begründeten Eingriff Frauen ohne ihr Wissen Eier entnimmt, Embryos zwischen Frauen hin- und herschiebt und an der Teilung, Geschlechtsbestimmung und Manipulation menschlicher Embryos herumplant, aus lauter Mitleid mit unfruchtbaren Frauen handelt.

Ich hoffe, die Frauen, die an IVB- und Embryo-Transfer-Projekten teilgenommen oder als Leihmütter und Eispenderinnen gedient haben, bekommen, wenn sie meine Kritik an den Reproduktionstechnologien lesen, nicht das Gefühl, ich wolle sie gleich mit kritisieren. Das tue ich ganz sicher nicht. Ich nenne nur die Kräfte beim Namen, die unser Leben als Frauen beeinflussen und die einige von uns dazu verleiten, bei solchen Projekten mitzumachen. (Natürlich wirken sich diese Kräfte je nach individuellen Lebensumständen auch verschieden aus – vgl. Frye, 1983, pp. xii-xiv.)

Zur Zeit sind unfruchtbare Frauen noch die wichtigste Zielgruppe für Reproduktionstechniker, aber das wird sich ändern. Nach den Plänen der Forscher sollen die Technologien möglichst bald auch auf größere Teile der weiblichen Bevölkerung angewandt werden. (Auch diese Tatsache wird bisher im dunkeln gehalten.) Viele Frauen – und nicht nur solche mit Fruchtbarkeitsproblemen – werden dann Retortenbabys austragen, zu denen sie keine Blutsbeziehung haben, weil das im Laboratorium befruchtete Ei nicht ihres war, sondern das einer Spenderin. Ältere Frauen und Frauen mit Erbkrankheiten, Endometriose (chronische Gebärmutterschleimhautentzündung), Schilddrüsenüberfunktion oder chronischer Neigung zu Fehlgeburten gehören zu den künftigen Retorten-Kandidatinnen. Eine weitere und von einem der Pharmakraten als »ständig zunehmend« gekennzeichnete Gruppe sind Frauen, deren Eier dadurch beschädigt sind, daß sie am Arbeitsplatz Giften ausgesetzt sind (vgl. Kapitel 7). Anstatt nun also aufzuräumen mit solchen giftigen Arbeitsplätzen, empfehlen Pharmakraten, die Arbeiterinnen ihrer eigenen Kinder zu berauben und an ihnen so herumzuoperieren, daß sie die Babys anderer Frauen austragen können.

Letzten Endes also geht es bei all dem nicht um Fruchtbarkeit. Es geht um die Ausbeutung von Frauen.

I. EUGENIK:
(Genetische) Familienplanung

Sie war Quäkerin. Kaufmannsgattin. Wegen Unfruchtbarkeit bei Dr. William Pancoast in Behandlung. Ihr Name ist nirgends aufgezeichnet.

Dr. Pancoast, Professor an der Jefferson Medical School in Philadelphia, hatte sie bereits mehrfach untersucht. Schließlich fand er heraus, daß sie fruchtbar war und das Problem bei ihrem Mann lag: Sein Sperma war nicht zeugungsfähig.

Pancoast (oder vielleicht war es einer seiner Studenten) hatte eine Idee. Er bestellte sie zu sich. Er wolle sie nur noch einmal untersuchen, erklärte er ihr.

Die Frau lag auf dem OP-Tisch, wie man ihr gesagt hatte. Pancoasts sechs Medizinstudenten – lauter junge Männer – standen um sie herum. Pancoast anästhesierte sie mit Chloroform. Dann nahm er den Behälter, in den einer seiner Studenten onaniert hatte. Führte mit einer harten Gummispritze den Samen des Studenten in ihre Gebärmutter ein. Und verstopfte danach den Muttermund mit Gaze.

Als sie wieder zu sich kam, sagte er ihr nicht, was er getan hatte. Neun Monate später gebar sie einen Sohn.

Das geschah 1884. Es war die erste festgehaltene künstliche Befruchtung beim Menschen mit Spendersamen.

Eine Vergewaltigung.[1]

1981. Joey schob die Ampulle mit dem gefrorenen Samen zum Auftauen in die Thermosflasche. Später lud er das Sperma in seine Pistole. Zog einen Extralauf darüber. Steckte ihn fest. Dann ging er, während er einen durchsichtigen Plastikhandschuh bis an den Ellbogen über seine linke Hand stülpte, in den Stall.

Zwei Männer – der Bauer und ein Knecht – hatten die vierzehn Monate alte Jungkuh schon in eine Box gezerrt. Sie hieß Nummer 60 N. Die Zahl stand auf einem Schild an ihrem Ohr. Sie hatte Angst. Weitaufgerissene, erschreckte Augen.

Die Männer zurrten Holzstäbe um ihren Hals herum, damit ihr Kopf ordentlich festsaß. Sie versuchte, ihn herauszuziehen.

Joey kam an die Box. Wortlos und fast ohne seinen Schritt dafür zu unterbrechen, trieb er seinen linken Arm der Jungkuh in den Darm. Sie sprang hoch und wand sich. Wieder kämpfte sie, um ihren Kopf aus der Schlinge zu befreien. »Hüh!« schrien die Männer. (»Sie wehren sich alle«, hatte mir der Bauer zuvor erklärt.)

Joey bewegte seine Hand im Darm der Kuh hin und her, dann fand er den Muttermund und packte ihn. Mit seiner rechten Hand führte er den Lauf im 45-Grad-Winkel in ihre Vagina. Ortete die Öffnung des Muttermundes. Schob und drehte den Lauf hindurch. Schoß die Pistole in ihr ab.

Dann zog Joey Arm und Pistole wieder aus der Kuh heraus. Die Männer lösten 60 Ns Kopf aus der Klemme. Stießen das Gatter auf, damit sie wieder zurück in ihren Pferch laufen konnte.

Sie unterhielten sich, beachteten die Kuh nicht. Die Kuh begann, sich langsam und vorsichtig rückwärts aus der Box zu schieben, den Weg zurück zu nehmen, auf dem sie hineingetrieben worden war. Ihre Flanken zitterten. Ihre Augen waren aufgerissen. Sie gab keinen Laut. Es sah aus, als ob sie sich leise davonschleichen wollte.

Joey sah zu ihr hinüber, sah, daß sie rückwärts ging. Er gab ihr ein paar Tritte. Verwirrt lief sie vorwärts, durch das Gatter hinaus.

Joey »dringt in« ungefähr 150 Kühe jährlich. Er ist Verwalter der Herde auf einem Zuchtviehhof im Mittelwesten, besamt die Kühe aber nur, wenn der Bulle nicht früh genug da sein kann.

Auf diesem Hof werden Kälber produziert. Sie werden weiterverkauft an Mäster, die sie mit einer Diät aus reichlich Ballaststoffen »großziehen«. Und sie dann weiterverkaufen an »Endfertiger«, die sie fettmästen und schließlich schlachten.

Vorher hatte mich Joey über Viehzucht aufgeklärt, erklärt, daß eine Kuh, wenn sie gekalbt hat, ungefähr zwei Monate Ruhepause braucht, bevor sie wieder besamt werden darf. Ihre Gebärmutter muß erst wieder heilen nach der Geburt.

»Sie müssen beachten, das sind Maschinen«, sagt er jetzt, während mein Tonbandgerät seine Worte aufzeichnet.

»Maschinen?« frage ich nach.

»Tja, im Grunde ja. Wenn sie nicht jedes Jahr ein lebendes Kalb produzieren, kommen sie weg.«

»Was bedeutet ›wegkommen‹?« frage ich, obwohl ich es weiß.

»Schlachthof.«

»Aha. Dann besteht also die Funktion einer Kuh darin zu kalben, Junge zu produzieren?«

»So ist es. Und deshalb sind sie im Grunde Maschinen, die ein marktgerechtes Produkt oder soundso viele Einheiten davon pro Jahr produzieren müssen. Betrachten Sie sie wie jede andere Maschine. Wenn sie nicht richtig produziert, muß sie eben auf'n Müll.«

Er zeigt auf eine Kuh.

»Die da ist eine sehr produktive Maschine. Eine phantastische Kuh, insgesamt. Würde mich gar nicht wundern, wenn die eines Tages (Ei-)Spenderin ist. So toll ist die.«

Die Funktion einer Kuh ist Kälberproduzieren. Eine der Hauptfunktionen der Frau hat darin bestanden, Kinder zu produzieren: Kinder, die den Namen von Männern weitertragen und deren Vermögen erben; Kinder, aus denen später Soldaten, Arbeiter und Konsumenten werden; Kinder, die den Boden von Staaten bevölkern, die nach »nationaler Größe« streben.

Argentinien ist so ein Staat. Im März 1974 erließ das dortige Gesundheitsministerium eine Verordnung, die den Verkauf empfängnisverhütender Mittel einschränkte und hinter der Ermutigung zur Geburtenkontrolle »unargentinische Interessen« und »Pervertierung der fundamentalen Rolle der Frauen als Mütter« witterte. Die Verordnung erfolgte im Namen des damaligen Präsidenten Juan Perón, der bekanntermaßen stets fasziniert war von der Vision eines riesigen und mächtigen Argentinien. In einem Kommentar notierte *Las Bases*, eine Zeitschrift, die als offizielles Organ der peronistischen Bewegung gilt: »Wir müssen ausgehen von dem Grundsatz, daß die wesentliche Arbeit einer Frau darin besteht, Kinder zu bekommen.« (Kandell, 1974)[2]

Die bittere Feststellung, Frauen seien »Brutmaschinen für Männer«, die Margaret Sanger, eine Vorkämpferin für die Geburtenkontrolle, 1933 in einer Rede getroffen hatte, ist durch die gesamte patriarchalische Geschichte hindurch gültig. Im dreizehnten Jahrhundert hatte der Hl. Thomas von Aquin erklärt, die Frau habe, obwohl »ein verfehlter Mann«, doch einen Zweck: Fortpflanzung. Gott habe sie zur »Gehilfin« des Mannes bestimmt. Sie sei allerdings zu keiner Hilfeleistung, außer zur Zeugung von Nachkommen, wirklich geeignet, alles andere könne jeder andere Mann besser. Einige Jahrhunderte später, nämlich 1851, behauptete auch der deutsche Philosoph Arthur Schopenhauer (in: *Über die Weiber*), daß »im Grunde die Weiber ganz allein zur Propagation (Fortpflanzung) des Geschlechts da sind«.

Als europäische Männer Nordamerika kolonialisierten, haben sie auch Frauen zwecks Kinderaufzucht importiert. Frauen wurden in Ehen verkauft. »Genauso, wie der Mann Land kaufte, damit er Nahrungsmittel säen und ernten konnte, kaufte er eine Frau, damit er Söhne säen und ernten konnte«, schrieb Andrea Dworkin in dem feministischen Klassiker *Our Blood.* »Ein Mann besaß seine Frau und alles, was sie produzierte. Ihr Ertrag stammte aus ihrer Gebärmutter, und dieser Ertrag wurde Jahr um Jahr eingebracht, so lange, bis sie starb.« (Dworkin, 1976, S. 80-84) Starb der Mann zuerst, hatte sie kein Recht auf die Kinder, die sie geboren hatte. Ein Ehemann vermachte seine Kinder einem anderen Mann, und dieser bekam das volle Sorgerecht.

Im rassistischen Kastensystem besaßen schwarze Frauen noch weniger Kontrolle über ihren Körper als weiße. In der Sklavenzeit bemaßen weiße Männer den Wert einer schwarzen Frau danach, wie zuverlässig sie den Reichtum vermehrte, indem sie die Sklaven vermehrte. Besonders produktive Frauen wurden Brüterinnen genannt. Martha Jacksons Tante war so eine Brüterin. Die damals 87jährige ehemalige Sklavin Martha Jackson ließ sich 1939 für eine Regierungsstudie in Alabama befragen und erinnerte sich daran, daß der *master* ihre Tante nur sehr selten auspeitschen ließ, »denn sie war eine Brüterin und brachte ihm alle zwölf Monate Kinder ein, genau wie eine Kuh, die ihm Kälbchen brachte... Er hat befohlen, ihr darf nichts getan werden, genau deswegen nämlich« (Lerner, 1973, S. 47–48).

Und wenn eine Frau nun – egal ob schwarz oder weiß – keine Kinder produzieren konnte? Dann war sie eben keine wirkliche Frau, denn Kinder zu produzieren war es, was eine Frau ausmachte.

Eine Frau, die daran scheiterte, durfte verschmäht, lächerlich gemacht oder – (nicht nur, A. d. Ü.) im Mittelalter – sogar als Hexe verbrannt werden. In Vielehen konnte der Ehemann sie durch eine neue Ehefrau ersetzen und in den Rang einer Dienerin zurückstufen. In vielen islamischen Gebieten durfte er sie auch verstoßen. Er konnte sich von ihr scheiden lassen und sie der Isolation, der gesellschaftlichen Stigmatisierung und der Armut aussetzen. Patriarchalische Gesellschaften haben es Männern immer leicht gemacht, unfruchtbare Frauen loszuwerden. Nach jüdischem Recht zum Beispiel darf ein Ehemann die Scheidung einreichen, wenn seine Frau unfruchtbar ist. Die Frau dagegen darf das nicht, falls ihr Mann steril ist.

Um dem Schicksal der Verachtung zu entgehen, riskierten manche Frauen ihr Leben. Im neunzehnten Jahrhundert führte J. Marion Sims, der »Vater der modernen Gynäkologie« in den Vereinigten Staaten, lebensgefährliche Operationen an Frauen durch, damit sie (falls sie mit dem Leben davonkamen) Kinder gebären konnten. »Nichts, nicht einmal die Todesgefahr für die Patientin... war so wichtig wie dieses eine große Erfordernis – kinderlose Frauen aus ihrem tragischen unfruchtbaren Zustand herauszuholen und wieder froh zu machen«, berichtet Sims' Biograph.

Sims selbst, der sich in seiner Praxis ausgiebig mit Sterilität beschäftigte, schrieb über seine gefährlichen chirurgischen Eingriffe bei Gebärmuttertumoren: »Es mag sehr wohl fraglich sein, ob eine solche riskante Operation ... lediglich zur Beseitigung von Sterilität durchgeführt werden sollte... Ich könnte mir jedoch sehr wohl Fälle vorstellen, in denen sie gerechtfertigt ist. Nehmen wir einmal an, eine Dynastie droht auszusterben, und die Ursache für diese Sterilität ist erwiesenermaßen eine gutartige Geschwulst, die man ausschälen kann... Oder nehmen wir an, eine alteingesessene und sehr namhafte Familie, die einflußreich sowie äußerst vermögend ist und den Wunsch hat, dieses vortreffliche Erbe mit Hilfe direkter Nachkommenschaft weiterzugeben...«, sieht eben dieses vereitelt durch eine unfruchtbare Frau (Harris, 1950, S. 184). Die Wörter »Dynastie« und »Familie« mögen geschlechtslos klingen, die Namen, Ränge und Vermögen jedoch, die Sims erwähnt, gehören allesamt Männern.

Auch im zwanzigsten Jahrhundert haben Frauen noch ihr Leben aufs Spiel gesetzt, um die von ihnen verlangten Kinder zu liefern. Beim Internationalen Ärztinnenkongreß 1919 sprach eine Frau Dr. Kahn, damals in China tätig, über die Leiden, die erzwungene Geburten bei Frauen verursachten: »Das größte Verbrechen, dessen sich eine chinesische Frau schuldig machen kann, ist, keine Kinder, keine Söhne zu bekommen. Sie muß sie bekommen, ob sie will oder nicht... Bisher habe ich den Frauen nicht sehr helfen können, weil ich es noch nicht gewagt habe... Egal, wie viele Kinder eine Frau schon hat, sie muß weiter welche bekommen. Ich habe Frauen kennengelernt, die über ein Dutzend Kinder geboren haben, jedes Jahr eins, und wenn sie versuchten, keine mehr zu bekommen, dann wurden sie von der eigenen Familie gesellschaftlich verfemt. Der Ehemann nahm sich sofort mehrere andere Frauen, und die Ehefrau war bald nervlich ein Wrack, denn niemand beachtete sie.«

Auf Empfängnisverhütung anspielend – ein Thema, das 1919 noch nicht als geeignet für Medizinerkonferenzen angesehen wurde – fuhr Frau Dr. Kahn fort: »Wie sollen wir in solchen Fällen vorgehen? Viele dieser Frauen sind meine Patientinnen. Ich habe sie mittels Zangengeburt entbinden müssen, eine nach der anderen, und wenn sie nur noch körperliche Wracks sind und keine Kinder mehr bekommen können, sollen wir dann ihnen helfen zu verhüten? Haben wir das Recht?« (*Proceedings of the ICWP,* 1919)

Begatten und Zeugen. Genesis. Fortpflanzung. Solche Begriffe wurden von Juden wie von alten Griechen wie von vormodernen Christen benutzt, wenn sie die Weitergabe von Leben auf die nächste Generation beschreiben wollten. Heutzutage benutzen wir einen Begriff aus der Industrie: Reproduktion.

Der Mensch, also der Mann, trachtet nach der Kontrolle über die re-produktiven Vorgänge bei der Kuh wie bei der Frau, denn er möchte eine »Qualitätskontrolle« über die von beiden produzierten Produkte ausüben.

Joey, der Viehzüchter, hatte die Bedeutung von Qualitätskühen begriffen. Für ihn produziert eine Kuh »marktgerechte Produkte oder Einheiten«.

Ebenso produziert die schwangere Frau eine Ware.

In der heutigen Literatur zur Geburtshilfe wird ihr Baby gern als Produkt bezeichnet. Wenn Ärzte zum Beispiel den phänomenalen Anstieg von Kaiserschnitten (die Rate hat sich von 5% 1968 auf 18,5% 1982 nahezu vervierfacht) rechtfertigen möchten, argumentieren sie – ohne jeden Nachweis –, diese Operation bringe »bessere Babys«. Ohne auf die Risiken dieses nicht eben kleinen Eingriffs für die Frau auch nur einzugehen, behauptete etwa Dr. Norman Thornton von der University of Virginia 1976: »Die Geburtshelfer von heute haben weitaus mehr Interesse am *Produkt* (Hervorhebung G. C.), das sie hervorbringen, als an Kaiserschnittraten.« (Zitiert in: O. H. Jones, 1976)

Auf daß es auch ja ein Qualitätsprodukt werde.[3]

Die Vorstellung, das Leben sei eine Ware, deren Qualität der Mensch, also der Mann zu kontrollieren habe, ist ein ständig wiederkehrendes Thema der patriarchalischen Geschichte. Am deutlichsten zum Ausdruck kommt sie in der »Eugenik«, einer um 1869 entstandenen Ideologie, nach der die sogenannten Starken (das sind Darwins »Tüchtige«) das Leben und die Fortpflanzung sogenannter minderwertiger Leute kontrollieren sollten, damit »bessere« Menschen herauskommen. Sie definiert Minderwertigkeit nach der Zugehörigkeit zu Rasse und Klasse und nach der gesundheitlichen Verfassung.

Die Eugenik wurde eine einflußreiche Bewegung, zu ihren Wortführern gehörten in den Vereinigten Staaten höchst geachtete Staatsmänner, Akademiker, Naturwissenschaftler, Ärzte und Reformer. Diese spezielle Bewegung geriet zwar in den dreißiger Jahren, als Adolf Hitler der Welt zeigte, wie sich eugenische Planung in Massen verwirklichen läßt, in moralische Bedrängnis. Es blieb aber Ziel der Eugenik bis heute, die menschliche Rasse mittels selektiver Aufzucht zu verbessern. Das beinhaltet »die Anwendung von Methoden, die Viehzüchter zwecks Verbesserung ihrer Bestände entwickelt haben, auf den Menschen« (Cavalli-Sforza/Bodmer, 1971).[4]

Plato hatte sich bereits in *Der Staat* dafür ausgesprochen, lange bevor der Begriff »Eugenik« geprägt worden war. In seinem Idealstaat »müssen die besten Männer mit den besten Frauen möglichst oft zusammenkommen, umgekehrt die schwächsten am wenigsten oft..., wenn die Herde möglichst auf der Höhe bleiben soll. Das alles muß aber geheim bleiben, außer bei den Herrschern, soll die Herde der Wächter möglichst ohne Hader leben.«

Plato war für beide Formen der Eugenik – die negative (Verminderung der Fortpflanzung von Behinderten) und die positive (Steigerung der Zeugungsraten von wünschenswerten Menschentypen).

Leon F. Whitney, einer der Leiter der *American Eugenics Society* propagierte 1934, einige Jahrtausende später, ähnliches. Seiner Meinung nach war der Staat so etwas wie ein Landwirt. Er kultivierte zwar keine Pflanzen und Tiere, sondern Familien, und er hatte sicherzustellen, daß »der bessere Typ Individuum erhalten bleibt«, und folglich der minderwertige vernichtet wird. »Auch in der menschlichen Gesellschaft gibt es Feigen und Disteln, Trauben und Dornen, Weizen und Spreu«, schrieb Whitney, »und der Staat muß seine Familien kultivieren.« (Whitney, 1934, S. 135)

Und wie? Mittels Empfängnisverhütung oder Sterilisierung für diejenigen »am unteren Ende der gesellschaftlichen Stufenleiter«.

Beides waren Werkzeuge in den Händen derer, die sich um die »Ausmerzung« der »Untüchtigen«, also »Unwerten« bemühten.

Etwa von 1900 bis 1930, während der Blütezeit ihrer Bewegung, befürworteten Eugeniker häufig die Sterilisierung von Menschen mit biologischen Defekten. Viele Bundesstaaten (allen voran Indiana 1907) verabschiedeten Sterilisationsgesetze, in deren Namen Ärzte an Tausenden von Menschen herumoperierten, Kastrationen eingeschlossen.[5]

Und wer galt als »defekt«? Körperlich Behinderte. Arme Leute. Trinker. Einwanderer. »Dem Rauschgift Verfallene«. Von Geschlechtskrankheiten Heimgesuchte. Arbeitslose. »Schwachsinnige«. Und oft Leute mit nichtweißer Hautfarbe.

Viele Eugeniker waren offenkundige Rassisten. Andere waren es auf subtilere Weise. Beispiele gibt es mehr als genug: Sir Francis Galton, der Gründer der Eugenischen Bewegung, erklärte 1869, Schwarze lägen, wenn man sie nach ihrer Intelligenz messe, »zwei Stufen« unter den Weißen. »Die Fehler, die Neger auch bei ihren eigenen Angelegenheiten machen, waren so kindisch, dumm und einfältig, daß ich mich oft habe schämen müssen, auch ein Mensch zu sein«, behauptete er. Und im Jahre 1916 fand in den Vereinigten Staaten Professor L. M. Terman von der Stanford University – er vor allem ist verantwortlich für die Einführung von IQ-Tests in diesem Land – angeblich heraus, daß ein IQ zwischen 70 und 80 »bei spanischen, indianischen und mexikanischen Familien sehr häufig vorkommt ... und ebenso unter Negern. Ihre Dumpfheit scheint rassisch bedingt oder zumindest Teil des Familienguts, aus dem sie stammen ... Vom eugenischen Standpunkt aus gesehen stellen sie aufgrund ihrer reichlichen Nachkommenschaft ein ernsthaftes Problem dar.« (AASPEC, 1977, S. 42, S. 12)

Nicht selten endeten solche Überlegungen in der Empfehlung, Nichtweißen keine ständige Aufenthaltsgenehmigung für die Vereinigten Staaten mehr zu erteilen (Rice, 1929).

Die Eugenik blühte. In Nazideutschland wurde 1933 ein Gesetz über Zwangssterilisationen verabschiedet. »Erbgesundheitsgerichte« wurden eingeführt; sie setzten sich zusammen aus einem Richter und zwei Ärzten und hatten das »Gesetz zur Verhütung erbkranken Nachwuchses« anzuwenden. Zwangssterilisierungen konnten aufgrund vielfältigster Diagnosen angeordnet werden, darunter auch angeborene Blindheit oder Taubheit, Epilepsie, erblicher Veitstanz *(Huntingtons Chorea)* und Alkoholismus. Sterilisiert wurden auch viele andere, die als »asozial« galten oder Zigeuner oder sogenannte Rheinlandbastarde waren (so wurden die Kinder aus Verbindungen mit den nordafrikanischen Soldaten der französischen Armeen im ersten Weltkrieg genannt). »Damit wird die allmähliche Verschiebung zu Maßnahmen deutlich, die auf ›Ausmerzung‹ nach rassischen Gesichtspunkten abzielen.« (Friedemann Pfäfflin auf der Jahrestagung der *International Academy of Sex Research*, 1983)

Whitney begrüßte das Sterilisationsgesetz. Er lobte Deutschland, weil es willens sei, »die Dinge beim Namen zu nennen«, und kommentierte: »Vermutlich sind wir nicht alle einverstanden mit dem Zwang, den dieses Gesetz vorsieht – etwa da, wo es sich beispielsweise auf Trinker bezieht –, aber wir können doch nicht umhin, die Weitsicht, die dieser Plan im allgemeinen beweist, zu bewundern und festzustellen, daß mit seiner Hilfe Deutschland dabei ist, eine stärkere Nation zu werden.«

Selbst nachdem die Grausamkeiten Nazideutschlands in aller Breite bekanntgeworden waren – Grausamkeiten, die nicht nur von gänsemarschliebenden Nazitruppen, sondern auch von Ärzten mit bestem Ruf und weißen Kitteln begangen worden waren –, blieben einige US-amerikanische Eugeniker erstaunlich ruhig. In dem 1950 erschienenen Buch *Sterilization in North Carolina* berichtet Moya Woodside, was der Direktor einer Besserungsanstalt über Sterilisierung denkt. Er sehe zwar ein, erklärte er, daß es eine Menge »theoretischer« Argumente dagegen gebe, dazu gehöre auch die »Einschränkung der persönlichen Freiheit«, aber er glaube doch, man müsse da praktisch denken. »Sonst kommen die Leute einfach weiter auf die Welt – und Gebrechen und Verbrechen entstehen mit jeder Generation wieder neu.«

Woodside bemerkte dazu: »Natürlich hat er begriffen, daß viele Leute durch das, was Hitler in Deutschland gemacht hat, inzwischen etwas ›enttäuscht‹ sind von der Sterilisationsidee; aber auch da muß man eben praktisch denken.« (Woodside, 1950, S. 81)

Nachdem Hitler die Eugenik in Verruf gebracht und neue Entwicklungen in Anthropologie, Genetik und Hirnforschung das naturwissenschaftliche Fundament dieser Bewegung ausgehöhlt hatten, lösten viele der Gruppen sich auf. Einige amerikanische Eugeniker schlossen sich den in den vierziger und fünfziger Jahren gegründeten Gruppen zur Bevölkerungskontrolle an. Sie änderten ein bißchen ihr Vokabular und paßten es der aufpolierten Vision der Apokalypse an. Die neue Ideologie sah die Bedrohung der menschlichen Rasse nicht mehr in der »Fortpflanzung der Minderwertigen«, sondern in der »Überbevölkerung«. Die Methoden, mit der dieser Katastrophe zu begegnen sei, waren allerdings die alten: Geburtenkontrolle, Sterilisation.

Die negative Eugenik suchte die »Gebrechlichen« an der Fortpflanzung zu hindern, die positive Eugenik wollte die »Tüchtigen« dementsprechend darin bestärken, und deren Werkzeuge können die neuen Reproduktionstechnologien sein – insbesondere künstliche Befruchtung mit Spendersamen, Embryotransfer, Retortenbefruchtung, Klonen und künstliche Gebärmutter. Zunächst möchte ich hier die eugenische Anwendung der künstlichen Befruchtung mit Spendersamen (*artificial insemination by donor semen* – AID) untersuchen.

Wie wir in den folgenden Kapiteln sehen werden, haben die meisten Männer auf AID alarmiert reagiert, denn sie bedrohte das gesamte Fundament der Erbfolge im Patriarchat. Zwar besamten sie mit Eifer Tiere künstlich, aber sie hatten keinerlei Eile, Banken für *menschlichen* Samen einzurichten. Ein paar Männer allerdings erkannten, wie AID sich möglicherweise im eugenischen Sinn anwenden ließ, und sprachen sich begeistert dafür aus. Dank AID, so hatten sie erkannt, könnten Männer die Qualität der Produkte von Kühen *wie* von Frauen kontrollieren. In der Viehzucht ließen sich mit AID Kühe erzeugen, die 1A-Qualitätsfleisch erbrachten. Bei der Menschenzucht angewandt, ließen sich »intelligente«, weiße und möglichst – mit Hilfe der noch in der Entwicklung begriffenen Geschlechtsbestimmungstechniken – männliche Nachkommen erzeugen. Menschen mit »1A-Qualität« hatten, wenn man es genau betrachtet, stets erstaunliche Ähnlichkeit mit den Eugenikern selbst...

Wo suchen Ärzte nach besonders »intelligenten« Spermalieferanten?

Unter ihresgleichen. Eine Studie über AID-Projekte ergab 1979, daß 80% der Ärzte zumeist ausschließlich Medizinstudenten oder Medizinalassistenten als Samenlieferanten benutzen. (Der Medizinrechtler George Annas lehnt den Begriff Samenspender für Männer, die ihr Sperma verkaufen, ab.)

Auch Medizinprofessoren verkaufen ihre Spermien. Sie sind, gemeinsam mit jüngerem Medizinpersonal, »traditionelle Spender und werden bevorzugt ausgewählt, weil sie Verständnis haben für die biologische Notwendigkeit solcher Projekte, erreichbar und bezüglich Gesundheit und Intelligenz besonders hochwertig sind«, war in einem Bericht der *American Fertility Society* von 1980 zu lesen (Hulka, 1980).

George Annas hat 1979 an dieser Art Praxis heftige Kritik geübt. Seiner Meinung nach haben Ärzte, die ihre Gene durch die Gegend verteilen, nicht die Interessen der AID-Kinder im Sinne, sondern lediglich ihre eigenen. Ebenso würden, glaubt er, Juristen Jurastudenten als Spermalieferanten gebrauchen und Generäle Militärkadetten als Krönung der menschlichen Rasse erachten.

»Es läßt sich gar nicht darüber streiten, daß Ärzte... eugenische Entscheidungen treffen, indem sie selbst auswählen, was sie als ›höherwertige‹ Gene für AID-Projekte ansehen«, schreibt Annas. »Im allgemeinen entscheiden sie sich dafür, sich selbst zu reproduzieren – oder diejenigen aus ihrem Beruf.« (Annas, 1979)

Auch die Empfängerinnen dieses Elitespermas müssen bestimmte Qualifikationen aufweisen. Häufig verlangen Fruchtbarkeitskliniken von Frauen, die eine AID-»Therapie« möchten, daß sie verheiratet sind und über ein stabiles Gefühlsleben[6] sowie »ein genügend hohes Einkommen verfügen, damit das Kind gut aufwachsen kann«.

AID ist folglich sehr tauglich für eugenische Zwecke, denn es ermöglicht zwei Selektionen: beim Spermalieferanten – einem Medizinstudenten aus der Mittel- oder Oberschicht – und bei der Frau, der die Befruchtung gewährt wird – sie wird ebenso aus der Mittel- oder Oberschicht kommen müssen, um sich so teure »Behandlungen« überhaupt leisten und ein Kind gemäß dem vom Arzt erwarteten Lebensstandard großziehen zu können.

Während die Ärzte ihr eigenes Sperma bereits als »Elite« einstufen, träumen andere von noch qualitätsvollerem Samen, dem Superklassensperma. Wie wäre es eigentlich, wenn man Frauen Sperma von Männern wie Newton oder Beethoven systematisch einspritzen könnte?

Im allerersten Bericht über eine künstliche Befruchtung – die von Pancoast an jener Quäkerin vollzogene – hatte der Autor »eine Gesellschaft für artifizielle Insemination (das ist künstliche Befruchtung) als Methode zur Verbesserung der Spezies, eine Art frühe Eugenik« beschworen (Gregoire/Mayer, 1965). Viele Ärzte stimmten diesem Vorschlag zu; mit Hilfe einer solchen Gesellschaft könne man endlich die Dornen aus der Menschheit entfernen.

1935 sprach sich der linke Genetiker Dr. Hermann J. Muller für ein Projekt mit Freiwilligen aus, das er »Keimauslese« nannte. Die Kinderqualität ließe sich erheblich verbessern, so befand er, wenn Frauen sich für eine künstliche Befruchtung mit dem Sperma »vortrefflich angesehener Männer« zur Verfügung stellten.

Man könnte das Sperma mutmaßlich großer Männer sammeln und einlagern. Die Männer würden irgendwann sterben, ihr Sperma eine, wie Muller es nannte, »Bewährungsphase« durchlaufen. Während dieser Zeit würde sich erweisen, ob die Männer wahrhaft groß gewesen seien oder nur so gewirkt hätten, und nicht genauer bestimmte Leute würden die vermeintliche oder tatsächliche »Größe« und den Wert der jeweiligen Nachkommen schätzen. Falls Lebenswerk sowie Kinder als ausgezeichnet beurteilt wurden, sollte der Samen des betreffenden Mannes benutzt werden; andernfalls würde er weggeworfen.

Innerhalb von ein bis zwei Jahrhunderten, spekulierte Muller, könne ein großer Teil der Bevölkerung mit den »angeborenen Qualitäten von Männern wie Lenin, Newton, Leonardo da Vinci, Pasteur, Beethoven, Puschkin, Sun Yat-sen, Marx ...« ausgestattet sein. (Muller, 1935; während des kalten Krieges strich Muller übrigens Lenin von der Liste.)

Muller, der einen Nobelpreis für seine Arbeiten über die Auswirkungen von Strahlungen auf Gene bekam, stellte 1959 fest, daß Tausende von Frauen sich bereits künstlich befruchten lassen hatten. Bei vielen war das Motiv die Unfruchtbarkeit ihrer Ehemänner. Unfruchtbarkeit, notierte Muller, lieferte »eine ausgezeichnete Gelegenheit, eine Bresche für positive Eugenik zu schlagen, da die in Frage kommenden Paare unter den gegebenen Umständen fast immer offen sind, wenn man ihnen nahelegt, aus ihrer Not eine Tugend zu machen und so viele begabte Kinder wie möglich zu bekommen« (Muller, 1959, S. 30)

Sollte die Praxis, »Kinder aus erlesenem genetischem Material zu bekommen«, sich ausbreiten, bemerkte Muller, dann würden allerdings Samenbanken notwendig werden. Ursprünglich sollten sie für zwei Gruppen von Männern eingerichtet werden:

- solche, die ihr Sperma aufbewahren möchten, bevor sie sich einer Vasektomie (Sterilisierung) unterziehen, und
- solche, die ihre Keimzellen schützen möchten gegen die zunehmenden Strahlenrisiken durch Industrie, Kommerz, Krieg,

Raumfahrt und gegen die »noch gar nicht abzusehenden Gefährdungen durch chemische Mutagene des modernen Lebens« (Muller, 1961).[7]

Zunächst als eine Art Versicherungsgesellschaft gedacht, könnten solche Banken »schließlich auch eine breite Spermaauswahl anbieten«, schrieb Muller, und damit auch zunehmend für die bewußte Selektion von Nachkommen eingesetzt werden.

Die Wirkungen von »höherwertigem« Sperma ließen sich um ein Vielfaches steigern – schrieb 1963 ein führender englischer Eugeniker mit Namen Sir Julian Huxley –, wenn man etwas anwendete, was er »E.I.D.« nannte (*eugenic insemination by deliberately preferred donors,* etwa: eugenische Befruchtung durch gezielt ausgewählte Spender). Um ein solches Programm allerdings verwirklichen zu können, so erläuterte er, mußte AID, das damals juristisch und moralisch ein Schattendasein fristete, erst ein allseits respektables Projekt werden. Die Anonymität von Spermalieferanten mußte abgeschafft werden. Ärzte und auch der englische *National Health Service* sollten Karteien von überprüften und anerkannten Spendern mit Einzelheiten aus deren Familiengeschichte anlegen. »Dies würde Empfängern eine bis zu einem gewissen Grad gezielte Selektion bei der Auswahl des Vaters des gewünschten Kindes ermöglichen«, schrieb Huxley weiter, »und somit den Weg freimachen für die Überwindung einer blinden und geheimniskrämerischen AID durch eine EID mit offenen Augen, die stolz angenommen wird und deren E für Eugenik steht.«

Dr. Jerome K. Sherman, der eine Methode zum Einfrieren von menschlichem Samen entwickelte und mit dem inzwischen verstorbenen Dr. Muller gut befreundet war, schätzte Mullers Keimauslesepläne. Sherman, der heute an der University of Arkansas lehrt, half bei der Erstellung provisorischer Richtlinien für Samenbanken, die 1980 von der *American Association of Tissue Banks* (Amerikanische Vereinigung der Gewebebanken) veröffentlicht wurden. Die Richtlinien schreiben insbesondere vor, daß Samenbanken *sowohl* gegen Unfruchtbarkeit *als auch* für Bevölkerungskontrolle benutzt werden können.

Letzteres könne auf zwei Weisen geschehen, erklärte Sherman in einem Interview. Erstens ließen sich viele Männer nur dann sterilisieren, wenn es eine Samenbank gab und sie ihr Sperma dort für den Fall, daß sie später doch noch Kinder wollten, deponieren konnten. Zweitens erlaubten Samenbanken die Selektion von hochrangigem

Sperma zwecks Befruchtung. »Bevölkerungskontrolle heißt heute nicht mehr nur die Verringerung der Geburtenzahlen in einer Welt der Bevölkerungsexplosion, sondern auch die genetische Verbesserung der Bevölkerung«, schrieb er.

In Zukunft gehöre ein gewisses Maß an Eugenik und chemischer Kontrolle über die Erbanlagen zum biologischen Schicksal des Menschen, stellte er fest. Samenbanken, fügte er hinzu, seien eine Zwischenlösung für die Bevölkerungskontrolle, solange Genmanipulation (vermutlich an Embryos) noch nicht praktizierbar ist.

Zu den von Sherman 1964 aufgestellten Forderungen an Spendersamenbanken gehören:

- Kataloge mit Querverweisen bezüglich der geistigen und körperlichen Eigenarten der Spender, die in verschiedenen Teilen des Landes in geeigneten Zentren abrufbar sein sollen.
- Transportsysteme für die tiefgefrorenen Spermien ausgewählter Spender, damit diese überall im Land und in der Welt in dafür vorgesehene Zentren abgerufen werden können.
- Einrichtung einer Art Koordinationsstelle, die sämtliche einschlägigen Informationen über den gelagerten Samen speichert und mit medizinischen, genetischen, psychologischen Beratern und Sozialarbeitern für zum Beispiel Keimausleseprojekte zusammenarbeitet.

1968 brachte Dr. S. J. Behrman, ebenfalls Pionier auf dem Gebiet der Verwendung von Gefriersperma (er hatte vor über dreißig Jahren angefangen, an künstlichen Befruchtungen zu arbeiten), »die Benutzung von Samenbanken als Mechanismus positiver Eugenik« zur Diskussion, und zwar bei einer Konferenz des *American College of Obstetricians and Gynecologists*. Dr. Behrman zitierte ausführlich aus Mullers Keimausleseplänen. Deren Erfolg, so führte er aus, stand und fiel damit, daß tiefgefrorener Samen möglichst überall verfügbar ist.

»Hundert Jahre lang«, erzählte er in Hot Springs, Virginia, seinen Kollegen, »gab es nur ein einziges Motiv, Spermatozoen zu konservieren, nämlich den schlichten Wunsch, die Fruchtbarkeit in die Hand zu bekommen. Dieses Motiv wird bezüglich der Samen von Haustieren eindeutig anerkannt und steckt, wenn auch vielleicht nicht unbedingt deutlich benannt, hinter den Anstrengungen derjenigen, die an der Gefrierkonservierung menschlichen Samens gearbeitet haben.« (Behrman/Ackerman, 1969)

Es gebe, erläuterte er, zwei gewichtige Vorteile für die Fruchtbarkeitskontrolle mittels Einfrieren von Keimzellen. Erstens könne diese Kontrolle unabhängig von Ort und Zeit stattfinden. (In anderen Worten: Dank Tiefkühlsperma konnte ein bestimmter Mann irgendwo auf einem anderen Kontinent ein Kind zeugen, sogar noch nach seinem Tod.) Und zweitens könne die Kontrolle »im Hinblick auf die erwünschten Eigenschaften des Nachwuchses« erfolgen.

Für Behrman steht die Konservierung von Samen mit der Sterilisation in enger Verbindung – wie vorher für Muller. (Wir werden später sehen, daß Embryotransfer und Retortenbefruchtung ihrerseits verknüpft werden mit der Sterilisation von Frauen.) Ärzte zeigten sich, so notierte Behrman, sehr interessiert an der neuen Art Familienplanung: Zuerst die Abnahme von Spermaproben zum Einfrieren und Lagern, anschließend Vasektomie.

Er warnte allerdings auch, daß die gegenwärtigen Techniken zur Spermakonservierung noch nicht sicher und wirksam genug seien, um diese Methode breit praktizieren zu können. Noch gab es nur eine einzige Methode zum Einfrieren von Bullen- und Männersperma; sie funktionierte gut bei Bullen, weniger gut dagegen bei Männern. Die Technik für menschliches Sperma mußte verfeinert werden.

Während der Debatte über Behrmans Papier äußerte Dr. S. Leon Isreal aus Philadelphia sich pessimistisch darüber, ob die Öffentlichkeit schon bereit sei, einen Plan gutzuheißen, der Banken für Gefriersperma vorsah, die »höchst selektiv« vorgingen. »Selbst wenn der Mensch, wie Greep sagt, ›ein mächtiges Wesen ist und inzwischen im Universum herumpfuscht‹, wir werden nicht in einem Jahrhundert soweit sein, uns mit derart bewußter selektiver Reproduktion befassen zu können.«

Vielleicht war sein Pessimismus unbegründet. 1976 hatte ein kalifornischer Geschäftsmann eine Samenbank errichtet, die er den *Hermann J. Muller-Speicher für Keimauslese* nannte.

Jener Geschäftsmann hieß Robert K. Graham, er war Augenoptiker und hatte ein Vermögen mit der Entwicklung von Brillengläsern aus Hartplastik gemacht. Bevor er seine Samenbank eröffnete, schrieb Graham ein Buch, das sich wie ein altmodisches Eugeniktraktat liest und *The Future of Man* heißt. Darin bezeichnet er die Mittel- und Oberschicht als »Speicher der Intelligenz und der Weisheit einer jeden Nation« und nennt Sozialhilfeempfänger »Drückeberger mit niedriger Intelligenz«, die »mangelhaften Nachwuchs« produzieren. Er argumentiert für Zahlungen an den verheirateten akademischen Nachwuchs, damit er in die Lage versetzt werde, mehr von seinesgleichen zu reproduzieren. (Höherwertige Paare, die freiwillig nur ein einziges Kind produzieren, sind für ihn »reproduktive Drückeberger«.) Empfängern von Sozialhilfe etwa empfiehlt er Geburtenkontrolle. »Wohlfahrtsprogramme mit Milliarden von Dollars arbeiten gegen eine mögliche Verringerung der Zahl gebrechlicher und mangelhafter Leute«, schrieb Graham weiter. »Viele Programme fördern geradezu das Anwachsen einer problematischen Bevölkerung ... Zumindest muß verhindert werden, daß solche Leute weiter Nachwuchs erzeugen, der aller Wahrscheinlichkeit nach genauso wird wie seine Eltern.« (Graham, 1981, S. 69–70) Auf den Einwand, daß jeder Mensch das Recht hat, sich fortzupflanzen, erwidert er: »Die Behauptung, jeder dürfe so frei sein, seine Mängel weiterzugeben, ist dasselbe, wie wenn man sagen würde, ein Aussätziger darf so frei sein, seine eigenen Nachkommen anzustecken.«

Neben der Veröffentlichung begann Graham auch, ein paar seiner Ideen in die Tat umzusetzen. Er sammelte Sperma von Nobelpreisträgern in seinem Speicher und machte Pläne, nur hochintelligente Frauen damit befruchten zu lassen. Drei Nobelpreisträger, verkündete er 1980, hatten ihr Ejakulat bei ihm gespendet.

Zu Grahams Bestürzung entpuppte sich allerdings just die Mutter seines ersten »Nobelbankbabys« als ehemalige Gefängnisinsassin, die wegen Kindesmißbrauchs das Sorgerecht über zwei Kinder aus einer früheren Ehe verloren hatte (*Newsweek*, 16. 7. 1982).

Thea Muller, die Witwe des Genetikers, protestierte dagegen, daß der Name ihres Mannes für die Samenbank mißbraucht wurde. Angesichts ihres hartnäckigen Widerstands ließ Graham den Namen fallen. Er hatte zwar 1963 angeboten, Hermann Mullers Keimausleseprojekt zu finanzieren, und Muller hatte angenommen und bei der Planung geholfen. Aber vor seinem Tod 1967 hatte Muller allmählich Sorgen wegen der Reaktionäre bekommen, die der Optiker in das Projekt einbezog, wie mir Thea Muller in einem Interview sagte.[8] Einer jener Reaktionäre, auf die Graham hoffte, erzählte sie, war Dr. William Shockley, der mittlerweile Samenspender bei eben dieser Bank ist. Shockley ist befangen in Rassenvorurteilen, sagte Thea Muller. Hermann Muller, der Rassismus und Klassengesellschaft bekämpfte, brach 1965 seine Beziehungen zur geplanten Bank ab. Er schrieb einen Brief an die Samenbank und informierte in das Projekt verwickelte Biologen und Freunde, daß er ausstieg.

Shockley, der einen Nobelpreis für Transistoren bekam, befand, es liege »bei den Negerrassen in der ganzen Welt ein grundsätzlicher, globalgenetischer Nachteil vor im Hinblick auf deren Fähigkeit, Intelligenz auszubilden und Gesellschaften aufzubauen«. Die Verbesserung der sozialen Lage der Schwarzen, jammerte er, sei leider keine Hilfe; denn ihr Elend liege nun einmal unausrottbar in ihren Genen. (Jones, S., 1980)

Shockleys Engagement ist bezeichnend, denn es gehört zu einer größeren Bewegung, die für »biologischen Determinismus« eintritt. Damit ist folgende Überzeugung gemeint: Gewisse Leute bekommen weniger von den Gütern der Welt und haben weniger Macht und einen niedrigeren Status, weil Teile ihres eigenen Körpers – Gene oder Hormone oder das Hirn – sie zu einem entbehrungsvollen Leben verdammen. Als derart minderwertig gelten selbstverständlich Frauen sämtlicher Rassen sowie nichtweiße Männer. Der »biologische Determinismus« tarnt sich als objektive Naturwissenschaft und ist eine einflußreiche Strömung.

Der in Genetik fast völlig unbedarfte Shockley ist – wie viele Verfechter einer genetischen Kontrolle – überzeugt, daß die Qualität der menschlichen Rasse weltweit im Niedergang begriffen sei. Beweise gibt er dafür nicht.

J. Jacob Bronowski, der verstorbene englische Naturwissenschaftler und Autor von *The Ascent of Man*, brachte während eines Symposiums im Jahr 1963, bei dem namhafte Wissenschaftler Mullers Keimausslesepläne – oft zustimmend – diskutierten, die Rede darauf. Er verstehe nicht, welche Probleme seine Kollegen damit eigentlich lösen wollten, erklärte er und fragte mehrmals: »Wo ist der Beweis dafür, daß die menschliche Bevölkerung sich genetisch verschlechtert?« Als einzige Antwort bekam er jedoch nur einen Satz von Sir Julian Huxley vorgehalten: »Der Beweis wird im wesentlichen deduktiv (durch Ableitung, A. d. Ü.) erbracht, nämlich ausgehend von der Tatsache, daß wir heute sehr viel mehr Leute mit genetischen Defekten am Leben erhalten und alle erheblicher radioaktiver Strahlung ausgesetzt sind.« Sir Julian selbst hatte rasch hinzugefügt, das wirkliche Problem sei nicht die Verschlechterung der Gene, sondern vielmehr die Notwendigkeit, den Genpool zu verbessern.[9]

Bronowski schlug eine Alternative zu Mullers Plänen vor: »Wir könnten denselben Effekt einfacher erreichen, indem wir die Kinder der Lebensunwerten aufessen, so wie Jonathan Swift seinerzeit vorgeschlagen hat, die Iren sollten ihre eigenen Kinder essen und damit die Armen abschaffen und die Armut beenden.« (Wolstenholme, 1963)

Zur Unterstützung seines Arguments einer »genetischen Verschlechterung« führt Shockley eine angeblich abnehmende Intelligenz bei Schwarzen an – gemessen durch IQ-Tests. Solche Tests haben nun allerdings noch nie den Nachweis erbracht, Rohintelligenz messen zu können. Und obwohl ihr französischer Urheber beteuerte, Intelligenz sei viel zu komplex, als daß sie mit einer einzelnen Zahl erfaßt werden könne, ignorierten amerikanische Psychologen seine Warnung und pervertierten seine Absichten. Sie benutzten die Tests zur Erhaltung ihrer eigenen Klassenprivilegien. Zu einer Zeit zum Beispiel, als die Privilegierten befürchteten, von Nichtprivilegierten (einschließlich Einwanderern) durch Nachkommenschaft ausgebootet und in ihrer Übermacht bedroht zu werden, setzten sie durch, daß die Einwanderer, die auf Ellis Island eintrafen, IQ-Tests unterzogen wurden. 1912 »ergaben« solche Tests, daß 83% der Juden, 80% der Ungarn, 79% der Italiener und 87% der Russen »geistesschwach« seien. Wegen dieses Mangels wurden viele Ausländer wieder in ihre Heimat zurückverfrachtet (Kamin, 1974).[10]

Shockley entwickelte seine Theorie auf einer intellektuell durchaus unlauteren Grundlage, dennoch spendete er sein Ejakulat an Grahams Samenbank für »kluge Männer«. Mit Hilfe dieser Bank, erklärte er, sei man »hoffentlich bald fähig, idealere menschliche Wesen heranzubilden«.

Möglicherweise haben seine Hoffnungen sich zerschlagen. Dr. Shockley war siebzig, als er sein Sperma ablieferte. Jedes Kind, das er miterzeugt, ist vierzigmal gefährdeter, genetische Mutationen zu erleiden, als der Nachwuchs von neunzehnjährigen Männern. Die Möglichkeit von Neumutationen bei Kindern von über vierzigjährigen Männern beträgt etwa ein Prozent und ist ebenso hoch wie die Gefahr des Down-Syndroms (die rassistische Bezeichnung »Mongolismus« geistert noch immer durch die Literatur) bei den Kindern von Frauen über vierzig.

Sind denn nun eigentlich Shockleys eigene drei Kinder, die er in jüngeren Jahren gezeugt hatte, besonders brillante, »idealere« Menschen geworden? Verglichen mit ihm selbst findet er, zeigen seine Kinder »eine signifikante Regression«. Aber selbstverständlich heißt das nicht, daß etwa sein Sperma fehlerhaft ist. Die Eier waren schuld: »Meine erste Frau, die Mutter der Kinder, hatte kein so hohes akademisches Niveau wie ich«, erklärte er (Jones, S., 1980).

Als ich MUTTERMASCHINE zu schreiben begann, wollte ich die Frage »Sollten Frauen reproduktive Freiheit genießen?« gleich im ersten Kapitel erörtern. Die Freiheit, Kinder nach Wunsch zu gebären, den Kindsvater selbst auszuwählen, auf die Produktion von Kindern überhaupt zu verzichten. Es schien eine elementare Frage. Die Art und Weise, in der die Gesellschaft darauf reagierte, würde uns viel Aufschluß darüber geben, wie Männer die neuen Reproduktionstechnologien, die sie da entwickelten, einzusetzen gedachten.

Aber die Frage ist falsch gestellt. Sie setzt eine Art »allseits entfaltetes Menschsein« von Frauen voraus. Bei den gegebenen Machtverhältnissen jedoch lautet die wirkliche Frage: Darf es von der Maschine (d. h. der Frau) entschieden werden, ob oder wie häufig oder mit welchem Material sie sich an die Produktion macht?

Selbstverständlich nicht.

Maschinenbesitzer können das offen aussprechen, wenn sie zum Beispiel über Kühe reden, und nur wenige von uns empfinden Entsetzen angesichts unserer Tierschwestern. Die meisten von uns essen deren Jungen, ihre »Produkte«.

Wenn sie allerdings über Frauen reden, müssen Maschinenbesitzer schon etwas vorsichtiger sein. Wir Frauen bestehen nämlich darauf, uns als lebende Wesen mit Würde und geistigen Werten anzusehen, trotz unserer langen Geschichte als – in Margaret Sangers Worten – »Brutmaschinen für Männer«. Die Maschinenbesitzer müssen so tun, als teilten sie unsere Ansicht über uns.

Also erklären sie, daß die Entscheidung zur Fortpflanzung keine »individuelle« Angelegenheit sei, daß sie sich auf die gesamte Gesellschaft auswirke, daß also die »Gesellschaft« (also das Patriarchat des weißen Mannes) hier mitentscheiden müsse.

»Ich sehe nicht ein, wozu Leute das Recht haben sollten, Kinder zu bekommen«, sagte Francis Crick, einer der Entdecker der DNA-Zellstruktur, während eines Symposiums zum Thema »Der Mensch und seine Zukunft« (an dem nur eine einzige Frau teilnahm). »Ich glaube, wenn wir den Leuten klarmachen können, daß ihre Kinder keineswegs ihre eigene Sache, ihre Privatangelegenheit sind, dann wäre das ein Riesenschritt nach vorn.«

Sein Kollege, der Biochemiker Norman W. Pirie, stimmte ihm zu: »Ich möchte Cricks Frage, ob jemand das Recht hat, Kinder zu bekommen, aufgreifen. Ich würde sagen, in einer Gesellschaft, in der das Gemeinwesen für Sozialleistungen verantwortlich ist – für Gesundheit, Krankenhäuser, Arbeitslosengeld und so weiter –, da lautet die Antwort: nein.«

Bei diesem Symposium von Topwissenschaftlern aus den Gebieten der Biologie stand der englische Biologe und Schriftsteller Alex Comfort ausgesprochen allein da. »Pirie«, erklärte er, »behauptet, daß niemand ein Recht darauf hat, Kinder zu produzieren. Aber ich bin der festen Überzeugung, daß niemand das Recht hat, die Leute daran zu hindern.« (Wolstenholme, 1963, S. 274–298)

Aber genau über entsprechende Methoden der Bevölkerungskontrolle dachten Crick, Shockley und viele andere längst nach: über eine Besteuerung von Kindern, finanzielle Anreize zur Sterilisation, Genehmigungen für Frauen, eine bestimmte Anzahl von Kindern gebären, und für Männer, eine bestimmte Menge Sperma in Samenbanken deponieren zu dürfen, Sterilmacher in Nahrungsmitteln oder Trinkwasser.

Es sei gar nicht schwer für eine Regierung, beharrte Crick, etwas ins Essen zu tun, damit niemand Kinder bekommt. Man könne auch vorsorglich noch eine andere Chemikalie verteilen, mit der die Wirkung solcher Sterilmacher aufgehoben werden kann.

»Die würden nur Leute bekommen, die eine Genehmigung für Kinder haben«, sagte Crick. »Die Idee ist nicht so verrückt, daß wir darüber nicht reden sollten.«

Wenn es so ein Genehmigungsmodell gäbe, räsonierte Crick weiter, dann könnte das erste Kind »ziemlich leicht genehmigt werden. Falls die Eltern genetisch ungünstig sind, könnte man ihnen nur ein Kind gestatten, eventuell zwei unter bestimmten besonderen Umständen«.

Shockley, der an dem Symposium nicht teilnahm, favorisierte einen anderen Plan: zeitweise Sterilisierung aller jungen Frauen und jeder Frau nach einer Geburt durch empfängnisverhütende Langzeitkapseln. Das Mittel sollte nur mit Regierungserlaubnis abgesetzt werden dürfen (Djerassi, 1979).

Der Biologe und Genetiker Joshua Lederberg und Crick kamen unabhängig voneinander auf ein anderes Modell, das sie für gesellschaftsfähiger hielten: Durch finanzielle Anreize sollten – nach Crick – diejenigen ermutigt werden, die »gesellschaftlich wünschenswertere Kinder hervorbringen könnten«.

Es lag auf der Hand, das Kinderhaben zu besteuern. Leute mit Geld konnten sich eben leisten, Steuern dafür zu bezahlen.

»Es ist zwar nicht gerechtfertigt, Geld als exakten Maßstab für gesellschaftlich Wünschenswertes zu nehmen«, bemerkte Crick, »aber es gibt zumindest eine deutliche Korrelation zwischen beidem.«

Also wollte man ausgewählten Frauen gestatten, Kinder zu bekommen. Wenn sie sie aber durch künstliche Befruchtung empfingen, sollten sie dann auch so frei sein dürfen, die Erbteile ihrer Kinder selbst zu bestimmen?

Muller war der Meinung, Teilnehmerinnen seines Keimausleseprogramms – die ja alle »zufälligen« Fortpflanzungsmethoden (er meinte Geschlechtsverkehr) ablehnten und kontrollierte Reproduktion akzeptierten –, sollten auch belohnt werden. Sie sollten das »Privileg« einer »wesentlichen Stimme« erhalten und den Samenspender selbst wählen dürfen.

Crick hält es für »bis zu einem gewissen Punkt« vernünftig, daß AID-Mütter selbst wählen. Bis zu welchem Punkt, das schreibt er allerdings nicht.

Der Nobelpreisträger Lederberg hat »ernste Zweifel« an den gesellschaftlichen Kontrollen, die für die Verwirklichung von Reproduktionskontrollprojekten notwendig scheinen. Sie sind »gefährlich«. Individuelle Entscheidung allerdings ist nicht »technisch effektiv«.

»Und wenn man den Leuten (lies: *Frauen, G. C.*) dann erlaubt, die Väter ihrer Kinder selbst auszusuchen, werden sie dann nicht einfach nach den offenkundigsten Projektionen ihres eigenen Images handeln, die durch die Werbung um annoncierte (Samen-) Spender herum auch noch aufgebauscht werden?« fragte er.

So sprechen Elite-Naturwissenschaftler, Männer mit Macht.

II. Das subversive Sperma: *»Eine falsche Blutlinie«*

Obwohl AID, die künstliche Befruchtung mit Spendersamen, seit mindestens hundert Jahren technologisch möglich war, hat sich die Praxis doch nur im Schneckentempo entwickelt. Daß sich AID für eugenische »Qualitätskontrollen« menschlicher Wesen eignete, genügte nicht als Empfehlung. Es alarmierte die Männer, daß für die Befruchtung einer Frau nicht unbedingt das Sperma des Ehemannes gebraucht wurde, daß es das eines anderen Mannes auch tat. Während eines Symposiums von Ärzten und Juristen im Jahre 1945 in Chicago erklärte ein Teilnehmer, AID sei ebenso bestürzend wie die Atombombe und erfordere entsprechende gesetzgeberische Schritte (Greenhill, 1947). In der Bundesrepublik Deutschland und in Italien gab es in den späten fünfziger Jahren Gesetzentwürfe, in denen die künstliche Befruchtung beim Menschen als strafbare Handlung definiert wurde.

In einem Aufsatz von 1953 fragt Dr. Jerome K. Sherman, amerikanischer Gefriersperma-Pionier, wieso eigentlich ein Jahr nach der Entwicklung einer einfachen und wirksamen Methode zur Spermakonservierung immer noch nicht jede Menge Samenbanken eingerichtet seien. (Auch heute gibt es in den gesamten Vereinigten Staaten erst siebzehn.) Als mögliche Erklärung bietet er an: »Man zögerte auf seiten der Ärzteschaft, etwas so Neues wie gefrorenen Samen auszuprobieren, etwas, das einen weiteren unphysiologischen Faktor in die Befruchtungsprozeduren brachte.« (Sherman, 1973)

Es gab jedoch kein vergleichbares Zögern auf seiten jener Ärzteschaft, als es darum ging, etwas so Neues wie die Empfängnis von Babys im Labor, in Petri-Schalen auszuprobieren, eine sehr viel kompliziertere Prozedur. Kaum war der erste Versuch gelungen, schossen Retortenkliniken auf der ganzen Welt aus dem Boden. Zwar erklärte die *American Medical Association* 1974, noch zwanzig Jahre nach der Geburt des ersten Gefrierspermababys, daß die Anwendung von gefrorenem menschlichem Sperma »noch als experimentell angesehen werden muß«, aber bereits vier Jahre, nachdem das erste Retortenbaby geboren war, verkündeten die Ärzte, die Retortenbefruchtung sei aus dem Experimentierstadium heraus (Callahan, 1982).

Samenbanken entstanden nicht deshalb so langsam, weil die Pharmakraten etwa Angst vor einer »neuen« Technologie haben, sondern weil sie begreifen, daß künstliche Befruchtung durch Spendersamen die patriarchalische Familie und damit die männliche Vorherrschaft insgesamt bedroht.

Bevor wir uns diese Bedrohung genauer ansehen, wollen wir einen Blick auf die Entwicklung jener Technologie werfen. Die künstliche Befruchtung wurde überhaupt erst möglich, nachdem man herausgefunden hatte, welche Rolle das Sperma bei der Fortpflanzung spielt. Anton van Leeuwenhoek hatte zwar schon 1677 unter dem Mikroskop Spermatozoen in der menschlichen Samenflüssigkeit nachgewiesen und beschrieben, aber er kannte ihre Funktion noch nicht. Erst 1779 zeigte der italienische Priester und Physiologe Lazaro Spallanzani in einem Experiment, daß das Ei mit der Samenflüssigkeit tatsächlich in Berührung kommen muß, damit sich ein Embryo entwickeln kann. Spallanzani befruchtete in seinem Labor künstlich Frösche, Fische und Hunde.

Dank dieses neuen Wissens konnte 1790 der Versuch unternommen werden, eine Frau künstlich zu befruchten. Der berühmte schottische Anatom und Chirurg John Hunter befruchtete erfolgreich die Frau eines Weißwarenhändlers mit dem Sperma ihres Mannes. Diese Methode heißt AIH *(artificial insemination by husband)*. Sie wurde im neunzehnten Jahrhundert in begrenztem Umfang nachgewiesenermaßen in Großbritannien, Deutschland, Frankreich und in den Vereinigten Staaten praktiziert. Der erste Versuch einer Befruchtung mit Spendersamen, statt mit dem Samen des Ehemannes, fand 1884 in Philadelphia statt. Während der folgenden vierzig Jahre gab es einige Debatten um diese AID, und medizinische Fachzeitschriften berichteten über einige wenige Fälle in den Vereinigten Staaten und in Deutschland.

In den dreißiger Jahren des zwanzigsten Jahrhunderts diskutierten englische Ärzte zum ersten Mal ernsthaft über die Möglichkeit, Frauen von unfruchtbaren Männern künstlich zu befruchten. Kleine Gruppen von Gynäkologen praktizierten das während des zweiten Weltkriegs, aber davon wußten nur wenige. Die Praxis stand noch am Anfang. 1945 sind für Großbritannien nur fünfzehn künstliche Befruchtungen mit dem Sperma des Ehemanns und fünfzehn mit Spendersamen dokumentiert (Langer, 1969); und noch 1960 führten nur schätzungsweise zwanzig Ärzte diese Prozedur regelmäßig durch.

Auch in Holland stieß die Praxis auf keine größere Gegenliebe. Zwischen 1948, als man damit begann, und 1960 gab es weniger als zehn Spenderbefruchtungen (Levie, 1972). In den Vereinigten Staaten dagegen wurden laut einer Schätzung aus dem Jahre 1960 jährlich fünf- bis siebentausend Spenderbabys geboren. Zwanzig Jahre später hatte sich die Schätzung etwas erweitert, auf sechs- bis zehntausend pro Jahr (Curie-Cohen, 1979).[1]

A. S. Parkes entwickelte 1949 gemeinsam mit zwei englischen Forscherkollegen eine neue Methode dafür; sie benutzten Glycerol, eine sirupartige Substanz, um den Samen während des Einfrierens vor Beschädigungen zu schützen. Mit dieser neuen Methode, Sperma zu konservieren, waren die Möglichkeiten der künstlichen Befruchtung gestiegen, was zunächst vielen Bauern in der Viehzucht zugute kam. Die Anwendung bei menschlichem Gefriersperma blieb unbekannt bis 1953/54, als Sherman und seine Mitarbeiter über entsprechende Forschung berichteten. Sie stellten eine sehr einfache Methode vor: Sie konservierten menschliches Sperma, indem sie es unter Beifügung von Glycerol sehr langsam einfroren und mit Trockeneis lagerten. Sie bewiesen auch zum ersten Mal, daß wiederaufgetautes Gefriersperma ein Ei tatsächlich befruchten und zu dessen normaler Entwicklung beitragen konnte.

Aber trotz dieses Beweises hatte es kaum jemand eilig, Samenbanken zu eröffnen. In den ersten zehn Jahren nach Shermans Berichten wurden nur zwei Gefriersamenbanken oder »Kryobanken« aufgemacht – eine in Iowa City, die andere in Tokio. Der erste Mensch, der mittels Gefriersamen gezeugt worden war, wurde 1954 geboren. 1965 gab es davon immer noch nur vierundzwanzig in den Vereinigten Staaten und Japan. (Kaum sechs Jahre nach der Geburt des ersten Retortenbabys dagegen waren schätzungsweise zweihundert Retortenbabys geboren.) Erst 1970 wurde die erste kommerzielle Kryobank für menschliches Sperma in den Vereinigten Staaten errichtet, und der Welt größte, die *Idant*, öffnete im folgenden Jahr ihre Türen in New York. Bis 1973 hatte die klinische Anwendung von Gefriersamen lediglich 571 Geburten erbracht.[2]

Ganz im Gegensatz dazu ging die künstliche Befruchtung von Zuchttieren rasch voran. Um 1900 begannen Naturwissenschaftler in Rußland mit Untersuchungen, vor allem an Rindern und Schafen. Sie erkannten ihren Nutzen für die Viehzucht sofort: Tausende von weiblichen Tieren mit dem Sperma von ein paar Preisbullen besamen zu können...!

Aber wie kam man an das Sperma heran? Giuseppe Amantea, Professor für Humanphysiologie an der Universität Rom, hatte eine Idee. 1914 bastelte er eine künstliche Vagina (*artificial vagina;* und sie wurde tatsächlich AV genannt), mit der sich der Samen von Hunden auffangen ließ. Bald darauf entwickelten russische Wissenschaftler AVs für Hengste, Bullen und Schafböcke. Das jeweilige Tier wurde von Männern sexuell stimuliert, man brachte es mit einem Reiztier zusammen und gestattete ihm, es zu besteigen. Kurz vor der Ejakulation führten die Männer dann den Penis des Tiers in die AV.

Es gab Tiere, die die AV nicht »bedienen« konnten. Also entwickelten Wissenschaftler 1948 Elektroejakulatoren, »eine nützliche Neuheit für das Auffangen bei widerwilligen oder behinderten Bullen und Böcken« (Bearden, 1980, S. 140). Dabei wird dem verkrüppelten oder alten Bullen eine Elektrode derart in den Darm eingeführt, daß dessen Reproduktionsorgane stimuliert werden.

Sollten weder künstliche Vaginas noch Elektrostöße wirken, konnte man auch ejakulationsfördernde Drogen spritzen. Und wenn alles versagte, blieb als letzte Chance »die Bergung der Spermatozoen aus dem männlichen Fortpflanzungsbereich nach erfolgter Schlachtung« (McMullen, 1979).

1936 gründeten dänische Viehzüchter die erste Kooperative für künstliche Befruchtung, um das Sperma ihrer jeweiligen Preisbullen untereinander auszutauschen. Im Jahr darauf entwickelten dänische Tierärzte eben jene (recto-vaginale) Besamung, die bis heute weit verbreitet ist.

Die künstliche Befruchtung bei Zuchttieren ging während des zweiten Weltkriegs sehr rasch voran, und gegen Ende der vierziger Jahre gab es in den Vereinigten Staaten bereits viele Rinderzüchterorganisationen, die mit künstlicher Befruchtung arbeiteten. Als Mitte der sechziger Jahre endlich Gefriersamen zur Verfügung stand, war die Methode durchgesetzt. Heute gibt es – wie ich in einem Gespräch mit einem Vertreter der NAAB (Tierzüchter-Vereinigung) erfuhr – allein siebenunddreißig Firmen, die mit Viehsamen handeln. 1980 wurden in den Vereinigten Staaten achtzig Prozent aller Milchkühe und zwei bis vier Prozent des weiblichen Schlachtviehs künstlich befruchtet. Keines dieser Tiere hat je natürliche Sexualität kennengelernt.

Die Pharmakraten waren begeistert von den Möglichkeiten der

künstlichen Spenderbesamung bei Nutztieren. Die Perspektiven der künstlichen Befruchtung von Frauen dagegen betrachteten sie immer noch mit Beunruhigung. Aus zwei Gründen: AID bedroht die patriarchalische Erbfolge und gibt Frauen ein Mittel zur Rebellion an die Hand.

AID entweiht das Sperma, jenen heiligen Samen, von dem aus die Macht des Patriarchats ihre Blüten treibt. Der »Spender«-Samen irgendeines Mannes wird der Ehefrau eines bestimmten Mannes eingesetzt, und das wirft die patriarchalische Erbfolge über den Haufen. Wie soll ein Mann seinen Namen und sein Gut auf seinen Sohn weitergeben, wenn dieser Sohn gar nicht seiner ist? Vor vielen Jahrhunderten, bevor das Patriarchat durchgesetzt worden war, wußten Männer nicht, daß sie überhaupt eine Rolle bei der Zeugung eines Kindes spielten (vgl. Kapitel 15). Erst als die Vaterschaft entdeckt wurde – der Zusammenhang zwischen Geschlechtsverkehr und Geburt –, hatte der Mann einen Grund, die Frau zu unterwerfen. (Niemand weiß genau, wann das war.)

Konnte der Mann seine Frau kontrollieren, indem er keinem anderen Mann erlaubte, sie zu schwängern, dann konnte er auch seinen Namen, seine Macht und sein Vermögen auf seine Söhne weitervererben. So erlangte er Unsterblichkeit und ein Gefühl von Verbundenheit mit den künftigen Generationen.

Derart unterworfen wurde aus der Frau eine Leibeigene, ein Stück bewegliche Habe des Mannes. Sie war nützlich als Schoß ihres Gatten und besaß etwa den Status seines Viehs. Sie hatte ausschließlich legitime Kinder zu gebären, das heißt Nachwuchs, der den Samen des Mannes enthielt, dem sie gehörte.

Eine Frau kann ihr eigenes Kind niemals selbst für »legitim« erklären, denn diese Legitimität ist ein Modell, das Männer für Männer erfunden haben. Es kontrolliert Frauen, die sich den männlichen Fortpflanzungsregeln widersetzen könnten. Männer bestrafen beide, die Frauen, die die Regeln brechen, und deren unehelichen Kinder. Zur Kolonialzeit konnte in Amerika eine Frau, die einen »Bastard« gebar, zu einem Bußgeld verurteilt, öffentlich ausgepeitscht und in Kontraktknechtschaft verpflichtet werden.[3] Auch ihr Kind konnte in Dienst genommen werden, entweder für einundzwanzig Jahre oder sogar lebenslänglich. »Bastardschaft«, so hieß es, war – anders als Vergewaltigung oder Mord an der eigenen Frau – ein unverzeihliches Verbrechen. Theodore Sedgwick nannte es »das einzige Verbrechen, das die gute Gesellschaft niemals vergibt... Es zieht Schande, Lächerlichkeit, Ehrlosigkeit, Exil nach sich« (Jones, 1980, S. 44). Für Jean Jacques Rousseau waren uneheliche Kinder Verrat. Zur Erläuterung, warum eine treulose Frau schlimmer ist als ein treuloser Mann, schrieb er in *Emile oder: Über die Erziehung* (Reclam, S. 726/7):

»Sie löst die Familie auf und zerreißt alle Bande der Natur; wenn sie dem Mann Kinder schenkt, die nicht von ihm sind, verrät sie beide, und der Treulosigkeit fügt sie noch den Betrug hinzu. Ich kann mir kaum ausdenken, welche Ausschreitung und welches Verbrechen nicht mit diesem zusammenhängt. Wenn es einen schrecklichen Zustand auf der Erde gibt, so ist es der eines unglücklichen Vaters, der bei der Umarmung seines Kindes zweifelt, ob er nicht das Kind eines anderen umarmt, das Unterpfand seiner Entehrung, den Dieb des Guts seiner eigenen Kinder.«

Um Strafen (wie der öffentlichen Auspeitschung und der Zwangsknechtschaft) zu entgehen, die von Männern erfunden worden waren, die ebenso dachten wie Rousseau, brachten Tausende von Frauen des siebzehnten Jahrhunderts ihre eigenen Kinder um. Ermordeten die Babys, die von Männern als illegitim erachtet wurden. Ertränkten sie in Kloaken oder Flüssen, versteckten sie in Baumstämmen, vergruben sie im Garten oder Keller. Viele wurden erwischt. Viele wurden gehängt.

Und deshalb ist die Kernfrage, die die künstliche Befruchtung mit Spendersamen dem Patriarchat aufgab und der die Gerichte feierlichste Aufmerksamkeit widmeten: Ist ein AID-Kind ein »eheliches«, ein legitimes Kind? Selbst wenn es von der Ehefrau eines Mannes geboren wird, es stammt nun einmal nicht aus jenes Mannes Lenden. Und wenn so ein Kind »unehelich« ist, hat dann die Mutter Ehebruch begangen, indem sie es empfing? Darf ein AID-Kind eines Mannes Besitz und Vermögen erben?

Bereits früh lautete die Antwort auf die letzte Frage: nein. Bereits früh sahen Männer nur die Bedrohung, die AID darstellte.

»Welcher Mann und welche Frau, so sehnlich ihr Wunsch nach einem Erben auch sein mag, wären denn wohl einverstanden mit einer Injektion von fremdem Samen?« fragte Dr. Hermann Rohleder 1934 in einem Buch über künstliche Befruchtung. »Gott sei Dank haben die meisten Leute noch immer genügend Takt, Anstand und Moralempfinden.«

Er berichtete auch über einen italienischen Arzt, der von einer verheirateten, kinderlosen Frau inständig gebeten wurde, sie mit dem Sperma eines fruchtbaren Mannes zu befruchten. »Er hat seine Patientin über das Böse einer solchen Idee aufgeklärt«, kommentierte Rohleder, »und ihr auseinandergelegt, daß die künstliche Befruchtung mit dem Samen eines fremden Mannes eine ebensolche Sünde darstellt, wie wenn sie selbst mit einem fremden Mann verkehrt.«

Neun Jahre später, nämlich 1943, schrieb ein Arzt, Dr. Folsome, folgendes im *American Journal of Obstetrics and Gynecology*: »Die Ehefrau, die dank eines durch homolog-artifizielle Insemination (Befruchtung mit dem Samen des Ehemannes) ein Baby bekommen hat, mag vielleicht ihrer Freude Ausdruck geben und Anerkennung erlangen. Die Frau jedoch, die durch Spendersamen zu einer Schwangerschaft kommt, wird – auch wenn sie nur ein einziges Mal etwas davon weiterflüstert – zur medizinischen Kuriosität. Sie wird beneidet von den Primitivlingen und Lüstlingen, bemitleidet von denen, die mit Fruchtbarkeit gesegnet sind, gemieden von Verwandten und leider sogar vielleicht von ihrem eigenen Kind.«

Bei den ersten AID-Fällen entschieden Gerichte in Großbritannien, Kanada und den Vereinigten Staaten, solche Kinder seien illegitim, und künstliche Befruchtung mit Spendersamen komme einem Ehebruch gleich. Damit lieferte AID Scheidungsgründe sowie den Anlaß für Strafverfolgung.

Damals war für einen Ehebruch Sex nicht unbedingt erforderlich. Ehebruch war jeder Akt, der in unehelicher Empfängnis enden konnte. Das stellte ein kanadisches Gericht im Fall einer Frau klar, die sich angeblich ohne die Zustimmung ihres Mannes einer künstlichen Befruchtung mit Spendersamen unterzogen hatte. Das Oberste Gericht von Ontario definierte 1921 als Ehebruch, »wenn die beschuldigte Person ihre reproduktiven Kräfte und Anlagen einer anderen Person freiwillig überläßt«.[4] Das Wesentliche am Ehebruch sei nicht so sehr »die moralische Verworfenheit des geschlechtlichen Akts«, sondern vielmehr »die Möglichkeit, der Familie des Ehemannes die falsche Blutlinie zuzufügen«, entschied das Gericht (JAMA, 6. Mai 1939).

Bei jenem Symposium 1945 in Chicago legte der Staatsanwalt James F. Wright ein Papier vor, in dem er mit diesem Urteil übereinstimmte. Er führte aus, daß manche Gerichte bisher nichts als Ehebruch definierten, was nicht auch Geschlechtsverkehr beinhaltete, egal wie unanständig es sein mochte. Diese Tatsache bestätigte seiner Meinung nach die Ansicht, daß Ehebruch in ihrem Kern nicht moralische Verderbtheit sei, sondern »eine Invasion auf die Fortpflanzungsfunktionen. Ehebruch liegt erst dann vor, wenn sich daraus mögliche Folgen für die Fortplanzung« ergeben. Die Absicherung des Besitzes des Mannes und damit seiner Unsterblichkeit also ist es, worum Ehebruchsverbote sich stets gedreht haben. Es überrascht darum auch gar nicht, daß Wright indigniert fragt, von wem ein AID-Kind eigentlich Land und Reichtum erben soll. »Soll er etwa den Ehemann seiner Mutter beerben, wenn dieser mit der Produktion derartigen Nachwuchses überhaupt nichts zu tun hat?« (Greenhill, 1947) Nein, erklärte Wright, AID solle von den Gerichten als Ehebruch eingestuft werden.

Das Oberste Gericht von Cook County richtete sich danach. Es entschied 1954, daß unabhängig vom Einverständnis des betreffenden Ehemannes ein durch Spendersamen empfangenes Kind außerehelich geboren und dementsprechend illegitim sei. Das Gericht fügte noch hinzu: »Das Kind ist als solches Kind der Mutter, der Vater hat an besagtem Kind keinerlei Recht und Interesse.«

Noch 1963 verfügte ein Gericht, daß ein AID-Kind deshalb unrechtmäßig sei, weil der Spermalieferant mit der Mutter nicht verheiratet war. Obwohl der Ehemann einverstanden gewesen war, erklärte dieses Gericht die Mutter zur Ehebrecherin.

Auch in Großbritannien versetzte AID Männer in Alarm. Ende der fünfziger Jahre beauftragte die britische Regierung den Feversham-Ausschuß mit einer gründlichen Untersuchung der Praxis und der Reglements von künstlichen Befruchtungen. Der Ausschuß empfahl in seinem Schlußbericht von 1960, es als neuen Scheidungsgrund anzusehen, wenn eine Frau ohne die Zustimmung ihres Mannes ein Kind durch Spendersamen empfing. Er empfand AID als nicht wünschenswert, da sie eine Bedrohung der Institution Familie und der durch AID entstandenen Kinder darstelle. Solche Kinder, befand der Ausschuß, sollen auch künftig als illegitim eingestuft werden. »Die Abfolge durch blutsverwandte Abstammung ist ein bedeutender Aspekt des Familienlebens und Grundlage unserer ganzen Gesellschaft an sich. Auf ihr beruhen Adels- und andere Ehrentitel und die Monarchie selbst.« (Feversham, 1960)

Reagierten Ausschüsse und Gerichte beunruhigt, so grenzten die Erwiderungen von führenden Männern aus Religion und Medizin ans Testikulare. (Ich habe dieses Wort absichtlich gewählt – statt »hysterisch«, das sich von der Gebärmutter herleitet; ich wollte mit der Anspielung auf die Hoden dem Geschlecht Respekt zollen, um das es hier geht.) Nach einer Durchsicht der Literatur zum Thema künstliche Befruchtung stellte Dr. Bernard Rubin fest, daß sie »heftige emotionale Reaktionen« provozierte, die sich in den vergangenen fast zwei Jahrhunderten kaum geändert hatten. Die Verfasser setzten seiner Vermutung nach AID unbewußt mit Inzest in Zusammenhang. Ich dagegen vermute, er hätte sie einfach nur wörtlich nehmen müssen. Er faßt ihre Ängste so zusammen:

»Es ist behauptet worden, daß AID ›die Familie bedroht‹, ›gesellschaftlich monströs‹ ist und ›Ehe, Familie und Gesellschaft‹ gefährdet. ›AID kann leicht zu einer radikalen Revolution führen, in der Vater, Bruder, Familienabstammung und dergleichen jeden Rest an Bedeutung verlieren.‹ Es gab die Furcht vor einer ›anonymen Welt‹; AID ›darf niemals empfohlen werden‹. Die *British Medical Association* empfand AID als ›Angriff auf die Gesellschaft‹.« (Rubin, 1965)

Derartige Reaktionen werden verständlich, wenn wir begreifen, wie erschreckend die Perspektive einer »anonymen Welt«, das heißt einer Welt ohne genetische Kontinuität für den Mann, für eben diese Männer ist. »Der Verlust der genetischen Kontinuität« ist eines der schwierigsten Themen im Zusammenhang mit der künstlichen Befruchtung durch Spendersamen, wie Barbara Menning aus ihren Beratungen unfruchtbarer Paare berichtet. Sie zitiert einen Dreißigjährigen: »Ich empfand es als ungeheure narzißtische Kränkung, denken zu müssen, daß es nie ein Kind geben würde, das aussah wie ich und meine Gene hatte. Ich erinnere mich noch, daß ich, als ich zum ersten Mal AID in Erwägung zog, hoffte, daß meine Frau ein Mädchen bekam, während es mir bisher immer egal gewesen war. Irgendwie hätte ein Sohn mir diesen Verlust erst richtig klargemacht, denn er wäre eben nie eine kleine Ausgabe von mir gewesen.« (Menning, 1981)

Aber AID bedeutete noch eine zweite Bedrohung für die Gesellschaft. Sie kippte nicht nur den patriarchalischen Erbfolgemechanismus, sie verschaffte auch Frauen ein Instrument der Rebellion. Wenn AID einfach zu haben war, konnten Frauen Familien mit Kindern, aber ohne Männer gründen. Und das bedroht die patriarchalische Familie, die Gemeinschaft und die Männer, wie die Soziologin Jalna Hanmer ausführt, und die führenden Religionspatriarchen haben das auch sofort erkannt.

Zum Beispiel Reverend Don McCarthy: »Sollte Ärzten und anderem Gesundheitspersonal nicht gesetzlich verboten werden, Techniken zur Schwängerung von unverheirateten Frauen anzuwenden oder Reagenzglasbefruchtungen für unverheiratete Paare anzubieten? Wenn der Staat die Aufgabe hat, das Leben zu schützen, dann sollte das Bürgerliche Gesetzbuch doch wohl gleichermaßen die Ehe schützen. Die (römisch-katholische) Kirche steht in entschlossenem Widerspruch zu nichtehelicher Fortpflanzung.« (McCarthy, 1980)

Männer können allerdings Frauen kaum daran hindern, sich künstlich befruchten zu lassen. AID braucht weder Ärzte noch komplizierte Ausrüstungen. »Die Technik der künstlichen Befruchtung ist sehr einfach«, schrieb Dr. Wildred Finegold 1964 in einem medizinischen Fachtext, »und daß sie so einfach geht, ist in der Tat eine der Gefahren der Prozedur.«

Gefahr – für wen? Nicht für die Frauen jedenfalls.

Im Hinblick auf diese »Gefahr« schrieb ein Mann an das AID-Forschungsprojekt: »Mein Gott, ihr macht uns Männer immer nutzloser und überflüssiger. Da kriegt man ja Angst.«

Es ist, wie Staatsanwalt Russell Scott 1981 bemerkte: »Falls Fortpflanzung durch künstliche Befruchtung die Norm werden sollte, würde der männliche Teil der Menschheit konsequenterweise aufhören, gesellschaftlich notwendig zu sein ... Die Menschheit könnte sich leicht mit Hilfe von gelagertem Sperma reproduzieren oder mit Hilfe des Spermas einer kleinen Gruppe ausgewählter lebender Spender. Was dieses Verschwinden des Mannes aus seiner historischen Rolle gesellschaftlich nach sich ziehen würde, läßt sich schwer ausmalen.« (Scott, 1981, S. 213–214)

Nicht überraschend also, daß Männer immer versucht haben, den Zugang zu AID für unverheiratete Frauen zu begrenzen. Die *American Medical Association* (AMA) erklärte 1974: »Da die künstliche Befruchtung beim Menschen ein medizinischer Vorgang ist, sollte die Ärzteschaft all ihren Einfluß geltend machen und alles daransetzen, daß sichergestellt bleibt, daß diese Prozedur ausschließlich von denjenigen durchgeführt werden darf, die eine Approbation als Arzt oder eine Zulassung als Heilpraktiker nachweisen können.« 1980 empfahl ein Ausschuß der *American Fertility Society* ein Gesetzesmodell, das Gefängnisstrafen und Bußgelder für alle Nichtärzte vorsieht, die künstliche Befruchtungen vornehmen. Im Staat Georgia wurde ein Gesetz verabschiedet, das ein AID-Kind zwar für rechtmäßig erklärt, aber nur unter bestimmten Umständen, und dazu gehörte, daß ein Arzt die Befruchtung durchgeführt hatte. Weigert sich eine Frau, einen Arzt damit zu beauftragen, ist das Kind ein »Bastard«; geht sie zu einem Arzt in die Praxis und nimmt ihre Medizin, dann ist ihr Baby legitim und patriarchalisch-staatlich anerkannt.

Inzwischen schreiben die meisten Gesetze zur künstlichen Befruchtung durch Spendersamen vor, daß sie durch einen Arzt vorgenommen werden muß.

Im kanadischen Quebec verschreiben Ärzte Sperma auf Rezept. Es gilt als Medizin. So jedenfalls stufte es der Quebecer Apothekerverband 1980 ein, denn damit fiel es unter die Arzneimittelkostenverordnungen des Medicare-Programms (AMN, 1980).

»Praktisch, wenn auch nicht unbedingt rechtlich, ist es bei uns sehr ähnlich«, erläuterte Francie Hornstein, die Gründerin eines AID-Projekts des Feministischen Frauengesundheitszentrums von Los Angeles. »Man braucht einen Arzt, um formal Sperma anfordern zu können. Man bekommt es selbst nicht. Man meldet sich in einer Samenbank an. Und jedesmal, wenn man Sperma haben möchte, muß der Arzt von seiner Praxis aus dort anrufen.«

Die männliche Medizin hatte ganz bestimmte Kriterien dafür, welche Frauen das erlaubt bekommen und wann eine künstliche Befruchtung als »Therapie« gilt; Hauptkriterium war: verheiratet müssen sie sein. Wie die Juristin Barbara Kritchevsky feststellt, enthüllt bereits die Sprache die Absicht, die künstliche Befruchtung nur verheirateten Frauen vorzubehalten: Der Begriff AIH (Befruchtung durch den Samen des Ehemannes) besagt eben, daß es so etwas für unverheiratete Frauen nicht zu geben hat.[5]

Die Möglichkeit, daß unverheiratete Frauen selbst entscheiden können, ob sie schwanger werden möchten, wird in der gesamten juristischen Literatur zum Thema seit den vierziger Jahren »mit großer Besorgnis und großem Abscheu« diskutiert, berichtet Barbara Kritchevsky. Sie zitiert auch zwei 1949 veröffentlichte Artikel, in denen ein gesetzliches Verbot der künstlichen Befruchtung unverheirateter Frauen empfohlen wird. Neunzig Prozent der 1979 für eine Studie befragten Ärzte hatten AID nie bei unverheirateten Frauen durchgeführt; zehn Prozent allerdings doch. Insgesamt war das weniger als ein Prozent aller durchgeführten künstlichen Befruchtungen (Curie-Cohen, 1979).

Viele Ärzte weigerten sich einfach, unverheiratete Frauen zu befruchten. »Ich würde AID bei Ledigen ablehnen,« schrieb der Direktor einer englischen Fruchtbarkeitsklinik 1972, »und ebenso bei Paaren mit verschiedenen Hautfarben und verschiedenen Religionen.« (Sandler, 1972)

Manche Ärzte fürchten, es sei illegal. (Was es nicht ist.)[6] Andere halten nichts davon, Kinder in vaterlose Familien zu setzen, oder sind der Überzeugung, daß unverheiratete und lesbische Frauen nicht Mütter sein sollten. Dr. Finegold zum Beispiel hält das Interesse einer unverheirateten Frau an künstlicher Befruchtung lediglich für einen »Hinweis auf deren psychologische Not«. (Kritchevsky, 1981)

Die Königlich-Niederländische Ärztevereinigung erklärte 1962: »Die künstliche Befruchtung bei unverheirateten Frauen steht im Widerspruch zur gesellschaftlichen Ordnung und ist aus medizinisch-ethischen Gründen unzulässig.«

Ähnlich allgemeine Mißbilligung hatte der Feversham-Ausschuß geäußert, wobei es um die künstliche Befruchtung von Frauen geht, die an keinen Mann gebunden sind, nämlich um alleinstehende Frauen, Witwen oder »Frauen, die zwar verheiratet sind, aber vom Ehemann getrennt leben«.

1980 allerdings bestritt eine Frau den Ärzten das Recht, ihr eine künstliche Befruchtung zu verweigern, nur weil sie nicht verheiratet war. Sie erstattete Anzeige gegen eine Klinik in Detroit, ließ sie aber wieder fallen, als die Klinik, die zur Universität von Wayne State gehört, erklärte, der Ehestand von »Patientinnen« spiele bei der Auswahl für künstliche Befruchtungen keine Rolle.

Die Reaktion darauf war überwältigend. Wochenlang riefen täglich mehr als ein Dutzend alleinstehende Frauen in der Abteilung für Gynäkologie und Geburtshilfe an, berichtete deren Leiter Dr. Tommy N. Evans. »Eine Menge Leute scheinen zu denken, sie könnten hier einfach hereinspazieren und sich befruchten lassen«, erzählte er den *Ob/Gyn News* (1. Dezember 1980), »und das ist ganz und gar nicht der Fall.«

Das stimmt. Und deshalb fingen einige Frauen an, künstliche Befruchtungen selbst in die Hand zu nehmen, mit dem Argument, daß das Recht auf Kinder ebenso zu den Fortpflanzungsrechten der Frau gehört wie das Recht auf Abtreibung. »AID bedeutet potentiell eine ungeheure Erweiterung der Chancen von Frauen, ihr eigenes Leben zu leben«, sagt Francie Hornstein. »Ich glaube, viele Leute heiraten nur, weil sie Kinder wollen. Und diese Leute, zumeist Frauen, haben jetzt nicht mehr unbedingt das Gefühl, sie müßten dafür heiraten.«

Frauen, die sich künstlich befruchten lassen, kommen aus allen Schichten und Lebensumständen. Sie sind Ärztinnen, Lehrerinnen, Krankenschwestern, Sozialarbeiterinnen, Psychotherapeutinnen,

Managerinnen, Stewardessen, Büro- und Fabrikarbeiterinnen, Schuldirektorinnen, Redakteurinnen, Sekretärinnen. Manche sind Feministinnen, andere überhaupt nicht bewußt politisch.

Schätzungsweise seit 1976 haben sich immer mehr heterosexuelle Karrierefrauen mit Spendersamen befruchten lassen, berichtet Annette Baran, klinische Sozialarbeiterin und Mitbegründerin des AID-Forschungsprojekts. Es sind Frauen, die für sich selbst sorgen können. Sie wollen ein Kind. Sie sind um die Dreißig. Sie sind nicht sicher, ob sie jemals einen Mann kennenlernen, lieben und heiraten werden, der ebenfalls ein Kind will. Also gehen sie selbst los und bekommen dieses Kind.

»Das ist eine ziemlich neue Sorte Frau«, sagt Annette Baran, »lauter Jungfrau Marias. Die haben mit Sex nichts im Sinn. Und damit geben sie auch überall kräftig an.«

Sie fühlen sich durchaus nicht als ledige Mütter, bemerkt Annette Baran weiter, denn sie sind ja nicht aufgrund irgendeiner »unerlaubten« sexuellen Beziehung schwanger geworden. »Sie reden mit ihren Chefs und ihren Freunden darüber. Sie erzählen es jedem. Sie sind stolz darauf, eine Art Pionierinnen zu sein.«

Etwa zur selben Zeit begannen lesbische Frauen, sich dieser Methode zu bedienen. Ganz allmählich. Eine Lesbe in Vermont wollte ein Kind haben; sie war Photographin, hatte ihren Abschluß im Vassar College gemacht und erinnert sich: »Ich wußte, daß es diese Technik AID gab und daß Frauen von unfruchtbaren Männern sich so befruchten ließen, also überlegte ich, ob das vielleicht auch für mich ein Weg war.« Ein Jahr lang notierte sie sorgfältig ihre Menstruationsdaten, um den Eisprung vorhersagen zu können, den besten Moment für die Befruchtung.

Ihr Vater, ein Arzt, ist stolz darauf. »Er hat eingesehen, daß diese Entscheidung sinnvoll für mich war, und deshalb ist er stolz darauf, daß ich gekämpft habe, um sie durchzusetzen«, schrieb sie in einem Fragebogen, den ich unter lesbischen AID-Müttern verteilt hatte. »Für meine Mutter ist es ›Science-fiction‹, sie ist traurig darüber, daß ich nicht nach ihren Märchenbuch-Vorstellungen von einer ordentlichen Ehe und so weiter lebe. Aber inzwischen freut sie sich so über ihre Enkelin, daß sie davon nicht mehr geredet hat, seit ich es ihr am Anfang meiner Schwangerschaft erzählt habe.«

Im selben Jahr 1976 bekam eine Lesbe in Los Angeles ein AID-Baby. Anstatt sich jedoch an eine Samenbank zu wenden, hatten sie und ihre Geliebte den Spender selbst gesucht. Dann waren sie ins Feministische Frauengesundheitszentrum von Los Angeles gegangen. Francie Hornstein hatte ihnen erklärt, wie sie sich mit Spekulum, Taschenlampe und Spiegel selbst untersuchen und wie sie das Sperma einführen konnten.

»Sie war die erste Frau, die ich kennengelernt habe, die wirklich losging und sich ihre AID-Schwangerschaft allein organisierte«, erinnert sich Francie Hornstein.

Inzwischen bieten das Frauengesundheitszentrum von Vermont und die Feministischen Frauengesundheitszentren von Los Angeles und Oakland Spenderbefruchtungen an, und zwar seit 1975, 1979 und 1982. Zum Zentrum in Oakland gehört auch eine eigene Samenbank.

»Wir hatten hier drei Gesundheitszentrumsbabys«, erzählt Dana Gallagher, eine der Mitarbeiterinnen.

Die Anwältin Donna Hitchens, die für das *Lesbian Rights Project* in San Francisco über Spenderbefruchtung gearbeitet hat, berichtet, daß AID unter Lesben mittlerweile einigermaßen verbreitet ist. »Ich höre oft davon, vor allem von Lesben zwischen dreißig und sechsunddreißig Jahren. Wir haben vermutlich zweihundert AID-Kinder in der Umgebung von San Francisco.« Die ersten dieser Kinder, schätzt sie, sind 1979 geboren.

Es gibt auch einige Ratgeber über »alternative Befruchtung« oder »Selbst-Insemination«, wie die Autorinnen lieber sagen. Darin wird beschrieben, wie Frauen genau herausfinden können, wann sie einen Eisprung haben, damit sie sich zum günstigsten Zeitpunkt selbst befruchten können. Sie enthalten auch Berichte darüber, wie Frauen Spender gefunden haben (oft durch Freunde) und auf welche Probleme sie dabei gestoßen sind. Manche Frauen, so wird beschrieben, wissen, wer die Samenspender sind, und empfinden das auch als wichtig, falls die Kinder später einmal etwas über ihre Väter erfahren und mit ihnen eine Beziehung haben möchten. (Eine Frau schrieb in meinem Fragebogen, daß ihr Spender ein Kollege ist, er sieht das Kind regelmäßig und verhält sich wie ein Freund, nicht wie ein Vater.) Viele andere Frauen versuchen, den Spermalieferanten anonym zu halten, aus Angst, er könnte später einen Sorgerechtsprozeß anstrengen.

Gordon Prince von der Abteilung Kinder- und Familienpsychiatrie im King's College Hospital in London gehört zu den vielen Männern, die es gar nicht schätzen, daß lesbische Frauen sich mit Spendersamen befruchten lassen. Es mache ihm Sorge, wenn eine lesbische Frau Kinder wolle, stellte er fest. Könne das Motiv dafür nicht Aggression sein? Prince fragt sich, ob der Wunsch einer lesbischen Frau nach künstlicher Befruchtung nicht aus »einer grundsätzlichen Feindseligkeit gegenüber Männern oder gegenüber dem männlichen Gesellschaftsmodell« entstehe. (Adrienne Rich hat in einer brillanten Analyse der Heterosexualität als Institution 1980 beschrieben, daß ein Teil der Lüge dieser Institution genau darin besteht, »immer wieder zu suggerieren, daß Frauen sich aus Haß auf Männer Frauen zuwenden«.) Die ganze Angelegenheit müsse genau untersucht werden, schloß Prince. Er hatte bereits zuvor, während einer Fachtagung über die Benutzung von AID durch lesbische Frauen 1978, bemerkt: »Die Feindseligkeit und die Angst gegenüber dem, was wir hier diskutieren, steckt sehr tief.« (JME, 1978)

Lesben wissen das. Und viele machen sich auch Sorgen darum, wie sich solche Feindseligkeit und solche Angst auf ihre Kinder auswirken können. Zum Beispiel Mary N., die einen Sohn, Andy, geboren hat: »Das einzige, was meine Freundin und mich so lange nachdenken lassen hat über die Entscheidung, war die Angst, daß Andy vielleicht leiden müßte. War es wirklich fair, ihm das anzutun? Schließlich haben wir beschlossen, daß eine Frau, wenn sie etwas richtig findet – wenn sie überzeugt ist, daß sie das Recht auf Kinder hat, ob sie nun lesbisch ist oder heterosexuell-zölibatär –, daß sie sich dann wirklich besser befruchten läßt und dafür kämpft, *daß* es akzeptiert wird. Aber angst macht es uns immer noch. Es macht einfach angst, sich vorzustellen, das eigene Kind wird leiden.«

Noch ist es zu früh, die ganze Bandbreite der Schwierigkeiten und Freuden zu ermessen, die diese weiblich geführten AID-Familien werden durchmachen müssen. Alle lesbischen Mütter, die meinen Fragebogen ausfüllten oder mit mir sprachen, waren sehr glücklich über ihre AID-Kinder. Aber ihre Antworten enthielten auch ein paar Hinweise darauf, wie heikel ihre Situation ist. Da ist zum Beispiel die Unsicherheit auf seiten der Partnerin einer AID-Mutter, denn sie, die das Kind ebenso liebt und bemuttert, hat kein gesetzlich oder gesellschaftlich verbrieftes Recht, es je wiederzusehen, falls die Beziehung zur Mutter kaputtgeht; dann die Angst davor, daß sie als Lesben eines Tages als »untauglich zur Mutterschaft« erachtet werden und die Kinder weggenommen bekommen können, und aus dieser Angst heraus sind sie der Außenwelt gegenüber sehr verschwiegen und erzählen nur den Kindern, wie sie entstanden sind; ferner die Schuldgefühle, die jede Mutter hat (»Mache ich auch alles richtig?«), die für die alleinstehende Lesbe noch beißender werden, weil sie immer wieder zu hören bekommt, daß ein alleinstehendes Elternteil eben keine komplette Familie und darum unerwünscht ist; und außerdem die einzigartigen Familienbeziehungen mit den Großeltern – oft sind sie eine gute Stütze, manchmal aber auch unangenehm.

Da viele dieser Frauen ihre Familien unabhängig von durch Ärzte kontrollierten Befruchtungseinrichtungen gegründet haben, sind sie im Unterschied zu Eheleuten, die AID-Kinder bekommen haben, nicht so leicht für Untersuchungen zu erfassen. Viele der lesbischen Mütter, mit denen ich gesprochen habe, fanden es nützlich für sich selbst, für andere Lesben, die an AID dachten, und auch für die AID-Kinder, wenn Informationen über ihre Erfahrungen zusammengetragen werden könnten, vielleicht durch eine von ihnen. Im Bewußtsein der Feindseligkeit von seiten der Gesellschaft und der Auswirkungen dieser Feindseligkeit darauf, wie eine solche Untersuchung aufgezogen und ausgewertet werden kann, sind sie allerdings auch sehr vorsichtig damit, welchen Forscherinnen oder Forschern sie überhaupt Zutritt zu ihrem Leben gestatten.

III. Das vergesellschaftete Sperma:
Die Institutionalisierung der künstlichen Befruchtung

1980 reichte ein homosexueller Mann, der einer lesbischen Frau, die ich hier Susan nennen will, seinen Samen gespendet hatte, Vaterschaftsklage ein und verlangte das Besuchs- und Sorgerecht für das Kind, das Susan geboren hatte. Drei Jahre später entschied ein Oberster Richter in Kalifornien, der Samenspender sei der rechtmäßige Vater, und erteilte ihm das Besuchsrecht. Es ist der erste Fall dieser Art, und er wird, sollte das Berufungsgericht das Urteil bestätigen, vermutlich ein Präzedenzfall werden.

Konfrontiert mit der perversen Situation, die die künstliche Spenderbefruchtung ihrer Meinung nach hervorruft – nämlich Familien ohne Väter –, suchen Gerichte und Medizin angestrengt nach Möglichkeiten, solche Zustände auf nichtbedrohliche Weise wieder in das Patriarchat einzupassen. Ihre Strategien drehen sich alle um die Definition der Rolle des Samenspenders, und die ist je nach Umständen größer oder kleiner.

Handelt es sich um eine unabhängige Frau wie Susan – eine Frau also, deren Leben nicht um einen Mann herum zentriert ist –, dann vergrößert sich die Rolle. Schon in ihren ersten Urteilen hatten die Gerichte den Status des Spenders offenbar allmählich ändern wollen, weg von der anonymen Samenquelle hin zum Vater mit sämtlichen entsprechenden Rechten. Damit ließ sich die Freiheit der Frau, ein Kind ohne männliche Kontrolle zu bekommen, wieder beschneiden.

Wenn es jedoch um ein Ehepaar geht, wenn also ein anderer Mann (der Ehemann) vorhanden ist, der die Vaterrolle übernehmen kann, dann schrumpft der Status des Spermalieferanten und entspricht nur noch dem eines Blutspenders. Der liefert auch eine bestimmte Körperflüssigkeit und verschwindet, namenlos. Die Vaterschaft stecke keineswegs in eines Mannes Sperma, erklären Gerichte und Medizin.

Die Männer haben allerdings nicht sofort zu solchen Rechts- und Medizintaktiken gegriffen, um mit der Bedrohung klarzukommen, die AID für die Gesellschaftsordnung darstellt. Die Bedrohung war sehr ernst, und so überrascht es kaum, daß die Anwendung der künstlichen Befruchtung durch Spendersamen nur langsam vorankam.

Der Feversham-Ausschuß hatte seinen sehr negativen Bericht über AID 1960 veröffentlicht, wie wir gesehen haben. Der Peel-Report, der 1973 von einem Komitee im Auftrag der *British Medical Association* erstellt wurde, fiel schon günstiger aus. Er empfahl nicht nur, die Regierung solle AID innerhalb ihres *National Health Service* anbieten (was sie mittlerweile tut), sondern auch, AID-Kinder sollen als »ehelich« angesehen werden, sofern der Ehemann der Befruchtung zugestimmt hat. (Trotz dieser Empfehlung gelten sie in England allerdings bis heute vor dem Gesetz als »unehelich«. Vgl. Peel, 1973)[1]

Auch in den Vereinigten Staaten änderten die Männer ihre Ansichten nur langsam. Die Gerichte verurteilten AID-Kinder etwas zögernder als »Bastarde«. Georgia war der erste Bundesstaat, der 1964 die Kinder aus künstlichen Befruchtungen für ehelich erklärte, wenn beide Ehegatten schriftlich ihr Einverständnis gaben. In fünfzehn Bundesstaaten gibt es bereits gesetzliche Regelungen über AID und ist die Rechtsnatur dieser Kinder festgelegt.[2] Die meisten basieren auf dem *Uniform Parentage Act*, der 1973 entworfen wurde und vorsieht, daß das Gesetz den Ehemann einer Frau, die sich unter ärztlicher Überwachung und mit Einverständnis ihres Mannes mit Spendersamen hat befruchten lassen, dem natürlichen Vater gleichstellt. Die entsprechenden Verordnungen legen fest, daß ein Mann, der sein Sperma einem Arzt überläßt, von keinem der möglichen Kinder der gesetzliche Vater ist.

»Da Vaterschaft nach dem Gesetz im genetischen Anteil am Kind liegt, stellt die Anerkennung von AID-Kindern als legitime Kinder einen Bruch mit einer uralten Tradition dar, die selbst eine Wurzel der patriarchalischen Gesellschaftsordnung ist«, kommentierte die Soziologin Jalna Hanmer. Diesen Bruch können Männer sich inzwischen erlauben, denn sie haben ja einen Ausweg gefunden, damit AID sich wieder in das Patriarchat einfügt; sie bestehen darauf, einen Mann festzulegen, der die Vaterrolle übernimmt.

Gerichte, die sich mit künstlicher Befruchtung befassen, so beobachtete Barbara Kritchevsky, »tun sich gelegentlich mit ziemlich dreisten Formulierungen hervor, zum Beispiel: ›Das wichtigste ist, einen Vater für dieses Kind zu finden, und da wir nicht wissen, wer wirklich der Vater war, wird es der Mann sein müssen, der zumindest seine Zustimmung zu dieser Geburt gegeben hat.‹«

Zwei Urteile sind hier von Bedeutung. In beiden Prozessen – einem gegen einen Ehemann namens Sorensen von 1968, dem anderen zwischen einem Spender und einer AID-Mutter von 1977 – wurde hart nach dem Muster, ein Vater muß her, verfahren. Zwar hatte bereits ein Gericht in Illinois 1945 mit der traditionellen Rechtsprechung gebrochen und festgestellt, daß AID weder Ehebruch noch Scheidungsgrund ist, aber in dem Urteil von 1968 wurde erstmals ein Kind aus Spendersamen als eheliches anerkannt. Spenderbefruchtung, so das Urteil weiter, ist kein Ehebruch. Im Fall Sorensen, der bis heute kompliziertesten juristischen AID-Verhandlung, sprach das Oberste Gericht von Kalifornien einen Mann schuldig, weil er für das AID-Kind, das während seiner Ehe und mit seinem Einverständnis gezeugt worden war, nicht aufkommen wollte. Sorensen behauptete, das Kind sei nicht seins und er sei deshalb auch nicht verpflichtet, dafür aufzukommen.

Das Gericht entschied, daß der Spender keineswegs der Kindsvater sei. Er habe nicht mehr Verantwortung dafür, was mit seinem Sperma passiert, als ein Blutspender bezüglich seines Blutes. »Da es einen ›natürlichen‹ Vater nicht gibt«, schloß das Gericht, »können wir nur nach einem gesetzlichen Vater suchen.« Und der war Sorensen.[3]

Vaterschaft war also nicht mehr nur im Sperma enthalten.

Auch das Urteil von 1977 verfuhr nach derselben Politik. Und dieser Fall könnte Samenspendern einige Macht über Frauen und die von ihnen geborenen Kinder einräumen. Es erging von einem Gericht in Cumberland County, New Jersey, und war bis zum Prozeß im Fall Susan 1983 das einzige Gerichtsurteil, das sich mit der künstlichen Befruchtung einer unverheirateten Frau befaßte. Das Gericht entschied, in New Jersey habe der natürliche Vater eines illegitimen Kindes das Besuchsrecht. Es sei das beste für das Wohl des Kindes, so das Urteil, wenn irgend möglich zwei Elternteile zu haben.

Die etwas schrägen Hintergründe des Falls waren folgende: C. M., der Samenspender, hatte eine Beziehung zu C. C. gehabt, und beide hatten auch über eine Heirat gesprochen. C. C. wollte ein Kind, aber keinen Geschlechtsverkehr vor der Ehe. Als sie erwog, einen Freund zu bitten, ihr sein Sperma zu spenden, bot C. M. seins an und C. C. nahm es an. Etwa im dritten Monat der Schwangerschaft war ihre Beziehung zu Ende. Nach der Geburt des Kindes klagte C. M. auf Besuchsrecht.

Das Gericht entschied, der Spender habe alle Besuchsrechte, allerdings auch die Unterhaltspflicht für das Kind. In einer späteren Verhandlung wurde ihm außerdem das Recht zugesprochen, auf dem Geburtsschein als Kindsvater eingetragen zu werden. Diese Art Rechtsprechung weicht stark ab von den Entscheidungen in den Fällen, in denen ein Mann sein Sperma für eine verheiratete Frau gespendet hatte. In letzteren hatten die Gerichte die Anerkennung des Spenders als gesetzlicher Vater stets abgelehnt. (Kern/Ridolfi, 1982)

Daß das Gericht im Fall C. M. gegen C. C. darauf beharrte, einen Vater zu bestimmen, sei das beste für das Kind, muß all denen Sorgen machen, kommentiert Barbara Kritchevsky, die überzeugt sind, daß auch eine unverheiratete Frau ein Recht auf künstliche Befruchtung hat. Dieses Urteil läßt sich ausdehnen, bemerkt sie weiter, nämlich darauf, daß ein bekannter Spender als Vater eines unehelichen Kindes anerkannt werden muß, auch wenn keine Partei je die Absicht hatte, von dem Mann mehr zu verlangen, als daß er seinen Samen spendet. Das Gefährliche an diesem Urteil – daß nämlich einer unverheirateten Frau per Gericht eine »Ehe« aufgezwungen wird, sobald der männliche Elternteil dingfest gemacht werden kann – betraf vor allem lesbische Paare.

Auf dem Hintergrund dieses Falls sagte Barbara Kritchevsky 1981 voraus, daß irgendein Richter einem Samenspender die Vaterrechte einräumen könne, indem er einfach beschloß: »Wir möchten, daß dieses Kind einen männlichen Elternteil bekommt, mit dem es sich identifizieren kann.« Zwei Jahre später, im Fall Susan, trat genau das ein.

Der Samenspender, der gegen Susan Vaterschaftsklage führte, möchte als Elternteil des Sohnes Eric anerkannt werden. Ursprünglich war er einverstanden gewesen, das Sperma einfach abzugeben, und hatte keinerlei Verantwortung für oder Rechte auf das Kind gewollt, erklärte sie. Er hatte ihr gesagt, er sei neugierig, wie ein Nachkömmling von ihm wohl aussehen werde, aber er wolle arbeiten und reisen und nicht für ein Kind sorgen müssen. In Ordnung, hatte sie geantwortet.

»Ich habe den Eindruck, daß sich für ihn alles verändert hat, seit ich sichtbar schwanger war«, erzählte sie mir. »Er hatte nicht gewußt, wie er reagieren würde, wenn er sein Sperma Fleisch werden sah. Natürlich lag ihm dann doch mehr daran, als er am Anfang gedacht hatte. Es berührte sein Ego, diese Person zu sehen, die ein Teil von ihm war.« Daß aus diesem Fleisch gewordenen Sperma auch noch ein Junge wurde, muß sein Interesse verstärkt haben, vermutet Susan.

Während der Schwangerschaft sagte der Spender einiges, was Susan nervös machte. Er verlangte, sein Name solle auf der Geburtsurkunde stehen; er wollte als gesetzlicher Vertreter und Erziehungsberechtigter auftreten; er wünschte außerdem eine schriftliche Bestätigung seiner Vaterschaft. Susan lehnte ab. Kurz nach der Geburt verlangte er, das Kind solle seinen Nachnamen als mittleren Namen tragen. Susan sagte wieder nein.

Als der Spender von ihr weder den Zutritt zu noch den Zugriff auf das Kind gewährt bekam, erhob er Vaterschaftsklage. Das Gericht ging wie in einem Scheidungsprozeß vor. Es verfügte, daß Susan den Bundesstaat nicht mit ihrem Kind verlassen durfte. Außerdem, daß Susan und der Spender – die sich kaum kannten – sich vorher an einen Schlichter wandten. Auf diese Art zwang das Gericht einer unverheirateten Frau »eheliche« Beziehungen auf, wie Barbara Kritchevsky es befürchtet hatte.

Die Einschätzung »jedes Kind braucht einen Vater« liegt jedem Sorgerechtsverfahren zugrunde, bemerkt Donna Hitchens, eine von Susans Verteidigerinnen. »Dieses Vorurteil soll angeblich zum Wohl des Kinds sein, ohne Rücksicht darauf allerdings, welche Zerrüttungen es für die *wirkliche* Familie des Kindes zur Folge hat.« Sobald es keine schriftlichen Abmachungen gibt und beide Parteien verschiedene Aussagen über mündliche Absprachen machen, »neigen die Richter zu der Annahme, daß alle Frauen die Absicht haben, ihren Kindern Väter zu verschaffen«, stellt sie fest.

Andere Frauen, die künstlich befruchtete Kinder jenseits der Aufsicht der Medizin geboren haben, beobachten diesen Fall ebenfalls mit Sorgen. »Sogar Frauen, die anonyme Spender hatten, sind total verängstigt«, erklärt Susan, »denn wenn mein Spender das durchkriegt, dann kann das jeder Spender.«

Bekommt ein Mann Zugang, Sorgerecht und Erziehungsberechtigung für ein Kind, dann bekommt er auch eine gewisse Kontrolle über die jeweilige Frau, führt Jalna Hanmer aus. Wenn Männern (in diesem Fall Samenspendern) Rechte über ihre »unehelichen« Kinder eingeräumt werden, dann könnte dabei eine Art Vielweiberei herauskommen. »Denn was sollte Männer wohl davon abhalten, Kontrolle über mehrere Kinder von verschiedenen Frauen zu bekommen (und damit auch über diese Frauen)?« fragt Jalna Hanmer (1981).

Susans Spender hat jetzt mit Sicherheit einige Kontrolle über ihr Leben. Der Richter hat ihm das Recht zugesprochen, das Kind in den Ferien besuchen und auch über Nacht bleiben zu dürfen, also muß Susan ihre Ferienpläne nach seinen Bedingungen organisieren. Sie muß ihm mitteilen, wenn sie umziehen will. Sie muß ihn auch über wichtige gesundheitliche oder schulische Entscheidungen informieren.

»Man hat sie im Grunde für die nächsten zirka sechzehn Jahre in eine familiäre Beziehung mit diesem Mann hineingezwungen«, kommentiert Donna Hitchens.

»Wäre Susan verheiratet gewesen oder hätte sie sich von einem Arzt befruchten lassen, dann hätte der Richter keine gesetzliche Möglichkeit gehabt, diesen Mann als Vater anzusehen. Er tat es auch nur aus einem einzigen Grund, nämlich weil sie eine alleinstehende Frau ist und sich nicht an den Arzt gewandt hat. Damit wird das Grundrecht auf Gleichbehandlung verletzt.«

Susan hat Berufung eingelegt.

Der Arzt übrigens ist entscheidend dafür, im gewünschten Fall (nämlich bei Ehepaaren) den Spender zum Verschwinden zu bringen. Daß er während der ganzen AID-Prozedur so heftig die Anonymität des Spenders betont, ist ein Versuch, Spermalieferanten möglichst unsichtbar zu halten, damit sich der Ehemann um so inniger als Vater begreifen kann. Der Arzt inszeniert außerdem eine Art Verschwörung, um die Sterilität des Ehemanns bedeckt zu halten – »schwaches« Sperma gilt als Schande innerhalb patriarchalischer Wertsysteme.

Ärzte verwischen die Spuren der Spermalieferanten auf vielfältige Weise:

– Sie bestehen darauf, daß die künstliche Befruchtung mit Spendersamen eine Unfruchtbarkeitstherapie ist; sie geben der Patientin einen Zauberschuß, der sie »heilt«, und schon bekommt sie ein Kind. In dieser medizinischen Umdeutung der Wirklichkeit hört der Spender auf, Mensch zu sein. Er wird zur Medikamentenquelle genau wie eine Pflanze, aus der man Arzneimittel gewinnt.
– Sie suchen einen Lieferanten aus, der dem Ehemann möglichst ähnlich sieht, damit der Nachwuchs später leichter als dessen ei-

genes Kind durchgeht. Dadurch wird das Kind, wie eine Managerin der *Idant*-Samenbank schreibt, »körperlich so wirken, als gehöre es zur Familieneinheit«.

- Sie tragen gelegentlich in betrügerischer Absicht auf der Geburtsurkunde den Namen des Ehemannes als Vaternamen ein. Oder sie überweisen die Frau erst in die Geburtshilfe, nachdem sie ihr eingeimpft haben, dem dortigen Arzt nichts von der Art der Befruchtung zu erzählen. Der entbindende Arzt kann dann besten Gewissens seine Unterschrift unter die Fälschung setzen.
- Sie raten Paaren häufig, weder dem Kind noch den Verwandten zu erzählen, wie das Kind zustande gekommen ist. »Die Mehrheit der Ehepaare, etwa 99 Prozent, wollte lieber niemandem etwas darüber erzählen«, berichtete mir Roxanne Feldschuh von der *Idant*-Samenbank in einem Interview. »Der Mann ist der Vater des Kindes, er kommt für alles auf, außer für den Samen. Er ist während der Schwangerschaft da; er zahlt für das Kind, und er liebt es und versorgt es. Das bedeutet Vaterschaft. Und dafür ist es wichtig, daß das Kind nicht körperlich abweicht von der Familiengruppe.«
- Sie vernichten sämtliche Unterlagen über den Spender, um die Geheimhaltung zu gewährleisten.[4]
- Sie injizieren der Frau zwei- bis dreimal während des Menstruationszyklus Samen verschiedener Spender, damit niemand sicher sein kann, wer der genetische Vater ist.

Um Geheimhaltung hatten nicht etwa die Ehepaare gebeten, obwohl manche von ihnen, wenn sie darüber zu entscheiden gehabt hätten, es hätten geheimhalten wollen, erläutert Annette Baran, die gemeinsam mit anderen für das AID-Forschungsprojekt ausführlich AID-Familien befragt hat. Diese Geheimniskrämerei hatte die Institution Medizin eingeführt. Sie schadet den Familien nach Annette Barans Ansicht.

»Wir hatten das Gefühl, irgend etwas ist anders in solchen Familien, irgendwo unterbewußt bekommen die Kinder mit, daß etwas schiefliegt. Aber sie wissen nicht was.« So ein Geheimnis schafft leicht Probleme, wirkt sich zerstörerisch aus. »Geheimnisse nagen an Leuten«, erklärt Annette Baran. »Man hat immer Angst, daß sie doch herauskommen.«

Emotional setzen ihrer Meinung nach viele Ehemänner die AID-Befruchtung doch mit Untreue und Ehebruch gleich. (Wie wir gesehen haben, haben auch Richter und Ärzte so reagiert.) Die Männer werden das Gefühl nicht los, daß ihre Frauen ein Kind von einem anderen Mann haben, und das haben sie ja auch.

Manche Frauen haben Phantasien über den Mann, dessen Baby sie im Leib tragen. Oder das Gefühl, Spermalieferanten seien Supermänner – eine Art Zuchthengste, die aufgrund ihrer höheren Intelligenz und ihrer besseren Gesundheit ausgesucht worden sind. Die unterdrückten Gefühle der Ehemänner kommen in den Familienbeziehungen ans Licht. Annette Baran zitiert folgenden Fall: »Der Junge war ein bildhübsches Superkind, aber dem Vater konnte er nichts recht machen. Nach der Scheidung hat die Mutter es ihm gesagt: ›Schau, an dir ist gar nichts falsch. Dein Vater hat dich nur deshalb nicht leiden können, weil du nicht sein Sohn bist und er eifersüchtig war.‹ «

Als Annette Baran für das AID-Forschungsprojekt per Computer sämtliche Untersuchungen über AID-Familien zusammenstellen wollte, fand sie keine einzige. Es gab keine Untersuchung darüber. Wie aber können Ärzte eigentlich irgendeinem Ehepaar einreden, eine – in aller Heimlichkeit durchgeführte – künstliche Spenderbefruchtung würde ihre Probleme wunderbar lösen, wenn bislang niemand mal nachgeguckt hat, was innerhalb von AID-Familien passiert?

Annette Baran ist nicht gegen AID. Sie findet nur, sie sollte offen und ehrlich gehandhabt werden und nicht vorgeben, Männern etwas zu bieten, was sie in der Tat nicht bieten kann. AID verschafft keinem Mann sein eigen Fleisch und Blut. Die Ärzte mögen zwar behaupten, daß es darauf gar nicht ankomme. Aber in vielen Fällen tut es das offenbar doch.

Dank all der Geheimniskrämerei um AID herum bleiben viele Informationen unbekannt. Wir wissen nicht, wie viele Ärzte sie durchführen oder wie viele Kinder dabei genau entstanden sind oder wie Ärzte Spender auswählen oder wie häufig sie das Sperma eines Spenders verwenden. Die Untersuchungen sind alle unzureichend. Folgeuntersuchungen bei AID-Kindern existieren praktisch gar nicht.

Ärzte nehmen künstliche Befruchtungen heimlich vor, berichtete mir ein AID-Praktiker. Sie haben Angst, behelligt werden zu können, weil AID rechtlich nicht abgesichert ist; in den meisten Bundesstaaten gibt es überhaupt keine gesetzlichen Vorschriften dafür. Wir wissen nicht einmal, ob Ärzte Spermalieferanten auf Geschlechtskrankheiten untersuchen, fuhr er fort. Es sind tatsächlich ein paar Fälle erfaßt, bei denen durch Spenderbefruchtungen Gonorrhoe übertragen wurde.

Der erste Versuch, »die langverborgene Technik zu entschleiern«, passierte 1979 laut Bericht des *Journal of the American Medical Association* (JAMA, 23. 6. 1979). Eine Forschungsgruppe der Universitätsklinik von Wisconsin hatte 379 Ärzte, die AID praktizierten, befragt, und ihr ausgezeichneter Bericht, in dem sie die AID-Praktiken sehr kritisch bewerteten, kommt zu folgendem Resümee:

– Es gibt keine allgemeingültigen Standards.
– Die Akten werden in »jammervoller Schlamperei« geführt. (Nur siebenunddreißig Prozent führen überhaupt Akten über AID-Kinder und nur dreißig Prozent über die AID-Spender. Mindestens müßten die Ärzte, so finden die Forscher, doch wohl Unterlagen darüber führen, wie Schwangerschaften und Vaterschaftsprobleme ausgegangen sind.)
– Auch der Umgang mit der mehrfachen Verwendung von Spendersamen ist lässig, obwohl dabei sehr leicht aus Versehen Blutsverwandte miteinander zusammengebracht werden können.[5]
– Die Spender werden nur unzureichend überprüft.

Die Studie aus Wisconsin erbrachte außerdem, daß die meisten Untersuchungen hinsichtlich möglicher Erbkrankheiten von Ärzten durchgeführt worden waren, die nur über spärliche Kenntnisse in Genetik verfügten. Zum Beispiel gaben 71 Prozent der befragten Ärzte zu, sie würden einen Spender aus einer Bluterfamilie ablehnen. Dabei kann er dieses an das X-Chromosom gebundene Gen nur dann übertragen, wenn er selbst Bluter ist.[6] (Nur Frauen können das Gen übertragen, ohne selber krank zu sein. Männer, die nicht erkrankt sind, sind keine Überträger. Das liegt daran, daß Frauen dieses nur auf dem X-Chromosom vorkommende Gen mit einem zweiten, (normalen) auf dem zweiten X-Chromosom vorkommenden Gen »ausgleichen« können; Männer, die ja ein X- und ein Y-Chromosom haben, können das nicht.)

Der Kern dieser letzten Aussage ist, daß Ärzte bei der Auswahl von Keimmaterial nur sehr unzulänglich vorgehen. Francie Hornstein allerdings ist mißtrauisch gegenüber solcher Kritik: »Die Leute gucken sich vor der Ehe auch nicht genau an, mit welchen Partnern sie dann Kinder bekommen. Ich möchte wissen, wie viele Frauen und Männer sich die Krankheitsgeschichten ihrer Familien erzählen, bevor sie heiraten oder Kinder bekommen.«

Aber die Auswahl von Elitekeimen wird sich verbessern, kein Zweifel. Andere Verfeinerungen werden hinzukommen. Die Entwicklung etwa von Methoden, Spermatozoen nach verschiedenen Kriterien zu sortieren – auch danach, welche Chromosomen männliche und weibliche Nachkommen erzeugen –, wird künstliche Befruchtungen »vervollständigen« und »ihre Anwendung vervielfachen«, schrieb ein Wissenschaftler in der englischen Zeitschrift *Nature* (Jones, 1971). Damit könnten Samenbanken für Projekte benutzt werden, in denen das Geschlecht des Kindes vorherbestimmt werden soll. *Idant* bietet heute schon »Samensortierung zwecks männlicher Nachkommenschaft (nur für Paare, die sich der Forschung zur Verfügung stellen)« an. Die Möglichkeit der Geschlechtsvorherbestimmung würde Männer auf dem Wege der bewußten Kinderselektion einen wesentlichen Schritt voranbringen.

Der Genetiker H. J. Muller hatte schon 1961 festgehalten, daß es mit Hilfe von künstlichen Befruchtungen irgendwann möglich sein würde, die Keimzellen der eigenen Kinder selbst zu bestimmen und diese Art Selektion durchzuführen. »Zur Zeit«, schrieb er, »ist das noch auf männliche Keimzellen beschränkt, aber es gibt Anzeichen dafür, daß sich die Methode mit einem vergleichsweise geringen Forschungsaufwand bald auch auf die weiblichen ausdehnen läßt.« (Muller, 1961) (Das Gespenst der Eugenik geht wieder um, und es ist ein Gespenst, das um so drohender auftritt, je weniger bedrohlich für Männer AID gestaltet und je besser sie in die Familienstruktur eingepaßt werden kann.)

Zehn Jahre später, 1971, berichtete *Nature* in einer Debatte über künstliche Befruchtungen: »Die Alternative ist folgende: Falls es sich als praktikabel erweist, Eier oder Embryos in Pflegemütter zu transferieren, und brauchbare Methoden entwickelt werden können, Frauen zu superovulieren, Eier *in vitro* (also im Reagenzglas) zu befruchten und Eier und Embryos einzufrieren, dann könnte das künstliche Befruchtungen in gewissem Maße überflüssig machen.« (Jones, 1971)

IV. DIE GÖTTIN UND DIE KUH

1.

Die Kuh ist eine der ältesten Formen, in denen die alte Göttin dargestellt worden ist. Bei den Sumerern Mesopotamiens hieß sie Ninhursag, die Wilde Kuh, Herrscherin über Himmel und Erde, und sie hat zu Beginn der Zeitrechnung die ganze Luft mit ihrer Gegenwart überwältigt. Im nördlichen Kanaa hieß die Göttin Anath, sie war die Herrin der Erhabenen Himmel und wurde mit Kuhhörnern abgebildet. Im alten Griechenland stand die Göttin Gaia, die »alles geboren hat, was existiert«, mit der Urkuh in Zusammenhang.

Die Abbildungen wurden später zusammen mit der Göttin Hera in Verbindung gebracht. Selbst so hoch im Norden wie in Island berichten die frühesten Schriften von der Urkuh, Audhumla. Sie war vor allem anderen da. Siegel aus der Zeit um 3000 vor Christus, die aus der (heute in West-Pakistan gelegenen) Stadt Harappa stammen, zeigen Darstellungen der Göttin mit Kuhhörnern, die denen in Kunstwerken aus dem Nahen Osten sehr ähnlich sind, und vielleicht haben sie eine Verbindung zu der heute noch in Indien üblichen Verehrung für die Heilige Kuh.

Im alten Ägypten wurde die Göttin Nut abgebildet als Himmel selbst, als Himmlische Kuh, und auf ihrem Leib schienen die Sterne, von denen man glaubte, sie seien die Seelen der Toten, die sie zu sich genommen hatte. Der Name Hathor ruft dieselbe Bilderwelt hervor, den Leib der Kuh mit dem Frauenkopf, den Leib der Frau mit dem Kuhkopf oder einfach das Bild der gehörnten Kuh als der Göttin, die alles Leben gegeben hat. Im altägyptischen Totenbuch heißt sie Meh Urit oder Methyer, die Heilige Kuh, die auf dem Himmelsberg steht und auf die Seelen derer wartet, die geprüft und für wertvoll befunden wurden.

Die Heilige Kuh als Allmutter findet sich auch bei Ureinwohnern in Zaire. Von Afrika bis Island also galt die Kuh nicht nur als heilig, sondern meistens auch als Quelle allen Lebens, als diejenige, die vor allem anderen da war.

In göttinnenzentrierten Religionen wurden Tiere nie wie Dinge angesehen, die uns Menschen nach Lust und Laune zur Verfügung standen, sondern als Wesen, die wie wir selbst Geist besaßen. Der Glaube sagt, daß die Große Mutter alle Lebewesen geboren und ihnen ihren Geist eingehaucht hat. Alle Dinge und alle Wesen auf der Erde sind ihre Kinder.

In diesem Großen Kreis des Seins besitzen alle Formen denselben Wert. Wir sind wirklich verwandt mit den Tieren und haben tiefen Respekt vor ihrem Wissen. Priesterinnen machen Prophezeiungen mit Hilfe von Schlangen; Schamanen sprechen die Sprache von Vögeln und Tieren.

In Gesellschaften dagegen, die einen Gott anbeteten, gab es keinen Großen Kreis des Seins, in dem alles gleichermaßen wertvoll war, sondern eine Große Kette des Seins, eine Hierarchie, in der jedes vom Gottvater gemachte (und nicht geborene) Ding anderen, »höheren«, unterworfen war und andere, »niedrigere«, beherrschte. Tiere sind niedriger als Menschen, wurde verkündet.

Vor der Entdeckung der Vaterschaft, also zu Zeiten der Göttin, gab es die Vorstellung, daß Frauen Kinder bekommen, nachdem sie Tiere gegessen haben. Deshalb fühlten sich die Menschen den Tieren verwandt wie Ahnen, wie Totems. Sie betrachteten Tiere als Blutsverwandte, mit denen sie die Seele der Großen Göttin gemeinsam hatten. Sicher, sie jagten und aßen sie, aber ihre Beziehungen zu Tieren war eine unter Gleichen. Die Waffen waren noch primitiv, und die Jagd ein ebenbürtiger Wettkampf. Erst später bildete der Mensch eine vertikale Herr-Knecht-Beziehung zu Tieren heraus, wie Elizabeth Fisher in *Woman's Creation* beschreibt: Wir nahmen Tiere zu uns. Wir fütterten sie. Wir freundeten uns mit ihnen an. Wir töteten sie. Wir aßen sie. Und im Laufe dieses Verrats, nämlich Wesen zu schlachten, mit denen wir vorher befreundet gewesen waren, töteten wir auch gewisse Sensibilitäten in uns selbst ab. »Als die Menschen begannen, die Fortpflanzung der Tiere zu manipulieren, verstrickten sie sich zunehmend in Praktiken, die zu Grausamkeit, Schuld und später Gefühllosigkeit führten. Es scheint, daß die Tierhaltung Vorbild für die Versklavung von Menschen gewesen ist, insbesondere für die breiteste Ausbeutung von gefangenen Frauen in Kinderaufzucht und Fronarbeit.« (Fisher, 1979, S. 197)

Die Tierzucht also gab Männern nach Elizabeth Fishers Meinung die Idee ein, die reproduktiven Potenzen der Frau zu kontrollieren.

2.

Sie hatten gerade mit der Embryospülung angefangen, als ich den Stall betrat. Joe, ein Farmer im Mittelwesten, hatte eine Firma beauftragt, befruchtete Eier in »Wirts«- oder Empfängerkühe zu übertragen. Zwei Wochen vorher hatte er die Kuh # 300, die als Ei-»Spenderin« dienen sollte, »superovuliert«. Danach hatte er sie künstlich besamt. Die Kuh wurde jetzt in eine besonders konstruierte Metallbox gezwängt, mit der man Kühe unbeweglich halten kann. Ein Etikett mit der Aufschrift # 300 war an ihrem Ohr festgeheftet. Die Männer hatten ihr # 133, ihr Kalb, vor die Nase gestellt, damit sie ruhig blieb. Dann bekam sie mit einer Injektionsnadel eine Epiduralanästhesie verpaßt.

»Die kann sich nicht rühren«, erklärte Joe einem Nachbarn, der gekommen war, um beim Embryotransfer zuzugucken. »Dieses Ding hat überall Halterungen, die kann nicht mal einen Muskel bewegen.«

Fünf Männer, zumeist Hilfskräfte, standen schweigend hinter der Kuh und beobachteten den Tierarzt Michael und seinen Partner Bob von der Embryotransfer-Firma. Auch George stand dabei. George hatte vor kurzem bei einer Auktion für 20000 Dollar drei Viertel der Kuh und ihres Kalbs erstanden. Er bezahlte auch drei Viertel der Rechnung für den Transfer und besaß damit drei Viertel von jedem eingepflanzten Embryo. Joe besaß das jeweils übrige Viertel.

Der Tierarzt Michael war etwa vierzig. Er trug Overall, Stiefel, Plastikschild und einen langen Handschuh zum Schutz gegen Kot, wenn er seinen Arm der Kuh in den Darm steckte. Er lächelte und sprach mit liebenswürdiger Stimme. Ein netter Mann. (Zweimal an diesem Tag tätschelte er sanft eine Kuh, während er ihr Schmerz zufügte, und sagte: »Tut mir leid, Schätzchen.«)

Unter leichten Drehungen führte Michael einen Foley-Katheter in das linke Uterushorn der Kuh. Eine Spülungslösung aus einer Flasche, die an einem Dachbalken des Stalls hing, floß jetzt dank der Schwerkraft durch die Kanüle und in die Gebärmutter. In einem Meßzylinder wurde die Lösung mit den befruchteten Eiern aufgefangen, wenn sie aus der Kuh herausfloß. Bob saß auf einer Kiste neben einem Bein der Kuh und hielt den Zylinder.

Sie spülten jedes Horn sieben Mal.

Das Kälbchen tat Freudensprünge. Die Mutter beobachtete es,

den Kopf festgezurrt in der Box. Plötzlich stob das Kalb davon. Die Mutter muhte aufgeregt und heftig und wollte hinterherstürmen.

Joe schrie einen Knecht an, das Kalb zurückzuholen, damit die Mutter es wieder sehen konnte.

»Ich glaube, das Kalb ist ein bißchen zurückgeblieben«, sagte er dann angeekelt.

George grinste. »Glaubst du, du kriegst einen besseren Preis, wenn die Kälber klug sind?«

Während der Spülungen machten die Männer Witze über die mikroskopischen Superkühe, die da gerade in den Zylinder flossen. Mit Blick auf das fließende Wasser witzelte Bob: »Da ist gerade ein Millionenbulle vorbeigeschwommen.«

Sie hofften, sechs bis zwanzig Embryos zu bekommen. Joe hielt sechs Wirtskühe für die Transferembryos in einem Gehege nebenan. Fielen mehr Embryos ab, würden Michael und Bob sie zurück zur firmeneigenen Farm bringen und sofort in firmeneigene Kühe übertragen. Wenn die trächtig wurden, gehörten die Föten Joe und George. Aber dann mußten sie die Wirtskühe von der Firma kaufen.

Als die Spülung zu Ende war, ließen die Männer # 300 wieder frei. Michael und Bob brachten den Zylinder in ihren Wohnwagen. Dort wollten sie die Flüssigkeit unter zwei Seziermikroskopen, die sie auf dem Tisch aufgebaut hatten, auf befruchtete Eier untersuchen. Ungefähr zwei Stunden würde es dauern, meinten sie.

Während sie die Eier suchten, gingen Joe und die Knechte wieder an ihre Arbeit. George und ich warteten am Wagen. Angesichts des vielen Geldes, das in diesem Embryotransfer steckte, wartete George ungeduldig auf die Ergebnisse. Er wollte unbedingt wissen, wie viele Eier Michael und Bob schon gefunden hatten.

»Wär gut, wenn die an ihrem Wagen so einen Zahlenanzeiger hätten«, sagte George, »wenn sie vier Eier haben, hängen sie eine Vier ans Fenster. Dann eine Fünf, dann eine Sechs.«

Er ging hin und rief durch das Fliegengitter: »Habt ihr schon welche?«

Bob brüllte zurück: »Noch nicht.«

George ging auf und ab. Einer der Knechte kam wieder. »Noch nichts«, berichteten wir, und er ging wieder weg.

Als George zum dritten Mal eine negative Antwort bekam, fragte er Bob: »Wieviel Flüssigkeit habt ihr denn untersucht bis jetzt?«

»Die ganze.«

George war sprachlos.

»Aber wir geben noch nicht auf«, versicherte Bob und setzte sich wieder ans Mikroskop.

»Hätte ich nie gedacht, daß sie überhaupt keins finden«, erklärte mir George bestürzt. Er hatte auf zwanzig gehofft. Je mehr befruchtete Eier sie fanden, desto mehr Geld konnte er machen.

Gegen Mittag standen die meisten Männer um den Wagen herum und redeten besorgt durcheinander. Michael und Bob waren immer noch bei der Arbeit. Die Männer guckten immer wieder durch das Wagenfenster und fragten: »Schon was gefunden?«

Und immer wieder hieß es: »Noch nicht.«

Trübe Stimmung in der Scheune.

»Mit Mutter Natur kann man eben doch keine Spielchen treiben«, sagte Joe.

»Nee, kann man nicht«, fügte ein Knecht dazu.

»Hört doch auf«, platzte George heraus, »wenn wir zwanzig Eier gekriegt hätten, hätten wir alle gesagt: ›Das ist ja toll.‹«

Joe jammerte über die vergeudete Arbeit. Er hatte mit Hormonen den Fruchtbarkeitszyklus der Spenderkuh mit dem Zyklus der Wirtskühe synchronisiert – umsonst.

Dann ging er ans Fenster, um noch einmal nachzufragen, und drehte sich grinsend zu uns um.

»Sie haben eins!«

Bei allen Männern hob sich die Stimmung.

Später fanden sie noch eins. Zusammen also ein Bullenembryo, ein Färsenembryo.

Nachmittags um halb drei gingen wir in die mistübersäte Scheune, um mit dem eigentlichen Embryotransfer zu beginnen. Joe hatte sechs Rinder, die eine Kreuzung aus Braunvieh und Hereford waren, als Wirtskühe für die Embryos von Kuh # 300 gekauft. Er hielt sie für geeignet, weil sie breiter waren als die Spenderin, einen besseren Zyklus hatten, reichlich Milch für die Kälber produzierten und eine geräumige Gebärmutter hatten.

Dann suchte Michael die Kühe aus, deren Brunstzeit möglichst synchron mit der der Spenderin lief.

Mit viel Hallo und Geschrei trieben George, Joe und Bob die potentiellen Wirtskühe nun aus einer Ecke des Stalles in den Teil, in dem die Box zum Festschnallen stand und die Operation stattfinden sollte. Sie brüllten die Kühe an, traten ihnen in die Flanken und drehten an ihren Schwänzen, um sie in Bewegung zu bekommen. Bob verglich das Treiben mit einem Football-Spiel.

Ein paar Kühe scheuten vor der Box. Sie mußten direkt hingetrieben werden. Dann erst gaben sie nach. Am heftigsten wehrte sich Kuh # 236.

Bob fragte sie: »Was ist denn mit dir los, Mädel? Los, hopp!«

Nach vielen Mühen, als sie sie endlich wenigstens teilweise in die Box bekommen hatten, versperrten sie ihr den Weg vorwärts nach draußen. Sie klemmte auf extrem engem Raum fest und hatte Metallstangen an jeder Flanke. Die Männer liefen um sie herum und schrien sie an, vorwärts zu gehen. Plötzlich warf sie sich herum. Es war erstaunlich, daß ein so schwerfälliges Tier sich auf so engem Raum umdrehen konnte. Die Männer schafften es nicht.

»Böse Kuh«, sagte einer.

Michael zog sich den langen Handschuh an, schob nacheinander jeder Kuh den Arm in den Darm und betastete ihre Eierstöcke. Dann hatte er die zwei geeignetsten ausgesucht: Die eine Wirtskuh war die gefügige Smokey, die andere die rebellische # 236. Beide bekamen Beruhigungsspritzen.

Sie stellten Smokey hinter # 236, um auszuprobieren, ob ihre Schwesterkuh es vielleicht schaffte, sie in die Box zu schieben. Sie gaben ihr Stiche.

»Los, du Hurensohn!« brüllte Joe Smokey an.

Bob drehte sich zu mir um; ich schrieb gerade in mein Notizbuch. »Das schreiben Sie aber nicht mit.«

Dann Joe wieder: »Smokey, jetzt schubs sie rein, verdammt noch mal!«

Endlich hatten sie # 236 drin, mit vielen Stichen und Geschrei (»Dreh ihr am Schwanz!«) und Gerenne. Bob hielt das Seil für die Kopfschraube. Als sie hereingelaufen kam, zog er heftig und schnell daran, und auf beiden Seiten der Box kamen Metallplatten hochgeschossen; ihr Kopf klemmte fest.

Das Gekreische, Gerenne, Gezerre, Geschubse, die Knüffe in die Flanken, das Schwanzverdrehen, das Geräusch von Metall, das Entsetzen dieser Kuh, ihr Gebrüll, die Versuche, den Kopf loszureißen, der Schaum vor ihrem Maul: Mein ganzer Körper war total angespannt von der Gewalttätigkeit dieses Vorgangs.

Kuh # 236 war fertig für den Transfer.

Bob rasierte ihr das Fell über dem Gebärmutterbereich. Als der Rasierapparat laut zu summen begann, zuckte die Kuh, muhte, trat mit den Hufen. Dann schrubbte Bob sie ab. Wieder reagierte sie.

»Ja ja, ich weiß, tut schrecklich weh, Wasser und Seife«, höhnte er.

Er goß Desinfektionsmittel auf die kahle Haut. Dann gaben er und Michael beiden Kühen örtliche Betäubungsspritzen.

Jede Kuh auf der Farm bekommt bei der Geburt ein Etikett mit einer Nummer ins Ohr. Bob hatte noch ein Extraetikett für Wirtskühe. Auf dem von # 236 standen ihre Brunstdaten und die Zahlen »300-1«; das hieß, sie hatte den ersten transferierten Embryo von Kuh # 300 in sich.

Bob kam mit einer großen Heftmaschine, um das Spezialetikett an # 236s freiem Ohr zu befestigen. Als die Kuh ihn sah, versuchte sie, den Kopf zurückzureißen, aber natürlich ging das nicht, denn er klemmte fest. Als Bob ihr das Etikett ins Ohr jagte, brüllte sie auf, trat mit den Hufen und schüttelte wild den Kopf vor und zurück. Im Gegensatz zu # 236 war Smokey ausgesprochen ruhig. Aber als Bob ihr das Etikett ins Ohr jagte, protestierte sie ebenfalls.

Eine Nachbarin war zu Besuch; sie saß auf dem Zaun und sah zu. Sie drehte sich nach den anderen Kühen um, die nicht als Leihmütter ausgesucht worden waren.

»Die anderen hauen ab, so weit sie können«, sagte sie.

Joe nickte in Richtung auf einen Hügel in der Ferne. »Wenn wir das Gatter aufgemacht hätten«, antwortete er, »dann wären die schon längst da oben auf dem Hügel.«

Michael schrubbte sich die Hände. Dann zog er weiße Chirurgenhandschuhe an. Setzte der Kuh einen fünfzehn Zentimeter langen Schnitt in die Flanke, zuerst durch den Muskel, dann durch das Bauchfell. Blut tropfte.

»Habt ihr das Zischen gehört?« fragte er uns. »Das war Luft. Wir sind drin.«

Ein Embryotransfer, erklärte er, sei einfach ein umgekehrter Kaiserschnitt, neun Monate vorher.

Michael schob seinen Arm bis zum Ellbogen in den klaffenden roten Schnitt in der Seite der Kuh. Bob ging zum Wagen, um einen Embryo zu holen, fragte Harvey aber vorher: »Willst du die Färse haben oder den Bullen?«

»Tu bei # 236 die Färse rein«, sagte Joe.

Michael zog die Gebärmutter bis zum Schnittrand heraus und stach ein Loch hinein. Bob kam mit dem Embryo, der in einer Kanüle steckte. Sie arbeiteten zu zweit, mit vier Händen an der Schnittstelle der Kuh. Bob drückte ab und schoß ihr den Embryo in die Gebärmutter.

»Das wär's«, sagte er dann und trat einen Schritt zurück. »Eine Kuh ist trächtig. Achter Tag.«

236 wehrte sich auch noch, als Michael ihr die Wunde vernähte.

»Kommt mir vor wie Stiefelflicken«, sagte er.

Spenderkuh # 300, die an diesem Morgen die Eier ausgespült bekommen hatte, stand auf der Weide. Sie kam mit ihrem Kalb zu uns und sah zu, als Michael # 236 den Bauch vernähte. Joe drehte sich zu ihr um: »Tja, das sind deine Babys.«

Auf der Kiste war Blut.

»Fertig für das nächste Opfer?« fragte Bob Michael.

»Aber klar.«

Smokey war so ruhig, daß sie beschlossen, sie nicht in die Box zu treiben. Sie banden ihr ein Halfter um Kopf und Nacken, und Joe mußte sich an ihr Hinterteil stellen und mit festhalten, falls es nötig war. Aber es wurde nicht nötig. Smokey blieb völlig reglos, als Michael sie aufschnitt.

»Ich geh' ein Baby holen, Michael«, sagte Bob.

Er brachte die Kanüle mit dem Bullenembryo aus dem Wagen. Sie setzten ihn ihr ein.

Als Michael Smokey zunähte und die Männer ihre Witzchen machten, war ich dicht an Smokeys Kopf gegangen. Sie war so still gewesen, daß man leicht vergessen konnte, daß sie leibhaftig dabei war, während des ganzen Embryotransfers. Wir hatten alle immer auf die Schnittstelle gestarrt. Und hier war jetzt ihr Kopf, in einem Halfter aus Seilen, der am Geländer befestigt war. Ihre Augen standen weit offen.

Es hatte weh getan mitanzusehen, wie Kuh # 236 kämpfte, um aus der Box wieder heraus und von diesen Männern wegzukommen. Wie sie jedesmal fast aus der Haut fuhr vor lauter Schreck, wenn sie irgend etwas an ihr machten: Rasieren, schrubben, den Schwanz festbinden, die Spritze setzen, das Etikett ins Ohr jagen, schneiden, punktieren, Embryo einsetzen, vernähen. Und plötzlich wirkte Smokeys Stille noch schrecklicher. Diese weit aufgerissenen Augen, dieser Leib, der stillhielt, während sie ihr all das antaten.

Um mich herum waren die Männer in Plaudereien vertieft.

»Das nächste Mal«, sagte George, »will ich das selber machen.«

Die Männer lachten.

»Ich würd's machen, wenn ich nicht Angst vor der Kuh hätte.«

Wieder Gelächter.

Nur die Angst vor der Kuh halte ihn ab, erklärte George, und er fügte hinzu: »Mit dem Schneiden habe ich keine Probleme. Ich werde das mal bei meinem Hund ausprobieren. Einen Beagle aus einem Cocker-Spaniel holen.«

V. Die industrialisierte Kuh: *Embryotransfer bei Tieren*

Inzwischen gibt es ganze Firmen, die einen Embryo aus dem Körper des einen Tieres herausnehmen und in die Gebärmutter eines anderen übertragen. Sie arbeiten der Schlachtviehindustrie zu. Die Firmennamen, die sich einige Unternehmer ausgedacht haben, geben uns einen Einblick in unsere Zukunft: MOM Ova Transfer AG, Gibson's Custom Collection and Embryo Transfer Service, Ova-Tech AG, Genetic Engineering AG, Select Embryos, Trans-Ova, Gebr. Silveira Embryonics, Treasure Valley Transplants, Repro-Tech AG, Twin Brook Genetics AG, McKellar Embryos, Sunshine Genetics...

Als ich die Geschichte der Embryotransfer-Technologie untersuchte, wunderte ich mich immer wieder über die Geschwindigkeit, mit der Entdeckungen in Sachen Reproduktion in Manipulationen dieser Prozesse umgesetzt wurden. 1827 entdeckte man das Ei beim Säugetier, 1875 beobachtete man zum ersten Mal den Befruchtungsvorgang. Nur fünfzehn Jahre später übertrug Walter Heape in Cambridge bereits einen Embryo aus dem Leib eines (Kaninchen-)-Weibchens in den eines anderen. Ein Forscherteam wiederholte Heapes Triumph 1922. Andere erweiterten seine Experimente. Während der dreißiger, vierziger und fünfziger Jahre gelang es mehreren verschiedenen Forschern, bei sieben Tierarten Embryotransfers vorzunehmen. Später, in den siebziger Jahren, konzentrierten sie die Arbeiten auf Stuten, Pavianweibchen, Frauen (im Rahmen der Retortenbabyprogramme), Katzen und Hündinnen.

Vor 1972 gab es so gut wie keinen kommerziellen Embryotransfer; aber schon Ende der siebziger Jahre war daraus eine Multimillionen-Dollar-Industrie geworden, die sich vorwiegend mit Vieh befaßte und in Nordamerika konzentriert war. Noch wird die Prozedur erst an weniger als einem Prozent des gesamten Schlachtviehs der Vereinigten Staaten vorgenommen, sie könnte aber – bei gewissen technischen Verfeinerungen – innerhalb weniger Jahre die künstliche Befruchtung teilweise ersetzen.[1]

1974 wurde die *International Embryo Transfer Society* (IETS) gegründet; sie unterstützt alle in diesem neuen Bereich praktisch Tätigen beim Austausch von Informationen und dabei, Transfers von Embryos in der Schlachtviehindustrie auszudehnen (IETS-Broschüre). Sie ist stolz auf ihre 271 Mitglieder in vierundzwanzig verschiedenen Staaten. Laut einer IETS-Untersuchung sind zweiundfünfzig dieser Mitglieder Spezialfirmen für Embryotransfers, fünfundfünfzig weitere sind Tierärzte, die solche Transfers regelmäßig vornehmen. Ein paar von ihnen an Stuten, Schafen, Ziegen, Säuen und anderen Arten (darunter auch Frauen), die meisten jedoch an Kühen.

Viehzüchter verwenden diese Technologie, um ihren Reichtum zu vergrößern, um von wertvollen Kühen mehr Kälber zu bekommen. Es ist allerdings nicht ganz leicht herauszufinden, welche Kühe wertvoll sind; dieses Problem gehört nach einer Umfrage der IETS sogar zu den größten der Embryotransfer-Industrie überhaupt (IETS, 17. 1. 1982). Ein Forscher von der Colorado State University hat dafür ein paar Vorschläge gemacht: Man muß unter anderem die Mutterqualitäten der Kuh feststellen, die strukturelle Beschaffenheit ihrer Euter, Beine und Hufe sowie die Schlachteigenschaften ihres Nachwuchses (Elsden, o. J.). Ein anderer Forscher definiert eine wertvolle Kuh folgendermaßen: »Von wirklich genetischem Wert ist die Fähigkeit, wünschenswerte Eigenschaften, zum Beispiel Fleisch- und Milchproduktionsqualitäten, an den Nachwuchs weiterzugeben, denn der Wert von Vieh bemißt sich ausschließlich nach dem Fleisch und der Milch, die es produziert.« (Seidel, April 1975)

Pharmakraten betrachten Eier und Embryos von Kühen als ihr Eigentum, wie auch ihre Sprache verrät, zum Beispiel, wenn sie von »preiswerten Embryos« sprechen. Um genau zu begreifen, wie Embryotransfer den Wert der Kühe für ihre Besitzer steigert, werden wir im folgenden die einzelnen Etappen einer Übertragung analysieren.

SYNCHRONISATION

Der *Oestrus*, also die Brunst, ein Begriff, der sich vom Namen der keltischen Göttin Oestris ableitet, ist »der Drang zur Paarung, zur Regeneration von unseresgleichen«, wie es Geraldine Throsten (S. 97) definiert.[2] Es handelt sich sowohl um die periodische sexuelle Erregung bei weiblichen Säugetieren als auch um die zyklischen Veränderungen in den Fortpflanzungsorganen, die von den hormonellen Aktivitäten der Eierstöcke gesteuert werden. In der Natur wird die Paarung vom Oestruszyklus kontrolliert. Wenn das Weibchen »läufig« ist – und nur dann –, verspürt das Männchen den Drang zur Kopulation.

Beim Embryotransfer nun müssen die Fortpflanzungszyklen von Spender- und Empfängerkühen so übereinstimmen, daß – wenn die Spenderkuh ovuliert (d. h. wenn sie einen Eisprung hat) und ihre Gebärmutter sich auf die Einnistung eines befruchteten Eis vorbereitet – die Gebärmutter der Empfängerkuh ebenfalls zum Aufnehmen eines Eis bereit ist. Viehzüchter benutzen Kühe, die – von Natur aus oder künstlich gesteuert – die gleichen Brunstrhythmen haben wie die Eispenderin.

1948 wurde zum ersten Mal von einem Eingriff in den Brunstzyklus eines Tieres berichtet. Seit der Zeit haben Forscher verschiedene Methoden ausprobiert, um die Zyklen von Kühen zu synchronisieren oder »anzupassen«, unter anderem durch Progestagen-Injektionen unter die Haut in verschiedenen Zeitabständen.

Normalerweise bilden Säugetiere nur eine begrenzte Zahl Eier pro Zyklus heran, Embryotransfer-Forscher aber hätten gern viele Eier, und eine solche Effektivitätssteigerung ist möglich durch Superovulation, eine Methode, deren Entwicklung 1927 mit der Entdeckung begann, daß die Eierstöcke beeinflußt werden durch Hormone, die die Hypophyse (Hirnanhangdrüse) produziert. Man kam auf die Idee, man könne solche Hormone in zusätzlichen Dosen den Weibchen injizieren und damit das Heranreifen, also die Ovulation, von abnorm vielen Eiern aus den Follikeln, den Bläschen, die das Ei umschließen, forcieren. Man probierte das an Mäusen aus, und zwar noch im selben Jahr, in dem die Verbindung zwischen Hypophyse und Gonaden (Keimdrüsen) demonstriert worden war: 1927.

Dr. Gregory Pincus, der später die Antibabypille für die Frau entwickelte, superovulierte ein Kaninchen 1940. Während dieses und des folgenden Jahrzehnts »bombardierten« Männer die Eierstöcke von Weibchen verschiedenster Gattungen mit Hormonen: 1940 waren es Kühe, 1943 Schafe, 1949 Ziegen, 1950 Ratten, 1957 Affen. In den fünfziger Jahren waren sie zu den Frauen vorgedrungen. Superovulation – ein Experiment zur Therapie der Unfruchtbarkeit. 1968 wurde in England Sheila Ann Thorne, die zuvor superovuliert worden war, durch Kaiserschnitt von Sechslingen entbunden.

Bei der Superovulation von Tieren benutzt man follikelstimulierende Hormone (FSH) von Schafen, Säuen sowie von trächtigen Stuten und schwangeren Frauen. Damit die Follikel zerspringen und die Eier freisetzen, werden wieder andere Hormonpräparate verwendet – Prostaglandine oder gonadotrope (die Geschlechtsdrüsen anregende) oder luteinisierende Hormone (LH) aus Kuhhypophysen.

Die Auswirkungen eines solchen Hormonbombardements auf Eileiter und Gebärmutter und auf die dort heranreifenden Embryos sind vollständig unbekannt. Der Prozentsatz anormaler Embryos wird mit der Zeit immer größer. »Dies ist ein Indiz dafür, daß die Umgebung im Fortpflanzungstrakt der superovulierten Spenderin schädlich für den Embryo ist«, schrieb der Embryotransferforscher Seidel (1981).

1959 gingen Forscher, nachdem sie zunächst mit erwachsenen Tieren gearbeitet hatten, dazu über, das Ganze an Jungtieren auszuprobieren, deren Eierstöcke noch nicht ausgereift waren. Sie superovulierten Ratten; inzwischen können sie das auch schon mit Kälbern. Und den Herren gefällt's, denn indem sie aus Tieren, die noch gar nicht geschlechtsreif sind (ebenso wie aus Weibchen, die schon zu alt sind, um noch trächtig werden zu können), Eier herausholen, verlängern sie die Nutzzeit der Tiere.

Aber die Eierstöcke solcher Kälber funktionieren noch nicht von allein, also müssen sie mit Hormonen dazu »veranlaßt« werden. Manchmal überstimulieren Forscher die Eierstöcke, und diese vergrößern sich mehr als hundertfach. Dann zerspringen so viele Follikel – fünfzig oder sechzig –, daß das Kalbweibchen eine innere Blutung bekommt. Die Eierstöcke verkleben auch gelegentlich mit anderen inneren Organen. Es gibt vernarbtes Gewebe und »unglaubliche Verklebungen«, wie ein IETS-Vertreter sich ausdrückt. Verklebungen – Bindegewebsbrücken zwischen Oberflächen, die normalerweise getrennt sind – können bei Menschen Schmerzen verursachen. Vermutlich auch bei Kühen.

Trotzdem ist Superovulation »eine recht wenig effektive Methode zur Gewinnung von Oozyten (Eizellen)«, schrieb Dr. Seidel. Er schlägt als Alternative Enzyme vor, die das Gewebe fressen, das die Eierstöcke zusammenhält. Damit könnte man »Hunderttausende von Oozyten aus den Ovarien befreien« (Seidel, BARC). Diese Eier, fuhr er fort, ließen sich für künftigen Bedarf einfrieren. Die meisten müßten ohnehin erst im Labor ausreifen, bevor sie befruchtet werden könnten.

EIGEWINNUNG

Nachdem man die Kühe superovuliert hat, befruchtet man ihre Eizellen – gewöhnlich künstlich. Bei frühen Sammeltechniken wurden die Weibchen geschlachtet und ihre Eileiter herausgeschnitten. »Das Schlachten von Spendertieren steigert die Gewinnungskapazität«, wußten Forscher zu berichten (Avery, 1962). Diese Forscher hatten für ihre Studie knapp zweihundert Meter vom Viehhof der University of Minnesota entfernt Kühe geschlachtet. Innerhalb von fünfzehn Minuten nach dem Tod hatten sie den Tieren die Fortpflanzungsorgane herausgenommen. Deren Inhalte gaben sie im Labor in Petri-Schalen und untersuchten sie unter dem Mikroskop auf Eier. Etwa 48 Stunden vor der Schlachtung hatten sie der jeweiligen »Spenderin« (»Opfer« wäre wohl die passendere Bezeichnung) aus der Halsschlagader Blut abgenommen, das sie als Medium zum Transferieren der befruchteten Eizellen brauchten. Alternativ zu dieser Methode entfernte man Eileiter aus lebenden Weibchen 72 Stunden, nachdem diese ovuliert hatten, durch einen chirurgischen Eingriff. Danach spülte man sie aus, um die einzelnen Eier zu gewinnen.

Aber das Töten oder Sterilisieren einer hochwertigen Spenderkuh, nur um an die von ihr in einem einzigen Zyklus produzierten Eier zu kommen, war eine Art »Eigentor«, also bastelten Forscher an anderen Methoden herum. Zuerst chirurgischen. Sie gewannen damit zwar einen hohen Prozentsatz Eier, aber Operationen ziehen die entsprechenden Traumata nach sich und lassen sich nur ein paar Mal wiederholen. Oft waren die Weibchen danach »Problembrüter« oder gar steril dank operativer Schäden. Also ging man zu nicht-operativen Methoden über. Mit Zweiweg-Kathetern spülte man der Kuh Flüssigkeit in die Gebärmutter und fing diese – mitsamt den Eiern – wieder auf. Diese Methode wird heute oft angewandt. (Man hatte auch versucht, die Eierstöcke zu verlegen, damit man leichter drankäme, und winzige künstliche Eileiter einzusetzen, durch die die befruchteten Eizellen hindurch und direkt aus dem Körper der Kuh nach draußen wandern sollten. Aber diese Art des Eiersammelns wurde als »unzulänglich« verworfen (Betteridge, 1981, S. 8).)

EMBRYOBEWERTUNG

Nach der Gewinnung untersucht man die Embryos* unter einem Seziermikroskop; man sortiert die für einen Transfer ungeeigneten aus und ordnet die annehmbaren je nach Qualität. Finnie A. Murray vom *Ohio Agricultural Research and Development Center* hat dafür den Begriff »Embryobewertung« gefunden.

Diese Bewertung ist allerdings nicht perfekt. Viele normal erscheinende Embryos sind tatsächlich nicht entwicklungsfähig, während solche, die zunächst für degeneriert gehalten werden, es eben gar nicht sind. Aus einem niedrig bewerteten Embryo wurde ein Kalb, das bei der Viehversteigerung schließlich 131.000 Dollar einbrachte (Seidel, 1981b, S. 29).

EMBRYOTRANSFER

Schließlich überträgt man den Embryo der Spenderkuh in die Empfängerkuh. Das geschieht mitunter ohne chirurgischen Eingriff mit einem Katheter, der durch den Muttermund geschoben wird. Die Trächtigkeitsrate hierbei liegt jedoch nur zwischen dreißig und sechzig Prozent. (Manche Techniker sind geschickter als andere.) Häufiger passiert der Transfer chirurgisch, und dabei werden zwischen fünfzig und siebzig Prozent trächtig.

Wenn die Kühe dann kurz vor der Entbindung stehen, nehmen Tierärzte oft einen Kaiserschnitt vor, »denn die Kälber sind zumeist sehr groß und die Empfängerinnen im allgemeinen Kühe aus kleineren Rassen« (Seidel, April 1975).

Soweit die Grundtechniken. Die technologischen Entwicklungen wie Einfrieren, Zwillingsproduktion und Geschlechtsbestimmung allerdings werden für größere Geschicklichkeit sorgen und die Anwendungsmöglichkeiten der Embryoübertragung vergrößern.

* genau genommen: deren Vorstadien, denn »Embryos« heißen sie im streng medizinischen Sprachgebrauch eigentlich erst später, mit Beginn der Organdifferenzierung. Im internationalen Sprachgebrauch der Reproduktionsmediziner hat sich aber die Bezeichnung »Embryo« auch für die ersten, der Befruchtung folgenden Stadien der Entwicklung (z. B. Zweizeller, Vierzeller, Blastozysten...) durchgesetzt (Deutsches Ärzteblatt, 11. 12. 1985, S. 3757)

EINFRIEREN

Ein Viehzüchter, der Embryos einfrieren und lagern kann, kann warten, bis die Gebärmutter einer Ersatzkuh für die Verpflanzung bereit ist. Wenn er auf die natürliche Synchronisation von Empfängerinnen und Spenderinnen angewiesen ist, muß er sich dagegen Hunderte von Ersatzkühen halten, damit immer einige im richtigen Stadium des Brunstzyklus sind.

Gegen Ende des zweiten Weltkriegs begannen Forscher, Embryos einzufrieren. M. C. Chang, ein Pionier auf diesem Gebiet, erzählt, daß die Veröffentlichung seiner frühen Erfolge mit tiefgekühlten Kaninchenembryos 1947 »zu den glücklichsten Augenblicken meines Lebens gehört, und ich kann mich noch gut an die Aufregung erinnern« (Betteridge, 1981, S. 8). Wirkliche Erfolge zeitigte das Einfrieren 1971. Die ersten von Säugetieren stammenden Embryos, die eingefroren und wieder aufgetaut wurden, waren Mäuseembryos. Schon zwei Jahre später verkündete die englische Zeitschrift *Nature*: »Der erste tiefgefrorene Bulle geboren.« Frosty kam im englischen Cambridge zur Welt und war das erste große Säugetier, das als Embryo tiefgefroren gewesen war. 1974 bewiesen Forscher, daß sie Tiere in Form von gefrorenen Embryos in die ganze Welt verschicken konnten (Whittingham/Whitten, 1974).

Dann arbeitete ein niederländischer Wissenschaftler etwas aus, das zwei seiner amerikanischen Kollegen als »clevere Alternativmethode« für Gefrierembryos bezeichneten. Man konnte damit vermeiden, die Embryos vor dem Einfrieren auffangen zu müssen, und so Zeit sparen. Man nimmt einfach den trächtigen Mäusen die kompletten Eileiter heraus und friert sie mitsamt den darin enthaltenen Embryos ein. Wenn die Wissenschaftler Embryos brauchen, werden sie wieder aufgetaut und ausgespült (Leibo/Mazur, 1978, S. 187).

Etwa die Hälfte der kommerziellen Embryotransferunternehmen frieren Embryos ein, schätzt ein IETS-Vertreter. Etwa ein Drittel der Embryos werden dabei getötet oder ernsthaft geschädigt. Wenn es aber gelingt, solche Verluste unter zwanzig Prozent zu drücken, so eine Vorhersage, dann werden die meisten Kuhembryos zwischen Gewinnung und Transfer eingefroren werden (Seidel, 1981a, S. 353).

»Wir haben das Ziel, Techniken zu entwickeln, dank derer irgendein Bauer oder Züchter Gefrierkühe oder -bullen im Röhrchen (der Embryo soll ähnlich aufbewahrt werden wie heute bereits Gefriersperma) bestellen und sie auf seinem Hof in die Empfängerkuh einsetzen kann, genauso wie heutzutage eine Kuh mit Bullensamen befruchtet wird«, beschrieb ein Transferfachmann (Elsden, 1979).

ZWILLINGE

Die Herstellung zweier identischer Tiere aus einem einzigen befruchteten Ei ist eine weitere in der Entwicklung begriffene Technologie.

Laut einem der Forscher liegt »der Vorteil der Zwillingsproduktion in einer effektiveren Fleischproduktion« (Seidel, Dezember 1975). Dr. Sarah Seidel vom Vorstand der *International Embryo Transfer Society*, die Ehefrau des Forschers Seidel, pflichtet ihm bei: »Der Vorteil ist, daß man die Anzahl der Embryos einer wertvollen Spenderin zuverlässig, einfach, schnell und billig verdoppeln kann. Darüber hinaus kann man mit Bruttesttechniken arbeiten, indem man die eine Hälfte eines Embryos einfriert und beobachtet, wie sich die andere Hälfte entwickelt. Ist sie gut, kann man die zweite übertragen.«

Und wenn sie schlecht ist? Was macht man mit Embryos, die man nicht will, weil sie entweder das falsche Geschlecht haben oder sonstwie »minderwertig« sind? Zur Zeit geht der Trend dahin, wie Sarah Seidel erläutert, »sie für die Schlachtviehproduktion zu übertragen, als Zweitembryo innerhalb einer bereits vorhandenen Trächtigkeit; auf diese Weise bekommt man die doppelte Zahl Kälbergeburten«. In Irland und Japan wird dieses Embryosplitting sehr ernsthaft erwogen, denn beide Staaten haben begrenztes Weideland und großen Bedarf an Rindfleisch, fügt Sarah Seidel hinzu.

Und so verdoppeln die Pharmakraten Schafe: Zuerst fangen sie ein Embryo im Zweizellenstadium aus einem superovulierten Mutterschaf ab, der »Spenderin«. Nach weiteren Zellteilungen trennen sie in einem mikrochirurgischen Verfahren die jeweiligen Blastomeren (die Zellen, die durch die Spaltung des befruchteten Eis produziert werden) des Embryos. Danach halten sie den Embryo mit einer Pipette fest, reißen mit einer feinen Glasnadel die Schicht auf, die ihn umgibt (die zona pellucida) und saugen die Blastomeren ab.

Jetzt brauchen sie zwei Träger für die getrennten Blastomeren. Also nehmen sie zwei Eier, die sie aus den Eierstöcken von geschlachteten Schafen gewonnen haben, saugen sie aus und setzen in jedes eine Blastomere ein. Dann betten sie diese Embryos in Schutzzylinder und pflanzen sie in die Eileiter lebender Schafe, damit diese sie weiterentwickeln. Schließlich wird das Embryopaar dem Leihmutterschaf, das die Zwillinge austragen soll, transferiert (Willadsen, 1980).

Man braucht also vier Sorten Weibchen für die Produktion solcher Jungtiere: die Eispenderinnen; die Schlachtschafe, aus deren Kadaver die Eier geholt werden, die als Blastomerenträger nötig sind; die Primärempfängerinnen, in deren Leibern die Embryos heranreifen sollen; und die Sekundärempfängerinnen, in deren Leibern die Zwillinge ausgetragen werden. Die Tiere müssen durchaus nicht von derselben Art sein. Willadsen und seine Kollegen haben in einem Experiment getrennte Kuhembryos in ausgeleerte Schweineeier injiziert, die sie »aus Schlachthofeierstöcken« gewonnen hatten. Später setzten sie die Embryos in die Eileiter von Mutterschafen ein. Am Ende verpflanzten sie mittels einer Operation die kultivierten Embryos wiederum in Kühe. (Willadsen, 1981)

In einem davon unabhängigen Experiment übertrugen Forscher die ersten Hälften von Zwillingsembryos sofort und froren die zweiten Hälften ein. Ein paar Wochen später tauten sie die zweiten Hälften auf, transferierten sie ebenfalls und produzierten drei Lämmer, Zwillinge von Tieren, die einen oder zwei Monate zuvor geboren worden waren. Eine solche Prozedur, schrieben die Wissenschaftler, ermöglicht »die Produktion genetisch identischer Schafe in verschiedenen Altersstufen«. In Zukunft, spekulieren Pharmakraten, kann man vermutlich einen Zwillingsembryo einfrieren, wieder auftauen und in den anderen übertragen, sobald jenes andere Zwillingstier geschlechtsreif ist. Auf diese Weise können Männer ein Weibchen seinen identischen Zwilling gebären lassen.

Bis jetzt haben Forscher das Doppeln von Schafen, Mäusen, Kühen und Schweinen geschafft. Nach der Trennung von Zweizellern wandten sie sich den Vierzell- und Achtzellembryos zu. Ihre Experimente an Kühen demonstrieren, daß diese Technik höchst effektiv ist (Willadsen, 1981).

In Zukunft lassen sich auch aus menschlichen Embryos Zwillinge fabrizieren. Einer der Pioniere der Retortenbaby-Produktion verwies auf die mikrochirurgischen Erfolge bei Tieren und führte aus, daß – bei Anwendung derselben Verfahren auf menschliche Embryos – »die Chancen für Empfängnis und Zwillingsgeburten bei unfruchtbaren Paaren vergrößert werden könnten« (Wood/Westmore, 1983).

GESCHLECHTSBESTIMMUNG

Das ist eine weitere Technik, die die Einsatzmöglichkeiten des Embryotransfers steigert. Viehzüchter würden gern je nach Bedarf Bullen oder Kühe produzieren können. Das Geschlecht wird durch die Samenzellen bestimmt, die jeweils entweder ein X- oder ein Y-Chromosom tragen, während die Eizellen nur X-Chromosomen haben. Trifft das männliche Y-Chromosom mit dem X-Chromosom der Eizelle zusammen, entsteht ein Männchen. Trifft das X-Chromosom aus der Samenzelle mit dem X-Chromosom der Eizelle zusammen, entsteht ein Weibchen. Also haben die Forscher sich daran gemacht, X-tragende und Y-tragende Samenzellen voneinander zu trennen und die Kuh entsprechend mit einem von beiden zu befruchten. Bis jetzt sind sie dabei nicht besonders weit gekommen.

Allerdings können sie inzwischen – mittels einer teuren und zeitaufwendigen Prozedur – das Geschlecht eines Embryos bestimmen, nachdem er sich gebildet hat, und ihn wegwerfen, wenn er das falsche Geschlecht aufweist. Man beschädigt den Embryo leicht, entnimmt ihm ein winziges Stück und gibt es in ein Reagenzglas, wo sich seine Zellen vervielfachen. Dann tötet und färbt man die Zellen und zerquetscht sie auf einem Mikroskopträgerglas (Elsden, 1978). Unter dem Mikroskop lassen sich jetzt die X- und Y-tragenden Chromosomen erkennen und bestimmen, ob der Embryo männlich oder weiblich ist. Der Restembryo wird also, falls er das richtige Geschlecht hat, wieder in die Empfängerkuh zurückgepflanzt. Zwar wachsen die Embryos nach einer solchen Biopsie (Gewebeprobe) weiter, aber die Einnistungsrate liegt leicht unter der von nicht beschädigten Embryos.

In der Regel wünschen die Männer Muttertiere, die jedes Jahr kalben oder Milch produzieren können. Sie brauchen nur ein paar Qualitätsbullen als Samenquellen für die künstlichen Befruchtungen. Die übrigen männlichen Embryos werden also aussortiert und für wissenschaftliche Zwecke verbraucht oder für die Mastbullenproduktion übertragen (Seidel, 1981a). Die Angst der Männer, überflüssig zu sein, die – wie Elizabeth Fisher schreibt – tief in ihr Bewußtsein eingegraben ist, könnte sehr wohl dadurch wachsen, daß sie mitansehen, wie sie selbst mit männlichen Tieren umgehen. Die meisten kann man, ihrer Meinung nach, abschreiben. Mit der Domestizierung von Vieh und der Entdeckung der Kastration, schreibt Elizabeth Fisher (1979), wurde auch ein Modell geschaffen, das die menschliche Psychologie für die folgenden Jahrtausende beeinflussen sollte: ein Bulle, viele Kastraten, viele Kühe. Wie soll ein Mann im Angesicht dieses Modells nicht das Gefühl bekommen, »überflüssig« zu sein für die Entstehung von Nachkommen, und wie sollte das sein »ohnehin schwankendes Selbstgefühl« nicht noch weiter beeinträchtigen.

Zur Zeit arbeiten verschiedene Forschungsteams an einer alternativen Geschlechtsbestimmungsmethode, die wirksamer sein soll als die derzeitige. Ebenso wird über die Möglichkeit geforscht, schon in einem früheren Stadium Biopsien vorzunehmen, damit die entsprechenden Trächtigkeitsraten höher werden.

»Wenn erstmal bessere Techniken entwickelt sind, kann man vermutlich neunzig Prozent der Embryos geschlechtsbestimmen, die jeweils erwünschten übertragen und den Rest zu Forschungs- oder Zwillingsproduktionszwecken einfrieren«, schreibt Dr. George Seidel (Seidel, BARC, S. 206). Seiner Schätzung nach ist womöglich schon bald mit der kommerziellen Auswertung von Geschlechtsbestimmung, Zwillingsproduktion und *in-vitro*-Befruchtungen zu rechnen.

Man betrachtet Embryotransfer als eine Methode, mit der man nicht nur mehr Kälber von wertvollen Kühen bekommt, sondern auch gefährdete Arten sowohl in der freien Wildbahn wie in Zoos retten kann. 1981 haben Pharmakraten zum ersten Mal erfolgreich ein Haustier als Leihmutter für ein vom Aussterben bedrohtes wildes Tier benutzt. Im Zoo der New Yorker Bronx wurde der Embryo eines Gaurs, eines indischen Wildrinds, in die Gebärmutter einer Holsteiner Milchkuh übertragen. Im August gebar diese Kuh ein Gaur-Baby.

Laut *New York Times* hielten auf Fortpflanzung spezialisierte Biologen und Wildschutzfachleute diesen erfolgreichen Transfer für einen »Riesenschritt vorwärts bezüglich der Chancen, gefährdete Wildtiere in der Gefangenschaft freier zu reproduzieren.« Dank dieser Technik könne man pro Jahr sechs bis acht Junge aus einem Gaur bekommen. Es war übrigens, wie die *Times* berichtete, schon der zweite Embryotransfer zwischen verschiedenen, genauer gesagt: domestizierten und wilden Tierarten, der mit einer Lebendgeburt endete. 1977 hatte an der Utah State University ein Hausschaf ein kleines Mufflon geboren, ein sardisches Wildschaf. Und das ist erst der Anfang. Wissenschaftler und Zoologen planen, arabische Antilopen aus Gemsbockantilopen zu bekommen, seltene Pygmäenschimpansen aus gewöhnlichen Schimpansen, indische und andere Leoparden aus Löwinnen, Wisente, Yaks und Elenantilopen aus Kühen.

Duane C. Kraemer von der Texas A & M University produzierte durch Embryotransfer einen Pavian, den ersten nichtmenschlichen Primaten, und zwar bereits 1975. Er hofft, gewöhnliche Tiere könnten ihm als »Brutapparate« für die Eier von aussterbenden Zooarten dienen (Randel, 1981).

Man bedroht also erst bestimmte Tierarten, indem man sie ausrottet oder ihren Lebensraum vernichtet. Andere Tiere sperrt man in Zoos, wo sie – aus welchem biologischen oder psychischen Grund auch immer – zu Fortpflanzungsstreiks neigen. (Das bestätigte mir auch ein IETS-Vertreter.) Und dann kommen die Pharmakraten daher und entreißen den gefangenen Tieren gewaltsam den Nachwuchs.

VI. Die industrialisierte Frau: *Embryotransfer beim Menschen*

Embryo West AG, Ovatrans International Corporation, Portable Embryonics – vielleicht wird es in ein paar Jahren Firmen mit solchen Namen geben, und sie werden mit Eiern handeln – nein: nicht von Kühen, sondern von Frauen. Denn die Embryotransfertechnologie wird längst auch auf uns angewandt. Im April 1983 haben Ärzte am Harbor-UCLA Medical Center in Torrance, Kalifornien, einen Embryo aus einer Frau herausgespült und in den Unterleib einer anderen eingesetzt, der Sohn kam im Januar 1984 durch Kaiserschnitt zur Welt.

Das Experiment wurde finanziert von der Fertility and Genetics Research Inc. (FGR – Fruchtbarkeits- und Genetikforschung), einer von den Brüdern Seed gegründeten Firma, die seit 1970 in ihrem Viehzuchtunternehmen Embryotransfers praktizierte. Der Chirurg Dr. Randolph W. Seed und der Physiker Dr. Richard G. Seed planen derzeit eine Kette von zwanzig, dreißig Kliniken im ganzen Land, in denen kommerzielle Embryotransfers an Frauen vorgenommen werden. Die Kliniken sollen untereinander durch nationale Datenbanken verbunden sein, um eines der größten Probleme, das Auffinden von genügend vielen Eispenderinnen, zu lösen. Mit einem solchen Computernetz ist keine Klinik mehr angewiesen auf die Frauen in ihrer unmittelbaren Umgebung, sondern bekommt direkten Zugang zum nationalen Frauen-»Pool«.

»Wissen Sie, so etwas wird in der Viehzucht die ganze Zeit schon gemacht«, erklärte mir Dr. John Buster, ein Gynäkologe (aus der Geburtshilfe) und Chef des Embryotransferteams. »Da ist gar nichts Neues dran. Alles sehr praktikabel. Man muß es nur einrichten.«[1]

Und so soll es funktionieren. Eine unfruchtbare oder genetisch »mangelhafte« Frau in, zum Beispiel, Akron, Ohio, paßt in Blutgruppe, Haarfarbe und Augenfarbe zu einer Eispenderin in, zum Beispiel, Baton Rouge, Louisiana. Beider Eisprungzeiten stimmen entweder von Natur aus überein oder werden hormonell synchronisiert.

Das Sperma des Ehemannes aus Akron wird nach Baton Rouge geflogen. Ist der Arzt der Meinung, beide Frauen haben ihren Eisprung (das allerdings kann man trotz aller derzeitigen Technologie noch immer nicht definitiv bestimmen), dann befruchtet er die Spenderin. Das Ei verbringt die folgenden drei Tage damit, vom Eierstock durch den Eileiter in die Gebärmutter zu wandern. In dieser Zeit soll das Sperma es befruchten. Das Ei wandert dann noch weitere zwei, drei Tage in der Gebärmutter herum. Fünf Tage nach der Befruchtung versucht der Arzt, das Ei, das nun ein Embryo ist, »herauszuspülen«, indem er mit einem Plastikschlauch ein paar Milliliter Flüssigkeit in die Gebärmutter spült (diese Prozedur heißt Gebärmutterspülung oder Uterin-Lavage). Danach wird der Embryo nach Akron geflogen und der Empfängerin übertragen.

Die Firma Memorial Health Technologies (MHT) in Long Beach, Kalifornien, plante die Eröffnung der ersten Klinik für Anfang 1985. Kurz danach sollten weitere Embryotransfer-Zentren im Auftrag der FGR im ganzen Land eröffnet und in Betrieb genommen werden.

Die Gebrüder Seed waren nicht die ersten, die versuchten, ohne chirurgische Eingriffe Eier aus den Körpern von Frauen zu gewinnen. Bereits 1972 berichtete ein Forschungsteam unter der Leitung von Dr. Horace B. Croxatto im *American Journal of Obstetrics and Gynecology* über Experimente in einer Empfängnisverhütungsklinik in Chile. Die Forscher hatten jungen Frauen Eier entnommen und herausfinden wollen, wann genau eine Frau ihren Eisprung hat und wie lange das Ei braucht, um durch den Eileiter zu wandern. Informationen also, die für die Entwicklung von Verhütungsmitteln sehr nützlich waren.

An einigen Frauen in dieser Klinik wurde auf verschiedene Weise experimentiert. Man pflanzte ihnen Kapseln mit synthetischem PROGESTERON® unter die Haut am Unterarm – als Test für dieses neue Verhütungsmittel. Zu seinen Nebenwirkungen gehörten Unterleibsschmerzen – acht von siebenundneunzig Frauen litten darunter, aber »die Bedeutung dieses Symptoms ist nicht bekannt« – und anormale Blutungen (Croxatto et al., 1969). Einige der Frauen kamen auf den OP-Tisch, und während ihnen das Hormon aus den Kapseln unter der Haut durch den Körper lief, versuchten die Forscher, in einem weiteren Experiment, ihnen mit Schläuchen die Eier auszuspülen.

In einem Fall benutzten sie zwei Polyäthylenschläuche, einer dikker als der andere, die mit einem Nylonfaden zusammengehalten wurden. Der Vorteil dieser Schläuche, so hielten sie fest, »lag darin, daß sie in verschiedenen Größen erhältlich waren; aber sie ließen sich leider nicht einführen, ohne daß man mit der Spitze den Muttermund und die Gebärmutterschleimhaut verletzte. Die so erfolgte leichte Blutung *erschwerte die Suche nach den Eiern*«. (Ich hebe den letzten Teil hervor, um darauf aufmerksam zu machen, was die Herren *nicht* sagen, nämlich zum Beispiel, daß diese Verletzung für die Frauen unangenehm ist und das Infektionsrisiko vergrößert.)

Zwar hatte Croxatto nahegelegt, daß Gebärmutterspülungen ein Instrument bei der Behandlung von Unfruchtbarkeit sein könnten (Croxatto et al., 1972), aber realisiert wurde diese Idee erst von den Brüder Seed. Randolph Seed war Chef der Chirurgie des städtischen Grant Hospital in Chicago, als er und sein Bruder 1976 anfingen, sich über die Anwendbarkeit ihrer Tierforschung auf Frauen Gedanken zu machen. Sie rechneten mit Widerstand gegen ihre Arbeit, und zwei Jahre später zeigten gewisse Ereignisse, daß sie damit durchaus recht hatten: Verschiedene Gruppen der Bewegung »Schutz des Lebens«[2] versuchten, die Eröffnung einer IVB-Klinik in Norfolk, Virginia, zu verhindern; ein britischer Arzt erhob ethische Einwände gegen Embryotransfers, da sie den Eispenderinnen Risiken bringen (OGN, 1. Dezember 1983).

»Wir beschlossen, gar nicht erst an das Krankenhaus heranzutreten, es würde dort soviel Widerstand geben, daß wir das lieber gleich bleiben ließen«, erzählte mir Richard Seed, als ich ihn 1980 in Chicago interviewte. »Wir entschlossen uns sofort, diese kleine Praxisklinik extra dafür einzurichten.«

Sie eröffneten die Reproduction and Fertility Clinic AG 1978, zwischen Boutiquen, Geschenkartikelläden und Restaurants an Chicagos elegantem Water Tower Place. (Die FGR ist übrigens eine Forschungsfiliale dieser Klinik, und Croxatto wurde später einer der medizinischen Berater der FGR.) Und sie boten ihre experimentellen Techniken an. »Insgesamt wurden wir durchaus wohlwollend aufgenommen, aber wir taten auch alles, damit es möglichst nichts Negatives über uns zu sagen gab«, erzählte Seed.

Die negativen Reaktionen der Öffentlichkeit, die sie erwartet hatten, blieben aus, zum Teil weil sie niemandem im städtischen Krankenhaus die Chance gelassen hatten, gegen das Projekt Einwände zu erheben und es abzuwürgen. »Wir hatten sogar Protestgruppen erwartet, Blockierer«, erzählte Seed weiter. »Wir waren darauf eingestellt. Aber sie kamen nicht.«

Die Seed-Brüder zahlten jeder Eispenderin fünfzig Dollar pro Gebärmutterspülung. Und zweihundert Dollar, wenn tatsächlich ein befruchtetes Ei gewonnen werden konnte.

Von Anfang an präsentierten sie ihre Experimente, als wäre Embryotransfer eine erprobte Technik. Als er 1978 einer Ethikkommission der Regierung über *In-vitro*-Befruchtungen seine Arbeit beschrieb, berichtete Randolph Seed zum Beispiel über den »wesentlichen Durchbruch, der Embryotransfers heute ermöglicht hat«, und dieser »Durchbruch« war die Entwicklung nichtchirurgischer Gebärmutterspülungen und Embryotransfers. Damals hatte er selbst es allerdings erst ein einziges Mal geschafft, einen Embryo auszuspülen, einen Transfer hatte er noch nicht einmal versucht. Wo also war der Beweis für die erfolgreiche Entwicklung dieser Technik? (Noch einige Jahre danach forschten andere u. a. nach Schläuchen, die wirklich dicht waren.)

Er spielte auch die Gefahren herunter, daß aus Embryotransfers entstandene Kinder Mißbildungen haben könnten. »Es liegt kein wissenschaftlicher Beweis dafür vor«, erklärte er. »Wir haben bei unserer eigenen Arbeit über 300 durch Verpflanzung geborene Kälber gehabt und keine wesentlichen Anomalien festgestellt.« (Seed/Seed, 1978)

Es hat allerdings bis heute keine Studie gegeben, die embryotransferierte und natürlich gezeugte und ausgetragene Kälber verglichen hätte. (Seidel, 1981)

Am Schluß seiner Rede bemerkte Seed, daß er und sein Bruder sich auch mit den ethischen Seiten ihrer Arbeit beschäftigt hatten: »Nach allen Überlegungen sind wir zu dem persönlichen Entschluß gekommen, daß eine Risiko-Nutzen-Analyse der künstlichen Embryonation auf der Grundlage vorliegender medizinischer Daten anzeigt, daß es sich hierbei um eine annehmbare Prozedur handelt, die man anbieten muß.«

Seine Eigewinnungsrate lag zu diesem Zeitpunkt bei 1,5 Prozent. Sein Bruder hatte dagegen geschätzt, daß erst bei neunzig bis fünfundneunzig Prozent Embryotransfers sich lohnen. Zwei Jahre später, als ich Richard Seed zum ersten Mal interviewte, hatten sie immer noch erst drei unbefruchtete Eier und einen Embryo gewonnen. Sie waren zwar Fachleute auf ihrem Gebiet, aber die »annehmbare Prozedur« auch durchzuführen hatten sie noch nicht geschafft.

Sie arbeiteten weiter. Und dann hörte Dr. John E. Buster, Gynäkologe und Chef der Abteilung Reproduktive Endokrinologie am

Harbor-UCLA Medical Center, von ihrer Idee und fand sie großartig. Im Juni 1980 reiste er nach Chicago, um darüber mit ihnen zu sprechen. Er war danach überzeugt, daß sie »die ganze Sache schon ziemlich gut durchdacht« hatten.

Buster wollte mit ihnen zusammenarbeiten.

Aber wenn er und seine Ärzte an der University of California in Los Angeles (UCLA) tatsächlich zur Durchsetzung der Seedschen Ideen beitragen und an Frauen Experimente vornehmen wollten, dann brauchten sie Geld. »Es war ja gar nicht dran zu denken, den Frauen selbst Geld für etwas abzunehmen, das noch so völlig im Experimentierstadium war«, erzählte mir Buster in einem Interview. (Als die Gebrüder Seed noch allein arbeiteten und keine einzige erfolgreiche Schwangerschaft zustande gebracht hatten, hatten sie tatsächlich erwartet, daß die unfruchtbaren Frauen dafür zahlten. Embryotransfer sollte die Paare »etwa so viel wie ein neues Auto« kosten, teilte Richard Seed 1980 der *New York Times* mit. »Sie sollen es schon zu spüren bekommen, denn sonst lohnt sich unsere Mühe, ein, zwei Jahre lang mit ihnen zu arbeiten, nicht.« Sie würden zwar Paaren, die sich ihre Preise nicht leisten konnten, entgegenkommen, erzählte er mir im selben Jahr, aber im allgemeinen bestand ihre Klientel aus »Paaren der Mittelschicht, die eine gewisse Summe für medizinische Behandlungen aufbringen können«.)

Buster versuchte vergebens, Forschungsgelder von der nationalen Gesundheitsbehörde (NIH, National Institutes of Health) und von Krankenhäusern der Umgebung zu bekommen. Dann stellte Richard Seed ihn Lawrence Sucsy vor, einem Anlageberater aus Chicago. Sucsy, der inzwischen Vorstandsvorsitzender und Geschäftsführer der FGR ist, schlug vor, das Projekt durch die Gründung einer GmbH und Kapitaleinlagen von Dritten zu finanzieren. Sucsy, Buster und andere stellten ein privates Beteiligungsangebot zusammen und versuchten ein Jahr lang, es Investoren zu verkaufen. »Ich habe mit Mr. Sucsy und Randy Seed buchstäblich das Pflaster der Wall Street abgeklappert«, erinnerte sich Buster. Aber die potentiellen Investoren hatten ihre Zweifel, ob ein solches Geschäft Geld abwerfen würde. Sie argumentierten dagegen: Frauen würden sich weder Sperma einspritzen noch Eier ausspülen lassen, selbst unfruchtbare Frauen würden die ganze Technologie ablehnen, und überhaupt sei keine Frau so verzweifelt, daß sie ein gespendetes Ei annehmen würde.

»Sucsy mußte konkurrieren um die Dollars, die normalerweise in

Öl und Gas und Gold fließen«, erzählte Buster. »Das ist ein hartes Geschäft, denn die Investoren interessieren sich überhaupt nicht dafür, was man da macht. Die wollen bloß sicher sein, daß sie ihr Geld wiedersehen.« Buster glaubt, daß die Geburt des ersten Retortenbabys 1981 in den Vereinigten Staaten die Investoren animiert hat, den Vorschlag ernst zu nehmen. Im Dezember 1981 jedenfalls hatten er und Sucsy das Geld beisammen.

Um Konkurrenten auszuschalten, hatte die FGR Patente auf ihre Katheter (Schläuche) und auf den ganzen Embryotransferprozeß angemeldet. Es gab Kontroversen darüber. »Normalerweise wird ein neues medizinisches Verfahren erst in der wissenschaftlichen Literatur beschrieben und nur verbreitet, wenn es sinnvoll ist. Man kommerzialisiert so etwas nicht von vornherein und beschränkt normalerweise die Praxis nicht auf einige wenige, damit diese einen ökonomischen Vorteil haben«, sagte mir B. J. Anderson von der *American Medical Association* dazu.

Mittlerweile dokumentierten die Forscher der UCLA in Torrance ihre Ergebnisse von Embryotransfers bei Tieren, entwickelten in Zusammenarbeit mit Psychologen Kriterien für die Auswahl von Eispenderinnen, entwarfen mit juristischer Hilfe Einverständniserklärungen und bastelten an Kathetern. Dann war das Team dank eines Darlehens in Höhe von vierhunderttausend Dollar startbereit. Aber es brauchte Spenderinnen. Und das war ein Problem.

»Wir wußten ja: Da draußen gab es Tausende«, erzählte Buster. »Aber am Anfang des Projekts haben wir aus Angst, das Image der Universität könnte darunter leiden, keinen Wirbel darum gemacht.«

Um dennoch Eispenderinnen zu rekrutieren, machten sie zwar weiterhin keine Publicity, veröffentlichten aber einige Anzeigen in Zeitungen, eher unauffällig. »Helfen Sie einer unfruchtbaren Frau, ein Baby zu bekommen«, begann eine Anzeige. 380 Frauen meldeten sich, aber bis auf 46 wurden sie alle abgelehnt, ein paar einfach, weil sie zu weit entfernt wohnten. Die sechsundvierzig übrigen mußten sich einem Standardpsychotest unterziehen. Die Team-Psychologen stellten fest, daß unter diesen Freiwilligen drei- bis sechsmal mehr »Auffällige« waren als im Bevölkerungsdurchschnitt angenommen. Außerdem war »nur« ein Drittel der Frauen aus altruistischen Gründen an dem Projekt interessiert, die meisten anderen kamen, weil es etwas Neues und Aufregendes gab und sie damit vielleicht ihr angekratztes Selbstbild ein bißchen aufbessern konnten. Nach diesem Test sortierten die Psychologen weitere neunzehn Frauen aus und interviewten die restlichen siebenundzwanzig. Mehr als die Hälfte der Frauen hatten alkohol- oder tablettenabhängige Eltern, waren als Kinder mißhandelt worden oder hatten sonstige Kindheitsprobleme gehabt. »Auf dem Hintergrund der wenig ermutigenden, um nicht zu sagen traumatischen Geschichten ihrer Kindheit sahen viele Kandidatinnen das Projekt vermutlich als Chance an, ihr Selbstwertgefühl zu verbessern und sich für all die Enttäuschungen zu entschädigen«, kommentierte ein Teammitglied (OGN, 1. Dezember 1983).

Viele der Frauen zeigten deutliche Schwierigkeiten im Umgang mit Autoritätsfiguren, was sie für dieses Projekt unbrauchbar machte, fuhr er fort. (Verständlich, daß die Komplizenschaft der Spenderin bedeutsam für das Team war. Eine der Forderungen der Forscher: Die Spenderinnen sollten »relativ regelmäßig zur Verfügung stehen« [*People*, 8. August 1983]. Frauen, die nicht vor Autoritäten kuschten, waren womöglich nur eingeschränkt verfügbar.)

Die Zeitungsanzeigen brachten also nicht genügend brauchbare Frauen. Aber was dann?

Buster listete ein paar Möglichkeiten auf. Eine unfruchtbare Frau könnte ihre Spenderin zum Beispiel selbst mitbringen (ihre Schwester vielleicht). Außerdem könnte man Broschüren in Wartezimmern von Ärzten auslegen, wo potentielle Kundinnen sie lasen. Also schrieben die Forscher Broschüren.

Richard Seed hatte 1980, als ich mit ihm sprach, noch einen anderen Vorschlag: »Wir versuchen gerade, ein System ähnlich wie das von Blutbanken einzurichten, wo jeder Empfänger eine oder zwei Spenderinnen für die Eierbank beschaffen muß.«

Folgendes wäre denkbar: Eine Frau ist unfruchtbar und begreift, daß sie nur Zugang zu einem Embryotransferprojekt bekommt, wenn sie der Bank zwei Embryospenderinnen liefert. Sie fragt ihre beste Freundin und ihre Schwester. Die wollen eigentlich nicht, aber sie wissen ja, wie sehr die andere leidet. Wenn sie sich weigern, meinen sie, dann verweigern sie ihr ein Kind. Dasselbe Gefühl hat die andere. Sie wäre sauer auf die beiden anstatt auf die Embryotransferindustrie. Also fühlen sich die beiden Frauen zwar vergewaltigt, legen sich aber brav auf die Gynäkologenstühle, hängen die Füße in die Schlingen und lassen sich von Ärzten künstlich befruchten und später die Embryos aus dem Leib spülen.

Auf meine Frage nach Seeds Idee antwortete Buster 1983, daß er und sein Team sie für machbar halten und so vorgehen wollen, wenn sie ihre Klinik aufmachen.

Irgendwann heuerten die Transferpioniere eine kalifornische Werbefirma an, die über Pressemeldungen eine Telefonnummer veröffentlichte, bei der Frauen anrufen konnten, die Eier spenden oder Embryos bekommen wollten.

»Wir erwarten, in fünf bis zehn Jahren eine Spenderbank von einigen Tausend Frauen zu haben«, erzählte mir Seed 1984. »Genau darauf arbeiten wir hin.«

Kaum hatte die UCLA-Gruppe Spenderinnen, fing sie an zu arbeiten. Man bezahlte der Spenderin (besser gesagt, der Eiverkäuferin oder: Eilieferantin) fünf bis zehn Dollar pro Blutprobe, fünfzig Dollar für eine Befruchtung und fünfzig Dollar für eine Gebärmutterspülung. Von Januar 1983 bis Februar 1984 befruchtete man dort zehn Frauen insgesamt sechsundvierzig Mal mit dem Sperma der Ehemänner von dreizehn unfruchtbaren Empfängerinnen. Bei zweiundvierzig versuchten Spülungen wurden achtzehn Embryos ausgespült. Zwei Empfängerinnen hatten anscheinend normale Schwangerschaften. (Pressemeldung vom 3. Februar 1984)

Aber zwei Frauen kamen bei dem Experiment zu Schaden. Eine Empfängerin erlitt eine Eileiterschwangerschaft. Die Ärzte operierten sie, um den Embryo zu entfernen. Sie verlor auch noch den Eileiter. Bei einer anderen Frau, einer Spenderin, blieb der Embryo trotz der Spülung drin. Sie erlitt eine Fehlgeburt zehn Tage nach dem erwarteten Menstruationstermin.

Solche Schäden machen ein paar der Risiken deutlich, die die Experimente für Frauen bedeuten:

- Es kann sein, daß der Embryo nicht ausgespült wird, wie in der allerersten Serie von Experimenten geschehen. »Die Empfängerinnen müssen einfach einer Abtreibung zustimmen«, sagte dazu Michael Eberhard, Altersvizepräsident der Memorial Health Technologies AG. »Wenn sie das nicht tun, dann können sie die ganze Prozedur emotional und ethisch nicht verkraften und dann müssen wir sie eben aussondern. Dann gehören sie nicht in ein Spenderprojekt.« Buster plant, diesem Problem schon in einem früheren Stadium zu Leibe zu rücken, durch ein neuartiges Medikament, das bewirken soll, daß der Embryo im Körper der Spenderin abgebaut wird. Er hat die Benutzung solcher bisher ungetesteter Drogen bei der Food and Drug Administration (FDA, ohne deren Zustimmung in den Vereinigten Staaten kein Medikament vertrieben werden darf) angemeldet. Also werden die Frauen weiteren Experimenten unterzogen. (Es sieht vielleicht so aus, als sei es unbedenklich, wenn die FDA diese Medikamente für Forschungszwecke freigibt. Nur macht die Tatsache, daß die FDA irgendwelche Experimente an Frauen bewilligt, diese Experimente nicht akzeptabler. Ein Beispiel aus meinem ersten Buch *The Hidden Malpractice*: Die FDA gab die Pille damals frei, nachdem sie lediglich an 132 Puertorikanerinnen ein Jahr und länger und an 718 anderen Frauen weniger als ein Jahr lang ausprobiert worden war. Fünf dieser Frauen starben während der Untersuchung, drei mit Symptomen, die auf Blutgerinnsel hinwiesen. Keine einzige Autopsie wurde gemacht. Während der Anhörungen über die Pille im Senat 1970 gab die FDA zu, sie auf der Grundlage »eher oberflächlicher Daten« zugelassen zu haben. Meiner Meinung nach war allerdings die ganze Experimentiererei an Frauen bedenklich. Aber die FDA arbeitet eben innerhalb einer Kultur, in der Frauen als minderwertig gelten, und es wäre überraschend, wenn sie solche Wertmaßstäbe *nicht* teilte.)

– Während der Spülung kann der Embryo in die Eileiter gespült werden und bei der Spenderin eine Eileiterschwangerschaft verursachen. »Das ist eins der größten Risiken«, erklärt Dr. Jaroslav Hulka, einer der beiden einzigen Gynäkologen und Geburtshelfer unter den IETS-Mitgliedern. »Das ist meines Wissens nur beim Menschen der Fall. Ich wüßte nicht, daß Kühe extrauterine Schwangerschaften haben ... Und das ist auch einer der lästigen Aspekte bei dem Versuch, Techniken, die an bestimmten Arten entwickelt wurden, auf andere zu übertragen.«
Hulka, der an der Abteilung Gynäkologie und Geburtshilfe der University of North Carolina arbeitet, erzählte, er würde einer Frau, bei der er die Gebärmutter ausgespült und nichts gefunden hätte, sagen: »Tja, meine Dame, ich kann das Ei nicht finden. Vielleicht haben Sie jetzt eine Eileiterschwangerschaft. Kommen Sie mal in zwei Wochen wieder und dann machen wir einen Ultraschall und gucken nach, ob da was sitzt in Ihrem Eileiter.«
Falls der Ultraschall dann eine solche Schwangerschaft ergibt, operiert er eben. Vielleicht kann er den Eileiter sogar retten. Falls der Embryo den Eileiter allerdings aufreißt, wird aus der Spenderin genau während des Vorgangs, durch den sie einer unfruchtbaren Frau ein Ei geben wollte, eben selbst eine unfruchtbare Frau.

Eine nicht entdeckte und behobene Eileiterschwangerschaft übrigens ist sogar lebensbedrohlich.
Auch die Empfängerin läuft Gefahr, eine Eileiterschwangerschaft zu erleiden, wenn ihr der Embryo eingesetzt wird. Auch das ist während der ersten Serie von Menschenexperimenten passiert. Außerdem kann sie sich durch die Transferprozedur eine Unterleibsentzündung von der Spenderin zuziehen (Walters/LeRoy, 1983).

- In Zukunft will Buster die Zyklen von Spenderin und Empfängerin künstlich synchronisieren. Folglich werden die Frauen den entsprechenden hormonellen Risiken ausgesetzt werden.
- Dr. Maria Pia Platia und Dr. Gary D. Hodgen, zwei Wissenschaftler des National Institute of Child Health and Development (NICHD) haben herausgefunden, daß bei der künstlichen Befruchtung das Sperma des Empfängerinehemannes die Spenderin mit Geschlechtskrankheiten infizieren kann.
- Die Spenderin riskiert außerdem Unterleibsentzündungen im Gefolge der Gebärmutterspülung. Sie können ebenso wie Eileiterschwangerschaften ihre reproduktiven Potenzen vernichten. (Natürlich nicht völlig – schließlich kann sie ja dann die Rollen tauschen und Empfängerin werden...)
- Die Empfängerin setzt sich der bislang unerforschten Gefahr aus, einen Embryo auszutragen, der ihr genetisch völlig fremd ist, im Gegensatz zu einer normalen Schwangerschaft, bei der die Hälfte der Gene ihre eigenen sind. Dr. Platia und Dr. Hodgen weisen auch auf dieses Risiko hin.

Forscher behaupten gern, Embryotransfer sei im Grunde dasselbe wie künstliche Befruchtung durch Spendersamen. Tatsächlich war einer der ersten Begriffe, die die Gebrüder Seed dafür benutzten »künstliche Embryonation«, das betonte die Ähnlichkeit zur künstlichen Insemination (wörtlich: Besamung; Befruchtung der Frau).

»Die Gene werden eben von einer Frau gespendet statt von einem Mann«, erläuterte Randolph Seed der Ethikkommission. »Eine weitere Variation ist, daß die Befruchtung *in vivo* passiert«, d. h. im Körper der Frau. Da AID von der Ärzteschaft anerkannt wird, sehen die Seed-Brüder »keinen Grund, warum der Embryotransfer es nicht sein sollte«, wie die Zeitung *The Boston Globe* berichtet.

Die Befruchtung im Körper einer Frau mit anschließender Eispende wird gern zur »schlichten Variante« von Samenspenden heruntergespielt. Aber genau die Tatsache, daß die Befruchtung im

Körper der Frau stattfindet, macht das erhöhte Risiko des Embryotransfers gegenüber der künstlichen Befruchtung aus. AID bedeutet für den Samenspender keinerlei Risiko, noch verletzt sie seine körperliche Integrität. Eine künstlich befruchtete Embryospenderin dagegen läuft Gefahr, sich zu infizieren, riskiert Abtreibungen, Medikamentenversuche, chirurgische Eingriffe wegen Eileiterschwangerschaften, Beeinträchtigung oder Verlust ihrer Fruchtbarkeit und – als Folge weiterer Komplikationen – sogar ihr Leben.

Noch steht der Preis nicht fest, den die Memorial Health Technologies AG für einen Embryotransfer zu berechnen gedenkt, aber im März 1984 erklärte mir Vizepräsident Eberhard: »Wir überlegen, ihn konkurrenzfähig im Hinblick auf IVBs zu gestalten.« Das bedeutet, so fügte er hinzu, irgendeine Summe zwischen fünf- und siebentausend Dollar pro Versuch.

Eberhard denkt an eine gestaffelte Preisgestaltung, bei der Frauen, die trotz des Transfers nicht schwanger werden, etwas weniger bezahlen müssen. Die meisten Frauen und Familien, die zur MHT-AG kommen, seien, so Eberhard, »schon vollständig durch die Medizin ausgepreßt worden. Sie sind von Klinik zu Klinik gegangen und haben Operationen, Hormontherapien und Medikamentenbehandlungen hinter sich. Die Krankenakten, die sie mitbringen, sind zwanzig Zentimeter dick. Sie sind entmutigt. Sie haben das Gefühl, einen verdammten Haufen Geld ausgegeben zu haben, und was haben sie dafür bekommen? Ich hätte da lieber ein Preissystem, das anders verfährt: Wenn wir sie mit Ovumtransfer nicht schwanger kriegen, dann ist das unser Verlust. Und wenn wir es schaffen, dann stehen wir gut da.«

Und weiter: »Wenn wir allerdings überhaupt keine schwanger kriegen, gehen wir natürlich bankrott. Aber ich finde, genau das ist der gerechte Lohn, wenn jemand ein Produkt nicht liefern kann.«

Auch ein niedriger Preis kann immer noch ein paar tausend Dollar heißen.

Die Leute müßten nach Eberhard am Anfang etwas Verständnis für die MHT haben, denn im ersten Jahr wird die Erfolgsquote noch nicht so hoch sein wie im zweiten. Auf die Frage, ob er nicht lieber erst abwarten will, bevor er Geschäfte damit macht, erwiderte er: »Nein. Irgend jemand muß den Mut und den Willen haben und das Risiko auf sich nehmen, mit dem Versuch anzufangen. Irgendwann muß man einfach anfangen. Es gibt auch gar keine Forschungsgelder mehr. Und neue aufzutreiben ist sehr schwer.« Die Ärzte haben das Gefühl, sie seien jetzt soweit, fuhr Eberhard fort, nach all den enorm erfolgreichen Forschungen, und außerdem gebe es Patientinnen, die auch endlich loslegen wollen.

Und die Erfolgsquote? Als ich Buster im Dezember 1983 danach fragte, erwiderte er, darüber etwas zu sagen sei wirklich noch zu früh.

Embryotransfertechnologie ermöglicht Embryobewertung. Letztere ist nützlich für selektive Kinderproduktion. Bis zum Jahr 2000 ist man vielleicht soweit, in der Praxis des Frauenarztes bei den Routineuntersuchungen vor der Geburt jeder einzelnen Frau den Embryo auszuspülen, ihn auf jeden bekannten genetischen oder Stoffwechselschaden hin zu testen und ihn dann – und nur dann –, wenn er perfekt ist, wieder in den Mutterleib zurückzupflanzen. Nach Richard Seed könnte man so die meisten Geburtsfehler ausschalten.

»Wir haben für die nächsten drei Jahre genug zu tun«, erzählte er 1980 über sich und seinen Bruder. »Aber wenn wir es organisatorisch im Griff haben, fangen wir mit der Forschung auf diesem Gebiet an. Eventuell dehnen wir die Tierembryoarbeiten aus und versuchen, sie auf Menschen anzuwenden. Vielleicht ersetzen wir die Amniozentese (Entnahme von Fruchtwasser durch Punktion zur Feststellung von Erbschäden) durch Embryobewertung.«

Dazu würde auch die Geschlechtsauslese gehören, erläuterte er. »Man kann in bestimmten Stadien der Entwicklung ein paar Zellen aus einem Embryo herausschnippeln und sein Geschlecht feststellen. Das kann man jetzt bei Rindern, Pferden und ich glaube auch bei Schweinen.«

Solche Biopsien an Embryos »dürften beträchtlich ausgedehnt werden« in nächster Zeit, schrieben 1976 zwei Autoren des *Western Journal of Medicine*. Auch sie glauben wie Richard Seed, daß man Embryos im Hinblick auf verschiedene genetische Schäden aussieben kann. Womöglich, so spekulieren sie weiter, finden Forscher eines Tages heraus, daß Geburtsfehler wie etwa Gaumenspalten mit einer erkennbaren Anomalität des Embryos im Zusammenhang stehen. Und auf dem schwankenden Boden ihrer Spekulationen folgern sie: »Und deshalb könnten *In-vitro*-Befruchtungen und Embryokulturen eines Tages die bevorzugte Art der Reproduktion sein, denn dabei werden nur erbgesunde Embryos ausgetragen.« (Karp/Donahue, 1976)

Bevorzugt – von wem? Von der Frau? Oder dem Herrn Doktor? Das Ganze erinnert mich an Spekulationen in den entsprechenden Fachzeitschriften, laut derer der Kaiserschnitt vielleicht bald die bevorzugte Entbindungsmethode ist. Und noch einmal – *wer* bevorzugt sie denn? Die Frau, von der man erwartet, daß sie sich wegen eines natürlichen Vorgangs einem größeren chirurgischen Eingriff unterzieht, oder die Messerschwinger selbst?[3]

Embryobewertung hat nicht überall Begeisterungsstürme ausgelöst. Dr. Hulka bemerkt: »Ich glaube, die meisten Frauen gehen lieber das Risiko einer genetischen Anomalie ein als das Risiko, die Frucht abgetötet oder eine fehlgeleitete Einnistung zu bekommen. Die ganze Ausspülungs- und Einpflanzungstechnologie steckt noch voller Risiken, sogar bei Tieren.«

Werden dennoch diese Technologien, die heute als »Chancen für Frauen« vorgestellt werden, irgendwann zur Pflicht, wie sich das heute schon bei anderen Eingriffen – Kaiserschnitt, programmierte Geburt – abzeichnet? Und werden Frauen sie dann noch verweigern dürfen? Mit solchen Fragen beschäftigt sich Roz Richter, eine Rechtsanwältin, die sich für Frauen- und Bürgerrechtsprobleme engagiert und selbst körperbehindert ist. Sie ahnt heute schon, welches Stigma der Frau angeheftet wird, die erfährt, daß sie »mangelhafte« Gene oder einen schadhaften Embryo in sich trägt und sich dazu entschließt, weder das Ei einer anderen Frau anzunehmen noch den Embryo vernichten zu lassen. Ein Stigma, das sehr wohl auch das dennoch geborene Kind trifft.

Wenn die Gesellschaft die Selektion total gesunder Embryos durchsetzt, dann bedeutet das: Man nimmt an, daß sich eine »normale« Frau unter keinen Umständen zum Austragen eines nicht gesunden Kindes entschließen würde, bemerkt Roz Richter. Und die Frauen, die es dennoch tun, werden als verantwortungslos oder emotional gestört betrachtet.

»Ich vermute, die Frage, ob sie überhaupt in der Lage sind, diese Situation zu beurteilen, wird sehr ernsthaft gestellt werden«, erzählte sie.

Die Tendenz, aus einer »Chance« eine Verpflichtung zu machen, läßt sich bereits in der jetzigen Geburtshilfe belegen. In verschiedenen Fällen haben sich Ärzte an die Gerichte gewandt, weil sich Frauen Kaiserschnitten oder anderen chirurgischen Eingriffen widersetzt oder Krankenhausgeburten ganz verweigert hatten und lieber zu Hause entbinden wollten. Anfang 1978 wurde gegen drei

Ehepaare, die Hausgeburten machen wollten – in Louisiana, Idaho und North Carolina –, Anklage wegen Kindesmißhandlung erhoben. In North Carolina hatte die Polizei auf eine Anzeige des Geburtshelfers hin die Frau mitten in den Wehen gewaltsam aus dem Haus geschleppt und ins Krankenhaus gebracht (Corea, 1979). Einige Frauen sind schon von Gerichten gegen ihren Willen zu Kaiserschnitten verurteilt worden, nur weil ihre Ärzte diesen Eingriff als notwendig für das Kind befunden hatten. In einem Fall in Georgia wurde eine schwangere Frau von den Sheriffs persönlich ins öffentliche Krankenhaus geleitet, nachdem das Gericht entsprechend beschlossen hatte.[4] Wenn aber Ärzte mit Hilfe des Gesetzes Frauen dazu zwingen können, ihre Körper chirurgischen Eingriffen auszusetzen, dann können sie theoretisch auch versuchen, diverse diagnostische Verfahren zur Pflicht zu machen – zunächst vermutlich nur für eine Elite von Frauen. Dr. Howard W. Jones jr., der Vizedirektor des ersten Retortenbaby-Programms in den Vereinigten Staaten, hat sich bereits dahingehend geäußert: Es sei gegebenenfalls »unethisch«, wenn bestimmte Frauen pränatale Diagnosen verweigerten. Er versuchte auch, das Argument, *In-vitro*-Befruchtungen seien unethisch, weil sie für das Kind, das dazu sein Einverständnis nicht geben kann, Risiken beinhalten, zu widerlegen, indem er behauptete, daß man so ein Argument auch auf Frauen ausdehnen müsse, die mit über fünfunddreißig Jahren noch schwanger werden, und auf deren Partner. Denn bei ihnen ist die Wahrscheinlichkeit größer, daß sie Kinder mit Downs-Syndrom bekommen. »Die Ethik solcher Paare ist sehr viel fragwürdiger (als die von IVB-Teams, G. C.), insbesondere wenn sie nicht gewillt sind, sich den heutigen Diagnosemethoden zu unterziehen und gegebenenfalls den beeinträchtigten Fötus abtreiben zu lassen.« (Jones, 1982, S. 148)

Zur Frage von Embryobewertung und -transfer noch einmal Roz Richter: »Ich denke, der Druck wird größer werden, und zwar so groß, daß es nicht mehr nur als unverantwortlich im ethischen Sinn gilt, wenn man der Gebärmutterspülung oder einem Ersatzei nicht zustimmt, sondern daß man vom Gesetz für inkompetent erklärt wird, eine solche Entscheidung überhaupt zu treffen.« Der Staat könnte Frauen aus bestimmten Risikogruppen ziemlich einfach zu Amniozentesen zwingen, argumentiert sie weiter. Er könnte, mit der Begründung, er habe schließlich die Einrichtungen und Behandlungen für körperlich und geistig behinderte Kinder zu bezahlen, auch ein entsprechend großes Interesse an deren Vermeidung anführen.

Und was passiert, wenn solche Diagnoseverfahren – ob es sich nun um Amniozentese, Embryobewertung oder etwas anderes handelt – einen »defekten« Embryo oder Fötus ans Licht fördern? Wäre die Frau zur Abtreibung gezwungen?

Roz Richter glaubt das nicht. Es wird so anfangen: Sind die Ergebnisse negativ, wird man der Frau raten, die »Möglichkeiten« zu nutzen, die die Technologie ihr bietet. (Heutzutage heißt das entweder ein Kind austragen oder es abtreiben. Aber es werden zunehmend noch ungetestete Therapien für den Fötus ausgedacht, die allesamt mit schweren Eingriffen in den Körper der Frau verbunden sind.) Übt ein solcher Berater genügend starken Druck aus, so fügt Roz Richter hinzu, dann kann die »Beratung über die eigenen Möglichkeiten« bedeuten, daß die Frau einfach vorgeschrieben bekommt, was sie angeblich selbst will.

Und hier ist noch etwas anderes wirksam: Die Minderwertigkeitsgefühle, die eine Frau womöglich bekommt, wenn man ihr erklärt, sie habe einen Erbschaden. Wird ihr dann zum Schwangerschaftsabbruch geraten und wird ihr das von einem medizinisch-ethischen Autoritätsapparat als Chance und als einzig richtige Entscheidung eingeredet, dann wird sie sich womöglich der Entscheidung des Arztes anschließen. Obwohl sie also vom Gesetz her wirklich die freie Wahl hätte, trifft sie sie de facto nicht.

Roz Richter erwähnt noch einen anderen Punkt. Es gibt bei verschiedenen Arten von Behinderung ein breites Spektrum an Entwicklungsmöglichkeiten. Manche Leute mit Gehirnlähmungen zum Beispiel können glänzende Lehrer oder Physiker werden; andere dagegen bleiben schwer geistig geschädigt. Nach der Geburt eines solchen Kindes sind eine Menge von Faktoren entscheidend für das Leben, das es später führt: der Zugang zu Rehabilitationsleistungen, Motivationen, emotionale Unterstützung, das Ausmaß des physischen Schadens.

Roz Richter: »Das Medizinestablishment kann nicht einen Monat nach der Geburt das Kind angucken und wissen: ›Das wird das und das machen, das wird laufen lernen, das wird keine Probleme haben.‹ Das geht nicht. Es kann auch keinem Dreißigjährigen sagen: ›In Anbetracht Ihrer Krankengeschichte haben Sie noch zehn Jahre zu leben und werden Ihnen nur die folgenden fünf Dinge passieren.‹ Also denke ich auch nicht, daß dieses Establishment trotz all der neuen Technologien imstande ist vorherzusagen, wie das Leben eines bestimmten Embryos verlaufen wird. Und deshalb möchte ich gern mal wissen, wie sie eigentlich festlegen wollen, welche Sorte Kinder man noch kriegen darf und welche nicht.«

Und *ich* möchte gern folgendes wissen: Wer überwacht, wenn Babys zu Konsumgütern gemacht werden, eigentlich die Qualitätskontrollen? Wer entscheidet, welche potentiellen Schäden von der Öffentlichkeit als akzeptabel erachtet werden sollen und welche nicht? Werden die Leute, die auf der Suche nach perfekten Babys sind, erst mal diejenigen an den gesellschaftlichen Rand drängen, die schwere (unterschiedlich ausgeprägte und beeinflußbare) Geburtsschäden wie Gehirnlähmung haben, und sich dann – wenn wir uns erst einmal grundsätzlich an die Auslese gewöhnt haben – auch den leichteren widmen, zum Beispiel dem Asthma? Randolph Seed hatte bereits 1978 erbliches Asthma eingereiht in die »schweren Erbschäden«.

Und wieder: »Therapeutische« Begründungen müssen herhalten, um bestimmte Leute dazu zu bringen, lieber mit dem Sperma und dem Ei von »Erbgesünderen« ihre Kinder zu produzieren.

Wen betrachtet die FGR zur Zeit als potentiellen Markt für ihre Embryotransferdienste? 1. Frauen, die aufgrund von unkurierbarem Eileiterverschluß oder Eierstockschädigung unfruchtbar sind. 2. Frauen, für die *In-vitro*-Befruchtungen nicht in Frage kommen, weil man ihren Eierstöcken nicht durch Laparoskopie Eier entnehmen kann. 3. Paare, die aus ungeklärten Ursachen unfruchtbar sind und erfolglos sowohl AID- als auch IVB-Programme durchlaufen haben. 4. Frauen mit »unerwünschten Erbanlagen« oder Krankheiten wie Zystennieren, Tay-Sachs-Krankheit, Mukoviszidose (zystische Pankreasfibrose), Hämophilie (Bluterkrankheit), Sichelzellenanämie. Während einer Pressekonferenz ergänzten die Embryotransfer-Pioniere: »Diese Frauen sollten endlich die Kinder ihres Mannes gebären können, ohne sich sorgen zu müssen, daß diese Kinder ihre eigenen erblichen Mängel aufweisen.«

Auch Frauen, die keine Eierstöcke, aber eine intakte Gebärmutter haben, sollten durch Embryotransfer Kinder bekommen können, fand Buster: »Das ist jetzt möglich, weil die normalerweise von den Eierstöcken produzierten Steroidhormone, die für die Schwangerschaft erforderlich sind, heute von Ärzten verabreicht werden können.«

Auf der Grundlage von Dr. Gary Hodgens Forschung hat Busters Team mit Experimenten an Frauen begonnen, die keine Eierstöcke haben oder vorzeitig in die Wechseljahre gekommen sind. Dr. Hodgen hatte 1983 als Leiter der Schwangerschaftsforschungsabteilung des National Institute of Child Health and Development Experimente mit Affenweibchen durchgeführt, denen man die Eierstöcke entfernt hatte und die normalen Nachwuchs gebaren. Hodgen hatte ihnen Embryos in die Gebärmutter transferiert und die Äffinnen anschließend mit zwei für die Schwangerschaft nötigen Hormonen behandelt – mit Östrogen und Progesteron. Die Hormone werden in Silikonkapseln verpackt implantiert, so daß sie sich allmählich im Kreislauf verteilen (Hodgen, 1983).

Hodgen arbeitet inzwischen in einem Human-IVB-Team in Norfolk, Virginia, und behauptet, mit seiner Methode lasse sich die Altersgrenze für Frauen, die Kinder möchten, nach oben verschieben. (Die so geborenen Babys allerdings wären nicht die der jeweiligen Frau, denn natürlich wären die Eier gespendet.)

»Nehmen wir mal an, wir haben eine gesunde Fünfzigerin«, erzählte mir Dr. Hodgen, »also ich wüßte keinen biologischen Grund, warum sie nicht eine ordentliche Schwangerschaft hinkriegen sollte.«

In Zukunft möchte die FGR, wir mir Richard Seed erklärte, noch eine weitere Dienstleistung anbieten – die »pränatale Adoption«. Wenn sowohl die Frau als auch ihr Partner unfruchtbar sind, dann wird ein Spendeei mit Spendersperma befruchtet, und die Frau »adoptiert« den so entstandenen Embryo und nimmt ihn in ihren Mutterleib auf.

Die FGR erwägt auch, innerhalb der nächsten fünf bis zehn Jahre einen »Leihgebärmütter«-Service im Angebot zu haben. Das wäre die Kombination von Leihmutterschaft und Embryotransfer.

»Nehmen wir mal an, eine Frau ist zwar fruchtbar, hat aber zum Beispiel einen zu hohen Blutdruck oder ein Herzleiden, und zwar nicht erblich«, erzählte Seed. »Nehmen wir an, ihr wird von einer Schwangerschaft abgeraten. Wir könnten ihr fünf Tage später (nach der Befruchtung, G. C.) ein Ei herausspülen und ihre Schwester als Leihgebärmutter nehmen.«

Embryotransfer bei Menschen ist ein Geschäft. Und jedes Geschäft hat den Drang, den Markt für seine Produkte oder Dienstleistungen zu schaffen und kontinuierlich zu erweitern.

»Die Embryotransferindustrie macht genau dasselbe, was die Babynahrungsindustrie längst macht«, erzählte Jeremy Rifkin, der Leiter der *Foundation on Economic Trends*, einer Gruppe, die gegen die Patentpolitik der FGR klagt. »Diese Konzerne haben Millionen Frauen in aller Welt eingeredet, statt der Muttermilch zu Babynahrung zu greifen.« Tausende von Babys, vor allem in der Dritten Welt, wo es die Bedingungen einfach nicht gab, die für die Benutzung von Babynahrung nötig sind, sind davon krank geworden oder daran gestorben. »Ich nehme an, wir werden mit Konzernen, die das Patentrecht für reproduktive und genmanipulatorische Prozesse besitzen, genau dasselbe erleben. Sie werden uns zu überzeugen versuchen, daß wir am besten daran tun, eine natürliche Fortpflanzung gar nicht erst zu riskieren. Bei der geringsten Möglichkeit, daß irgend etwas mit dem Ei oder dem Sperma einzelner Leute nicht in Ordnung sein könnte, wird man uns einreden, uns lieber auf ein ›sicheres‹, geplantes Verfahren einzulassen, bei dem wir angeblich von vornherein wissen, was wir bekommen.«

Bei der Babynahrung ist es so gelaufen, stellt Rifkin fest. Es gibt keinen Grund für die Vermutung, daß es beim Embryotransfer nicht genauso laufen sollte.

Richard Seed hat die Absicht, bis 1988 internationale Anerkennung für seine Arbeit erreicht zu haben.

»Ich geniere mich nicht, Ihnen zu sagen, daß ich einen Nobelpreis erwarte«, erklärte er mir 1980.

Um den Preis zu bekommen, erzählte er weiter, müsse er zwei Dinge schaffen: Die erste Schwangerschaft durch Embryotransfer bei einer Frau (hat er drei Jahre später geschafft) und die Schwängerung einer Frau nach den Wechseljahren (daran arbeitet er noch).

Seed erinnert sich an einen Kollegen, der ihn – nachdem er bei einer Konferenz über Embryotransfer referiert hatte – beschimpfte: »Er sagte irgend etwas wie: ›Sie Arschloch. Ich habe fünfundzwanzig Jahre an künstlichen Befruchtungen gearbeitet, und Sie kriegen bloß eine Schwangerschaft hin und bekommen den Nobelpreis.‹« Der Kollege hatte, so kommentierte Seed, einfach nicht begriffen, daß er nichts Neues geschaffen hatte mit seiner Arbeit an künstlichen Befruchtungen. »Er hatte keine neue Industrie auf die Beine gestellt, keine neue Technologie, aber genau das mache ich.«

Dann lehnte er sich in den Sessel zurück. »Früher haben die Leute mich ausgelacht, wenn ich sagte, ich würde den Nobelpreis bekommen. Heute lachen sie nicht mehr. Keiner lacht mehr.«

VII. EISPRUNG VON MÄNNERHAND: *Der Stand der Technik*

Am 25. Juli 1978 operierte der englische Gynäkologe Patrick Steptoe einer bewußtlosen Frau das erste »Retortenbaby« der Welt heraus: Louise Brown wurde es genannt. Steptoe hatte der Mutter neun Monate vorher ein Ei operativ entnommen. Sein Partner oder »Labor-Mitvater« Dr. Robert Edwards hatte das Ei im Labor mit dem Sperma des Mannes der Mutter befruchtet. Schließlich hatte Steptoe den Embryo in den Mutterleib transferiert, wo aus ihm Baby Louise wurde.

Das Verfahren heißt Befruchtung »in vitro« (wörtlich übersetzt: im Glas), im Gegensatz zur Befruchtung »in vivo« (also im Mutterleib). Der berühmte nordamerikanische Embryologe Dr. Clifford Grobstein zieht die Bezeichnung »externe Humanbefruchtung« vor. Sie beschreibt, so argumentiert Grobstein, präziser das entscheidende Kennzeichen, nämlich daß »der gesamte Vorgang nach außen verlagert und dadurch leichter faßbar und zugänglich ist für Einwirkungen und Eingriffe« (Grobstein, 1981, S. 1–2).

Louise Browns Geburt bedeutete den Höhepunkt einer Arbeit, die hundert Jahre zuvor in Wien begonnen hatte, als dort ein Embryologe zum ersten Mal ein Ei außerhalb des Körpers eines Weibchens zu befruchten versucht hatte. Das war 1879, nur ein Jahr, nachdem die Rolle des Samens bei der Fortpflanzung entdeckt und nachgewiesen worden war. Im folgenden Jahrhundert unternahmen Männer weitere Versuche von *In-vitro*-Befruchtungen (IVB), zumeist mit den Eiern von Kaninchen (wie jener Embryologe) und Frauen.

Die Pharmakraten hatten zunächst einige technische Probleme zu überwinden, bevor sie ein Ei in der Petri-Schale befruchten konnten, und dazu brauchten sie Versuchspersonen. Von den vierziger Jahren bis in die siebziger Jahre waren das Frauen, die sich gynäkologischen Operationen unterzogen. Pharmakraten versuchten, ihnen Eier zu entnehmen und diese zu untersuchen oder im Labor zu befruchten. Sie veröffentlichten ihre Untersuchungsergebnisse auch.

Ich habe in keiner einzigen dieser Studien gelesen, daß man vorher die Einwilligung der Frauen zu dieser Jagd auf die Eier in ihrem Körper und/oder zu den Experimenten an den Eiern eingeholt hat. Den Berichten läßt sich noch nicht einmal entnehmen, ob die Frauen – die dort mitunter als »Material« (in Deutschland wird gern von »Patientengut« gesprochen... A. d. Ü.) bezeichnet werden – überhaupt über die beabsichtigte Forschung mit ihren Eiern unterrichtet worden waren.[1]

Frauen, die für einen Unfruchtbarkeitstest oder zwecks Sterilisierung laparoskopiert wurden (eine Laparoskopie ist eine Bauchspiegelung mittels eines Rohrs, das durch die Bauchdecke eingeführt wird); Frauen, denen wegen eines Tumors oder Muttermundkrebses oder wegen irgendwelcher »präkanzeröser Erkrankungen« die gesamte Gebärmutter herausgenommen wurde; Frauen, die wegen Endometriose oder Eierstockzysten auf den OP-Tisch geraten waren oder sich nicht näher bezeichneten »gynäkologischen Eingriffen« unterzogen – solchen Frauen hat man in den Vereinigten Staaten und in anderen Ländern Eier aus dem Körper gestohlen.[2]

Während eines fünfzehnjährigen Projekts, das 1938 begonnen hatte und das sie »Eierjagd« titulierten, holten der Gynäkologe Dr. John Rock und der Pathologe Dr. Arthur T. Hertig Hunderte von Eiern aus armen Frauen heraus, die sich in dem von der Wohlfahrt finanzierten Free Hospital for Women in Brookline, Massachussetts, behandeln ließen. Obwohl sie hier keine Rechnungen ausstellen durften, bemühten sich namhafte Ärzte um eine Stelle in diesem Krankenhaus, und die Journalistin Loretta McLaughlin führt dafür ein paar Gründe an. Ein Vorteil bestand darin, daß dieses Wohlfahrtskrankenhaus »eine fast absolute Freiheit der Forschung bot, hier gab es viel weniger Auflagen als in den größeren Krankenhäusern von Boston, die der Harvard-Universität angeschlossen waren«, schrieb sie in ihrer biographischen Würdigung des Dr. Rock. »Während Rocks wissenschaftlich fruchtbarer Jahre wurde das Free Hospital so etwas wie ein privates Forschungsreservat für das leitende Personal.« (McLaughlin, 1983, S. 41)

Alle Hysterektomien bei den Frauen, deren Gebärmutter und Eileiter man nach Eiern absuchte, seien medizinisch notwendig gewesen, behaupten die Forscher. (Hysterektomie heißt Totalentfernung der Gebärmutter.) Wir wollen es hoffen, obwohl in den letzten Jahren immer wieder nachgewiesen wurde, daß viele der von den Ärzten für »notwendig« befundenen Hysterektomien keineswegs notwendig waren. (Keine dieser Untersuchungen bezieht sich ausdrücklich auf das Free Hospital for Women in Boston; vgl. Morgan, 1982.)

Rock und Hertig wollten ihre Chancen, bereits befruchtete Eier aus den herausoperierten Organen zu gewinnen, vergrößern und legten die Operationen deshalb auf ein Datum um die fruchtbare Periode der Frauen herum – um den Eisprung also. Beide versichern, die Frauen seien nicht instruiert worden, während ihrer fruchtbaren Tage unmittelbar vor der Operation Geschlechtsverkehr zu haben, aber man hat sie ganz einfach gebeten, sich genau die Daten aufzuschreiben, falls sie welchen hatten. Die Assistentin der beiden, Miriam Menkin, dagegen sagt, sie habe die Frauen tatsächlich dazu ermutigt, ohne alle Vorkehrungen Geschlechtsverkehr zu haben, damit die Chancen, einen Embryo zu bekommen, stiegen (McLaughlin, 1983, S. 75).

Anstatt die Frauen zu dem Zeitpunkt zu operieren, den die Ärzte als notwendig diagnostiziert hatten, ließ Rock die Patientinnen erst monatelang täglich ihre Temperatur messen und ihre Ovulationszyklen aufzeichnen, damit die Forscher ein Operationsdatum vorherbestimmen konnten, bei dem sie am ehesten auf einen Embryo stoßen würden. Und so brachten die Sozialhilfepatientinnen Woche für Woche ihre Daten ins Krankenhaus, so lange, bis ein für die Forschung optimaler OP-Termin bestimmt werden konnte. Hertig und Rock bekamen 34 befruchtete Eier von 211 Frauen zusammen, die ohne ihr Wissen zum Zeitpunkt der Operation schwanger waren. (Zum Ruhme ihrer Universität nannten die Herren das erste Ei »Harvard-Ei«, ein anderes nach einem berühmten Baseballspieler, »Dominic-Ei«, nur weil der, just als Hertig das Ei unter einem Mikroskop betrachtete, irgendeinen Triumph auf dem Sportplatz gefeiert hatte.)

Die meisten der Frauen waren Katholikinnen. Ob sie das Experiment wirklich begriffen? Ob sie begriffen, daß aus ihren Körpern Embryos entnommen werden sollten? Hätten sie das womöglich als Abtreibung betrachtet? Miriam Menkin berichtete Loretta McLaughlin, sie sei während der Experimente ein »nervliches Wrack« gewesen, aus lauter Angst, daß irgend etwas die geplante Operation verhindern könnte – zum Beispiel, daß eine Patientin plötzlich eine Erkältung hatte –, die Frau dann überraschend ihre Regel nicht bekam und merkte, daß sie schwanger war (McLaughlin, 1983, S. 77). Miriam Menkin erläutert ihre Befürchtungen nicht genauer, aber vermutlich hätte die Patientin, wenn sie erfahren hätte, daß sie schwanger ist, Qualen durchgestanden, weil sie eine ihrer Meinung nach sündige Abtreibung (mitsamt der Hysterektomie) vornehmen ließ, oder sie hätte statt dessen – immerhin eine Frau, von der ärztlich festgestellt worden war, daß sie operiert werden *müsse* – die Frucht ausgetragen und ein ungewolltes Kind aufgezogen.

Die Frauen brauchten die Operationen nicht zu bezahlen. Aber fühlten sie als Wohlfahrtsempfängerinnen sich wirklich frei, ihre Einwilligung zu einem solchen Experiment zu verweigern? Konnten sie sich darauf verlassen, daß sie, wenn sie verweigerten, was der Doktor von ihnen wollte, noch gesundheitlich versorgt und anständig behandelt wurden?

Es gab noch andere, die mit den Eiern von Frauen herumexperimentierten. Dr. Landrum Shettles, ein Gynäkologe, der mit seinen Versuchen, Eier zu befruchten, in den fünfziger Jahren Aufsehen erregte, erinnert sich, daß ihn häufig »nette kleine alte Damen« fragten, wo er denn die Eier herhabe. »Die meisten habe ich geklaut«, antwortete er dann (Rorvik, 1979, S. 94).

Die meisten Wissenschaftler reden von »nach Eiern angeln«, andere nennen es »rekrutieren«, »ausheben«, »ernten« oder »einfangen«, aber der lebhafteste bildliche Ausdruck in den Wissenschaftszeitschriften ist der der Jagd: Männer auf der Jagd nach Eiern im Körper von Frauen.

Und auf Jagd gingen sie häufig. In Melbourne (Australien) zum Beispiel sammelte ein Forschungsteam für Laborbefruchtungsversuche zwischen 1970 und 1972 Eier »bei Eierstockoperationen sowie bei jeder Laparoskopie«, berichtete der Leiter, ein Gynäkologe. Ob auch die Frauen davon wußten, teilt er nicht mit (Wood/Westmore, 1983, S. 44).

Gelegentlich gewinnen Pharmakraten die Eier auch aus völlig gesunden Eierstöcken, die man den Frauen vorsorglich herausgenommen hat mit der Begründung, eine kastrierte Frau bekomme keinen Eierstockkrebs. (Bei der Rechtfertigung derartiger »prophylaktischer« Operationen wird allerdings nie erwähnt, wie selten eine solche Erkrankung vorkommt.)

Bevor die Pharmakraten allerdings ein Ei außerhalb des Körpers einer Frau befruchten konnten, mußten sie erstens eine Nährlösung zusammenbrauen, in der Eier tatsächlich reifen, zweitens mit Hilfe von Menschenexperimenten Möglichkeiten finden, um an die Eier aus dem Körper einer Frau überhaupt heranzukommen, und drittens Sperma »kapazitieren« (sozusagen »trimmen«), nämlich dessen Oberfläche so konditionieren, daß es die äußere Schicht des Eis auch wirklich durchbrechen kann; normalerweise passiert das immer im Genitaltrakt der Frau.

Der Fortschritt kam rasch. Noch 1970 hatten zwei Forscher in einem Überblick über die Fachliteratur geschrieben, daß es – wenn man strenge Maßstäbe anlegte – bisher noch zu keiner externen Befruchtung gekommen war. Aber schon acht kurze Jahre später wurde das erste »Retortenbaby« in England geboren.

Erst fünfzig Jahre zuvor hatte man ernsthaft mit Experimenten zur Reagenzglasbefruchtung begonnen, nachdem Gregory Pincus und E. V. Enzman erstmals dargestellt hatten, daß Kanincheneier auch in einer Nährlösung außerhalb des Mutterleibs reifen können. Zwar war dieser Versuch bald mit Mäuseeiern wiederholt worden, aber die ersten gut fünfundzwanzig Jahre danach waren die Forscher nicht recht vorangekommen.[3]

Während dieser Zeit behaupteten zwar diverse Wissenschaftler, Eier im Labor befruchtet zu haben, aber ihre Forschungen hielten strengen Überprüfungen nicht stand. Eier, von denen sie gedacht hatten, daß sie sich teilten, weil sie befruchtet waren, fielen statt dessen nur auseinander, weil sie abstarben. Oder sie durchliefen die ungeschlechtliche (parthenogenetische) Teilung, d. h. eine Entwicklung, die nicht durch Sperma, sondern durch chemische oder mechanische Reize ausgelöst wird.

Erst als 1959 M. C. Chang von der *Worcester Foundation* in Massachusetts behauptete, ein Säugetierei *in vitro* befruchtet zu haben, konnte man nicht mehr darüber hinweggehen. Seine Beweise waren so stringent, daß viele Wissenschaftler seine Arbeit als ersten unanfechtbaren Beleg dafür ansahen, daß die externe Befruchtung der Eier eines Säugetiers möglich war.

Insgesamt also kamen die Erfolge spärlich. Noch 1979 galt die Befruchtung erst bei vier »Arten« als geglückt: Kaninchen, Mäuse, Ratten und – im Jahr zuvor – Frauen.

Eine der Schwierigkeiten war, daß die Eier aus den Ovarien nicht voll entwickelt waren. Die Forscher mußten also zunächst die Reifung in einer künstlichen Nährlösung fördern. Das erwies sich als problematisch. Pincus und einer seiner Kollegen berichteten, daß zum ersten Mal 1939 ein menschliches Ei außerhalb des Körpers weitergereift war. Der nächste Erfolg kam erst 1965, als R. G. Edwards den genauen zeitlichen Ablauf der Heranreifung der Eier in einer Frau aufzeichnete. Edwards hatte die meisten frühen Arbeiten über die Eireifung durchgeführt und mit verschiedenen Kulturen und den Eiern verschiedener Tierarten experimentiert. Eine bedeutende Schwierigkeit bestand darin, an Eier von Frauen zu kommen.

Edwards hatte als Student noch mit Mäusen gearbeitet. Nachdem er deren Eierstöcke mit Hormonen »bombardiert« hatte, wußte er eine ganze Menge darüber, wie Eier überhaupt reifen. Auch später, als er auf anderen Gebieten forschte, »saßen mir die Eier stets im Nacken und winkten mich zu meiner wirklichen Aufgabe herüber«. Es kam sogar vor, daß er von ihnen träumte.

Er verabredete mit mehreren Gynäkologen, daß sie ihn rufen sollten, falls sie ein Stück Eierstockgewebe zu »vererben« hatten. Er fuhr dann sofort ins Krankenhaus und stand, während die Gynäkologen im Körper der Frau herumschnitten, mit Maske und Handschuhen und seinem sterilen Glas daneben, »dem Behälter für dieses kostbare Stückchen überflüssigen Gewebes aus dem Eierstock«.

Dr. Edwards hatte nie genug Eier. Er »spähte nach ihnen aus«, versuchte, »mehr Ärzte auf meine Seite zu ziehen«. Aber er ging »leer aus«. Seine Quellen »versiegten«, trotz seiner freundschaftlichen Beziehungen zu den Gynäkologen des Addenbrooke's Hospital in Cambridge.

Also mußte er meistens mit Kuh-, Schaf- und Affeneiern arbeiten. Ab und zu fiel ihm der Eierstock einer Äffin zu. Eierstöcke von Kühen und Schafen bezog er aus dem Schlachthaus am Ort. Die Besuche dort fand er allerdings unerfreulich. Es war »traurig«, berichtet er, mitanzusehen, wie die Kühe in Reihen getrieben wurden, zu hören, wie die Gewehre krachten und wie die Tiere dann mit einem leisen dumpfen Aufschlag zu Boden fielen. »Ich wäre zufriedener gewesen, wenn nur mehr menschliche Eier ungehindert den Weg zu mir gefunden hätten.«

1966 machte er sich selbst auf den Weg, und zwar nach Baltimore zur Johns-Hopkins-Universität. Hier durfte er sich Eier von Frauen mit den Pathologen teilen.

In Baltimore versuchte er, in Zusammenarbeit mit seinem amerikanischen Kollegen Dr. Howard Jones, menschliche Eier zu befruchten, die vorher in Nährlösung herangereift waren. Er hatte den Verdacht, war aber nicht sicher, daß menschliches Sperma ebenso wie das anderer Arten erst kapazitiert werden mußte, bevor es ein Ei befruchten konnte. Er versuchte mehrere Wege.

Er führte Menschensperma in die Gebärmütter und Eileiter von Kaninchen ein, in der Hoffnung, deren Sekretionen könnten es kapazitieren. Er bat Patientinnen im Johns-Hopkins-Hospital (wo er seine Experimente durchführte), mit ihren Männern zu schlafen, damit er ein paar Stunden danach das Sperma aus dem Zervikalschleim auffangen konnte; er legte auch Kulturen aus Spermaproben und kleinen Stückchen Eileitergewebe an. Nach diesen Versuchen gab er das Sperma zusammen mit den Eiern in Nährlösung. Keins der hundertvier Eier wurde befruchtet.

Er setzte weitere zwanzig Eier von Frauen in die Geschlechtsorgane von Kaninchen und siebenundsechzig in die von Äffinnen ein, aber nur ein paar davon fand er wieder. Keins war befruchtet. »Man muß andere Tierarten als Wirtstiere für die Befruchtung bei Menschen ausprobieren«, schlossen er und seine Kollegen (Edwards, 1966).

Ein Jahr später reiste er nach Chapel Hill, North Carolina, und nahm mit amerikanischen Gynäkologen die Arbeit da wieder auf, wo er in Baltimore aufgehört hatte. Er brauchte kapazitiertes Sperma für die Befruchtungsversuche, also brauchte er Sperma, das mit der Sekretion im weiblichen Unterleib in Berührung gekommen war. Diesmal konstruierte er dafür eine winzige Kammer, die er mit Sperma füllte und einer Patientin, die er zur freiwilligen Mitarbeit überredet hatte, in die Gebärmutter setzte. Die Kammer hatte eine poröse Membran, durch die theoretisch alle Sekrete aus der Gebärmutter hineinkamen, die aber verhinderte, daß eine Samenzelle hinaustreten und womöglich die Frau schwängern konnte.

Seine Frau Ruth fragte ihn, ob er da sicher sei, daß das Sperma nicht entweichen könne. Er sagte ja.

Also sammelte er mit Hilfe der amerikanischen Gynäkologen Stückchen von menschlichem Eierstockgewebe, präparierte die Eier heraus, ließ sie reifen, sammelte Sperma (von wem, erzählt er nicht, aber in anderen Experimenten hatte er bereits sein eigenes genommen), tat alles in die poröse Kammer und fand tatsächlich freiwillige Versuchspersonen, die sich die Kammer abends einsetzen und morgens wieder herausnehmen ließen.

»Ich muß zugeben, ich verbrachte einige schlaflose Nächte, ich hatte Angst, die Kammer würde im Uterus platzen und die freigewordenen Spermatozoen würden verheerende Folgen anrichten«, erinnert er sich.

»›Aber du hast doch gesagt, du bist überzeugt, die sind sicher‹, sagte Ruth.

›Ja‹, gab ich zurück.« Er war es ganz und gar nicht.

»›Dann schlaf endlich, um Himmels willen‹, sagte Ruth.

Glücklicherweise hielt die Membran tatsächlich«, fuhr Edwards fort.

Wieder scheiterte er. Kein Ei wurde befruchtet, aber es war »ein Sommervergnügen für mich und meine Familie«, schrieb Edwards (Edwards, 1980, S. 59).

Da die Sache mit den porösen Kammern auch nicht geklappt hatte, mußte Edwards einen anderen Weg finden, um an kapazitiertes Sperma zu kommen. Eines Tages im Jahr 1967 las er einen Artikel des englischen Gynäkologen Patrick Steptoe, der in Oldham (Lancashire) seit 1959 Pioniertaten auf dem Gebiet der Laparoskopie vollbrachte. Das könnte eine Möglichkeit bieten, dachte Edwards. Vielleicht könnte man mit dem Laparoskop Sperma aus den Eileitern nach einem Geschlechtsverkehr absaugen und später womöglich ausgereifte Eier direkt aus dem Körper der Frau.

Bei einem Treffen der *British Fertility Society* stellte Edwards fest, daß Steptoe nicht nur das Laparoskop schwingen, sondern ihn auch noch mit Gewebe aus Eierstöcken für seine Experimente versorgen konnte. Als sie ihre Zusammenarbeit besprachen, bemerkte Steptoe: »Das gesamte klinische Material (er meinte damit Frauen, G. C.) ist hier in Oldham. Cambridge, USA, ist ziemlich weit weg.« (Edwards/Steptoe, 1980, S. 77) Sie beschlossen, Edwards ein Forschungslabor in Oldham einzurichten; er würde dort hinfahren, wann immer nötig. Die Zusammenarbeit begann 1968.

Edwards probierte es diesmal mit einer neuen Nährlösung, nicht mehr mit dem Sekret von Tiergebärmüttern. Sein Doktorand Barry Bavister verfeinerte sie. Beide gaben ihr eigenes Sperma in – wie Edwards es nannte – »Barry's Zaubertropfen«, zusammen mit den Eiern, die er entweder von Steptoe oder (in einem Fall) von einem wohlwollenden Gynäkologen am Ort bekam. Die Ergebnisse waren aufsehenerregend. 1969 gelang es zum ersten Mal, menschliche Eier außerhalb des Körpers zu befruchten. Trotzdem war die Ausbeute eher mager: Nur 34 von 65 Eiern reiften weiter, nur sieben schienen befruchtet zu sein, ein paar hatten Mißbildungen. Zur Kontrolle beobachtete Edwards Eier, die er nicht mit Sperma zusammengebracht hatte: Fünf Prozent von diesen machten eine ungeschlechtliche Zellteilung durch und bestärkten den Verdacht, daß auch die angeblich befruchteten vielleicht in Wirklichkeit ganz andere Veränderungen durchmachten (Edwards/Bavister/Steptoe, 1969).

Außerhalb des Frauenkörpers schienen Eier sich nicht vollständig zur Reife bringen zu lassen. Also wechselten Edwards und seine Kollegen den experimentellen Kurs. Sie begannen, Eier zu befruchten, die im Eierstock selbst gereift waren, also noch im Körper und nicht in Nährlösung. Hierfür mußten sie allerdings »den Menstruationszyklus ein bißchen besser in Griff bekommen«, schrieb Edwards, nämlich indem sie den Frauen Hormone verpaßten, »genau wie damals den Mäusen in Edinburgh« (Edwards/Steptoe, 1980).

Damals, Anfang der sechziger Jahre, hatte Edwards sogar Nachtschichten einlegen müssen, weil die Mäuse immer nachts ovulierten. Natürlich störte ihn das, zumal er zu jener Zeit seiner zukünftigen Frau den Hof machte. Aber er kannte einen Kollegen, der Mäuse mit Hormonen zur Ovulation gebracht hatte, und überlegte, ob man sie mit Hormonen auch »davon überzeugen könnte, ihre Eier während der Dienstzeit reifen zu lassen«, zwischen neun und fünf Uhr. Er fand das »herrlich praktisch«.

Der Kollege war einverstanden gewesen, daran zu arbeiten, und hatte eine Hormonmischung zusammengestellt, die sie »Hexengebräu« nannten und die aus Seren einer trächtigen Stute und einer schwangeren Frau bestand. Edwards injizierte sie den Mäusinnen und erhielt den »Eisprung auf Bestellung«, wie er sich ausdrückte. Die Mäusinnen ovulierten »bei Tag und Nacht, viermal innerhalb von ein paar Tagen«. Andere Forscher probierten dasselbe an Frauen aus. Ergebnis: Die Serie Mehrlingsgeburten, die durch die Schlagzeilen gingen – Vierlinge, Fünflinge, sogar Sechslinge.

Ich will kurz beschreiben, wie die Ovulation funktioniert, damit wir begreifen, wie Edwards und ähnliche Männer sie überhaupt kontrollieren können. Die Eierstöcke enthalten Hunderttausende von Eizellen, von denen (normalerweise jeweils) eine zum Follikel heranwächst, das ist ein Zellbällchen mit einem unreifen Ei in der Mitte. Die ihn einhüllenden (Epithel-)Zellen vermehren sich, Flüssigkeit sammelt sich, und es entsteht eine Höhle mitten in den Zellmassen. Das Ei im Follikel reift. Der bläschenähnliche Follikel wird größer und wandert auf die Oberfläche des Eierstocks zu. Etwa am vierzehnten Tag des Menstruationszyklus zerspringt der Follikel, und das Ei wird freigegeben. Das nennt man Ovulation oder Eisprung. Manche Frauen spüren ihn wie einen Krampf auf einer Seite des Unterleibs oder im Rücken (Mittelschmerz).

Was bringt den Follikel (oder manchmal auch mehrere) dazu, sich zu vergrößern und ein Ei freizugeben? Hormone, die in der Hypophyse an der Gehirnbasis produziert werden. Das eine heißt FSH (follikelstimulierendes Hormon) und regt das Wachstum des Follikels im Eierstock an. Das zweite heißt LH (luteinisierendes Hormon), löst später den Eisprung aus und verwandelt das Follikel in den *corpus luteum* (Gelbkörper), ein Gebilde, das selbst Hormone ausschüttet, die wiederum die Schwangerschaft aufrechterhalten. Die zyklische Freisetzung der Hypophysenhormone wird kontrolliert vom Hypothalamus, einem Teil des Zwischenhirns. Fällt der von den Eierstöcken produzierte Östrogenspiegel unter eine bestimmte Grenze, dann schickt der Hypothalamus das FSH freisetzende Hormon los. Das regt die Hypophyse an, FSH freizusetzen, was wiederum das Wachstum von zehn bis zwanzig Follikeln im Eierstock auslöst.

Einer dieser Follikel wird heranreifen. Während der zwei Wochen dafür sondert er immer größere Dosen Östrogen ab, kurz vor der Reife auch Progesteron. Diese Kombination aus Östrogen und Progesteron bringt vermutlich den Hypothalamus dazu, die Auslöser für FSH und LH gleichzeitig abzusondern. Die nachfolgende Ballung dieser beiden Hormone löst ihrerseits vermutlich die Freisetzung des Eis aus dem Follikel aus.

Fast ein Jahrzehnt nachdem ihm der »Eisprung auf Bestellung« bei Mäusen durch »Hormonbombardierung« gelungen war, wünschte sich Edwards um 1970 dieselbe Kontrolle auch über die Eierstöcke von Frauen. In diesem Fall galten die Hormone als »fruchtbarkeitsfördernde Medikamente«. Edwards und Steptoe spritzten den Frauen zunächst ein Hormon ein, um das Wachstum der Follikel zu stimulieren: Humanes Menopausengonadotropin (HMG). Dieses enthält etwa gleich viel FSH und LH. Danach spritzten sie ein Hormon, das mit LH chemisch identisch zu sein scheint: Humanes Choriongonadotropin (HCG). Es provoziert den Reifeprozeß und den Eisprung. Von seinen Erfahrungen mit der Kultivierung menschlicher Eier ausgehend schätzte Edwards, daß der Reifungsprozeß etwa 36 Stunden dauert. Die Frauen sollten innerhalb von acht bis zehn Tagen vier Hormonspritzen bekommen.

Während eines Symposiums berichtete ein anderer Forscher, welche Erfolge sie mit menschlichen Gonadotropinen erzielt hatten.

(Gonadotropine sind Substanzen zur Anregung der Keimdrüsen, also der Eierstöcke bei der Frau und der Hoden beim Mann.) Sie hatten versucht, mehrere Follikel gleichzeitig zur Reifung zu bringen. Das Wachstum der Follikel bemaßen sie nach dem Anstieg von Östrogen im Blut. Wenn der Spiegel nach ihren Labordaten den kritischen Punkt erreicht hatte, setzten sie das Reifungshormon (HMG) ab und verabreichten ein ovulationsanregendes Mittel, entweder LH oder HCG. Der Forscher schloß: »Wir haben die Rolle des Hypothalamus übernommen.« (COG, April 1979)

Hier sind Männer dabei, sich eine Funktion des weiblichen Gehirns anzueignen.

Mit Männern als Hypothalamus würde der Eisprung eine viel weniger schlampige Angelegenheit, also effizienter – darüber waren sich die Forscher einig. Australische IVB-Pioniere »konnten die Produktion von Oozyten nach Stundenplan auslösen. Damit konnten sie den Zeitpunkt der Ovulation und der Befruchtung von vornherein bestimmen« (Lee, Dezember 1980). Andere australische Doktoren untersuchten Möglichkeiten, »den Eierstockzyklus zu programmieren, um den Eisprung unter Kontrolle zu bekommen, damit der ganze Vorgang besser der Krankenhausroutine angepaßt werden konnte« (Gair, 1981). Wieder andere wollten »die Ovulation einfach präziser und produktiver« gestalten (*The Age*, 25. Juli 1981).

Steptoe und Edwards beließen die Frauen in ihrem natürlichen Zyklus. Da diese aber nur jeweils ein Ei produzierten, brauchten die Forscher irgendeinen Hinweis darauf, wann sie dieses einsame Ei denn nun abfangen mußten. Der Hinweis war das Auftauchen von Gelbkörperhormon (LH) im Urin. Die Hypophyse setzt normalerweise am dreizehnten Tag des Zyklus plötzlich LH frei; etwa eine Stunde nachdem das LH in die Blutbahn gelangt ist, sind auch Spuren davon im Urin nachweisbar. Edwards maß also den LH-Spiegel im Urin, um Steptoe sagen zu können, wann er zum Laparoskop greifen durfte.

Die nächste Frage war: Konnte Steptoe mit seinem Laparoskop direkt aus dem Eierstock einer Frau ein reifes Ei holen, ohne es zu beschädigen? Niemand hatte das vorher getan. Steptoe war sicher, daß es ging.

Und so wird der Eingriff abgewickelt: Der Arzt setzt die Frau unter Vollnarkose. Dann bläht er ihren Unterleib mit einem Gas auf, damit er Platz hat, die inneren Organe anzusehen und daran herumzuarbeiten. Die Frau liegt in Schräglage, die Beine höher als der

Kopf, damit die Gedärme durch die Schwerkraft nach hinten rutschen. Er macht kleine Schnitte in die Bauchdecke, damit er seine Instrumente einführen kann, unter anderem das Laparoskop, ein mit einer Lichtquelle versehenes Rohr, mit dem man sowohl in die Bauchhöhle hineinsehen als auch etwas aus ihr entnehmen kann – zum Beispiel Eier. Edwards und seine Team hatten Vakuumsauger konstruiert, mit denen sich die Eier aus den Follikeln reißen ließen. Die Punktion des Follikels und das Absaugen des Eis – das ist der »Eisprung von Männerhand«, wie ein führender IVB-Forscher es nennt (*JRM*, 1973).

Das Ei mußte direkt vor der Ovulation herausgenommen werden. Der Zeitpunkt war entscheidend. Kamen die Männer zu früh, war das Ei noch nicht reif, kamen sie zu spät, war es schon aus dem Follikel geplatzt und wanderte den Eileiter entlang – für immer unerreichbar für ihren schönen Sauger.

Steptoe erzählte Edwards, diese Operation stelle »wenig Ansprüche an die Patientinnen« und könne wiederholt an derselben Frau vorgenommen werden, und Edwards selbst bezeichnete die Laparoskopie als »relativ geringfügigen Eingriff«; aber der englische *Medical Research Council* sah das anders. Er wies 1971 einen Forschungsantrag der beiden mit der Begründung zurück, man habe (unter anderem) Zweifel, »ob das laparoskopische Verfahren zu rein experimentellem Zwecke wirklich gerechtfertigt« sei (Edwards/Steptoe, 1980, S. 87). Der *Council* hatte auch erhebliche »ethische Zweifel« und verweigerte die Finanzierung. Edwards und Steptoe arbeiteten ohne sein Geld weiter an Frauen.

Als nächstes brauchten sie Frauen, an denen sie ihre Eiabsaugverfahren und Hormon-Cocktails ausprobieren konnten. Sie fanden sie bei den kinderlosen Ehepaaren, die darauf hofften, mit Hilfe dieses Verfahrens endlich ein Kind zu bekommen. Diesen Umstand kommentierte der Biologe Kass (und er war fast der einzige, der überhaupt danach fragte, wie die Patientinnen dazu gebracht wurden, sich mit Experimenten einverstanden zu erklären): »Aus der Tatsache, daß sie Hoffnungen hatten, können wir schließen, daß sie selbst sich als Patientinnen betrachteten. Aber in Wirklichkeit waren sie Versuchspersonen.« (Kass, 1971)

Steptoe und Edwards wiesen das zurück; man dürfe die Hoffnungen dieser Frauen nicht ungerechtfertigt wecken. Im übrigen seien sie »völlig im Bilde über die Situation – über die Chancen und die Gefahren und darüber, was sie selbst dabei für eine Rolle spielen«, schrieb Edwards. (Wir werden in Kapitel IX sehen, daß viele Frauen in englischen, australischen und US-amerikanischen IVB-Programmen keineswegs ihre Situation begriffen.)

Steptoe und Edwards begannen ihre Menschenversuche mit einer bemerkenswerten Abweichung von üblichen wissenschaftlichen Gepflogenheiten: *Sie (und andere nach ihnen) hatten die Sicherheit der In-vitro-Befruchtung nie an Primaten (also an Affen aller Art) verifiziert, bevor sie sie an Frauen ausprobierten.* Vor der Geburt von Louise Brown 1978 war auch die Zahl der durch IVB und Embryotransfer gezeugten anderen Tiere nur sehr gering; es waren weniger als zweihundert Kaninchen, zweihundert Mäuse und fünfzig Ratten. Über die meisten war in insgesamt nur zweiundzwanzig Untersuchungsberichten etwas veröffentlicht worden. (Nicht weil ich Tierversuche befördern möchte, sondern um zu skizzieren, wie unerforscht diese Techniken sind, betone ich die tatsächliche Unkenntnis.) Zwischen 1971 und 1973 forderten Ethiker und Forscher, unter anderem Leon Kass, Marc Lappe, Benjamin Brackett und Luigi Mastroianni, öffentlich, daß erst noch mehr Tierforschung betrieben werden müsse, bevor man IVB und Embryotransfer an Frauen ausprobieren dürfe.

Dem widersprachen andere – zum Beispiel Robert Edwards aus Cambridge und Dr. Mason Andrews vom Norfolk General Hospital; sie behaupteten, solche Versuche seien zu teuer (Schimpansen kosten viel Geld) und würden, falls sie verlangt würden, den vielen unfruchtbaren Paaren die Chance auf ein Baby nehmen.

Ende Dezember 1971 beschlossen Edwards und Steptoe, den ersten Embryo in eine Frau zu verpflanzen. Von 1971 bis 1977 benutzten sie fast achtzig Frauen für ihre Forschungen. Erfolglos. Das Problem lag beim Transfer selbst: Die Schwangerschaft »schlug nicht an«.

Um Ursachen für das Scheitern herauszufinden, gehen wir noch einmal zurück zum Zyklus der Frau. Die Funktionen von Eierstökken und Gebärmutter werden von einem komplexen Hormonsystem gesteuert. Es reguliert sowohl die Reifung des Eis im Eierstock als auch die Vorbereitung der Gebärmutter für den Embryo. Beim Eisprung nun zerplatzt der Follikel, das Ei gelangt in den Eileiter, dann verwandelt er selbst sich in den Gelbkörper. Kommt es zur Schwangerschaft, bleibt der Gelbkörper erhalten und produziert Hormone – Östrogene und Progesterone –, die das Endometrium (Gebärmutterschleimhaut) stimulieren. In diesem Fall wächst das

Endometrium, und die Gefäßversorgung nimmt zu. Die Gebärmutter richtet sich auf die Einnistung des Embryos und die Bildung der Plazenta ein. Auch der Embryo produziert im Frühstadium ein Hormon (Choriongonadotropin), das den Gelbkörper während des ersten Schwangerschaftsdrittels am Leben erhält.

Embryotransfers können an vielen Dingen scheitern. Steptoe und Edwards allerdings glaubten, schuld seien die Hormone, die sie verabreicht hatten, um bei Frauen mit normalem Zyklus den Eisprung künstlich zu provozieren. Die Gonadotropin-Behandlungen hatten den normalen Rhythmus von Eierstöcken und Gebärmutter durcheinandergebracht, so glaubten sie, und damit auch die zweite Phase des Zyklus, während der sich der Embryo einnisten sollte. Zuerst versuchten sie, »wieder aufzuräumen«, indem sie einfach noch mehr Hormone dazugaben, um das Wachstum des Embryos im Mutterleib zu fördern. Zusätzlich zu den Steroidhormonen verabreichten sie einigen Frauen Choriongonadotropine, anderen Bromocriptin, wieder anderen Clomiphen.

Nichts half. »Es scheint schwierig zu sein, die korrekten Bedingungen in der Gebärmutter herzustellen, um die Schwangerschaft hervorzurufen und aufrechtzuerhalten, wenn man vorher mit Gonadotropinen Unordnung geschaffen hat«, notierten Edwards und Steptoe 1980.

Einige Forscher bezweifelten, daß die bei der Superovulation benutzten Hormone schuld waren. Sie wiesen darauf hin, daß Frauen, die solche Hormone als fruchtbarkeitsfördernde Medikamente bekommen hatten, durchaus normale Schwangerschaften gehabt hatten. Edwards und Steptoe gaben die Superovulation trotzdem auf. Zögernd allerdings: »Jetzt können wir den Menstruationszyklus nicht mehr kontrollieren, sondern nur noch beobachten – wir werden gnadenlos dem Ovulationszyklus der Patientin ausgeliefert sein«, jammerte Edwards (Edwards/Steptoe, 1980, S. 134/5). Aber schon im November 1977 begann er mit neuen Experimenten ohne hormonale Steuerung.

Steptoe laparoskopierte achtundsechzig Frauen, um an Eier zu kommen. Er hielt persönlich mit einer Pinzette den Eierstock fest und drehte und wendete ihn, um an alle Follikel heranzukommen und sie abzusaugen. Nachdem er und Edwards versucht hatten, das Ei zu befruchten und das Wachstum des Embryos in einer Nährlösung zu unterstützen, übertrugen sie ihn wieder in den Mutterleib. In drei Fällen geschah der Transfer durch eine weitere Operation, zumeist aber mit Hilfe eines Plastikschlauchs, der in eine Metallröhre gesteckt wurde; die letztere wurde dann durch den Muttermund geschoben und der Embryo plaziert.

Zwei der ersten drei Frauen wurden schwanger. Steptoe und Edwards glaubten, das System geknackt zu haben. Also verpflanzten sie Anfang 1978 in rascher Folge Embryos in acht weitere Frauen. Bei keiner »schlug es an«. Niemand wußte, warum.

Als die Weltöffentlichkeit die Geburt des ersten Retortenbabys, Louise Brown, feierte, hüteten Steptoe und Edwards ein Geheimnis. Eine der IV-befruchteten Frauen erlitt eine Fehlgeburt. Der Fötus war mißgebildet. Er hatte einen Extrasatz Chromosomen, was darauf hindeutete, daß dieses Ei in der Petri-Schale von mehr als einem Spermatozoon befruchtet worden war. (Das Ei kommt dort mit einer – im Vergleich zur natürlichen Befruchtung – großen Menge Sperma zusammen. Das Risiko solcher anomaler Befruchtungen mag also größer sein, hat der Forscher R. V. Short ausgeführt.)

In der *Medical World News* stand folgender Bericht: »Daß sie achtmal gescheitert waren und einen Fötus mit genetischen Mißbildungen durch Fehlgeburt bekommen hatten, führte dazu, daß Dr. Steptoe und sein Mitarbeiter, der Physiologe Robert Edwards, die Einzelheiten ihres anfänglichen Erfolges lange Zeit zurückhielten, obwohl die Welt nach Informationen geradezu schrie. ›Lesley Brown war schwanger‹, sagt Dr. Steptoe, ›und wir mußten feststellen, daß wir selbst nicht genau wußten, warum. Wir dachten, wir hätten bei den anderen genau dasselbe gemacht wie bei Mrs. Brown – aber wir scheiterten weiter.‹ «

Als Steptoe endlich damit herausrückte, daß eine der Frauen in seinen Experimenten eine Fehlgeburt mit einem abnormen Fötus erlitten hatte, erklärte er, so lange Lesley Brown schwanger war, hätte er es verschweigen müssen, es hätte sonst »schwerwiegende Mißverständnisse auf seiten der Presse gegeben«. Er hatte Angst, daß man seine Experimente mit Frauen (klinische Untersuchungen) unterbinden würde (MWN, 1979).

Kurz danach erlitt eine andere Frau – sie hatte drei Operationen über sich ergehen lassen, bis man endlich ein Ei gefunden hatte – eine Fehlgeburt in der zwanzigsten Woche. Das Kind wurde zwar lebend geboren, starb aber zwei Stunden danach.

Im Juli 1978 entband Steptoe Louise Brown durch Kaiserschnitt. Sechs Monate später wurde das zweite Baby dieser Art in Glasgow geboren, Alistair Montgomery. Von achtundsechzig Frauen, die sich den Laparoskopien unterzogen hatten, bekamen nur zwei normale Babys.

Auch nach Louise Browns Geburt blieb die Retortenbabytechnologie primitiv. Bis zum Dezember 1980 hatten von all den 278 Frauen, die bekanntermaßen an Experimenten mit *In-vitro*-Befruchtungen teilgenommen hatten, ganze drei Retortenbabys zur Welt gebracht. Die Lebendgeburtenrate von IVBs bei Menschen betrug also 0,4 – und das heißt: weniger als ein Prozent (Lopata, 1980).

Die Produktion des ersten Retortenbabys schlug ein wie die Landung auf dem Mond und erregte ähnliches öffentliches Aufsehen, eine Mischung aus Erregung und Begeisterung. Die Männer hatten kaum den äußeren Raum, das All, erobert, da machten sie sich auch schon über den »inneren Raum« her. Clifford Grobstein konstatierte einen Zusammenhang: Neun Jahre vor der Geburt des ersten Retortenbabys hatte »der erste Mensch seinen Fußabdruck auf dem Mond hinterlassen«. Beide Ereignisse eröffneten der Menschheit neue Wege: »Der Fußabdruck bedeutet den Hinweis, daß wir in außerirdische Gefilde vordringen können, das Baby den auf neue Möglichkeiten und Verfahren, in die Fortpflanzung einzugreifen.« Wenn man diese beiden Ereignisse zusammennimmt, so schrieb er, dann kann man ganze Szenarios für die Kolonisierung jenseits des Sonnensystems ausspinnen (Grobstein, 1981, S. 1/2). Ein Experimentalbiologe, Dr. E. S. E. Hafez, hatte längst zuvor ins Auge gefaßt, Gefrierembryos von Menschen ins All zu schicken – Embryos, die dann später heranwachsen und andere Planeten übernehmen konnten. (*Life*, 10. September 1965)

Es gab noch eine andere Verbindung zwischen beiden Ereignissen: Jedes einzelne bedeutete die Krönung eines Wettlaufs um Ruhm und Ehre.[5] Während eines Symposiums über künstliche Befruchtung, das einige Jahre vor Louise Browns Geburt stattfand, äußerte sich die Embryologin Dr. Anne McLaren von der Edinburgher Universität sehr besorgt über die Konkurrenz in diesem Arbeitsgebiet: »Ich befürchte, Dr. Edwards wird zu schnell zu weit gehen. Ich mache mir Sorgen, daß der dringliche Wunsch, der erste zu sein, die Urteilskraft derer trüben wird, die Eitransfers vornehmen werden.«

Der verstorbene Dr. Pierre Soupart, der selbst mit *In-vitro*-Befruchtungen experimentiert hatte, fand, daß Steptoe und Edwards einen ganz wesentlichen Teil ihrer Forschung übersprungen hatten: Sie hatten unterlassen zu testen, ob ein Embryo durch Retortenprozesse beschädigt werden kann. Als er von einem Fernsehreporter gefragt wurde: »Hatten Sie oder Ihre Kollegen keine Angst, daß Edwards und Steptoe vielleicht nicht ganz ›sauber‹ arbeiten und Abkürzungen nehmen könnten, nur um die ersten zu sein?«, erwiderte Soupart: »Nun ja, ganz offensichtlich haben sie das längst getan. Darüber hinaus gibt es kaum weitere nennenswerte Abkürzungen, die man noch hätte nehmen können.« (McMullen, 1979)

Nach der Geburt der beiden Retortenbabys wurden Steptoe und Edwards weltweit gefeiert. Als sie ihre Ergebnisse bei einer Tagung des *Royal College of Obstetricians* im Januar 1979 vorstellten, gab es stehende Ovationen. In seinem Bericht über die Tagung hält Professor R. V. Short von der *MCR Unit of Reproductive Biology* in Edinburgh fest: »Interessant, daß es nicht eine einzige Bemerkung oder gar Fragen bezüglich der Risiken gab und überhaupt keine kritische Anmerkung zu den Forschern selbst... Im nachhinein fragt man sich, wie das ganze Verfahren von Anfang an eigentlich gegenüber den Frauen zu rechtfertigen war, so ohne jede Sicherheit, daß es überhaupt funktioniert. Durfte man vernünftigerweise diese chirurgischen Eingriffe vornehmen, ohne im geringsten zu wissen, ob die Embryos normal sein würden? Hat die Frau, die nach zwanzig Wochen diese Fehlgeburt erlitt, auch von einer solchen Erfahrung profitiert?« (Short, 1979)

Und weiter: »Und doch müssen wir der Hartnäckigkeit der Forscher und ihrer technischen Errungenschaft Beifall zollen, selbst wenn wir Zweifel an ihrer Einstellung hegen. Auf der Woge der jetzt folgenden professionellen Euphorie und angespornt von nun vorhandenen finanziellen Mitteln für solche relativ geringen Aufwendungen werden viele Leute versuchen, in Edwards' und Steptoes Fußstapfen zu treten.«

Als Mitglied des *Research Council* hatte Short 1971 mitgestimmt bei der Entscheidung, Steptoe und Edwards Forschungsgelder zu verweigern. Zehn Jahre später sagte er: »Ich glaube, der private Unternehmergeist hat sich bezahlt gemacht; Edwards und Steptoe haben praktische Ergebnisse, während wir, die wir etwas vorsichtiger waren, immer noch rumbasteln.« (Williams/Stevens, 1982)

In Australien nahm ein 1970 gegründetes Team unter Professor Carl Wood von der Monash University in Melbourne (der früher mit Steptoe und Edwards zusammengearbeitet hatte) die Arbeit 1979 wieder auf; sie probierten die »Behandlung« von 101 Frauen. Sie züchteten siebzehn Embryos von diesen Frauen im Reagenzglas hoch und übertrugen sie hinterher in deren Körper. Aber nur zwei Schwangerschaften kamen zustande.[6]

Am 23. Juni 1980 brachte Linda Reed, eine der beiden, Australiens erstes und der Welt drittes Retortenbaby zur Welt. Candice Reed war »eins der teuersten Babys der Welt«, sie hatte mehr als anderthalb Millionen Dollar gekostet, wie die neuseeländische *Evening Post* berichtete (5. Juli 1980). Das begeisterte Personal der Entbindungsabteilung hängte einen Glückwunschzettel für den Teamchef an dessen Tür. Ein Mitglied des Teams, Dr. Alexander Lopata, erklärte nach der Geburt: »Was heute geschehen ist, ist von überragender Bedeutung für unser Team.« (DT, 24. Juni 1980)

Bis Anfang 1982 waren in Australien vierzehn Retortenbabys geboren, die meisten davon hatte die Gruppe unter Wood und Dr. Alan Trounson »produziert«. Australien war inzwischen Spitzenteilnehmer am IVB-Rennen, und die australischen Zeitungen berichteten darüber, als ginge es tatsächlich um Sportmedaillen: »Weitere Mitstreiter im Retortenbabyrennen«, meldete *The Australian.* Und *The Bulletin* schrieb: »Australische Wissenschaftler haben die Führung bei der Perfektionierung der Retortenbaby-Technik übernommen; sie haben für Melbourne acht Schwangerschaften, darunter zwei mit Zwillingen, angekündigt – eine Weltneuheit.«

1984 arbeiteten noch weitere neun Teams in Australien. Das erfolgreichste (das der Melbourner Monash University) hatte Steptoes und Edwards' Techniken modifiziert. Die Forscher griffen auf deren frühe und dann vernachlässigte Techniken zurück und vermuteten darin den Hauptgrund für ihren Erfolg. Sie superovulierten die Frauen wieder und kontrollierten den Eisprungtermin. Sie nahmen auch Ultraschall zu Hilfe (hochfrequente Schallwellen), um festzustellen, wann der Eisprung bevorstand; denn mit dem Ultraschallgerät ließ sich der Eierstock beobachten und erkennen, wie die Follikel reiften.[7]

Und sie variierten die IVB-Technik noch an einer anderen Stelle. Seit 1976 bereits hatten sie an einer Methode zum Einfrieren von menschlichen Embryos gearbeitet, die sie zuvor an Rindern erforscht hatten. Anfang 1981 teilte Trounson mit, daß sein Team seit über einem Jahr drei Tage alte menschliche Embryos einfror, auftaute und verpflanzte. Einige dieser Embryos zeigten nach dem Auftauen Schäden durch Eis oder Chemikalien. Einer jedoch – er war vor dem Auftauen vier Monate lang gelagert gewesen – »schlug« nach der Verpflanzung »an«.

Die Aufregung über diese welterste Schwangerschaft mit einem Gefrierembryo erwies sich jedoch als voreilig. Im Juli 1983, in der fünfundzwanzigsten Schwangerschaftswoche, erlitt die Frau eine Fehlgeburt. Wirklichen Erfolg hatte die Monash-Gruppe erst im nächsten Jahr: Am 28. März 1984 wurde das erste aufgetaute Gefrierbaby, ein Mädchen mit blauen Augen, durch Kaiserschnitt geboren. Der Grund für das Einfrieren sei folgender, gaben die Forscher an: Die Hormone, die man in die Frau pumpte, um deren Eisprung zu kontrollieren, griffen womöglich derart in die Bedingungen innerhalb der Gebärmutter ein, daß diese den Embryo nicht annahm. Wenn man den Embryo aber einfror, dann konnte man ihn während eines späteren Zyklus einsetzen, wenn die Frau sich wieder erholt hatte von Operationen und Hormonen. Waren die Eltern einverstanden, sagte Trounson, fror man die überschüssigen Embryos ein für eine eventuelle spätere Implantation, anstatt sie wegzuwerfen. Trounson hoffte auch, daß eines Tages Frauen, die Eier produzierten, sie an andere Frauen weitergeben könnten, die keine produzierten. (»Eines Tages« war, wie wir noch sehen werden, schon ungefähr ein Jahr später.)

Die Vereinigten Staaten kamen erst spät dazu. Wegen ethischer Bedenken hatte die Regierung einen Forschungsstopp gegen Retortenbefruchtungen verfügt, das heißt die Förderung aus Bundesmitteln so lange zurückgestellt, bis die Fragen einmal auf dem Tisch waren. Das *Department of Health, Education and Welfare* (das US-amerikanische Gesundheitsministerium, heute: *Department of Health and Human Services*) setzte eine ethische Beratungskommission ein, die 1978 Anhörungen zum Thema vornahm.

Eins der Argumente dafür, daß Förderung aus Bundesmitteln sein mußte, lautete: Die Vereinigten Staaten sollten die führenden Pioniere dieser Technologie sein und an der Weltspitze stehen, statt hinter anderen Nationen hinterherzuhinken. Es wurde beklagt, daß das erste Retortenbaby in England und nicht in den Vereinigten Staaten geboren worden war.

Am selben Tag, als Louise Brown zur Welt kam, zogen zwei ehemalige Mitarbeiter von Edwards, die Ärzte Howard und Georgeanna Jones, nach Norfolk, Virginia, und begannen ihre Arbeit in der Eastern Virginia Medical School. Als sie von Journalisten gefragt wurden, ob sie in Norfolk ein Retortenbabyprojekt aufziehen wollten, bejahten sie – falls Geld käme.

Es kam. Ein anonymer Wohltäter spendete Geld, um das Projekt zu lancieren. Die Klinik bekam die Erlaubnis vom Gesundheitsministerium in Virginia, allerdings erst nach turbulenten Hearings, bei denen Abtreibungsgegner gegen die mögliche Verschwendung von Embryos protestiert hatten und gegen die beiden Ärzte Vorwürfe wegen ihrer Experimente an Frauen laut wurden. Das Ehepaar Jones kam heil durch die Hearings und öffnete die Klinik am 1. März 1980. Anfangs ließen sie den Frauen ihren natürlichen Eisprung, aber als sie von den australischen Erfolgen hörten, begannen auch sie, ihn künstlich zu kontrollieren. Am 28. Dezember 1981 wurde Amerikas erstes Retortenbaby geboren, Elizabeth Jordan Carr; auch sie – wie viele ihrer Vorgänger – durch Kaiserschnitt.

1984 gab es gut hundert IVB-Kliniken überall in der industrialisierten Welt, und zwar unter anderem in Frankreich, Österreich, Schweden, Italien, der Bundesrepublik Deutschland, den Niederlanden, der Schweiz, Australien, Israel, Japan, Jugoslawien, Belgien, Finnland und Kanada. (Die Pharmakraten des East General Hospital in Toronto gaben ihrem IVB-Projekt den schönen Name LIFE – *Laboratory Initiated Fetal Emplacement,* laboriniziierte Fötal-Einsetzung.) Im September 1980 hatten Steptoe und Edwards im englischen Bourne Hall (Cambridgeshire) eine private IVB-Klinik aufgemacht. Eine Reihe weiterer Kliniken waren in den größten öffentlichen Krankenhäusern Großbritanniens eröffnet worden. Überall in den Vereinigten Staaten schossen nach dem Norfolkschen Vorbild Kliniken aus dem Boden; Anfang 1985 waren es bereits 108 (Corea/Ince, 1985). Drei der Klinikleiter haben inzwischen prophezeit, daß bald jede amerikanische Universitäts- und städtische Klinik, ja vielleicht sogar jedes Ärzteteam, Retortenbabylabors einrichten werden (McManus, 1982).[8]

Laut *Contemporary Ob/Gyn* hatten die gut hundert Kliniken in der Welt bis Februar 1984 etwa zweihundert Retortenbabys produziert. Die Zahl der Babys war kaum größer als die der Teams – damals: Im September 1984 dagegen konnte *Time* schon über 700 Retortenbabys aus etwa 200 IVB-Kliniken in aller Welt berichten. Bleibt allerdings die Frage, ob all diese als Retortenbabys deklarierten Kinder wirklich aus der Retorte gekommen sind. Einige der Frauen, die IVB-Babys geboren hatten, hatten intakte Eileiter gehabt – möglicherweise hatten sie also ihre Kinder natürlich empfangen. Darauf hat Dr. Leonard B. Greentree aus Columbus, Ohio, in einem Brief an das *American Journal of Obstetrics and Gynecology* (1982) hingewiesen; er hat auch angemerkt, daß die erste mutmaßlich unfruchtbare Patientin, die eine künstliche Befruchtung in Norfolk beantragt hatte, schwanger geworden war, während sie noch auf einen Termin wartete. »Wäre sie nur ein paar Wochen später schwanger geworden, dann wäre dieses völlig normale Ereignis als Heldentat der Retortenbabyproduzenten durch die Welt posaunt worden«, schrieb er. »So dagegen ist diese Geburt ohne jede Fanfare unter den Teppich gekehrt worden.«

Die meisten von uns glauben, daß *In-vitro*-Befruchtungen entwickelt wurden, um Frauen mit verklebten Eileitern zu helfen, aber die medizinischen Indikationen hierfür wurden schon frühzeitig erweitert. Von Anfang an nahmen Pharmakratenteams in England, den Vereinigten Staaten und Australien künstliche Befruchtungen an sehr verschiedenen Frauen vor: Frauen, die Antikörper gegen Sperma bildeten (obwohl der Zusammenhang zwischen diesen Antikörpern und Unfruchtbarkeit überhaupt nicht klar ist); Frauen, die aufgrund von »feindseligem Zervixschleim« unfruchtbar sind (die »Feindseligkeit« des Körpers der Frau richtet sich gegen das Sperma); Frauen, bei denen die Ursache der Unfruchtbarkeit unbekannt war, also durchaus auch bei ihrem männlichen Partner liegen konnte. Externe Befruchtung zu diesen Zwecken war »selbstverständlich ein Glücksspiel«, wie der Forscher Dr. Roger V. Short zugab. Heutzutage werden *In-vitro*-Befruchtungen sogar an gesunden und fruchtbaren Frauen vorgenommen, nur um deren unfruchtbaren Partnern zu eigenen Kindern zu verhelfen. Frauen mit unbrauchbaren Eileitern nämlich, so Dr. Cecil Jacobson, Chef der Abteilung Reproduktionsgenetik am Fairfax Hospital, 1980 in einem Interview, also zwei Jahre nach Louise Browns Geburt, werden nur einen kleinen Prozentsatz der Kundschaft darstellen, für die IVB in Frage kommt. »Der größere Anteil werden Männer mit niedriger Spermienzahl sein.«

Sie sind oft in dem Sinne unfruchtbar, daß ihre Spermien die Eileiter nicht erreichen, um ein Ei zu befruchten. Wenn man ihr Sperma aber zusammen mit einem Ei ins Reagenzglas legt, dann kann es dieses Ei befruchten, vorausgesetzt, es ist nicht noch anderweitig defekt. (Dr. Roger Short hat darauf hingewiesen, daß aller Wahrscheinlichkeit nach diese Männer nicht nur wegen niedriger Spermienzahl unfruchtbar sind, sondern weil das wenige Sperma, das sie überhaupt produzieren, zusätzlich irgendwie anomal ist; vgl. Short, 1979 b.)

»Dank Retortenbabys können wir Männern helfen, die nur tausend Spermien produzieren«, erläuterte Jacobsohn. »Auch Männern, deren Hoden nicht normal entwickelt sind, die zwar Spermien produzieren, sie aber nicht herauslassen.« Und Männern, die gelähmt sind oder Kriegsverletzungen haben, fügte er hinzu.

Für Dr. Jones gibt es keinen Grund, Retortenbefruchtungen (die den Männern neue Chancen bieten) zu unterlassen. Ich dagegen wüßte einen: Die Prozeduren werden nicht an dem Mann vorgenommen, sondern an der Frau, die er geheiratet hat. *Sie,* nicht er, hat die Last langer Krankenhausaufenthalte zu tragen, *sie* setzt sich den Risiken wiederholter Vollnarkosen, wiederholter Operationen, den Traumata nach Eierstock- und Gebärmuttereingriffen, den Amniozentesen, Ultraschalluntersuchungen und den bislang unbekannten langfristigen Nebenwirkungen von Hormondosen aus. (Es läßt sich einwenden, daß eine Frau, die selbst ein Kind will, sich womöglich bereitwillig, um nicht zu sagen eifrig, in eine solche IVB-»Behandlung« begibt, nur um mit dem Problem ihres Mannes klarzukommen. Mehr dazu in Kapitel IX.) »Da dieses Verfahren nicht angewandt wird, um einen Defekt in *ihr* zu beheben, sondern einen in ihm, weicht es noch einen Schritt mehr ab vom üblichen medizinischen Grundsatz, nach dem jeder Eingriff der unmittelbar geschädigten Person nützen muß«, schrieb Grobstein dazu (1979).[9]

Die Verlagerung der Befruchtung nach außen eröffnet den Forschern viele neue Wege. Die Pharmakraten müssen die befruchteten Eier ja nicht unbedingt in die Gebärmutter der Frau zurückverpflanzen. Sie können statt dessen an den Embryos neue Medikamente und andere Chemikalien testen (Mastroianni, 1979, S. 5). Sie können diesen Embryos auch Zellen entnehmen, um damit Schäden an anderen menschlichen Organismen zu reparieren. Außerdem kann man Embryos so lange im Reagenzglas wachsen lassen, bis sich Nervengewebe bildet, und sie dann Erwachsenen einpflanzen, die an verschiedenen Nervenkrankheiten leiden, zum Beispiel an Lähmungen. Möglich, wenn auch nicht wahrscheinlich ist, daß das Nervengewebe eines Embryos im Frühstadium eine solche Paralyse in der gelähmten Person überbrücken kann, schrieb Professor Carl Wood, der Leiter eines australischen Retortenbabyteams (Wood/

Westmore, 1982). 1981 waren ein paar Wissenschaftler an ihn und seine Kollegen vom Queen Victoria Medical Center herangetreten und hatten ihnen ein solches, »die Phantasie äußerst beflügelndes« Forschungsprojekt vorgeschlagen. »Sie sehen, wenn man den menschlichen Embryo nicht nur als das nutzt, was er ist, sondern wenn man ihn zur Hilfe für andere einsetzt, dann öffnet sich der Medizin ein ganz neues Feld«, erzählte Wood (Baker, 1981). An anderer Stelle teilte er mit: »Ich stoße auf wachsende Anforderungen von seiten sehr phantasievoller und tüchtiger Leute, die in der Entwicklung von Embryoforschung keinerlei ethische Probleme sehen.« (SMH, 28. Oktober 1981)

»Phantasievoller« Umgang mit IVB-Technologie meint zum Beispiel Versuche, menschliche Eier mit dem Sperma von Gorillas zu befruchten. Mit solchen Experimenten, so Dr. Short gegenüber einer Ethikkommission 1979, könne man Einsichten in die evolutionären Ursprünge des Menschen gewinnen. Das Sperma eines Mannes sei von dem eines Gorillas fast nicht zu unterscheiden. Wenn man mit dem Sperma der vier Menschenaffentypen die Eier einer Frau im Reagenzglas befruchten könne, dann seien Menschen und Gorillas verwandter als bislang angenommen.

»Selbstverständlich muß befürchtet werden, daß – falls die Befruchtung *in vitro* gelingt – irgend jemand in Versuchung gerät, einen solchen Mischembryo in die Gebärmutter einer Menschenäffin oder sogar einer Frau zu pflanzen oder noch einfacher eine Menschenäffin mit menschlichem Samen zu befruchten«, sagte Short weiter aus. »Eines Tages wird es solche Experimente mit Sicherheit geben, und ihr Ausgang läßt sich nicht vorhersagen.« Er schlug einige Sicherheitsmaßnahmen vor, unter anderem forderte er, daß Experimente mit »toten menschlichen Oozyten« durchgeführt werden, »die *post mortem* aus einer Leiche entnommen worden sind« (Short, 1979, S. 7). Auch Dr. Barton Childs hatte vor einer Ethikkommission ähnliche Perspektiven entworfen: »Es ist durchaus wahrscheinlich, daß wir bald Experimente mit menschlichen Embryos aus *In-vitro*-Befruchtungen erleben werden, die weder mit unfruchtbaren Paaren noch mit dem ganzen Fortpflanzungsprozeß im allgemeinen irgend etwas zu tun haben, und hinsichtlich des Umgangs mit Embryos für derartige Zwecke bedarf es bald ethischer Richtlinien.« (Childs, 1978)[10]

Während die Pharmakraten sich völlig im klaren über diese und andere Anwendungsmöglichkeiten der *In-vitro*-Befruchtung sind, wird die öffentliche Diskussion darüber immer noch unter den Stichworten »Therapie« und »Chancenerhöhung« geführt. Dr. Arthur Levin sieht das schon etwas anders. Wenn externe Befruchtung und Gefrierembryos einen »spektakulären Schritt vorwärts« machen, so schrieb er 1978 in der Zeitschrift *Parents*, dann können Paare ihre Kinder auch in exakt den Abständen bekommen, die sie sich wünschen. Damit lassen sich Babyleben retten, behauptete er: »Es ist nachgewiesen, daß Kinder, die zu kurz aufeinander folgen, eher zu Erbschäden neigen. Solche Risiken lassen sich ausschalten, wenn man der Frau, so lange sie jung ist, ein Ei entnimmt, es im Labor mit dem Sperma des Mannes befruchtet und einfriert, bis es ein paar Jahre später gebraucht wird.« (Levin, 1978)

Dieses therapeutische Vokabular, das zur Beschreibung der IVB benutzt wird, verschleiert die Tatsache, daß die Medizin keineswegs nur Heilkunst ist, sondern auch eine Institution mit dem Ziel gesellschaftlicher Kontrolle. *In-vitro*-Befruchtungen geben dem Machtapparat potente Mittel für eine solche Kontrolle an die Hand. Sie ermöglichen ganz bestimmte Szenarien: die viehzuchtartige »Bewirtschaftung« von Menschen mit Verfahren, die Frauen auf Brüter reduzieren und einer Gruppe von weißen Männern die Kontrolle darüber verschaffen, wer in der Welt überhaupt geboren wird. Das muß nicht unbedingt eine Verschwörung sein, nicht einmal eine bewußte Politik. Die Bemühungen verschiedener Männer, Technologien zu schaffen, mit denen sich die Kontrolle des Mannes über Frauen und über die Fortpflanzung ausbauen läßt, mögen durchaus ohne formalen Auftrag, fast intuitiv passieren; sie können dennoch ihre Wirkung haben.

Externe Befruchtung macht diese Art »Bewirtschaftung des Menschen« möglich, wie der Embryologe Grobstein es nennt. Hat sich erst einmal ein Embryo im Reagenzglas entwickelt, dann gibt es keine technische Notwendigkeit, ihn wieder in die Gebärmutter der Frau zurückzusetzen, die das Ei produziert hat.

Jede Frau könnte ihn aufnehmen, denn das Gewebe von Föten löst anscheinend keine Abstoßungsreaktion aus, wie sie bei Organverpflanzungen zwischen Kindern und Erwachsenen vorkommen. »Die Leihmutter könnte als Stellvertreterin der erblichen Mutter auftreten, *sie wäre dann ein schlichtes Vehikel für die Geburt von anderer Leute Kindern, wie es in der Viehzucht längst üblich ist.*« (Scott, 1981, S. 217; die Hervorhebung ist von mir, G. C.) Ein führender australischer Forscher findet, daß man in solchen Fällen die

Mutterrolle getrost aufteilen könne zwischen der »ovarialen« und der »uterinen« Mutter (also der, deren Eierstock, und der, deren Gebärmutter benutzt wurde; nachzulesen bei Walters, 1976). Wem dann der Name »Mutter« gebührt, das könnte Gegenstand der Rechtsprechung werden. Wenn man die erbliche Elternschaft abtrennt von der Mutterschaft, die sich aus der Schwangerschaft rechtfertigt, dann könnte man, so wiederum Herr Dr. Grobstein, Nachwuchs erzeugen, der aufgrund gesellschaftlicher Zwänge und der individuellen Auswahl von Liebenden sonst gar nicht geboren worden wäre. »Um nur ein Beispiel zu nennen«, schrieb er, »kontrollierte Inzucht ließe sich, genau wie bei Tieren, dafür nutzen, bestimmte und für wünschenswert erachtete Anlagen hervorzuheben. Das könnte dazu führen, daß man, ähnlich wie bei Katzen und Hunden, eine ›Menschenzucht‹ aufmacht.«

Professor Carl Wood ergänzte, daß (zusätzlich zu Fällen, in denen eine Schwangerschaft die Gesundheit einer Frau bedroht) auch »die Angst vor einer Schwangerschaft oder ein befürchteter Karriereknick dazu führen könnte, daß man ein solches Leihsystem in Erwägung zieht« (Wood/Westmore, 1983). Selbstverständlich streng nach Klassenregeln. Eine Putzfrau oder eine Fabrikarbeiterin wird kaum wegen eines »Karriereknicks« die Gattin eines Arztes oder Geschäftsmannes anheuern, damit diese an ihrer Stelle die Babys austrägt. Aus ihrer Klasse werden vielmehr die Brüterinnen rekrutiert werden.

Die Pharmakraten betonen stets den therapeutischen Nutzen dieser Technologien, aber sie sind in Wirklichkeit Instrumente für eugenische Programme. Sehen wir sie uns einmal an:

EISPENDEN

Der australische *National Health and Medical Research Council* erließ 1982 Richtlinien über *In-vitro*-Befruchtungen, in denen das Spenden von Eiern befürwortet wurde. Das erste aus einem Spendeei geborene Kind wurde im November 1983 in Australien geboren. Die Mutter war erst Mitte zwanzig, hatte aber unnormal früh ihre Wechseljahre bekommen und war deshalb unfruchtbar. Das IVB-Team der Monash University in Melbourne befruchtete das gespendete Ei im Labor mit dem Sperma des Ehemannes.

Die Australier hatten erst vier Jahre nach Louise Browns Geburt mit der Arbeit begonnen, und mindestens fünfzehn solcher Versuche waren gescheitert, bevor sie eine Geburt zustande brachten. Sie hatten Transfers bei verschiedenen Frauen probiert, bei solchen mit Erbkrankheiten, bei Frauen ohne Eierstöcke oder bei Frauen mit Eierstöcken, denen sich keine Eier entnehmen ließen – erzählte Dr. Alan Trounson. Sein Kollege und Team-Chef, Professor Carl Wood, berichtete, daß sich über dreihundert Paare aus seinem IVB-Projekt bereit erklärt hätten, einen gespendeten Embryo zu akzeptieren. Man habe auch vierzig Paare befragt, ob sie Embryos spenden würden, und nur zwei oder drei hätten abgelehnt, fuhr er fort. Schwestern und Freundinnen von unfruchtbaren Paaren hätten geradezu den Wunsch geäußert, Eier für die IVB zu spenden (SMH, 5. Mai 1982).

Nur bei einem dieser ersten Transfers von mit Spendersamen befruchteten Eiern kam es zur Schwangerschaft, aber in der zehnten Woche erlitt die Frau eine Fehlgeburt, der Fötus war mißgebildet.

Trounsons und Woods Arbeit wurde kurzfristig unterbrochen, als die Regierung den beiden staatlichen IVB-Projekten die Benutzung von Spendeeiern untersagte. (Der Stopp sollte bereits im Oktober 1982 in Kraft treten, aber auf den Rat der Ethikkommission des Krankenhauses dieses IVB-Teams hin durften die Forscher Spendeeier noch bis zum März 1983 weiterbenutzen, und zwar bei Frauen, die das Programm schon begonnen hatten. Danach brachen sie die gesamte Arbeit damit ab.) Dr. Trounson drohte mit seinem Rücktritt. Der Stopp sei »unfair und diskriminierend« (Wright, 1983). Am 16. Dezember 1983 wurde er wieder aufgehoben; eine Regierungskommission hatte sich *für* die Forschung ausgesprochen.

1984 teilte Professor Wood mit, er und andere IVB-Forscher diskutierten gemeinsam mit einer Ethikkommission über die Zukunft der »Erbzucht«, also der Selektion von Sperma und Eiern für die Produktion von Kindern mit gewünschten Eigenschaften.

»Wir hatten schon Paare, die uns gefragt haben, ob vielleicht auch jemand anders als der Ehemann seinen Samen spenden kann, weil sie über Aussehen und Persönlichkeit des Mannes nicht sehr glücklich waren«, berichtete Wood. »Und ebenso haben Frauen um Spendeeier gebeten, weil sie mit ihren eigenen Eigenschaften nicht glücklich waren.«

Zu diesen Eigenschaften gehörten Aussehen und intellektuelle

Fähigkeiten. Bisher hat Woods Team solchen Anfragen nicht nachgegeben.

Angesichts der schlechten Meinung, die wir Frauen von uns selbst oft haben, angesichts der tief verinnerlichten Unterdrückung, die uns das Gefühl gibt, wir seien ohnehin unzulänglich, könnte man erwarten, daß in absehbarer Zeit immer mehr Frauen zu gespendeten Eiern greifen werden. Und diese Entwicklung wird noch dadurch bestärkt werden, daß uns Autoritätspersonen suggerieren, es sei vollkommen vernünftig, wenn wir *nicht* unsere unvollkommenen Gene benutzen, um unvollkommene Kinder in die Welt zu setzen.

Dr. Cecil Jacobson, der ebenfalls an der George Washington University arbeitet, ist begeistert. Mit Spendeeiern könnte man, so erklärte er mir, vielen Frauen helfen, nicht nur unfruchtbaren, sondern auch solchen mit Erbkrankheiten, Endometriose, Schilddrüsenüberfunktion und einer Neigung zu Fehlgeburten. Sogar älteren Frauen, etwa über Fünfzigjährigen, denen man die Mutterschaft »vergrault« hatte, aus lauter Angst, ein Kind von ihnen könnte mißgebildet sein. Und schließlich, so Jacobson, könnten Spendeeier den Frauen helfen, die selbst keine guten Eier produzieren, weil ihre eigenen wahrscheinlich durch Gifte am Arbeitsplatz beschädigt sind. Diese letzte Gruppe ist heute bereits groß, und sie wird noch wachsen, je mehr wir über die Auswirkungen solcher Giftstoffe auf die Eier in Erfahrung bringen, davon ist er überzeugt.

Überzeugt ist er auch davon, daß sehr viele Leute keine Probleme damit haben werden, die Eier von anderen Frauen zu benutzen. »Der Prozeß der Schwangerschaft ist für eine Frau doch viel, viel wichtiger als die Herkunft des Eis oder des Samens«, bemerkte er. (Die Frauen, mit denen ich gesprochen habe, sehen das sehr anders.)

Der Vorschlag, Spendeeier für Frauen mit »defekten« Genen zu verwenden, ist häufiger gemacht worden. Ein Arzt aus der Abteilung für Erbkrankheiten bei Kindern des Londoner Institute of Child Health meinte schon 1979, die Verhinderung von Erbkrankheiten sei ein Hauptgrund für die Entwicklung von Eispende- und Embryotransfer-Techniken (Marcus Pembrey, Leserbrief an die Mediziner-Zeitschrift »*Lancet*« 13. 10. 1979).[11]

Spendeeier lassen sich sowohl bei *In-vitro*-Befruchtungen als auch bei Embryotransfers nach Seed verwenden. In beiden Verfahren müssen die Spenderinnen einer Selektion unterzogen werden. Und damit dürfen Pharmakraten wieder eugenische Entscheidungen fällen – wer gehört zu den »Tüchtigen«, die sich reproduzieren dürfen? Seed macht um diese Frage eine Menge Aufhebens. Er habe, sagte er in einem Interview, gelegentlich für seine Forschungen Frauen benutzt, die er für tatsächliche Transfers durchaus nicht benutzen würde. Sie seien zwar »wirklich nette Mädels, aber als Spenderinnen würde ich sie nicht nehmen, vor allem, weil sie für meinen Geschmack ein bißchen verrückt sind. Ein bißchen ausgeflippt. Ich habe eigentlich kein Interesse daran, die Eier von Ausgeflippten zu übertragen«.

»Die neuen Technologien sind zwar Techniken, die zur Behandlung von Fruchtbarkeitsproblemen entwickelt wurden oder werden«, erzählte mir Seed. »Aber sie eignen sich alle auch für eugenische Manipulationen. Und ich bin überzeugt, sie werden dafür benutzt werden, ich halte das sogar für wünschenswert, und die Diskussion über die negativen Aspekte interessiert mich nicht. Mehr noch, ich sehe keine negativen Aspekte, aber alle Welt will da ein Geschrei drum machen und eine Horrorstory draus basteln, bloß damit es interessanter wird.«

Dr. Seed spricht ungewöhnlich offen über die eugenische Seite der Sache. Die meisten anderen Pharmakraten stellen die Technologien lieber in therapeutischen Begriffen dar.

»Wir arbeiten noch nicht mit Spendeeiern«, teilte Dr. Robert Edwards während einer Tagung der *American Fertility Society* im April 1984 in New Orleans der Presse mit. »Aber wir werden damit anfangen.« Und mit Hinweis darauf, daß Spendersamen inzwischen anerkannt ist: »Wir finden es unfair gegenüber der Frau, wenn man ihr kein Spendeei verschaffen kann. Viele Paare haben ein großes Verantwortungsbewußtsein, und man sollte sie loben dafür, daß sie lieber kein anomales Kind in die Welt setzen wollen.«

SAMENSPENDEN

Auch gespendeter Samen läßt sich bei *In-vitro*-Befruchtungen verwenden. Für Fälle, in denen der Ehemann eine niedrige Spermienzahl und die Ehefrau verklebte Eileiter hat, »haben wir die IVB-Technik um Spendersamen erweitert«, schrieben die Doktoren Ian Craft und John Yovick 1979, nachdem sie im Londoner Royal Free Hospital ein entsprechendes Projekt begonnen hatten (Craft, 22. September 1979). Also ein Jahr nach der Geburt des ersten Retortenbabys.[12] Spendersamen könnte außerdem zur Geschlechtsbestimmung benutzt werden; man kultiviert das Ei eben nur zusammen mit dem Sperma, das entweder männliche oder weibliche Embryos erzeugt. Die Forscher arbeiten zur Zeit an Methoden zur besseren Trennung der beiden Sorten.

»EMBRYOADOPTION«

Es kann auch sein, daß Sperma *und* Ei – anders gesagt: der gesamte Embryo – gespendet ist, und zwar in Fällen, in denen beide, Mann und Frau, unfruchtbar sind oder »defektes« Erbmaterial mitbringen. »Das Retortenbabyverfahren kann in Zukunft das Auftreten bestimmter Defekte (Erbschäden) in der Bevölkerung verringern oder sogar ausschalten«, so Professor Wood. »Wenn zum Beispiel beide Partner rezessive Gene haben, deren Kombination zu größeren Geburtsfehlern führt, kann man statt dessen Eier und Samenzellen nehmen, die in Ordnung sind.« Embryospenden bezeichnet er als pränatale Adoption.[13] Ein solcher Embryo wird im Reagenzglas gezeugt – aus Eizelle und Samenzelle von »erbgesunden« Fremden – und der als »erbkrank« eingestuften Frau eingepflanzt.

STERILISIERUNG

Zu den beliebtesten Entwürfen der Science Fiction gehört eine Welt, in der alle Menschen sterilisiert sind, Eier und Sperma tiefgekühlt in irgendwelchen Banken lagern und eine Elite von Wissenschaftlern darüber entscheidet, wer sich reproduzieren darf. Auch im wirklichen Leben wissen die Pharmakraten sehr genau Bescheid über die Verknüpfung von Sterilisierungen und Retortenfortpflanzung, aber gewöhnlich malen sie sie in sympathischen Farben aus. Der verstorbene Genetiker Muller zum Beispiel hat seinerzeit vorgeschlagen, man solle in Gegenden wie etwa Indien, in denen sich (angeblich) die meisten Männer freiwillig sterilisieren lassen, Samenbanken aufmachen: »Durch eine Koppelung von Vasektomien (Verschluß der Samenleiter) und *In-vitro*-Speicherung von Sperma ließe sich im höchsten Maße die Kontrolle über den Fortpflanzungsprozeß erreichen.« (Muller 1961, S. 648) Muller also hat es ausgesprochen: Das entscheidende Ziel der Verbindung von Reproduktionstechnologie und Sterilisierungen heißt Kontrolle.

Andere Forscher setzen Embryotransfer und IVB mit Sterilisierung in Zusammenhang. Dr. Robert Edwards schrieb einer Ethikkommission für deren Hearings, er und Steptoe würden ihre Arbeit zwar fortführen, »um unfruchtbaren Frauen zu helfen«, aber »wir wollen im selben Maß auch unsere Methoden, eine Sterilisation wieder rückgängig zu machen, weiterentwickeln. Ein Tubenverschluß (die Verklebung der Eileiter – die Methode, Frauen zu sterilisieren, G. C.) könnte dann von Frauen dazu benutzt werden, steroidale Empfängnisverhütung (die Pille und ähnliches, G. C.) zu vermeiden, nämlich mit dem Wissen, daß sie trotzdem noch ein Kind bekommen können, falls sie wieder heiraten sollten oder die Familie ausstirbt« (Edwards, 1979).

Dr. Carl Djerassi, der die Pille mitentwickelt hatte (ein steroidales Verhütungsmittel, das Frauen angesichts der vielfältigen Nebenwirkungen nur allzugern absetzen können würden), sah das ähnlich: Wenn man den Frauen klarmacht, daß sie einfach zur IVB greifen können, um ein Kind zu bekommen, dann würden sich viel mehr Frauen sterilisieren lassen. Er schrieb: »Wenn dieses noch umstrittene Verfahren erst eine weitverbreitete Methode zur Empfängnis geworden ist, werden sich Frauen viel eher sterilisieren lassen – zwecks Empfängnisverhütung.« (Djerassi, 1979, S. 150/1)

Die Sterilisation und die Lagerung von Geschlechtszellen mag zunächst tatsächlich wie eine »Rückversicherung« erscheinen, eine neue Chance zur Bereicherung der Lebensqualität. Aber das könnte sich auch ändern. Konzepte für Zwangssterilisierungen und Retortenfortpflanzung finden wir heute bereits häufig. Die Kriterien heißen »Überbevölkerung« und »Erbmängel«. »Es kann leicht passieren, daß uns die Überbevölkerung geradezu zwingt, die Zeugungsfähigkeit generell zu stoppen und – um Diskriminierung zu vermeiden – zur Laborreproduktion mit Hilfe von nicht identifizierten Zellen überzugehen«, schrieb der Ethiker Dr. Joseph Fletcher 1976 (S. 335). An anderer Stelle hatte er festgestellt: »Wie die Dinge heute liegen, und das meint die moralische Kluft zwischen der medizinischen Wissenschaft und den allgemein verbreiteten Verhaltensweisen, gibt es kein Gesetz, das den genetisch Zukurzgekommenen vorschreibt, auf die ›normale‹ sexuelle Reproduktion zu verzichten und sich an Adoption oder künstliche Befruchtung oder Eitransfer zu halten.« (Fletcher, 1974, S. 49)

GEFRIEREMBRYOS

Bevor sie Sterilisierung und IVB koppeln können, müssen die Pharmakraten allerdings erst Wege finden, um die den Frauen entnommenen Eier einzufrieren und zu lagern. Edwards und Steptoe verkündeten 1982 entsprechende Pläne. Edwards erzählte im englischen Fernsehen, daß man überschüssige Embryos – mit Erlaubnis der genetischen Mutter – an Frauen spenden könnte, die selbst keine Kinder empfangen (NYT, 29. Januar 1982). In der daraufhin entbrannten Kontroverse wurden die Transferpläne zunächst aufgegeben. Das Team fror Embryos ein, wartete aber noch auf grünes Licht von der Warnock-Kommission (einer englischen Ethikkommission), um sie wieder auftauen und transferieren zu können. Der Warnock-Report ist 1984 erschienen; darin sind keine Bedenken gegen Tiefkühlembryos geäußert.

Auch australische Forscher haben eine Embryobank eingerichtet und damit 1984 das erste »gefrier-getaute« Baby produziert.

In Chicago beabsichtigt Dr. Richard Seed, in nächster Zukunft menschliche Embryos einzufrieren. Er kennt drei Gruppen in den USA, die gegenwärtig am Einfrieren von Embryos arbeiten, aber er möchte die Namen nicht nennen. »Sie wollen keinen Lärm darum«, sagte er.

Jedenfalls wird in dem Moment, in dem die Gefriertechnologie vervollkommnet ist, auch die *American Association of Tissue Banks* (Vereinigung der Gewebebanken) zur Stelle sein. 1980 hat dieser Verein provisorische Richtlinien für Samenbanken erlassen und im Zuge der Weiterentwicklung Richtlinien für die Kryokonservierung von menschlichen Eiern und Embryos angekündigt.

Und als was werden die tiefgefrorenen Embryos gelten – als Personen oder als Besitztümer? Ist ein Embryo ein Stück Besitz, dann könnte er in der Bank bleiben und erst dann den Besitzer wechseln, wenn Adoptionen seltener werden, überlegte Alan Rassaby vom Bioethics Center der Monash University in Melbourne. »Es könnte auch sein, daß jemand einen Embryo beleiht oder verkauft.« Der Klärung bedarf, fuhr er fort, außerdem die Frage, ob ein Embryo testamentarisch vererbt werden kann, wenn beide Elternteile sterben, oder ob der Staat diesen Embryo dann übernimmt. (Baker, 1981) Im Frühjahr 1984 hatte das IVB-Team des australischen Queen Victoria Medical Centre aufgedeckt, daß es zwei zum Transfer bestimmte Gefrierembryos von einem Ehepaar auf Lager hatte, das bereits ein Jahr vorher bei einem Flugzeugabsturz ums Leben gekommen war. Es waren der 57jährige Millionär und Vermögensberater Mario Rios und seine 40jährige Frau Elsa aus Kalifornien. Die Embryos liegen noch immer im Medical Centre, aber die Frage ist, ob sie vernichtet oder weiterverpflanzt werden sollen. Im zweiten Fall hätten sie, wenn sie ausgewachsen sind, Anspruch auf einen Teil des Riosschen Vermögens. Noch ist die Frage nicht geklärt.

Nehmen wir einmal an, eine Frau läßt ihre Eier einfrieren und lagern, wie die Pharmakraten sich das vorstellen. Sind sie erst einmal dort, müssen sie nicht unbedingt in die Gebärmutter der Frau transferiert werden, aus deren Körper sie kamen. Für eine Frau ist es auf jeden Fall äußerst schwierig zu kontrollieren, was mit ihren herauspräparierten Eiern eigentlich passiert. Die Kontrolle liegt automatisch bei denen, die das Präparieren und Einfrieren besorgen.

Mindestens ein Ei einer Frau ist bereits verlorengegangen während eines IVB-Projekts. Nancy, die Frau hatte vier »Eier-Sammel«-Operationen in Australien hinter sich gebracht. Als ihr eines davon übertragen werden sollte, war keins da. Ob die Ärzte es vielleicht für eine andere Frau genommen oder irgendwelche Tests damit veranstaltet hatten? Niemand wollte ihr richtig Auskunft geben; sie fand schließlich durch Zufall heraus, daß es einfach verlorengegangen war.

Aber Zwischenfälle dieser Art können auch mit nicht gefrorenen Embryos vorkommen. 1983 äußerten sich einige IVB-Pioniere besorgt über die kommerzielle Nutzung der *In-vitro*-Befruchtung. Irgendein privater Gynäkologe könnte sich als IVB-Spezialist ausgeben und irgendeinem Zentrallabor gegen Bezahlung den Auftrag zur Befruchtung erteilen. Unter solchen Bedingungen, erklärte damals Dr. Robert Edwards, wäre die Chance, daß eine Frau den falschen Embryo bekommt, beträchtlich.

EMBRYOMUSTERUNG (SCREENING)

Auch mit dieser Methode läßt sich kontrollieren, welche Kinder geboren werden (und die Seed-Brüder haben sie bereits im Programm, wie wir in Kapitel VI gesehen haben). Mustern kann man Embryos auf mehrere Dinge hin: auf »Defekte« (diese Kategorie läßt sich beliebig ausdehnen) und auf das Geschlecht. Beides passiert vor der Entscheidung für einen Transfer. 1982 sagten drei IVB-Klinikleiter voraus, daß sehr bald alle Retortenbabys gemustert würden, damit man diejenigen mit Geburtsfehlern oder dem von ihren Eltern nicht erwünschten Geschlecht sofort – eben: – *aus*mustern kann.

Erstens die Untersuchung auf Defekte: »Man kann aus Blastozysten (undifferenzierten Embryonalzellen) Gewebestückchen entnehmen und sie nach bestimmten Eigenschaften aufschlüsseln; eine Methode, Kinder mit angeborenen Mißbildungen zu verhindern, ist, *einen Embryo mit dem korrekten Genotyp* einzupflanzen (Hervorhebung von mir, G. C.)«, schrieben Steptoe und Edwards 1977, ein Jahr vor Louise Browns Geburt. Das ist exakt die Embryobewertung, die heutzutage in der Viehzucht praktiziert wird.

Zweitens, die Geschlechts(aus)musterung: Die Tatsache, daß in allen Umfragen über das Geschlecht, das sich die meisten Leute für ihre Kinder wünschen, mehr Söhne als Töchter genannt werden, sollte allein schon zu denken geben. Man könnte also mit dieser Methode das Geschlecht des Kindes im Selektionsverfahren bestimmen. Man schneidet ein Stück aus dem Embryo heraus und untersucht seine Chromosomen. Embryos mit dem falschen Satz wirft man weg. Schon 1970 hatten Edwards und seine Frau und Kollegin Ruth Fowler in einem Artikel vorgeschlagen, man solle eventuell pro Paar mehrere Embryos »heranzüchten«. »Dann könnte man nach verschiedenen Gesichtspunkten auswählen, welcher zurückgepflanzt werden soll«, schrieben sie. Einer dieser Gesichtspunkte hieß Geschlecht.

GENMANIPULATION (GENETIC ENGINEERING)

Schließlich ermöglicht die ausgelagerte Befruchtung Pharmakraten noch Genmanipulationen als Kontrollmöglichkeit über die Qualität der menschlichen Wesen, die von Frauen produziert werden. Und so ist sie denkbar und wahrscheinlich: Die Phase zwischen der Befruchtung eines Eis in der Petri-Schale und dem Transfer dieses Eis in die Gebärmutter nennt Dr. Grobstein das »offene Fenster«. Während dieser Phase ist es zugänglich für Beobachtung »oder Manipulationen verschiedenster Art«. Wenn die Pharmakraten erst einmal die entsprechenden Techniken entwickelt haben, können sie das gesamte genetische »Make-up« des künftigen Embryos »anpassen«, bevor sie ihn übertragen.

1981 sagte Professor Wood, der Leiter des australischen Monash-IVB-Teams, die Möglichkeit voraus, ein »Superbaby« zu produzieren, bei dem dank Genmanipulation sämtliche unerwünschten Eigenschaften beseitigt sind (Kaplan, 1981). 1983 erklärte der damalige Vizedirektor einer New Yorker IVB-Klinik, Dr. Raymond Vande Wiele, daß die Ärzte eigentlich in zehn Jahren am »Endziel« angelangt sein müßten: ähnlich bei der Korrektur der Erbschäden einer Familie, außerhalb des Mutterleibes (Klemesrud, 1983).

In einem Beitrag einer Krankenpflegezeitschrift, der Louise Browns Geburt bejubelte, stand auch herber Spott über die Ängste einiger Leute, daß im Zuge der externen Befruchtung Genmanipulationen an Embryos möglich werden. Der Artikel behauptete zu Unrecht, Experimente mit solchen Genmanipulationen würden unter strengster Regierungskontrolle abgewickelt. Man könne sicher sein, daß »niemand einem ›Teufel‹ erlauben würde, auf die Welt zu kommen«. Und vermutlich zur Beruhigung all derer, die immer noch Angst haben, enthielt der Artikel auch den niederschmetternden Hinweis: »Die medizinische und genetische Wissenschaft ist weit genug fortgeschritten, um mögliche Verhaltensstörungen unter Kontrolle zu bekommen.« (NJI, 1978)

All das gehört zu jener »Menschenzucht«. Ihre Lasten werden die Frauen zu tragen haben, aber die Forscher werden uns jede Qual als Segen, als Geschenk an die Frauen, als »Therapie« und »vorbeugende Medizin« andienen; als Vergrößerung unserer Chancen, als Frauen ein erfüllteres Leben zu führen, eins, das frei sein wird von dem »Risiko«, »defekte« Kinder zu produzieren. Die Technologie wird Frauen instand setzen, ihr »Recht«, Kinder auszutragen, auch auszuüben. Sie wird angeborene Schäden und Geburtsfehler ausschalten, indem sie unter Kontrolle behält, welches Ei und welches Sperma ins Reagenzglas darf; sie wird die Möglichkeiten der Eltern vergrößern, Geschlecht und Zeitpunkt der Geburt ihres Kindes zu bestimmen; und sie wird die Spezies Mensch verbessern, indem sie den »Gen-Pool« aufpoliert. Kurz: Die Technologie wird unser aller Leben schöner machen, und insbesondere das von Mutter und Kind. Und dank der Bewußtseinsmanipulation – die allemal wirksamer ist als Zwang – werden die Frauen dankbar sein, daß all die Viehzuchttechniken auch auf sie angewandt werden, und sie werden sie in jedem Sinn auch bezahlen.

VIII. Unfruchtbarkeit von Ärztehand und andere Risiken

Die Pharmakraten behaupten gern, ihre IVB-Experimente an Frauen seien gerechtfertigt, da jede Frau ein natürliches Recht auf Kinder habe. Dieses Argument wird immer dann herangezogen, wenn die künstliche Befruchtung verteidigt werden soll; aber es wird schnell beiseite gefegt, wenn dieses »Recht« zusammenstößt mit dem Wunsch, den Reproduktionszyklus der Frau zu kontrollieren. Sicher hat eine Frau das »Recht«, Kinder auszutragen – es sei denn, das Land, in dem sie lebt, braucht gerade weniger Arbeitskräfte oder sie hat die falsche Hautfarbe oder die falsche Klasse; dann zieht man vor, sie zwangsweise zu sterilisieren oder sie mit gefährlichen Verhütungsmitteln vollzuspritzen.

Zum Beispiel: Professor Carl Wood gab als einen der Gründe für die Behandlung von Unfruchtbarkeit »staatliche Interessen« an: »Wo etwa eine Regierung ihre Politik auf Bevölkerungswachstum ausrichtet, aber zehn bis fünfzehn Prozent dieser Bevölkerung unfruchtbar sind, da ist es sehr wohl mit den nationalen Interessen vereinbar, Unfruchtbarkeit zu behandeln.« In Australien, fügte er hinzu, sei das der Fall; in anderen Ländern, deren Regierungen die Bevölkerung niedrig halten möchten, dagegen nicht (Wood/Westmore, 1983, S. 16). Wood beruft sich für seine Rechtfertigung der *In-vitro*-Befruchtung sogar auf die Menschenrechtserklärung der Vereinten Nationen, die auch das Recht beinhaltet, eine Familie zu gründen.[1] Dieses Grundrecht auf Familienleben allerdings scheint bei Frauen außer Kraft zu treten, die in einem für überbevölkert befundenen Land der »Dritten Welt« leben.

Zum Beispiel: Zur selben Zeit, in der Ärzte das Recht der Frau auf Fortpflanzung propagieren, wird weiter Mißbrauch mit Sterilisationen betrieben. In den Vereinigten Staaten sind die Täter Ärzte, die Opfer dagegen nichtweiße und arme Frauen. Es hat darum bereits Prozesse gegeben: Einige Frauen haben dagegen geklagt, daß sie gegen ihren Willen sterilisiert worden sind; daß sie genötigt wurden, ihr Einverständnis zu einer Sterilisation zu geben, während sie im Kreißsaal in den Wehen lagen; daß man etwa mit ihnen nur Englisch redete, obgleich ihre Muttersprache Spanisch war. Die gesetzeswidrige Sterilisationspraxis ist gründlich dokumentiert in den

Berichten der *Health Research Group* in Washington, D. C., von *Centers for Disease Control* und vom *General Accounting Office*.[2]

In einer Umfrage des *Family Planning Digest* vom Januar 1972 gaben 94 Prozent der befragten Ärzte an, sie seien für die Zwangssterilisierung von *welfare mothers* (alleinerziehenden Frauen, die von Sozialhilfe leben, A. d. Ü.) mit drei unehelichen Kindern, andernfalls solle man ihnen die Sozialhilfe entziehen. Diese Befragten waren niedergelassene Gynäkologen und Ärzte aus der Geburtshilfe, genau die Sorte Mediziner, die sich sonst immer gern als Gralshüter des Rechts der Frau auf Fortpflanzung aufspielen.

Zum Beispiel: Pharmakraten berufen sich zur Rechtfertigung ihrer IVB-Programme lautstark auf jenes Frauenrecht, erwähnen aber nur selten und im Flüsterton, daß manche ihrer Patientinnen bereits Kinder haben. Laut Wood werden vom IVB-Team in Melbourne beispielsweise Paare, die keine Kinder haben, nicht bevorzugt aufgenommen (Wood/Westmore, 1983). Linda Reed etwa hatte, als sie Australiens erstes Retortenbaby bekam, bereits einen Sohn, Daniel; vier Jahre vorher geboren. Die Mutter des siebten australischen Retortenbabys hatte einen dreijährigen Sohn, und die Mutter der ersten Retortenzwillinge, die in den Vereinigten Staaten geboren wurden, hatte zwei Kinder aus erster Ehe, die bereits Teenager waren.

Zum Beispiel: Das »Recht« der Frau erlischt sofort, wenn sie die vom Patriarchat vorgeschriebenen Bedingungen nicht einhält. Die elementare Bedingung heißt: Sie muß gesetzlich an einen Mann gebunden sein. Ärzte und andere Pharmakraten – und die sind in der Überzahl weiß, männlich und kommen aus der Mittel- bis Oberschicht – wählen aus, welchen Frauen das Recht auf Retortenkinder gewährt wird: denen, »die es verdienen und die geeignet sind«, so definiert es das Team der Norfolk Clinic (Andrews, 1979). In der Regel handelt es sich um weiße, verheiratete Frauen aus geordneten heterosexuellen Familien. Auch der *Federal Ethics Board* empfahl 1979, nachdem er die *In-vitro*-Befruchtung gründlich auf ihre Moral hin untersucht hatte, »daß Embryotransfer nur mit Keimzellen von rechtmäßig verheirateten Paaren betrieben werden soll«.[3]

Zum Beispiel: In mindestens einem australischen IVB-Projekt müssen Patientinnen, »die es verdienen und die geeignet sind«, Englisch sprechen, weil das »die Kommunikation erleichtert« (Johnston, 1981). In Australien leben Millionen Immigrantinnen – Italienerinnen, Türkinnen, Griechinnen, Jugoslawinnen, Libanesinnen und Indochinesinnen –; und je nach ihren Englischkenntnissen sind sie aus den Projekten ausgeschlossen. Zur selben Zeit werden aber andere Frauen aus den unteren Schichten mit irgendwelchen gefährlichen Verhütungsmitteln vollgepumpt. Die australische Frauengesundheitsbewegung hat wiederholt aufgedeckt, daß Aborigines-Frauen und arme und geistig behinderte Frauen bevorzugte Zielgruppen für die Verabreichung von Depo-Provera waren, eines Verhütungsmittels, das gespritzt wird und bei zwei Tierarten zu Krebs und anderen schweren und langfristigen »Neben«wirkungen geführt hat, unter anderem zu herabgesetzter Fruchtbarkeit auch über die vermutete Wirkungszeit hinaus. (NT, 1981; RTC, 1981; Corea, 1981)

Wie sind diese »geeigneten« Frauen, die IVB »verdient haben«, eigentlich überhaupt unfruchtbar geworden? In den Vereinigten Staaten sind mindestens 4,3 Millionen verheiratete Frauen beziehungsweise knapp fünfzehn Prozent der Ehepaare unfruchtbar; nach Schätzungen anderer allerdings geben solche Zahlen nicht das wahre Ausmaß des Problems wieder.[4]

Einige der Frauen haben schadhafte Fortpflanzungsorgane oder hormonale Anomalien, die entweder angeboren sind oder die sie aufgrund natürlicher Ereignisse bekommen haben. Die Fruchtbarkeit anderer Frauen ist womöglich geschädigt durch Pestizide oder andere Schadstoffe in ihrer Umgebung (Barlow/Sullivan, 1982; CEQ, 1981; Van Strum, 1983). Barbara Menning, die Gründerin der Organisation *Resolve*, die unfruchtbare Paare berät, ist darüber sehr besorgt: »Ich glaube, die Fortpflanzungsorgane sind eine Art Frühwarnsystem für die Menschheit«, sagt sie. »Wenn die Fehlgeburtsraten in der Umgebung von illegalen Chemiemülldeponien oder von Kernreaktoren auf vierzig Prozent steigen, wenn unsere Kinder in Gegenden, wo Dioxin benutzt wird, nicht nur zu fünf, sondern zu fünfundzwanzig Prozent mit Schäden geboren werden, und wenn die Unfruchtbarkeitsrate auf zwanzig Prozent anwächst, wie es in den achtziger Jahren der Fall sein wird, dann, glaube ich, haben wir große Probleme als Gattung.« (Menning, 1981)

Wieder andere Frauen sind unfruchtbar infolge früherer Experimente mit empfängnisverhütenden Mitteln oder infolge häufiger Operationen. Die patriarchalische Mentalität, die die Natur (und dazu gehören für sie auch Frauen) als etwas erachtet, das man kontrollieren und »meistern« muß, hat Pestizide und Verhütungsmittel und Herbizide hervorgebracht, die inzwischen die Fruchtbarkeit der Frauen schwer beeinträchtigen. Und deshalb »brauchen« Frauen weiter unerprobte Medikamente, Apparate und Operationen, all das eben, was zur externen Befruchtung gehört. Die Technologien zur Rettung der Fruchtbarkeit werden in vielen Fällen von denselben Männern angeboten, die den Frauen vorher die fruchtbarkeitsvernichtenden Technologien geschenkt hatten. Dieselben Ärzte also, die entscheidend zur Schädigung der reproduktiven Potenzen vieler Frauen beigetragen haben, machen jetzt Pläne, um (bestimmte) Frauen (teilweise) wieder fruchtbar zu bekommen.

Hier ein paar der Mittel und Wege, wie Frauen durch Ärztehand ihre Fruchtbarkeit verloren:

- Infektionen (Unterleibsentzündungen), ausgelöst durch Spiralen, durch beim Geschlechtsverkehr übertragene Krankheiten (für deren Verhütung der Ärztestand nur sehr alibihaft sorgt) oder durch Kaiserschnitte, die aus zweifelhaften Gründen vorgenommen wurden
- die Pille oder Depo-Provera
- Anomalien im Fortpflanzungsbereich infolge der Einnahme von DES (Diäthylstilbösterol, siehe unten)

Ärzte, die bei einer Frau eine Unterleibsentzündung diagnostizieren, Fruchtbarkeitstests vornehmen, irgendwelche Probleme der Geburtshilfe oder sonst irgend etwas behandeln, benutzen dazu manchmal Methoden, durch die die Fruchtbarkeit der Frau eventuell überhaupt erst beeinträchtigt wird. Dr. William R. Keye aus Salt Lake City hat seine Kollegen 1981 während einer Bezirkstagung des American College of Obstetricians and Gynecologists eindringlich ersucht, damit Schluß zu machen, zumal auch, wie er sagte, alternative nichtzerstörerische Methoden durchaus vorhanden sind.

»Wir verursachen womöglich mehr Unfruchtbarkeit, als wir wahrhaben wollen«, schrieb er später in einer Fachzeitschrift. Eingehend auf die Rate von 36 Prozent iatrogener Krankheiten (das sind solche, die die Ärzte selbst verursachen), die aus einem bestimmten Krankenhaus berichtet wurde, fügte er hinzu: »Nach unseren Erfahrungen ist iatrogene Unfruchtbarkeit auch sehr häufig.« Von den fünfundsechzig Frauen mit Unterleibsentzündungen, die am Medical Center der University of Utah auf ihre Fruchtbarkeit untersucht wurden, hatten sich fünfundzwanzig (also 38,5 Prozent) zuvor gynäkologischen Eingriffen unterzogen, die vermutlich zu der Fruchtbarkeitsstörung beigetragen hatten (OGN, 1. Mai 1981; Keye, 1982).[5]

Unterleibsentzündungen sind die Hauptursache für Unfruchtbarkeit der Frauen, denn sie können die Reproduktionsorgane beschädigen. Im August 1984 erklärte der Leiter des nationalen Notrufs für Geschlechtskrankheiten, Remy Lazarowicz, in einem Interview, nach seiner Schätzung litten jährlich eine Million Frauen in den Vereinigten Staaten an Unterleibsentzündungen und deren Folgen. (Diese Statistik ist aus dem Jahr 1982.) Über sechzigtausend Frauen pro Jahr würden aufgrund solcher Infektionen unfruchtbar. Das Risiko von Eileiterschwangerschaften sei bei solchen Frauen sieben- bis zehnmal größer als bei Frauen, die keine Eierstock- oder Eileiterentzündung gehabt hatten, und eine Eileiterschwangerschaft kann leicht die ganzen Eileiter zerstören. (OGN, 1. Juni 1980)[6]

Auch die vom Arzt eingesetzte Spirale hat wie gesagt schon zu Unfruchtbarkeit geführt, ebenso wie das vom Arzt verschriebene DES, ein synthetisches Hormon. Ärzte haben ihren Patientinnen seit den vierziger Jahren und bis in die siebziger Jahre DES verschrieben, obwohl es keinerlei Nachweis gab, daß DES wirklich Fehlgeburten verhindert. Inzwischen gibt es Hinweise darauf, daß das DES bei den Töchtern dieser Frauen Fruchtbarkeitsstörungen verursacht (OGN, 15. Dezember 1981). Ein kleiner Prozentsatz der sogenannten DES-Töchter hat außerdem Scheidenkrebs oder Gebärmutterhalskrebs. Aufgrund der völlig unbewiesenen Theorie, daß DES einen sicheren Schwangerschaftsverlauf garantiert, haben viele Geburtshilfeärzte dieses Medikament auch Frauen verschrieben, die gar nicht zu Fehlgeburten neigten. Eine Frau zum Beispiel, die ihren Arzt fragte, was er ihr denn da für ein Mittel gäbe, bekam zur Antwort: »Das ist nur eine Pille, damit das Baby drinbleibt.« (Corea, 1985)

Die DES-Töchter, bei denen das Baby nur schwer »drinbleibt«, lesen einen solchen Satz vermutlich mit Bitterkeit. Sie haben, wie andere Ärzte herausgefunden haben, häufig Anomalien im oberen Genitalbereich und eine beeinträchtigte Fortpflanzungspotenz. Dr. Charles Mangan, der Leiter der DES-Klinik an der Universitätsklinik von Pennsylvania, und einer seiner Kollegen erklärten: »Das wird sich vielleicht als noch größeres Problem erweisen als die Drüsenkrebs-Erkrankungen, die mit DES-Einnahme im Zusammenhang stehen.« Es gibt zuverlässige Daten, die besagen, daß die DES-Töchter viel eher zu Eileiterschwangerschaften neigen. Haben solche Schwangerschaften dann tatsächlich ihre Eileiter insgesamt zerstört, dann sind sie Kandidatinnen für die nächste Sorte Eingriff: für *In-vitro*-Befruchtungen.

Auch die Pille steht im Zusammenhang mit Unfruchtbarkeit. Man hat herausgefunden, daß sie bei manchen Frauen den Eisprung verhindert. Insbesondere Frauen, die unregelmäßig ihre Menstruation bekamen oder deren Eisprung nicht normal verlief, gehen dieses Risiko ein. Manche Ärzte nehmen an, daß die Pille Sterilität auslösen kann, indem sie die Eierstöcke oder die Gebärmutter-Schleimhaut angreift und schädigt.

Auf den ersten Blick mag es seltsam erscheinen, daß die Pharmakraten viel lieber zu so unzuverlässigen und teuren Verfahren wie der *In-vitro*-Befruchtung greifen, um Unfruchtbarkeit zu heilen, anstatt Praktiken zur Verhütung von Unfruchtbarkeit zu entwickeln. Aber seltsam erscheint es nur, solange man glaubt, die Heilung von Unfruchtbarkeit sei die Hauptsache bei den IVB-Techniken. Wie ich in Kapitel VII ausgeführt habe, ist genau das nicht der Fall.

Frauen, die oft aufgrund von früheren medizinischen Behandlungen, deren Risiken man ihnen gegenüber heruntergespielt hatte, unfruchtbar geworden sind, begeben sich in IVB-Projekte, deren Risiken man ihnen gegenüber ebenfalls herunterspielt.

In einer Besprechung der Literatur zum Thema IVB und Ethik stellt Dr. LeRoy Walters, der Leiter des Center for Bioethics an der Georgetown University, fest, daß »auf die Risiken für die Mutter inspe relativ wenig Aufmerksamkeit verwandt worden ist« (Walters, 1979). Wie bei DES, der Pille und der Spirale gibt es diese Risiken auch bei der IVB, zum Beispiel durch:

– Hormonbehandlung zwecks Superovulation. Eine wesentliche Komplikation ist die Überstimulierung der Eierstöcke. Sie werden dadurch größer und bilden Zysten. Schwere Überstimulierung kommt zwar selten vor, ist jedoch lebensbedrohlich. Von den 101 Frauen einer Untersuchung hatten vier eine solche Hyperstimulierung erlitten und mußten im Krankenhaus behandelt werden (Jewelewicz u. a., 1973). »Hyperstimulierung mit starken Hormondosen kann dazu führen, daß die Eierstöcke buchstäblich explodieren oder ausbrennen.« (Menning, 1977) Inzwischen konnten solche Risiken durch sorgfältige Beobachtung reduziert, wenn auch nicht ganz ausgeschaltet werden. Wenn die künstliche Befruchtung beim Menschen allerdings eine Industrie wird und Tausende von kommerziellen Kliniken in der ganzen Welt ihre Tore öffnen, an denen Ärzte ohne die nötige Ausbildung arbeiten, dann könnte das Risiko der Hyperstimulation ein ernsteres Problem werden;

- mögliche negative Wirkungen der Hormone. Die Langzeitwirkungen dieser Hormone auf Frauen sind nicht bekannt und werden es vielleicht auch nie sein. Die Frauen können unspezifische Symptome entwickeln, die niemals auf früher eingenommene Hormone schließen lassen. Während einer Konferenz über Reproduktionstechnologie sagte Dr. Maureen Flannery, eine Ärztin für Allgemeinmedizin im ländlichen Kentucky, was ihr an der ganzen DES-Geschichte am meisten Angst mache, sei die Tatsache, daß DES als Krebsursache nur entdeckt wurde, weil es einen *seltenen* Krebs verursacht hatte, eben das vaginale Adenokarzinom. Hätte es einfach nur die üblichen Krebserkrankungen wie Brustkrebs oder Gebärmutterkrebs erhöht, wäre seine karzinogene Wirkung gar nicht entdeckt worden. Und es gäbe womöglich immer noch Ärzte, die schwangeren Frauen DES verschrieben. Sollten die bei der *In-vitro*-Befruchtung verabreichten Hormone letztlich ganz »gewöhnliche« Krebsarten oder andere Krankheiten hervorrufen, werden sie wahrscheinlich nie als deren tatsächlicher Verursacher erkannt werden;
- eventuelle Traumata (Verletzungen) der Eierstöcke beim Absaugen des Eis. Niemand weiß bisher, ob die in der IVB vorgenommenen chirurgischen Manipulationen vielleicht die Hormonsekretion der Eierstöcke und damit auch alle anderen von diesen Hormonen beeinflußten Körpervorgänge durcheinanderbringen. Die Pharmakraten punktieren den Follikel, um das Ei herauszuholen. Dieser Follikel verwandelt sich normalerweise in Gelbkörper, der seinerseits Hormone produziert, die die Schwangerschaft aufrechterhalten. Die genauen Wirkungen solcher Follikelmanipulationen sind ebenfalls unbekannt; (Shulman, 1978)
- mehrfache Operationen mit dementsprechenden Narkoserisiken. Manche Frauen haben bei IVB-Prozeduren bis zu sieben Eingriffe mit Vollnarkosen über sich ergehen lassen, nur um »das Ei zu rekrutieren«. Dr. James Schlesselman hat festgestellt, daß die Verfahren der Einpflanzung und zur Aufrechterhaltung der Schwangerschaft die natürliche Abstoßung nicht entwicklungsfähiger Embryos außer Kraft setzen und in den ersten Wochen das Leben verlängern können. Wenn das stimmt, dann muß es allerdings bei IVB-Embryos etwas später häufiger zu Spontanab-

gängen kommen als bei im Mutterleib empfangenen. (In der Tat *ist* die Rate der spontanen Aborte bei IVB-Föten höher, vgl. COG, Januar 1984, und Jansen, 1982.) Also muß die IVB-Prozedur häufiger durchgeführt werden, bis ein Kind lebend geboren wird. »Deshalb scheinen *In-vitro*-Befruchtungen ein viel größeres Risiko für die Mutter als für das Kind darzustellen«, schrieb Schlesselman. »Die Mutter muß sich immer wieder den Lasten und Risiken von operativen Eingriffen aussetzen, mit denen reife Eier gewonnen werden, und darüber hinaus den Hormonbehandlungen, mit denen Superovulation und Embryoeinnistung erzielt werden« (Schlesselman, 1979);

- Risiken, die sich aus den Instrumenten und Verfahren zur Überwachung einer IVB-Schwangerschaft ergeben. Dazu gehören Ultraschalluntersuchungen, Amniozentesen (die Entnahme und Untersuchung des Fruchtwassers) und die Entnahme und Untersuchung von Gebärschleimhaut.
- eventuelle Beschädigung der Gebärmutter beim Transfer
- Entzündungen der Gebärmutter durch den Transfer und durch
- Eileiterschwangerschaften; diese Komplikation kann lebensgefährlich sein. Die Rate der Eileiterschwangerschaften ist bei IVB-Schwangerschaften höher als bei natürlichen – fünf bis zehn Prozent gegenüber 0,5 bis ein Prozent. (Übrigens war früher die Rate bei natürlicher Empfängnis auch niedriger: 0,5 Prozent; sie ist vermutlich infolge des Anstiegs von Gonorrhoeerkrankungen, Unterleibsentzündungen und der Benutzung von Intrauterin-Spiralen in die Höhe gegangen.)

Im Mittelpunkt der ethischen Debatten über externe Befruchtungen standen allerdings nicht die Risiken für die Frauen, sondern die möglichen Schäden für den Fötus. Das wurde 1979 während eines Hearings deutlich, als die staatliche Anerkennung der ersten IVB-Klinik in den Vereinigten Staaten erörtert wurde. Damals befragte man Dr. Howard Jones, den Leiter jener Klinik, ob *In-vitro*-Befruchtungen voraussichtlich zu Schäden am Fötus führten. »Dr. Jones erklärte, dies sei zwar Gegenstand seiner Sorge, aber durchaus nicht in alarmierendem Ausmaß«, meldeten die Protokolle. »Es gebe zwar noch keine diesbezüglichen Daten über Menschen, aber auf der Grundlage der vielen Daten, die man aus Tierversuchen habe, sehe er hier kein Problem.« (EVHSA, 20. September 1979)

Jones (und übrigens auch Steptoe) behaupteten zwar, die Arbeiten über Tierversuche seien ausreichend, aber manche Leute, zum

Beispiel die Embryologen Dr. Richard Blandau, Dr. Luigi Mastroianni, Dr. Pierre Soupart, Dr. John Biggers und Dr. Gene Sakkett bezweifelten das.

Häufig wird das Argument angeführt, man habe Hunderttausende von Kühen und Schafen durch *In-vitro*-Befruchtung und Embryotransfer produziert, ohne daß es zu Erbschäden gekommen sei. Dr. Blandau bezeichnet die Feststellung jedoch als unkorrekt. Die große Mehrheit der Schaf- und Kuhembryos ist eben nicht extern befruchtet worden, sondern im Mutterleib und wurde erst danach ausgespült. Bei diesen Verpflanzungen, stellte Blandau fest, sind größere Erbschäden tatsächlich sehr selten.[7] Und er fragte auch: »Wer macht sich eigentlich Sorgen, wenn eine Kuh oder ein Schaf mangelhafte kreative Fähigkeiten aufweisen?« (Blandau, 1980)

Genau ein Jahr bevor Jones die Untersuchungskommission beruhigt hatte, meldete Soupart Zweifel daran an, daß man Daten von Labortieren wirklich auf Menschen anwenden kann, »insbesondere, wenn es sich um Chromosomen handelt, denn die sind bei jeder einzelnen Säugetiergattung sehr verschieden.« Soupart mißbilligte auch, daß seine englischen Kollegen menschliche Eier befruchteten, *»ohne je systematisch untersucht zu haben, ob es Chromosom-Abweichungen geben kann, die durch die IVB-Prozeduren selbst hervorgebracht werden.«* (Hervorhebung von mir, G. C., vgl. Soupart, 1978)

Ein weiterer Anlaß zur Sorge: Seit 1973 gab es mehrere Berichte, in denen auf die zunehmende Menge von Chromosomanomalien bei den vorzeitig ausgestoßenen Föten von Kaninchen, Mäusen und Frauen hingewiesen wurde, die chemisch superovuliert worden waren (Whittingham, 1979).

Retortenbefruchtung könnte tatsächlich auf verschiedene Weise defekte Föten verursachen.[8] Einige Forscher sind besorgt über die Auswirkungen von Ultraschalluntersuchungen auf die IVB-Kinder. Im Rahmen der komplizierten IVB-Prozedur werden mehrere Ultraschallaufnahmen der Eierstöcke gemacht, damit man die Entwicklung des Follikels beobachten und grobe Hinweise auf den wahrscheinlichen Zeitpunkt des Eisprungs erhalten kann. Niemand weiß bislang, wie sich Ultraschall auf die Eier in den Ovarien, die ja die Hälfte der Gene eines potentiellen Kindes enthalten, auswirkt. Falls Ultraschall die Eier beeinträchtigt, hätte das ziemlich unheilvolle Auswirkungen auf die daraus entstehenden Kinder.

Auch Dr. Arthur D. Bloom, Professor für Kinderheilkunde und

Humangenetik ist besorgt. Zwar behaupten immer wieder Kollegen, Ultraschall sei harmlos, aber in Wirklichkeit sind die Wirkungen auf Menschen und Versuchstiere überhaupt noch gar nicht ausreichend dokumentiert, sagte er während eines Seminars 1981 an der New Jersey Medical School in Newark.[9]

Ebenso besorgt ist Dr. Richard Blandau. Und er teilte seine Sorgen den Kollegen während einer Tagung der *American Fertility Society* 1981, bei der der Einsatz von Ultraschall in IVB-Projekten diskutiert wurde, auch sehr deutlich mit.

Ein weibliches Baby kommt mit allen späteren Eiern zur Welt, erläuterte er. Die Vorstufen dieser Eier – die Eimutterzellen oder Ureier – werden in Eier umgewandelt, indem die Zahl der Chromosomen halbiert wird. Was passiert eigentlich, wenn während dieses Prozesses die Eier mit Ultraschall bestrahlt werden? Bisher kennt niemand die genauen biophysischen Auswirkungen dieser Strahlungen. Und daß sie die Eier tatsächlich nicht beeinträchtigen, das ist bisher keineswegs wissenschaftlich nachgewiesen worden.

Blandau erwähnte auch, daß die Ultraschallgeräte nicht besonders gut und nicht einmal standardisiert sind. Sie zeigen zum Beispiel nicht genau an, wieviel Energie sie abgeben, also können die Ärzte die Strahlenbelastung gar nicht genau überprüfen. »Wir sollten die schädlichen Wirkungen von Röntgenstrahlen auf Kinder nicht vergessen«, erinnerte er seine Kollegen. »Auch Ultraschall wird heute ähnlich zur Diagnose benutzt, noch bevor alle seine Wirkungen bekannt sind.«

Während einer späteren Podiumsdiskussion wurde Dr. Joseph D. Shulman, der Leiter der Abteilung Humangenetik der *National Institutes of Child Health and Human Development*, gefragt, welche möglichen Auswirkungen auf das Erbmaterial Ultraschall habe. Shulman räumte ein, daß das Thema insgesamt »nicht ganz problemlos« und Datenmaterial dazu nicht ganz vollständig sei, erwiderte dann aber: »Die Daten sagen jedenfalls nichts über Erbschäden irgendeiner Art aus. Sie legen vielmehr nahe, daß der Nutzen des Ultraschalls die Risiken überwiegt, soweit wir das heute erkennen können. Das heißt natürlich nicht, daß sich diese Einschätzung mit neuen Erkenntnissen nicht verändern kann.« Blandau, der ebenfalls auf dem Podium saß, beugte sich vor: »Welche Daten meinen Sie denn?«

»Die Daten über Ultraschalldiagnosen vor der Geburt«, antwortete Shulman. »Daten über die Auswirkungen von Ultraschall auf fötale Eizellen kann ich leider nicht zitieren.«

»Eben«, sagte Blandau, »es *gibt* keine Daten über die Auswirkungen von Ultraschall auf Eizellen.«

Ich saß im Publikum zwischen lauter Ärzten und dachte nach. Dieses sind die Männer, die uns die Pille, die Intrauterinspirale und DES geschenkt haben und die in aller Ruhe davon ausgehen, daß ihre Nutzen-Risiko-Maßstäbe für diese Wundermittel einfach in Ordnung sind.

In den ersten Jahren der aufstrebenden IVB-Technologie waren die möglichen Risiken für die betreffenden Frauen nie Thema gewesen, also brauchten die Pharmakraten sich auch nicht zu rechtfertigen für die Art und Weise, in der sie mit Frauen umspringen. (Wie wir noch sehen werden, hat vermutlich genau das Vokabular, mit dem sie ihre Arbeit stets als heilbringend beschrieben und deren Experimentcharakter vertuschten, dazu beigetragen, daß sie nie zum Thema wurden.) Mögliche Schäden am Embryo waren allerdings von Anfang an Thema. Damit mußten die Pharmakraten sich auseinandersetzen, wenn sie ihre IVB-Forschungen weiterbetreiben und möglichst wenig öffentlichen Protest hervorrufen wollten.

In den Jahren um Louise Browns Geburt herum wußten die Experten bereits genau, daß es für ein Kind aus einem extern befruchteten Ei Risiken gab. Einige haben sie sogar in Fachzeitschriften beschrieben. In der Öffentlichkeit dagegen bedienten sich die IVB-Propagandisten gern ihres Expertenstatus und mißbrauchten die Sprache, um diese Risiken zu bagatellisieren, um der Öffentlichkeit zu suggerieren, daß sie sich um anomale Babys keine Gedanken zu machen brauche, denn *In-vitro*-Befruchtungen seien »wissenschaftlich gefestigt und sicher für Mutter und Kind« (Parker, 31. Oktober 1979).

Steptoe hatte sich gegenüber Lesley und John Brown ähnlich beschwichtigend geäußert. Er hatte sie 1976 zum ersten Mal getroffen und ihnen erklärt, er und Edwards seien überzeugt, daß die Mißbildungsrate bei Nachkommen aus Retortenbefruchtung (falls sie überhaupt je gelinge) keineswegs höher sei als die bei natürlich empfangenen Kindern. Außerdem lasse sich jede ernsthafte Mißbildung, wenn es zur Schwangerschaft komme, dank der pränatalen Diagnosetechniken feststellen und gegebenenfalls der Fötus abtreiben. »Daß das passiert, ist allerdings nicht wahrscheinlich, habe ich ihnen erklärt.« (Edwards/Steptoe, 1980, S. 143)

Woher wollte er das eigentlich wissen? Zu jener Zeit war ja kein einziges Retortenbaby geboren, es gab auch erst eine Handvoll Retortenmäuse, -ratten und -kaninchen. 1970 hatte Steptoe in einem wissenschaftlichen Aufsatz mitgeteilt, daß »die normale embryonale Entwicklung und das Gelingen eines Embryotransfers überhaupt nicht gesichert sind« (Edwards/Steptoe/Purdy, 1970). Im selben Jahr beschrieben Steptoe und Edwards, daß die Eier während der Phase der Eizellteilung aus dem Körper der Frau entnommen werden, und diese Phase sei, was die Möglichkeit von Chromosommißbildungen betrifft, eine sehr heikle. (Steptoe/Edwards, 1970).

Eine dieser Mißbildungen könne zum Down-Syndrom führen. Steptoe hatte 1977 außerdem auf die Frage eines Interviewers der *Contemporary Ob/Gyn,* ob das Baby einer Frau, die aufgrund einer *In-vitro*-Befruchtung schwanger wird, normal wird, geantwortet: »Wir haben noch nicht genügend Erfahrungen mit Menschen, um diese alles entscheidende Frage zuverlässig beantworten zu können.« (OGN, Oktober 1977) Das war ein Jahr, nachdem er die Browns in Sicherheit gewiegt hatte.

Trotz all des Nichtwissens innerhalb des Pharmakratenlagers hinsichtlich aller möglichen Risiken der externen Befruchtung behaupteten einige der IVB-Befürworter sogar, daß eine Befruchtung außerhalb des Körpers der Frau *weniger* risikoreich sei als natürliche Empfängnis. Zum Beispiel Dr. Jack Rary von der IVB-Klinik in Norfolk 1979: »Wir gehen tatsächlich davon aus, daß die Risikorate hier möglicherweise niedriger ist als bei natürlicher Empfängnis, denn Ei und Sperma werden sehr viel steriler gehalten.« (*Virginian-Pilot,* 21. Februar 1979)

Der Körper einer Frau ist also schmutzig?

Und Dr. Mason Andrews schrieb einer Norfolker Zeitung: »Die Zuverlässigkeit, die Befruchtungen in unserem IVB-Programm erreicht haben, könnte das Auftreten von Problemen sogar unter die Raten bei allen natürlichen Schwangerschaften senken.« (*Viginian-Pilot,* 10. Oktober 1979)

Die Sprache der Medizin macht es den Pharmakraten leicht, über den Mißbrauch von Frauen zu sprechen, ohne den Mißbrauch selbst zu *erkennen.* Gesundheitsprofis haben den Begriff »Experiment« durch den Begriff »Entwicklung« ersetzt; oder durch: »Therapie«, »Behandlung«, »Sonderprogramm«, »Dienstleistung«. Forschungsobjekte nennen sie entsprechend: »Patientinnen«.

Durch diese stillschweigende Sprachregelung gestatten sich Ärzte wie auch Behörden zur Kontrolle dieser Ärzte gegenseitig, Experimente an Frauen durchzuführen und zu billigen. Sie halten die Fiktion der ausschließlich heilsamen Beziehung zwischen Forschern und ihren Versuchsobjekten am Leben und beginnen vermutlich allmählich, selbst daran zu glauben. Würde nur ein Mitglied dieser Gruppe die Dinge beim Namen nennen, wäre das wechselseitige Einverständnis in Gefahr. Die Heilbeziehung war immer eine Fiktion, denn – obwohl die Pharmakraten sicherlich auch Heilung beabsichtigten – zu erwarten war sie zu diesem frühen Zeitpunkt keineswegs. Es gab noch gar keine brauchbaren Verfahren für *In-vitro*-Befruchtungen, nicht einmal gut ein Jahr, nachdem das erste Retortenbaby geboren war. Steptoe und Edwards, die Verantwortlichen, hatten außerdem derart falsche Vermutungen, zum Beispiel hinsichtlich des Zeitpunkts, zu dem Ei und Sperma im Reagenzglas vereinigt werden sollten, daß Dr. Howard Jones, der Leiter des Norfolker IVB-Teams, 1984 rückblickend befand: »Daß Louise Brown überhaupt geboren wurde, kommt einem heute wie ein glücklicher Zufall vor.« (Wallis, 1984, S. 48)

Sogar die Teilnahme an dieser Lotterie sollten die Frauen selbst bezahlen, zumal die Entwicklung nur zögernd durch Forschungsgelder unterstützt wurde. 1979 berichtete die Norfolker Zeitung *Ledger-Star,* daß das US-Gesundheitsministerium die Gewährung der von der Norfolker IVB-Klinik beantragten zweihunderttausend Dollar Forschungsgelder abgelehnt hatte, weil es erst generell entscheiden müsse, ob IVB-Projekte gefördert werden sollen oder nicht. »Bis dahin«, so die Zeitung, »werden die Patientinnen die Laborkosten für die Voruntersuchungen selbst bezahlen müssen.« Schätzungsweise viertausend Dollar pro Patientin (Baksys, 24. November 1979). Es wird nicht ganz klar, ob das heißen soll, daß die Frauen die Forschungen nicht hätten finanzieren müssen, wenn die Klinik die Förderung bekommen hätte (die sie nie bekommen hat).

Dr. Mason Andrews von der Norfolker Klinik wurde in der *Washington Post* folgendermaßen zitiert: »›Seltsamerweise‹, sagte er und zwinkerte mit seinen hellblauen Augen, ›ist das alles gar nicht so teuer, denn die Leute, die unsere Klinik benutzen wollen, bezahlen das auch selbst.‹« (Colen, 1979) (Die Norfolker stehen keineswegs allein da, was die Benutzung medizinischer Schönfärbereien und die Praxis betrifft, sich die eigenen Forschungen von den »Patientinnen« bezahlen zu lassen.)

Falls bei den IVB-Projekten der Klinik in Norfolk irgendeine der »Patientinnen« oder ein Fötus nachweisbar durch die Experimente zu Schaden gekommen wären, dann hätten die »Patientinnen« weder für sich noch für ihre potentiellen Babys Schadenersatz bekommen. Sie hätten noch nicht einmal einen Anspruch auf kostenlose Behandlung durch die Einrichtung gehabt, die ihnen den Schaden zugefügt hatte und von den Experimenten an ihren Körpern profitierte.

Dr. Gerald Holman, der Dekan der Eastern Virginia Medical School gab öffentlich bekannt, daß die Hochschule für Leute, die bei Forschungsprojekten zu Schaden kamen, nicht versichert war, und erklärte, sein Retortenbabyprogramm sei »eindeutig« ein Teil dieser Forschung. Die Medizinhochschule könne sich gar nicht leisten, für ein Kind, das mit Defekten, die sich aus der Forschungsarbeit ergeben, geboren wird, Unterhalt oder Schadenersatz zu zahlen, sagte er (Wallace, 1979).

Zwei Jahre später erklärte Dr. Luigi Mastroianni im Rahmen eines IVB-Lehrgangs für Ärzte, der im Zusammenhang mit einer Tagung der *American Fertility Society* abgehalten wurde: »Ich glaube, wir riskieren grundsätzlich, wegen mißgebildeter Kinder verklagt zu werden. Ich glaube auch, daß man sich dagegen nur schwer verteidigen kann. Da ist man einfach leichte Beute. Aber das ist in Ordnung. Wir müssen eben etwas riskieren, wenn wir davon überzeugt sind, daß das, was wir tun, richtig ist.« Auch Dr. Alexander Lopata, der ebenfalls in jenem Lehrgang unterrichtete, erklärte, es sei ein wirkliches Problem, daß IVB-Forscher gerichtlich belangt werden können, wenn eine Frau nach einer *In-vitro*-Befruchtung ein mißgebildetes Kind zur Welt brachte.

Der Jurist Mark E. Cohen bezog 1978 dazu eine andere Position; er empfahl in einer Rechtszeitschrift, daß die Experimentatoren von *In-vitro*-Befruchtungen haftbar gemacht werden müssen, falls Geburtsschäden entstehen, die auf IVB-Experimente zurückzuführen sind. »Wenn der Beklagte auf eine Weise handelt, die in erhöhtem Maß gefährlich ist, dann muß strengste Haftung seinerseits erfolgen. Selbst wenn er alle möglichen Vorsichtsmaßnahmen getroffen hat, um die Sicherheit seines Handelns zu garantieren... Zum gegenwärtigen Zeitpunkt sind IVB-Kinder Objekte von in erhöhtem Maß gefährlichen Risiken.« (Cohen, 1978)

Ein paar Jahre zuvor hatte Dr. James Watson, einer der Entdekker der DNS-Struktur, eine bezeichnende Alternative vorgeschlagen: Der diensthabende Arzt bei einer Retortenbabygeburt solle seiner Meinung nach »das Recht haben, das Leben des Babys zu beenden, falls es mit schweren Mißbildungen zur Welt kommt« (zitiert nach Walters, 1979). Seinem Vorschlag ist niemand gefolgt.

IX. »Aufgeklärte Zustimmung«: *Der Mythos von der Freiwilligkeit*

In-vitro-Befruchtung ist angeblich eine von mitfühlenden Ärzten entwickelte Therapie im Dienste der Menschheit; so die Darstellung in den Medien. Bösewichter gibt's da nicht, nur freundliche Onkel Doktors, die verzweifelten Patientinnen helfen wollen. Die Pharmakraten präsentieren uns den mitreißenden Kinderwunsch von Frauen als etwas, dem sich nichts in den Weg stellen darf.[1] Selbstverständlich nur, um den Frauen zu helfen, nehmen ihnen die Ärzte ein paar Eier aus den Ovarien, befruchten sie im Reagenzglas mit dem Samen des jeweiligen Gatten und setzen sie befruchtet wieder zurück in den Mutterleib.

Ich behaupte in diesem Kapitel, daß die Wirklichkeit sehr viel weniger sympathisch ist, als die Pharmakratie sie darstellt. In Wahrheit experimentieren da Männer an Frauen herum, und zwar auf eine Weise, die für die Frauen viel schädlicher ist, als irgend jemand bislang öffentlich zugegeben hat. Vielleicht klingt es tatsächlich einfach, ein paar Eier aus den Eierstöcken einer Frau zu holen, sie zu befruchten und wieder in die Gebärmutter einzusetzen, in Wirklichkeit dagegen sind die zu diesem Verfahren gehörenden Manipulationen am Körper der Frau und an ihrem Geist extreme Eingriffe.

Es gibt den begründeten Verdacht, daß die Frauen, die zu den ersten IVB-»Versuchskaninchen« gehörten, auch Lesley Brown, eben nicht genau gewußt haben, auf welche Art Experimentiererei sie sich da einließen. Inzwischen mag es vielleicht so aussehen, als schrien die Frauen geradezu nach IVB, als seien sie nie und nimmer zu diesen Experimenten gezwungen worden, sondern wären im Gegenteil am Boden zerstört, wenn irgendein Arzt ihnen den Zutritt verweigerte; in Wirklichkeit aber *sind* sie gezwungen worden, nur daß der Zwang – der nicht so sehr ein körperlicher, sondern eher ein gefühlsmäßiger ist – unsichtbar gemacht wurde.

Zunächst: Wußten die Frauen bei all den Vorgängen um die IVB herum wirklich Bescheid über den experimentellen Charakter der ganzen Angelegenheit, oder glaubten sie daran, daß die Ärzte ihnen eine »Therapie« anboten? Ein Zitat von IVB-Pionier Edwards (aus den *Medical World News* von 1969) gibt da eine aufschlußreiche Auskunft: »Wir sagen Frauen mit Eileiterverschluß: ›Ihre einzige

Chance, ein Kind zu bekommen, liegt darin, daß Sie *uns* helfen. Dann können wir vielleicht *Ihnen* helfen.‹«

Edwards und sein Partner Steptoe allerdings wußten damals ganz genau, daß sie wahrscheinlich, wenn überhaupt, nur sehr wenigen helfen konnten. Ob diese Tatsache den Frauen durch Edwards »vielleicht« wirklich deutlich wurde? Paul Ramsey, ein Ethiker von der Universität Princeton, konstatiert, daß diese Frauen eindeutig Versuchsobjekte waren und keineswegs Patientinnen, die mit Hilfe der völlig unerprobten Techniken problemlos schwanger werden konnten. Und eine Möglichkeit, zwischen Experiment und Therapie deutlich zu unterscheiden, so Ramsey weiter, ist sich vorzustellen, daß die Frau fragen würde: »Herr Doktor, machen Sie das alles eigentlich für *mich,* oder mache ich das für Sie und Ihre Forschung?«

Ramseys Schluß: »Bis heute (1972, G. C.) lautet die Antwort auf diese Frage, daß die Frauen sich zum Nutzen der medizinischen Forschung den Operationen und anderen Prozeduren aussetzen; es gehört jedoch zu den Grundprinzipien der medizinischen Ethik, daß sie dem in vollem Wissen hätten zustimmen müssen, anstatt weiter zu glauben, es handele sich um eine Therapie, die hoffentlich ihre Kinderlosigkeit beendet.« (Ramsey, 1972)

1980 schrieb Edwards, er und Steptoe seien in gewisser Weise der gleichen Meinung: daß man die Hoffnungen der »Patientinnen (sic!) nicht als ungerechtfertigt hinstellen darf; sie sind völlig im Bilde über die Situation, über die Chancen und die Gefahren und darüber, was sie selbst dabei für eine Rolle spielen« (Edwards/Steptoe, 1980).

Aber Lesley Brown, die Mutter des ersten Retortenbabys der Welt, war durchaus nicht »im Bilde«. Eine ihrer Krankenschwestern schrieb: »Der Patientin wurde erklärt, daß die Entnahme von Oozyten und deren *In-vitro*-Befruchtung ihre einzige Chance sei, schwanger zu werden. Sie wurde außerdem gründlich aufgeklärt über die Bedeutung dieser experimentellen Techniken, damit sie verstehen konnte, woran sie da teilnahm.« (Harris, 1978)

Nun ja, sie war so »gründlich aufgeklärt« worden, daß sie noch kurz vor Louises Geburt glaubte, es seien längst Hunderte von Retortenbabys geboren. Über das erste Gespräch, das sie und ihr Mann John mit Steptoe hatten, schrieb sie: »Ich kann mich nicht erinnern, daß Mr. Steptoe davon erzählte, daß seine Methode schon öfter funktioniert hatte, und ich habe danach natürlich auch nicht gefragt. Ich hatte einfach die Vorstellung, daß es schon Hunderte von Kindern gab, die außerhalb von ihrer Mutter Leib empfangen worden waren. Nur das Kind schien mir wichtig. Es kam mir auch nicht komisch vor, daß ich noch nie etwas darüber gelesen hatte – ich fand es verständlich, daß diese Mütter es lieber geheimhalten wollten, wie ihre Kinder zustande gekommen waren. Ich hatte einfach keine Ahnung, daß es einem Wunder gleichkam, falls es bei mir klappte.«

Nach diesem Treffen mit Steptoe war sie sicher, sie würde jetzt bald schwanger. (Brown, 1979, S. 106)

Irgendwann während der Versuche eröffnete ihr Steptoe zwar, daß die *In-vitro*-Methode bisher noch nichts erbracht hatte, aber er sagte es so, daß sie die Information gar nicht richtig aufnahm. Sie beschreibt eine Unterhaltung mit Sue, einer anderen Kandidatin dieses Experiments, nachdem beiden der Embryo in die Gebärmutter übertragen worden war:

»›Hast du nicht gehört, wie die Schwestern erzählt haben, daß das bisher noch nie bei einer Frau geklappt hat?‹ Sie war wieder beim Thema. Ich war so aufgeregt gewesen nach der Verpflanzung, weil ich dachte, jetzt bin ich schwanger, daß die Schwestern auch mich daran erinnert hatten. ›Sie dürfen sich noch nicht darauf versteifen‹, sagte die eine zu mir. ›Bislang hat Mr. Steptoe noch keinen Erfolg damit gehabt.‹ Sie war ganz freundlich, ich solle nicht zu enttäuscht sein; aber ich hörte gar nicht richtig hin. Sogar Mr. Steptoe selbst hatte mich gewarnt, aber – das klingt sicher komisch – ich habe ihm einfach nicht glauben wollen. Das hier war meine letzte Chance, meine letzte Möglickeit, schwanger zu werden, denn Mr. Steptoe hatte mir ja die Eileiter schon herausoperiert. Es mußte einfach klappen.« (Brown, 1979, S. 112)

Auch Lesleys Mann hat lange Zeit nicht begriffen, daß keine *In-vitro*-Befruchtung und kein Embryotransfer vorher je erfolgreich gewesen waren. Kurz nach Louises Geburt berichtete der *Daily Telegraph:* »Der stolze frischgebackene Vater war überglücklich über seine frischgebackene Tochter – aber nicht sehr froh darüber, der erste Retortenvater zu sein. ›Ich wußte gar nicht, daß wir die ersten sind – mir wär's lieber, wir wären es nicht‹, sagte Mr. Brown.« (Murche, 1978)

Ebenso im unklaren gelassen wurden Judith und Roger Carr, die Eltern des ersten Retortenbabys in den Vereinigten Staaten. »Ich habe nie gefragt, ob sie vorher schon einmal Erfolg gehabt hatten«, erzählte Judith Carr einem englischen Reporter. »Dazu war ich doch viel zu höflich.«

Sie hatte nicht die geringste Ahnung, wie schlecht ihre Chancen standen. »Sie hatten noch ein paar Transfers gemacht in dieser Woche, und da liefen lauter glückliche Leute rum«, erinnerte sie sich. »Jede Menge glückliche junge Frauen. Also war die Woche doch erfolgreich gewesen. Und deshalb war ich sicher, daß es überall Frauen gibt, die schwanger sind und einfach den Mund darüber halten.«

Als sie ihre Ärzte Howard und Georgeanna Jones anrief, um ihnen mitzuteilen, daß sie schwanger war, verstand sie zuerst gar nicht, warum das ein solches Ereignis sein sollte. »Die waren völlig aus dem Häuschen«, so Judith Carr. »Ich dachte nur, na toll, das ist ja wunderbar. Die scheinen das auch toll zu finden... Wunderbar. Und dann kam Dr. Garcia ans Telefon und sagte: ›Sie müssen das verstehen, Sie wissen doch, Sie sind die erste.‹ Und ich: ›Sie machen ja Witze.‹« (Williams, 1982)

Aber selbst wenn die Frauen genau gewußt hätten, daß die IVB-Programme an Menschen noch in den Kinderschuhen steckten, und wenn sie in vollem Wissen ihrer Teilnahme zugestimmt hätten, kann man nicht behaupten, daß sie aus freiem Willen handelten. Diese Art Freiwilligkeit ist eine Täuschung, denn die Kontrolle über Frauen beginnt lange, bevor sie eine »freie Wahl« treffen dürfen. (Dr. Janice Raymond, eine Expertin in medizinischer Ethik, hat das sehr genau abgehandelt in ihrem Buch *The Transsexual Empire* von 1979. Ich beziehe mich in meiner eigenen Analyse auf den von ihr entwickelten Begriff »aufgeklärte Zustimmung« – »aufklären« übrigens tun angeblich auch Agenten und Militärflugzeuge...)

Das Patriarchat läßt die Propaganda, eine Frau, die keines Mannes Kind gebiert, sei ein Nichts, durch sämtliche Institutionen an uns weiterleiten. Die Botschaft bestürmt Frauen aus allen Ecken, und sie ist seit Jahrhunderten tief in uns eingesickert: Wenn eine Frau keine Kinder produzieren kann, dann ist sie keine richtige Frau, denn erst durch das Kinderkriegen wird die Frau zur Frau. Das Patriarchat hat das Dasein von Frauen in der Gesellschaft jahrhundertelang so organisiert, daß Kinderkriegen ihr Hauptanliegen war und oft genug auch die einzige Möglichkeit, zu überleben und überhaupt irgendeinen Status zu erringen; entsprechend war Unfruchtbarkeit die größte Schande, die einer Frau begegnen, der größte Fluch, unter dem sie leiden konnte.

Die Verbindung Frausein – Kinderkriegen steckt uns tief in den Knochen. Und so überrascht es gar nicht, daß in einer Studie von Dr. William R. Keye jr. fast ein Drittel der befragten unfruchtbaren Frauen angaben, daß sie ihren Körper nicht leiden könnten und sich wegen ihrer Unfruchtbarkeit als weniger weiblich empfanden. Demgegenüber hatten nur zehn Prozent der Männer ähnliche Gefühle (*Ob/Gyn News*, 15. Januar 1982). Unfruchtbarkeit geht Frauen offenbar sehr viel näher als Männern.

Barbara Eck Menning, die selbst unfruchtbar ist, schrieb 1977, daß die Wörter »unfruchtbare Frau« eigentlich nicht zusammenpaßten. »Entweder gelte ich als unfruchtbar, oder als Frau. Beides zusammen geht nicht.«

Diese Propaganda, der auch Barbara Menning ausgesetzt war, hat durchaus Zwangscharakter. Sie bedingt sowohl die Entscheidungen, die eine Frau treffen kann, als auch ihre *Motivationen*. Auch ihr sehnlichstes Verlangen, die Schwangerschaft, nach der sie so verzweifelt trachtet, ist – in unterschiedlichem Maß – so konditioniert worden.

Psychischer und emotionaler Zwang kann genauso mächtig sein wie körperlicher. Die Gesetze tragen dem auch Rechnung, wie der Psychiater Willard Gaylin ausführt: Zwang muß nicht notwendig körperliche Gewalt beinhalten. »Ökonomische Verluste, gesellschaftliche Ächtung, Lächerlichmachung – all das wird vom Gesetz in verschiedenen Zusammenhängen als Ausübung von Zwang anerkannt, denn für das gesellschaftliche Wesen Mensch ist sein Bedürfnis nach Anerkennung und Achtung beinahe so wichtig wie das Überleben selbst«, schrieb Gaylin 1974. Unterbewußt, so fuhr er fort, kann man Isolation, Liebesverlust, Zurückweisung von seiten der Familie oder gesellschaftliche Erniedrigung sehr wohl als Tod empfinden.

Unfruchtbaren Frauen drohen alle diese symbolischen Gleichsetzungen mit dem Tod.

Vielleicht gefällt es vielen Leuten nicht, daß emotionaler Zwang ebenso gewalttätig sein kann wie körperlicher, argumentierte Gaylin, denn das kratzt an unserer Überzeugung, wir seien logisch Denkende und Handelnde, wir seien autonom und hätten unser Handeln unter Kontrolle. »Aber natürlich haben gerade die gesellschaftlich Herrschenden immer hervorragend verstanden, dem Individuum einzureden, es habe selbst die Herrschaft behalten.« (Raymond, 1979) (Gaylin selbst bezieht sich nicht auf unfruchtbare

Frauen, dennoch möchte ich seine Ausführungen auf sie anwenden.)

In jahrhundertelangen Wiederholungen also hat das Patriarchat uns die Botschaft eingehämmert, durch Spiele, Märchen, Spielzeug wie Puppen und Puppenhäuser. Unsere Mütter flüstern sie uns weiter. Unsere Religionslehrer predigen sie uns. Unsere Ärzte verpassen uns Behandlungen, falls unsere Eierstöcke oder unsere Gebärmutter uns im Stich läßt. Wir wissen bis in unsere Zellen hinein: Wir sind auf der Welt, um die Kinder der Männer zu gebären. Wenn wir dazu nicht imstande sind, sind wir keine richtigen Frauen und es gibt keinen Grund, daß wir überhaupt da sind.

Yvonne Simpson, einer 29jährigen Mutter zweier Kinder, wurde in Melbourne die Teilnahme an einem Retortenbaby-Programm verweigert mit der Begründung, sie sei blind. »Ich werde dieses Baby bekommen, koste es, was es wolle«, sagte sie und kündigte an, sie werde so lange durch die ganze Welt fahren, bis sie einen Arzt finde, der bereit sei, ihr zu helfen. Dazu eine australische Zeitung: »Das Baby möchte Mrs. Simpson vor allem ihrem Verlobten zuliebe, Mr. Chris Moore, 25 Jahre alt, den sie noch in diesem Jahr heiraten wird.« Anne-Marie Sykes meldete sich für Steptoes und Edwards' IVB-Experiment, trug den Embryo drei Wochen lang in der Gebärmutter, dann stieß ihr Körper ihn ab. Die Sydneyer Zeitung *Sun* berichtete am 18. Mai 1978: »Mrs. Sykes hat bereits drei Kinder aus erster Ehe, kann aber wegen eines gynäkologischen Problems seither normal keine Kinder mehr bekommen. ›Mein Mann John hat keine eigenen Kinder‹, sagte sie, ›ich tue das ihm zuliebe.‹« Die 30jährige Rosa Dowland meldete sich für das IVB-Programm in Norfolk, Virginia, »Mrs. Dowling hat zwar zwei Kinder aus einer früheren Ehe, elf und sieben Jahre alt, aber noch keins von ihrem jetzigen Mann, einem 25jährigen Hafenarbeiter«, berichtete die *New York Times* am 18. März 1979.[2] Sandra James, eine 30jährige New Yorkerin, die bereits Operationen und Hormonbehandlungen gegen ihre Unfruchtbarkeit hinter sich hatte, erzählte, sie habe oft stundenlang im Schaukelstuhl gesessen und geheult. »Ich fühlte mich als halbe Frau und nicht als ganze. Manchmal wollte ich sterben.« Sie hielt ihre Unfruchtbarkeit eine Zeitlang vor ihrem Mann geheim, aus Angst, er könne sie verlassen (Kleiman, 1979).

»Du mußt dir wohl doch eine ordentliche Frau suchen«, hatte Lesley Brown ihrem Mann John erklärt, nachdem sie Monat für Monat vergebens auf eine Schwangerschaft gewartet hatten. »Ich kann gar nichts mehr tun für unsere Ehe, jetzt wo ich keiner Kinder bekommen kann.« John schrieb: »Sie war doch meine Frau, also wollte ich ein Baby von ihr.« Steptoe über seine erste Begegnung mit den beiden: »Sie hatte das Gefühl, John zu enttäuschen, wenn sie kein Baby bekam. Ihre Ehe war fast zerbrochen. Sie hatte ihren Mann sogar überreden wollen, sich scheiden zu lassen, damit er eine andere heiraten konnte, die ihm ein Kind schenken würde.« (Brown, 1979; Edwards/Steptoe, 1980)

Und so »belagerten« Frauen wie Lesley Brown, die »verzweifelt« ein Kind wollten, die Krankenhäuser und flehten die Ärzte an, mit ihrem Körper zu experimentieren. Jedenfalls behaupteten Männer, daß die Frauen nach den *In-vitro-*»Diensten« verlangten, und diese Behauptung verschleiert die gesellschaftliche Realität. Es passierte bei der *In-vitro-*Befruchtung nur dasselbe, was Janice Raymond für die Geschlechtsumwandlungschirurgie beschrieben hat: »Das Konzept der Freiwilligkeit hat sich fest eingenistet, der Zwang, den eine rollenorientierte Umgebung schafft, wird nicht als einflußreicher Faktor angesehen.« (Raymond, 1979, S. 135)

Auch die Ärzte, die IVB-Projekte propagieren, handeln aus ihren Ansichten über das Wesen und die biologisch determinierte gesellschaftliche Rolle der Frau heraus. Ihre Arbeit an der externen Befruchtung ist darauf angelegt, unfruchtbaren Frauen zur Erfüllung ihrer biologischen Vorsehung zu verhelfen. Edwards schrieb, sein erstes Anliegen in den siebziger Jahren sei es gewesen, »die Embryologie beim Menschen zu studieren; ich wollte Frauen, die anscheinend zu lebenslänglicher Unfruchtbarkeit verdammt waren, zu eigenen Kindern verhelfen, deren Vater der Ehemann war« (Edwards/Steptoe, 1980, S. 86).

Auch in Australien arbeitete Professor Carl Wood daran, daß Frauen endlich ihren biologischen Lebenszweck erfüllen konnten. »Wie Professor Wood sagt, wünschen sich Frauen in seinem Projekt verzweifelt ein Baby, und zwar aus den verschiedensten Gründen, aber hinter allem steckt der tiefsitzende Wunsch, sich fortzupflanzen. Viele haben einen beträchtlichen Teil ihres Erwachsenenlebens damit verbracht, verschiedene Heilmethoden auszuprobieren. ›Wenn ich an ihrer Stelle wäre – aber ich kann mir ohnehin nicht wirklich vorstellen, eine Frau zu sein –, ich glaube, dieses Durchhaltevermögen hätte ich nicht.‹« (*The Age*, 25. Juli 1981)

Das Bild der angeblichen Horden von verzweifelten unfruchtbaren Frauen wurde auch in den Anträgen an Behörden, die Experimente zu finanzieren, beschworen. »Australiens ›Retortenbaby‹-Ärzte appellierten an die Regierung, Gelder zu bewilligen, damit sie die ›herzzerreißende Warteschlange‹ kinderloser Frauen nicht länger anstehen lassen müssen«, meldete *The Australian*. »Tausende belagern die Krankenhäuser, in denen bereits IVB-Programme bestehen oder durchgeführt werden sollen, und flehen um Hilfe.« (Webb, 20. Juni 1981)

»Das Glück von 35 000 Frauen steht auf dem Spiel«, lautete die Schlagzeile eines Kommentars im *Australian*, in dem eine Förderung durch die Regierung befürwortet wurde. »Mit nur einer Million Dollar könnte die Regierung 35 000 australischen Frauen zu Freudensprüngen verhelfen.« (*The Australian*, 20. Juni 1981)

Als Abtreibungsgegner die Einrichtung einer IVB-Klinik in Norfolk zu verhindern versuchten, erklärte einer der Ärzte, er sei besorgt über diese Minderheit, die ihren eigenen Nachbarn das Recht auf ein eigenes Kind streitig machte. Das ist typisch. Die Verfechter der Technologie stellen sich selbst stets gern als diejenigen dar, die Verständnis für die Leiden der Frauen haben, und die Gegner als Leute, die kalt und intolerant auf alle Neuerungen reagieren, derer sich die Frauen bedienen können, um ihre Leiden loszuwerden.

Aber Toleranz kann auch repressiv sein. Die Ausbreitung von IVB-Kliniken zu tolerieren, heißt zu tolerieren, daß die Medizin eine immer größere Kontrolle über Körper und Leben von Frauen erhält.

Die Qualen, die eine unfruchtbare Frau durchzustehen hat, sind höchst real. Die Pharmakratie allerdings ermutigt uns, unser Mitgefühl für diese Frau ausschließlich so zu gestalten, daß sie am Ende unter noch größerer Kontrolle steht. Feministinnen haben deutlich andere Vorstellungen davon, welche Gestalt Mitgefühl annehmen könnte. Wir fragen danach, wie Janice Raymond ausgeführt hat, warum diese Frau leidet, und wir suchen Möglichkeiten, wie sie mit diesem Leiden umgehen kann; dabei beziehen wir die gesamte Situation mit ein. Durch den Feminismus haben wir gelernt, das Leiden von unfruchtbaren Frauen weitgehend (aber nicht ausschließlich) in politischen und gesellschaftlichen Dimensionen zu sehen. Das heißt, wir halten es für eine uns aufgezwungene Definition, daß wir, wenn wir nicht Mütter sind, als Un-Wesen gelten. Angesichts des tiefen Ursprungs ihres Leidens und ihrer Ängste glauben wir keineswegs, daß eine unfruchtbare Frau ermutigt werden sollte, ihren Körper zwecks Manipulation und Experimentiererei in die Hände der Pharmakraten zu legen; wir halten so etwas keineswegs für ein verständnisvolles Eingehen auf ihre schwierige Lage.

»Wenn Toleranz hauptsächlich dazu da ist, das Gefüge zu schützen, das eine sexistische Gesellschaft zusammenhält, dann höhlt sie Werte aus«, schreibt Janice Raymond. »Es ist wichtig, Unterdrükkung in ihrer Konkretheit zu durchbrechen..., indem wir unseren Grips anstrengen und die Lösungen, die nur *scheinbar* verständnisvoll und mitfühlend sind, hinterfragen.«

Sie empfiehlt uns auch, uns zu fragen, welchen Preis wir eigentlich dafür bezahlen, daß wir uns in die Fortpflanzung hineinmanövrieren lassen. In IVB-Prozeduren werden Frauen, so führt sie aus, letzten Endes zu Reproduktionsgeschöpfen, zu medizinisch manipulierbarem Material. Die Frauen, die solche Programme mitmachen, haben als unfruchtbare Frauen bereits viele Untersuchungen, Diagnoseverfahren und Behandlungen hinter sich, die sie schwächen und kaputtmachen, schreibt sie.

Unfruchtbare Männer haben weitaus weniger zu erdulden. Gesundheitsprofis stellen immer wieder fest, daß der Umgang mit unfruchtbaren Männern viel frustrierender ist als der mit unfruchtbaren Frauen, denn man hat bislang auch viel weniger Informationen über die Kontrolle des männlichen Reproduktionsprozesses. »Die Ehemänner wirken oft viel weniger willens, sich unangenehmen und langwierigen Prozeduren zu unterziehen, die für eine Diagnose nötig sind«, erklären sie. (Alexander, o. J., S. 4)

Im folgenden einige der »unangenehmen« Prozeduren, denen sich die »willigeren« Frauen gewöhnlich unterziehen:

- Endometriumbiopsie. Der Arzt schabt mit einem scharfen Instrument – nämlich mit einer Strichkürette – etwas von der Gebärmutterschleimhaut ab und untersucht die Gewebeprobe unter dem Mikroskop daraufhin, ob die betreffende Frau ordnungsgemäß ihren Eisprung hat, indem er die Östrogen- und Gestagenbildung beurteilt. Das kann äußerst schmerzhaft sein, was die Ärzte den Frauen oft nicht vorher sagen. Schließlich kann die Biopsie selbst die Fruchtbarkeit beeinträchtigen.
- Tubendurchblasung. Der Arzt bläst Kohlendioxyd aus einer Gasflasche in die Eileiter, um festzustellen, ob sie durchlässig sind. Auch das tut weh.
- Der Arzt injiziert ein Kontrastmittel in die Gebärmutter und

röntgt sie dann, um zu sehen, ob Anomalien vorliegen. Diese Untersuchung ist eine einzige Qual.

- Dasselbe läßt sich mit den Eileitern veranstalten. Sheila Ballantyne hat in *Norma Jean the Termite Queen* beschrieben, wie das geht: »Norma Jean bekommt Kontrastmittel in die Eileiter gespritzt. Man hat ihr gesagt, sie solle so lange den Atem anhalten, bis der Assistent die Aufnahme fertig hat... Der ganze Unterleib ist wie mit einer ätzenden Säure gefüllt. Sie kann die Luft nicht anhalten. Die Aufnahme ist hin. Jetzt das Ganze noch einmal. Sie hört sich schreien: ›Wenn sich das so anfühlt, dann will ich keine Kinder!‹ – ›Jetzt reißen Sie sich zusammen, noch eine vermurkste Aufnahme können wir uns nicht leisten.‹ Oh, Agonie jenseits aller Vorstellungskraft.« (Ballantyne, 1975, S. 33)
- Diverse Medikamente zur Behandlung hormonaler »Mangelzustände«.
- Durchblasen der Eileiter alle ein bis zwei Monate, damit sie durchlässig bleiben. Das geschieht mit einer Flüssigkeit, die aus einer Druckflasche durch die Eileiter gejagt wird. »Bei jeder Behandlung ziehe ich mir ein Handtuch über den Kopf und heule«, erzählte eine Frau (zitiert nach Janice Raymonds Rede vor der *American Association for the Advancement of Science*, 1979 in Houston).
- Und schließlich Operationen. Unter anderem: Laparoskopien; Eingriffe zur Entnahme von Gebärmutterschleimhautgewebe oder zur Beseitigung von Verklebungen; Flickchirurgie an den Eileitern. Anthea Polson, die Mutter des fünften Retortenbabys der Welt zum Beispiel, hatte zehn erfolglose Operationen hinter sich, *bevor* sie in ein IVB-Projekt einstieg, und sie ist wahrlich kein Einzelfall.
- Barbara Eck Menning, die Leiterin der Beratungsgruppe *Resolve* und Verfechterin der Retortenbefruchtung, erinnert sich an vier Jahre »voller medizinischer und chirurgischer Verletzungen«, die zu ihrem Kampf gegen die Unfruchtbarkeit gehörten:

»Ein Jahr lang haben sie diverse Tests mit mir gemacht – Biopsien, Farbstoffuntersuchungen der Eileiter, Abstriche nach jedem Geschlechtsverkehr und wiederholte Tests mit meinem Mann. Wir hatten ein völlig programmiertes Sexualleben, genau nach der Basaltemperaturkurve. Am Ende des Jahres hatte ich dank einer akuten Unterleibsentzündung, die nicht richtig behandelt worden war, den rechten Eierstock samt Eileiter eingebüßt. Als ich mich von der

Operation erholt hatte, auf zum nächsten Arzt – wieder Untersuchungen, programmiertes Sexualleben, alles in Ordnung, entspannen, entspannen. Entspannen half nicht. Auf zum nächsten Arzt. Eine Zyste am linken Eierstock – operativ entfernt. Sechs Monate später: Erfolg. Schwanger – dreizehn Wochen später die Fehlgeburt. Zum nächsten Arzt – der war ein Aktivist. ›Wir kriegen Sie schon wieder schwanger, in Nullkommanix!‹ Mit Blaulicht ins Krankenhaus nach einer akuten Reaktion auf die Fruchtbarkeitspillen, die er mir verschrieben hatte. Dann hört mein Zyklus auf. Sämtliche Bemühungen der Männer und ihrer Medizin haben ihn nicht wieder herbeizaubern können. Mit einunddreißig Jahren kam ich dank chirurgischer und medizinischer Gewalttaten gegen meine Eierstöcke in die Wechseljahre.« (Menning, 1981)

Barbara Menning zitiert noch eine andere Frau, die solche Unfruchtbarkeitsbehandlungen durchlaufen hat:

»In mir ist kein Zipfelchen mehr unerforscht, ungetestet, unbelästigt. Es fällt mir auf, wenn ich Sex habe, daß alles, was einmal schön und intim war, heute entwürdigt und entsetzlich öffentlich ist. Ich trage meine Temperaturkurve zum Arzt wie ein Kind seine Zeugnisse nach Hause. Sagen Sie, habe ich es gut gemacht? Hatte ich einen Eisprung? Hatte ich zur richtigen Zeit Sex, so wie Sie es mir gesagt haben?« (Menning, 1980)

All das haben Frauen hinter sich, wenn sie in ein IVB-Projekt einsteigen. Und jetzt gehen die Manipulationen erst richtig los. Medikamente werden verpaßt, Blut wird abgenommen und die darin enthaltenen Hormone gemessen. Manche Ärzte verschließen, damit sich kein Embryo einnistet, die Eileiter mit Hochfrequenzstrom.

Ultraschall wird oft benutzt, um ungefähr den Eisprung abschätzen zu können. Die Frau muß dazu eine besonders volle Blase haben, sonst ist der Follikel auf dem Monitor nicht so gut zu erkennen. Normalerweise empfiehlt der Arzt einer Frau, viel zu trinken, aber wenn das Ultrasonogramm direkt vor einer Laparoskopie gemacht wird, füllt er ihr mit einem Katheter sterile Kochsalzlösung in die Blase.

Eine andere Methode der Eisprungbestimmung ist der Urintest, bei dem der Anstieg der LH-Anteile untersucht wird. Die Frauen müssen alle drei Stunden Wasser lassen. Steptoes und Edwards' Beschreibung: »Die Patientinnen mußten jedes Mal etwa 200 ml abgeben«, ist sehr aufschlußreich für die medizinische Kontrolle über Frauen. Konnten sie nicht die richtige Menge Urin abführen, wurden sie ersucht, ihre Flüssigkeitszufuhr zu »kontrollieren«.

Ein IVB-Forscher hat das Wasserlassen nach Plan einmal als »milde Form von Folter für die Patientin« beschrieben. Und eine Frau in einem australischen IVB-Projekt schildert es so: »Du bist völlig entwässert. Du darfst ja nur soundsoviel pro Tag trinken. Und alle drei Stunden wird der Urin eingesammelt. Das heißt, Tag *und* Nacht. Du wirst dauernd geweckt, um halb elf, halb zwei, halb fünf, halb acht, du bist die ganze Nacht und den ganzen Tag lang am Urinabliefern. Du sitzt einfach nur herum und wartest. Vielleicht zwei Tage lang, vielleicht auch vier. Ich habe auch schon Frauen getroffen, die fünf Tage lang warten mußten. Es dauert lange, und du bist ewig durstig.« (ABS, 1981)

Wenn die Ärzte beschließen, daß jetzt der Eisprung da ist, zerren sie die Frau eiligst in den OP und laparoskopieren sie, um die Eier aus ihrem Eierstock zu »ernten« oder »abzufangen«. Peter Roberts, ein Wissenschaftsjournalist der australischen Zeitschrift *The Age*, war dabei, als man diese Prozedur an Jan Brennan, der Mutter des dreizehnten Retortenbabys der Welt, vornahm. Sein Bericht beginnt damit, daß Jan Brennan in der Narkose liegt, die Augen fest verbunden, im Mund die Schläuche mit dem Narkosegas, das in die Lunge gepumpt wird. Der Chirurg, John Leeton, beugt sich über die zwanzig Quadratzentimeter Fleisch, die zwischen grünen Tüchern bloßgelegt sind, und schneidet drei Löcher in den Unterleib, durch die er drei Instrumente einführt. Direkt unter dem Nabel das Laparoskop, darunter die Hohlnadel, um das Ei aufzufangen (sie wird übrigens »Eizellenfalle« genannt ...), und darunter wiederum die Zange, mit der er die Eierstöcke suchen und festhalten wird. Leeton hat »ein Fußpedal, mit dem er der Frau Kohlendioxid in den Unterleib pumpt, damit dieser sich aufbläht und leicht zugänglich ist«.

Der Journalist darf auch selbst durch das Laparoskop sehen. »Der Körper ist innen überraschend rosig«, notiert er, »bis auf den dunkler roten Eierstock, der von einer grausamen, unmenschlich wirkenden Metallklammer festgehalten wird.«

Die Kunst der Eierernte, so erklärt er später, »besteht darin, gleichzeitig mit der Hohlnadel den Follikel zu durchbohren und mit dem Fuß die Pumpe zu betätigen, um das Ei sanft herauszusaugen«. (Da haben wir ihn wieder, den »Eisprung von Männerhand«.) Der Assistent hält Leeton eine Reihe schmaler Reagenzgläser entgegen. Durch einen Teflonschlauch wird die Flüssigkeit aus dem Körper der Frau – die Follikelflüssigkeit, in der das Ei schwimmen könnte – in das erste Reagenzglas abgesaugt, dann in das nächste. Mehrere Gläser werden ins Labor gebracht. Die Follikelhaut, »ein von der Nadel durchbohrter, zusammengefallener Sack«, bleibt übrig.

Und weiter in Roberts Beschreibung: »Die Sprechanlage fährt barsch dazwischen, als Leeton gerade den zweiten Follikel vor sich hat: ›Wir haben ein Ei im zweiten Reagenzglas.‹ Die Stimme meldet noch zwei weitere Eier, aber die Sprechanlage will noch mehr.« Dann sagt Leeton, und das bezieht sich auf den »Eiermann« des IVB-Teams: »Trounson ist aber auch nie zufrieden.« (Roberts, 1981)

Die Frau, einst vergöttert als Lebensspenderin, liegt heute auf dem OP-Tisch mit zugeklebtem Mund und bekommt die Eier aus dem Leib gesaugt.

Lesley Brown ließ sich in Oldham operieren. Steptoe wollte sie noch einen Tag länger dabehalten, damit sie sich erholt, aber das Ehepaar Brown konnte sich das finanziell nicht erlauben. Kaum saßen sie im Zug nach Hause, fing Lesleys Wunde an zu bluten. Der Zug schüttelte sie ständig durcheinander. »Ich litt Todesqualen bei jedem Ruck«, erinnerte sie sich. »Das Blut kam durch meine Unterwäsche. Ich hatte das Gefühl, die Wunde geht einfach wieder auf, und allein der Gedanke daran machte mir Todesängste.«

Eine alte Frau, die im selben Abteil saß, fragte John, ob es Lesley gut gehe. »Sie sieht ja ganz weiß aus«, fand sie und bot ihr ihren kleinen Fächer an.

»Das Blut sickerte schließlich sogar durch mein dickes Wollkleid«, schrieb Lesley. »Ich zog meinen Mantel eng um mich herum, damit niemand etwas merkte. Wir mußten viermal umsteigen bis Bristol, und auf einem der Bahnhöfe habe ich so geheult, daß John mich geschnappt und getragen hat, von einem Bahnsteigende zum anderen... Er war so mitgenommen, weil es mir so schlechtging, daß er selber auch anfing zu heulen.«

Zu Hause legte er sie auf das Sofa und knöpfte ihr den Mantel auf. »Die Tränen liefen ihm über das Gesicht, als er das ganze Blut sah... ›Schluß jetzt. Das reicht‹, sagte er. ›Du gehst nie wieder in dieses Krankenhaus.‹« (Brown, 1979, S. 108 f.)

Steptoe hatte bei der Laparoskopie eins von Lesleys Eiern »abgefangen«. So etwas gelang ihm nicht jedesmal. Von zwei anderen Frauen, Sue und Jean, die schon vor Lesley laparoskopiert worden waren, weiß Lesley noch: »Sue lächelte über das ganze Gesicht, als sie aus dem OP kam. Ich brauchte sie gar nicht zu fragen, ob es geklappt hatte. Aber Jean war am Boden zerstört. ›Die können hier auch nichts für mich tun‹, weinte sie. ›Die kriegen kein Ei.‹ «

Nach der Laparoskopie kommt die Befruchtung dran; dafür muß der Ehemann in irgendeiner Krankenhauskammer onanieren. Er weiß: das gesamte Personal steht vor der Tür und wartet darauf, daß er das Sperma abliefert, denn wenn er es nicht schafft, war die ganze Operation umsonst; deshalb fällt es ihm oft schwer. Professor Woods findet, man solle doch die »Durchführung der Masturbation« in dieser angstmachenden Situation ruhig dadurch erleichtern, daß man dem Mann »erregende und schöne Frauenbilder« zum Ansehen gibt, vermutlich Pornographie. Und wenn die Männer trotzdem Schwierigkeiten haben zu onanieren, so schrieb er, dann »bittet man eben die Frauen, ihnen beizustehen«. Er räumt allerdings ein, daß auch das möglicherweise schwierig ist, denn die Frauen sind frisch operiert und manche, so hat er beobachtet, fühlen sich ein paar Stunden nach der Laparoskopie hundeelend und müde. Trotzdem soll man diese müden und sich schlecht fühlenden Ehefrauen ruhig bitten, ihre Männer sexuell hochzubringen, findet Wood, denn das hat den Vorteil, daß bei dieser kritischen Phase der Empfängnis beide beteiligt sind. (Wood, 1983, S. 69)

Sind die Eier befruchtet, müssen die Frauen warten. »Du erholst dich von der Operation«, erinnert sich eine dieser Frauen. »Du liegst im Bett, weil du gar nicht aufstehen kannst, weil du dich völlig wund fühlst.« (ABS, 1981)

Hat das befruchtete Ei ein bestimmtes Teilungsstadium erreicht, dann übertragen es die Ärzte der Frau in die Gebärmutter. In der Nacht, als Anthea Polson in Australien den Transfer hinter sich brachte, war ihr Mann nervöser als sie selbst. Und er erklärt warum: »Vor allem, weil Dr. Trounson drei Tage vorher schon dauernd reinkam und sagte: ›So, jetzt haben wir zwei Zellen, jetzt vier, jetzt acht, wir können.‹ Das war wie der Countdown bei einer Mondfahrt.« (Heron, 1981)

Für den Transfer schiebt der Arzt eine Kanüle in die Gebärmutter. Dabei kommt es gelegentlich zu Verletzungen im Unterleib, wie David Smith, ein Gynäkologe, der am Londoner Royal Free College mit IVB arbeitet, 1980 zugegeben hat. (MWN, 24. November 1980)

Als ich mir aus den vielen verschiedenen Quellen allmählich ein Bild davon zusammensetzte, was Frauen in solchen IVB-Projekten über sich ergehen lassen müssen, war ich überwältigt von ihrem Leiden. Aber dieses Leiden taucht in der gesamten Literatur, die sich mit den ethischen Problemen befaßt, nirgends auf. Dort wird sich lediglich um den Embryo und später den Fötus gesorgt. Auch der *Ethics Advisory Board*, der von der Regierung der Vereinigten Staaten eingesetzt wurde, bemerkt in seinem Bericht: »Die am häufigsten erhobenen Einwände gegen eine Finanzierung der *In-vitro*-Befruchtung aus Bundesmitteln bezogen sich auf den moralischen Status des befruchteten Eis und des Embryos. Die Verfechter dieser Einwände waren überzeugt, daß das menschliche Leben vom Augenblick der Befruchtung an geachtet werden muß.« (DHEW, 1979)

Die Debatte über Retortenbefruchtungen findet unter Männern statt, und denen scheinen im Gegensatz zu Frauen Embryos und Föten – als personifiziertes Sperma – etwas Reales zu sein. Der *Ethics Advisory Board* zum Beispiel bestand aus dreizehn Männern und zwei Frauen. Dr. LeRoy Walters zitiert in seinem Überblick über die ethische Literatur zur IVB die Meinungen von neunundzwanzig Leuten; ausschließlich Männern. Er hat auch eine Rangliste der Argumente nach ihrer Häufigkeit zusammengestellt, und Risiken für den Embryo stehen darin ganz oben. Risiken für die Frauen dagegen – sie werden dort übrigens als »Eizellenspender« bezeichnet – rangieren auf dem achten von insgesamt zwölf Plätzen.

Welche Chancen haben Frauen, die sich dem unterwerfen, überhaupt, wirklich schwanger zu werden? Wenn man nach Steptoes und Edwards' Technik vorgeht, dann lag 1981 die Wahrscheinlichkeit einer Lebendgeburt bei Frauen, die für die Eigewinnung ausgewählt worden waren, bei 0,029 Prozent, errechnet der IVB-Experte Dr. John Biggers (Harvard) im *New England Journal of Medicine.* War das Ei tatsächlich »geerntet«, stieg die Wahrscheinlichkeit auf 0,044 Prozent. Die Chancen, selbst bei mehrmaligen Operationen, eine Schwangerschaft zu erzielen, seien »äußerst gering«, schrieb er weiter. Und wenn die Techniken zur Eigewinnung und zum Embryotransfer perfekt wären? Selbst dann, berechnete Biggers, müßten – wenn ein einzelner Embryo produziert und transferiert werden soll – die Prozeduren etwa viermal wiederholt werden, um bei fünfzig Prozent der Frauen zu einer Schwangerschaft zu führen, und etwa achtmal, um eine Erfolgsquote von siebzig Prozent zu erreichen (Biggers, 1981).

Wood behauptet, in den erfolgreichen IVB-Kliniken in Australien, den Vereinigten Staaten und England liege die Quote der Schwangerschaften durch Laparoskopie zwischen fünfzehn und fünfundzanzig Prozent. (Die vielen weniger erfolgreichen Kliniken haben natürlich sehr viel niedrigere Quoten.) Biggers übernimmt diese Zahl, stellt aber auch die Frage, ob sie sich womöglich nur auf das Frühstadium von Schwangerschaften bezieht. Denn dann fehlen in dieser Zahl alle die Fälle, in denen der Embryo oder Fötus später während der Schwangerschaft verlorengeht. Mit anderen Worten, zwar mögen tatsächlich fünfzehn bis fünfundzwanzig Prozent der Frauen durch IVB schwanger werden, aber sie bekommen längst nicht alle Kinder.

Das Team in Norfolk kam, nachdem es alle spontanen Aborte und Fehlgeburten aus der Rechnung herausgenommen hatte, auf eine Erfolgsquote von dreizehn Prozent (Jones u. a., 1983). Das erfahrenste IVB-Team der Vereinigten Staaten also scheitert in siebenundachtzig Prozent der Fälle.[3]

Von den Tausenden von Frauen, die hoffen, durch eines der zweihundert existierenden IVB-Projekte ein Baby zu bekommen, wird die überwältigende Mehrheit enttäuscht. Dieser Teufelskreis von Hoffnung (sie darf an einem Projekt teilnehmen) und Enttäuschung (der Doktor findet kein Ei), Hoffnung (jetzt hat er doch eins gefunden) und Enttäuschung (es ist mißgebildet), Hoffnung (endlich ein normales Ei gefunden) und Enttäuschung (der Embryo nistet sich nicht ein), Hoffnung (jetzt hat die Gebärmutter ihn angenommen) und Enttäuschung (und dann kommt die Fehlgeburt) fügt Frauen in einem Ausmaß Schäden zu, die kein Pharmakrat bislang hat wahrnehmen wollen.

Jedes einzelne Scheitern erzeugt dieselben Symptome von Schmerz und Trauer, wie sie ein Paar erlebt, dessen Baby tot geboren wird oder kurz darauf stirbt, warnt Valerie Edge, die Koordinatorin des IVB-Projekts am Baylor College of Medicine in Houston (COG, 1984).

Nancy gehörte zu denen, die das »Glück« hatten, gleich nach der ersten Laparoskopie einen Embryo übertragen zu bekommen, und sie wurde schwanger. Zu einem Teil freute sie sich darüber, aber es blieb ein Rest an Skepsis, denn die Chancen waren gering. »Ich geriet unglaublich durcheinander«, erzählte sie. Nach etwa einem Monat verlor sie den Embryo. »Es hat mich eigentlich nicht überrascht. Ein paar andere Frauen, mit denen ich gesprochen habe, waren völlig fertig. Ich nicht. Ich war einfach nur traurig. Es tat sehr weh, eine Zeitlang, aber ich dachte gar nicht daran aufzugeben.«

Nach der zweiten Laparoskopie, als sie sich von dem Eingriff erholte und ihr noch alles weh tat, eröffnete ihr der Arzt, daß alle Eier, die sie gerade »geerntet« hatten, anormal seien. »Beim zweiten Mal, als das Ei sich nicht einmal befruchten ließ, war es viel schlimmer, weil ich gedacht hatte: ›Gut, eine Schwangerschaft ist schiefgegangen, aber beim nächsten Mal kriegen die das schon hin.‹« Es gab noch sechs »nächste Male«, insgesamt sieben Operationen, und sie hatten es immer noch nicht »hingekriegt«, als Nancy 1981 interviewt wurde.

Und wenn dann tatsächlich Eier gefunden werden, wenn eine Schwangerschaft zustande kommt und sogar fortdauert, betrachten die Ärzte sie als Risikoschwangerschaft. Sie überwachen sie permanent, und zwar mit massiven Mitteln wie Ultraschall und Amniozentesen. Mit Ultraschall kann der Arzt das Baby in der Gebärmutter sehen; zu den Risiken bei der Amniozentese gehören innere Blutungen, Perforationen (Durchbrüche) anderer Organe in der Bauchhöhle und Infektionen. In einer Untersuchung wird berichtet, daß zwanzig Prozent der Frauen, bei denen eine Amniozentese gemacht worden war, Krämpfe und andere Beschwerden bekommen hatten – und zwar mindestens ein paar Stunden, manche tagelang (Golbus, 1974).

Auch Lesley Brown war, wie ihr Mann John berichtete, beunruhigt wegen der Amniozentese. Nach dem ersten gescheiterten Versuch rief sie ihn an, schluchzend: »Mr. Steptoe wollte heute eine Amniozentese machen, aber es ging nicht. Ich war zu aufgedreht. Jetzt tut mir der ganze Bauch weh. Ich verliere bestimmt das Baby.« Lesley wußte, daß Amniozentesen manchmal zu Fehlgeburten führen, und es versetzte sie in Aufregung. (Tatsächlich hatte 1980 eine Frau in einem australischen IVB-Projekt nach der Amniozentese eine Fehlgeburt, vgl. DM, 30. April 1980.)

Die letzte Manipulation am Körper der Frau besteht darin, daß die Ärzte Retortenbabys oft durch Kaiserschnitt holen, was die Frau wiederum dem Risiko einer Unterleibsoperation aussetzt. Steptoe holte Lesley Browns Baby durch Kaiserschnitt, weil sie eine Schwangerschaftstoxikose (Blutvergiftung) bekommen hatte, eine lebensgefährliche Komplikation, die man daran erkennt, daß Hände und Gesicht aufschwellen, die Patientin plötzlich zunimmt, der Eiweißspiegel im Urin deutlich erhöht ist und der Blutdruck ebenfalls. Lesley Brown bekam diese Symptome drei Wochen vor der Entbindung; zu diesem Zeitpunkt war sie schon eine Weile im Krankenhaus. Die Gynäkologen behaupten meist, die Ursache von Schwangerschaftstoxikosen sei unbekannt; einige Tests allerdings deuten darauf hin, daß sie möglicherweise durch schlechte Ernährung verursacht werden. Wenn das stimmt, dann könnte Lesley Browns Toxikose krankenhausbedingt sein, denn sie hatte wochenlang Krankenhauskost gegessen.

Steptoe hat genau beschrieben, mit welchen verschiedenen Nadeln und Schläuchen und Messern er in Lesley Browns Bauch herumhantiert und wie er ihre Organe beim Kaiserschnitt traktiert hatte: Er hatte ihr Atropin injiziert, um die überschüssige Atmungssekretion auszutrocknen, Gummischläuche in die Luftröhre gesteckt und Herzfrequenzmonitore an die Brust angeschlossen; er hatte ihre Blase von der Gebärmutter weggeklammert und ihr so lange auf den Magen gedrückt, bis die Schultern des Babys in der Wunde in ihrem Bauch zu sehen waren, und so weiter. Nachdem er das Baby herausgeholt hatte, hatte er auch noch Lesleys Gebärmutter herausgezogen, damit die Kameras erkennen konnten, daß Lesley tatsächlich keine Eileiter mehr hatte, also auf natürliche Weise kein Baby hätte empfangen können. Dann wurde das Baby untersucht, gewogen und übergeben. »Bob (Edwards) und Jean kamen auf mich zu und strahlten, und ich gab Bob Louise, so sollte sie heißen. Es waren schließlich Bobs Kopf, seine Geschicklichkeit und seine Hartnäckigkeit und Jeans hingebungsvolle harte Arbeit gewesen, die diesen wunderbaren Augenblick der Erfüllung möglich gemacht hatten. Wir standen einen Moment so zusammen, damit die Kameras alles festhalten konnten, und gaben Louise dann wieder der Säuglingsschwester.« (Edwards/Steptoe, 1980)

In diesem Augenblick des Triumphes der drei lag Lesley Brown bewußtlos auf dem OP-Tisch.

Viele Retortenbabys sind Frühgeburten und haben entsprechende gesundheitliche Probleme. Sharna wurde 1981 in Australien zwölf Wochen zu früh geboren und wog nur drei Pfund. Sie mußte auf der Intensivstation für Neugeborene künstlich beatmet und intravenös ernährt werden (McLean, 1980).

Ein Kind, ein Zwilling aus einer Verpflanzung von zwei Eiern, ebenfalls in Australien, mußte gleich nach der Geburt wegen eines Herzfehlers operiert werden. Bereits ein paar Tage später mußte es noch eine Operation durchstehen; es bekam wegen einer schweren

Infektion einen Teil seines Darms herausgenommen. Die Ärzte kündigten eine große Herzoperation für die Zeit an, wenn der Junge sechs Monate alt sein würde.

Die australischen Zeitungen interessierte die schwache Gesundheit des Jungen sehr viel weniger als die »Leistung«, daß Australien die ersten Zwillinge der Welt produziert hatte. Auch das IVB-Team benahm sich nicht anders. Professor Wood zur Geburt der Zwillinge: »Dies ist ein großer Sprung nach vorn in der Retortentechnologie.« Und Dr. Trounson wurde von ihm gelobt für seine Arbeit, zwei Embryos, aus denen dann die Zwillinge geworden waren, »entwickelt« zu haben.

Das zweite Kind hatte eine leichte Gelbsucht aufgrund der verfrühten Geburt. Der das Kind behandelnde Arzt kommentierte passenderweise, es sehe aus »wie ein sonnengebräunter Surfer«.

Der Vater dieser Zwillinge küßte seine Frau nach dem Kaiserschnitt (einer Operation, die Wood als »absolut normalen Kaiserschnitt« bezeichnete) und sagte: »Bravo, Liebling. Du hast aus mir einen sehr stolzen Mann gemacht.«

Und die Mutter? Laut der Zeitung *West Australian* vom 9. Juni 1981 hatte sie »geschworen, so etwas nie wieder mitzumachen«.

Sind denn die Frauen, die endlich nach all den Qualen, die eine unfruchtbare Frau zu erdulden hat, ein Baby bekommen haben, glücklich? Nicht immer. Das zeigt zum Beispiel der Brief einer Mutter an die Zeitung der Beratungsgruppe *Resolve:* »Ich hatte mich so verzweifelt nach einem Baby gesehnt, daß ich jetzt dachte, ich dürfte mir keine negativen Gefühle leisten und ich müßte eine perfekte Mutter sein.« Aber das Baby hatte ständig Koliken, »drei schreckliche Monate lang, und ich habe während der ganzen Zeit nie mehr als drei Stunden hintereinander geschlafen.« Eines Tages kam eine Nachbarin, die von ihrer Unfruchtbarkeit gehört hatte, und sagte: »Sie müssen ja sooo glücklich sein!« Aber die junge Mutter brach in Tränen aus und schluchzte nur: »Ich hasse dieses kleine Biest und überhaupt diese ganze Mutterglück-Arie.« Die bestürzte Nachbarin gestand daraufhin, daß sie ihr Baby, das Koliken gehabt hatte, auch gehaßt hatte.

Die Mutter weiter: »In Wirklichkeit war ich zum Opfer meiner endlich erreichten Fruchtbarkeit geworden. Erst später habe ich endlich mitbekommen, daß die meisten Mütter irgendwann ihre Kinder hassen und sich noch etwas anderes als Muttersein wünschen... Ich komme erst ganz allmählich dahin, daß ich mich an der

Kleinen freuen kann, daran, wie sie ist, und nicht darüber, daß sie die erhoffte Erfüllung all dieser Phantasien sein soll, denen unfruchtbare Leute erliegen.« (*Resolve Newsletter*, Dezember 1977, April 1979)

Von diesen ehemals unfruchtbaren Frauen hatte keine ein IVB-Programm hinter sich. Lesley Brown hat das, und sie schrieb über sich und Louise: »Ich war richtig schockiert, als ich die Kleine einmal anschrie, weil sie nicht aufhörte zu weinen. Das hatte gar nichts damit zu tun, daß ich sie nicht liebte. Es kam mir aber so vor, als ob ich sie nicht verdiente, wenn ich mich so benahm. Es gab doch so viele kinderlose Frauen, die bestimmt viel bessere Mütter gewesen wären, wenn sie dieselbe Chance gehabt hätten wie ich.« (Brown, 1979, S. 187)

X. Geschlechtsbestimmung:
Ein Fall von Femizid

Im Jahr 1955 entwickelten vier voneinander unabhängige Forschungsgruppen in Kopenhagen, Jerusalem, New York und Minneapolis die Amniozentese, jenes Untersuchungsverfahren, bei dem eine lange Hohlnadel durch den Unterleib einer schwangeren Frau hindurch bis in ihre Gebärmutter gebohrt wird. Mit dieser Hohlnadel entnehmen die Ärzte etwas von dem Fruchtwasser, in dem der Embryo schwimmt und das abgeschilfte embryonale Zellen enthält. Im Labor lassen sich die XX- und die XY-Zellen des Fruchtwassers unterscheiden, also die weiblichen und die männlichen. Amniozentese eignet sich demnach zur Bestimmung des Geschlechts vor der Geburt und wird auch so eingesetzt.

Eine soziologische Studie aus den Akten zweier Krankenhäuser in einer großen Stadt im Westen Indiens für den Zeitraum von zwölf Monaten zwischen 1976 und 1977 belegt das auf beunruhigende Weise. Alle zweiundneunzig Frauen des ersten Krankenhauses, die eine Fruchtwasseruntersuchung zwecks Geschlechtsbestimmung machen ließen, wollten, falls der Fötus weiblich sein sollte, eine Abtreibung vornehmen lassen, ihn aber behalten, falls er männlich war. Im zweiten Krankenhaus hatten sich 700 Frauen der Amniozentese unterzogen, um das Geschlecht des Kindes herauszufinden; von diesen vorwiegend aus der Mittelschicht stammenden Frauen erwarteten 450 eine Tochter – fast alle (430) ließen sie abtreiben. Die restlichen 250 Frauen erwarteten einen Sohn, und jede einzelne wollte ihn austragen, selbst diejenigen, denen man wegen möglicher Erbschäden davon abriet.

Die indischen Soziologen ziehen folgenden Schluß: »Das hier dokumentierte Verhaltensmuster – weibliche Föten abzutreiben – ist die Fortsetzung des traditionellen Mordes an weiblichen Kindern.« (Ramanamma/Bambawali, 1980)

Die Technologie der Geschlechtskontrolle kann sexuelle Voreingenommenheit (männliche Kinder werden »bevorzugt«) also sehr wohl in sexistische Realitäten übersetzen. So kann man die Anzahl von Frauen im Verhältnis zu Männern beschränken. Die Medizinethikerin Janice Raymond bezeichnet das als »Präviktimisierung« – hier werden Frauen schuldig gesprochen, vernichtet und geopfert, noch bevor sie überhaupt geboren sind (Raymond, 1980). Heutzutage erreicht man das durch Amniozentesen, die Geschlechtsbestimmung des jeweiligen Fötus und die eventuell folgende Abtreibung; eines Tages wird man es durch die *Vorher*bestimmung des Geschlechts erledigen können, durch Techniken, etwa die Trennung von Samenzellen, die dafür sorgen, daß vor allem männliche Embryos herangezüchtet werden.

Für Soziologen ist eine solche Präviktimisierung von weiblichen Wesen selten ein Thema. Sie fragen kaum nach der Moral bei ihren Untersuchungen über die Bevorzugung eines Geschlechts. Nach der Soziologin Jalna Hanmer von der englischen Bradford University, zeigen sie »eher eine Neigung, die möglichen kritischen Einwände zu unterlaufen, indem sie unterstellen oder gar behaupten, die ganze Sache sei doch gar nicht so schlimm«. Sie erzählen uns, zum Beispiel, wenn diese Techniken zur Vorherbestimmung erst einmal zur Verfügung stehen, dann werde die befürchtete Bevorzugung von männlichen gegenüber weiblichen Kindern schon nach ein paar Jahren wieder zurückgehen (was andere eindeutig widerlegt haben[1]), oder es werde überhaupt nur eine Minderheit sein, die sich solcher Techniken bedient.

Trotz der weitverbreiteten irrigen Auffassung, solche Techniken ständen längst zur Verfügung, gibt es bislang für kein Verfahren einen eindeutigen Nachweis über die Wirksamkeit. Und wenn es ihn eines Tages gibt – sind wir dann sicher, daß männliche Föten den weiblichen tatsächlich vorgezogen werden? Ja. Alles deutet darauf hin, von der »Volkssitte«, Männer höher zu bewerten, über Untersuchungen, welches Geschlecht gewöhnlich bevorzugt wird, bis hin zu den gesellschaftlichen und ökonomischen Strukturen, in denen die Chancen geschlechtsspezifisch verteilt sind.

Zunächst die Volkssitten. Die Ansicht, Jungen seien etwas Besseres, ist uralt und äußert sich zum Beispiel in dem Glauben, die rechte Seite des Körpers sei wertvoller und Rechtshändigkeit stehe für Stärke und Gerechtigkeit; zahllosen Theorien zufolge entstehen Jungen aus der Rechten. Sie stammen angeblich aus dem rechten Hoden, behauptet eine Theorie, oder aus dem rechten Eierstock, behauptet eine spätere. Linkshändigkeit wurde mit Schwäche und mit dem Bösen in Zusammenhang gebracht. Die Mädchen kamen aus der Linken. In alten Zeiten gab es den Volksglauben, wenn Männer sich den linken Hoden abbänden, dann würden sie Söhne zeugen.

Auch in manchen Arten, das Geschlecht zu weissagen, zeigt sich deutlich die Annahme, Söhne seien wertvoller als Mädchen. In arabischen, indischen und jüdischen Traditionen zum Beispiel galt, daß der Fötus männlich ist, wenn die Schwangere besonders glücklich und gelassen aussieht (Cederqvist/Fuch).

Auch P. J. Elrath behauptete in seinem 1911 erschienenen Buch *The Key to Sex Control,* Jungen seien aus wertvollerem Stoff. Frisch pulsierendes Sperma und eben produzierte Eier – das gebe Söhne. Altes schwaches Sperma und abgestandene Eier dagegen Töchter (Whelan, 1977).

Ich könnte eine endlose Liste solcher Ansichten aus den Schriften monotheistischer Religionen und aus deren Praktiken in der ganzen Welt zusammenstellen, die beweisen, daß Söhne sehr viel höher geschätzt werden als Töchter.

Untersuchungen bestätigen das. Die Soziologin Dr. Nancy E. Williamson hat die internationale Forschung zu dieser Frage durchgearbeitet und eigene Studien durchgeführt. Sie hat »überwältigende« Beweise dafür gefunden, daß in vielen Ländern Eltern viel lieber einen Sohn möchten als eine Tochter. Daß Töchter bevorzugt werden, schreibt sie, sei so selten, daß sie es als »abweichende Präferenz« bezeichnet.

Ein Beispiel: Bei einer Umfrage unter amerikanischen Collegestudenten im Jahr 1954 gaben 92 Prozent der Studenten und 66 Prozent der Studentinnen an, sie wünschten sich einen Sohn als einziges Kind; nur 4 Prozent der Männer und 6 Prozent der Frauen wollten eine Tochter. Als diese Untersuchung zwanzig Jahre später von anderen Forschern wiederholt wurde, lauteten die Ergebnisse sehr ähnlich (zitiert nach Williamson, 1976, S. 31).

Söhne werden in Industrienationen ebenso bevorzugt wie in den sogenannten Entwicklungsländern, allerdings in unterschiedlichem Ausmaß. In den Entwicklungsländern ist diese Haltung »viel, viel stärker« und »grenzt an Besessenheit«, so Nancy Williamson in einem Interview. In den Vereinigten Staaten dagegen, so zeigen Untersuchungen, wünschen sich Paare häufig eine ausgewogene Familie – je ein Kind von jedem Geschlecht. Aber auch hier werden Söhne entschieden bevorzugt, was sich sowohl in der Reihenfolge der Kinder als auch in ihrer Anzahl ausdrückt. Mehrere Untersuchungen belegen durchgängig, daß die meisten Leute erstgeborene Söhne wollen, und wenn die Zahl der Kinder ungerade ist, lieber mehr Söhne als Töchter (Westoff/Rindfuss, 1974). Männer wünschen sich viel entschiedener Söhne als Frauen, so ein weiteres Ergebnis der Untersuchungen. Auch heute noch allerdings möchten Frauen zuerst einen Sohn und lieber Söhne als Töchter, wenn die Kinderzahl nicht gerade ist.

Weltweit gesehen ist die Bevorzugung von Mädchen sehr selten. Eine Umfrage unter Fabrikarbeitern in sechs Ländern ergab, daß die Alternative zu Söhnen nicht hieß: Töchter, sondern: »ist egal«. Die Zahl derjenigen, die Töchter wollten, lag bei keiner der sechs Gruppen über 5 Prozent (Williamson, 1978, S. 9).

Allerdings ist der Wunsch nach Söhnen bei Frauen weniger unbedingt als bei Männern.[2] Aber ist es wirklich ihre *freie Wahl?* Die freie Wahl kann nur passieren, wie eine Autorin bemerkt, wenn die *Macht* zu wählen, vorhanden ist; diese Macht allerdings wird vom patriarchalischen Wertsystem systematisch untergraben. »Man kann die Tatsache, daß Frauen männliche Kinder ›wählen‹, in einer Kultur, die Frauen darauf programmiert, sich selbst nicht wertvoll zu finden, wohl kaum als freie Wahl bezeichnen«, schrieb Denise Connors (1981, S. 206) weiter.

Wenn eine Frau lieber Söhne möchte, dann kann das sehr wohl durch Zwang und Ideologie hervorgerufen sein. Innerhalb der traditionellen patriarchalischen Familie haben Frauen womöglich »lieber« einen Sohn, weil sie lieber nicht als Geächtete und Verstoßene in Armut leben möchten.

Der Status einer Ehefrau ist höher, wenn sie Söhne produziert, die den Namen des Ehemannes übernehmen und seinen Reichtum erben (Williamson, 1976, S. 19). In Taiwan, so eine Untersuchung über geschlechtliche Bevorzugung aus dem Jahr 1968, erwirbt eine Frau das erste Stückchen Sicherheit in der Familie ihres Mannes, wenn sie einen Sohn bekommt, und ihre gesamte Lebensqualität hängt ab vom Status, den sie mittels dieses Sohnes herzustellen imstande ist. »Solange sie keinen Sohn geboren hat, ist die Frau nur provisorisches Mitglied im Haushalt des Mannes, gerade mal eine Schwiegertochter; mit der Geburt eines Sohnes wird sie Mutter eines Stammhalters, und das ist eine Stellung mit Prestige und Respekt.« (zitiert nach Williamson, 1976, S. 143)

In vielen Kulturen wurden Frauen, die nicht geschafft hatten, ein Mann-Kind zu produzieren, mindestens dem Mitleid, aber auch der

Verachtung, der gesellschaftlichen Ächtung und Verbannung ausgeliefert. Sie besaßen auch keine persönliche Sicherheit mehr. Sie wurden geschlagen, zur Scheidung gezwungen, verstoßen oder sogar ermordet. Wie streng die Strafen waren, variierte je nach Zeit und Kultur:

- Im traditionellen Korea durfte der Mann die Frau, die ihm keinen Sohn gebar, verstoßen (Williamson, 1976, S. 96).
- Heinrich VIII. löste seine Ehe mit Katharina von Aragon auf, weil er einen männlichen Erben wünschte. Eine andere seiner Ehefrauen enttäuschte ihn, indem sie eine Tochter gebar, Elizabeth, und später einen totgeborenen Sohn zur Welt brachte. Er ließ sie köpfen.
- 1982 erschien in der staatlichen Presse der Volksrepublik China die erste Propaganda gegen die Mißhandlung von Ehefrauen, die Töchter geboren hatten; dabei wurde auch berichtet, daß die Ehemänner und Schwiegereltern bestraft worden waren. In einem Fall hatte eine Lehrerin aus dem Nordosten Chinas, Gao Lihua, einen Soldaten, Chen Xudong, geheiratet und einige Zeit danach eine Tochter geboren. Ihre Schwiegereltern hatten ihrem Mann geraten, sich von ihr scheiden zu lassen. Als Chen vom Fronturlaub nach Hause kam, schlug er seine Frau zusammen; sie erlitt eine Gehirnerschütterung und Verletzungen im Gesicht (Wren, 1982).
- Auch in den Vereinigten Staaten gibt es Druck auf Frauen, Söhne zu produzieren, wenn auch in anderer Form. Die »Enttäuschung« eines Ehemannes darüber, daß seine Frau nur Töchter bekommt, kann sich zu einer »Belastung« für die Ehe auswachsen und in der Frau die Angst erzeugen, sie könne vielleicht ihren Mann nicht halten (vgl. Rorvik/Shettles, 1971, Vorwort).
- Die Tatsache, daß wir es mit gesellschaftlichen und ökonomischen Strukturen zu tun haben, in denen die Chancen nach der Geschlechtszugehörigkeit verteilt sind, deutet darauf hin, daß – wenn die Techniken zur Geschlechtskontrolle erst einmal ausgereift sind – männliche Kinder gegenüber weiblichen höher bewertet werden.

Die Vorliebe für Söhne ist nicht einfach eine persönliche Angelegenheit, sie kommt auch in Institutionen, in Sitten, in der Gesetzgebung zum Ausdruck. In vielen ländlichen Gebieten zum Beispiel fanden Eltern es oft besser, einen Sohn zu haben, der den Hof übernehmen und ihren Lebensabend sichern konnte, denn die Gesellschaft war eben so beschaffen, daß eine Tochter ihnen das nicht bieten konnte.

Für Söhne und Töchter stehen Güter, Dienstleistungen, gesellschaftliche Stellung und Macht verschieden zur Disposition, weil sie in einem geschlechtsspezifischen Kastensystem leben. Geschlechtsauswahltechnologien lassen sich also nicht als Einzelphänomen betrachten. »In dieser Gesellschaft findet tagtäglich die Selektion nach dem Geschlecht statt, auch ohne besondere biomedizinische Technologien«, schreibt Dr. Janice Raymond. »Diese neuen Verfahren führen lediglich auf einer technologischen Ebene weiter, was auf anderen Ebenen längst passiert.« (Raymond, 1980, S. 209) Das Ergebnis sehen wir jedesmal, wenn wir die Herausgeberliste der *New York Times* lesen, oder uns ansehen, wie sich das Politbüro der UdSSR, die OPEC oder auch die *American Medical Association* zusammensetzt.

Es gibt aber noch einen Grund, warum Söhne so geschätzt werden, vor allem von Männern. Söhne sichern Männern, indem sie deren Namen und Besitz übernehmen, eine Art Unsterblichkeit. Der Vater überträgt dem Sohn seinen Namen und bedeutet damit, daß er sein Leben dem Kind übertragen hat; Familiennamen sind damit zu männlichen »Lebenslinien« geworden (Stannard, 1977, S. 302). Eine Tochter kann dem Vater keine Unsterblichkeit verschaffen; sie wird aus dem Haus gehen und einem anderen Mann zu dessen Unsterblichkeit verhelfen, indem sie Kinder gebiert, die dessen Nachnamen weitertragen werden.

Ich möchte im Hinblick auf die Bedeutung von Söhnen und auf den Druck auf Frauen, Söhne zu produzieren, auf eine Medizinethikerin eingehen, die die Abtreibung von Föten, die »das falsche Geschlecht« haben, rechtfertigt. Dr. Karen Lebacqz von der Pacific School of Religion findet, eine Abtreibung aus Geschlechtsgründen sei nur graduell etwas anderes als eine Abtreibung aufgrund von Erbschäden wie etwa Down-Syndrom. Eltern, so meint sie, haben das Recht, ein Kind aus ernsthaften Gründen abzutreiben: »Ich kann mir Umstände vorstellen, unter denen ein Kind abgetrieben wird, weil es nicht das gewünschte Geschlecht hat, denn dieses Kind wäre eine Gefährdung für die Integrität und Einheit der Familie«, argumentiert Karen Lebacqz. (Chedd, 1981)

Sie hat allerdings versäumt, sich nach den Hintergründen zu erkundigen, bevor sie ihre Schlüsse zog: Warum eigentlich könnte die Geburt, sagen wir einer Tochter, die »Integrität« und die »Einheit«

einer Familie gefährden? Vielleicht weil der Ehemann erpicht ist auf einen männlichen Erben, der seinen Namen trägt und ihm die Unsterblichkeit sichert und möglicherweise auch eine Erbschaft, falls ein Verwandter ein entsprechendes Testament macht? Kommt die Gefährdung daher, daß die Ehefrau befürchtet, wenn sie keinen Sohn zur Welt bringt, werde das ihre Ehe »belasten«, werde ihr Mann sich von ihr scheiden lassen? Und dann müßten sie und ihre Töchter sich womöglich allein durchschlagen in einer Gesellschaft, in der Unterstützungsleistungen für Kinder mager sind und nach den ersten beiden Jahren nur noch sehr selten gezahlt werden und in der Frauenlöhne um vierzig Prozent niedriger sind als Männerlöhne? Liegt es daran, daß die Eltern feste Klischees im Kopf haben, die sie ihren Kindern aufdrücken möchten und die bei einem Kind, das mit dem »falschen Geschlecht« zur Welt kommt, in Frage gestellt werden würden? Was meint Karen Lebacqz überhaupt mit »Einheit« und »Integrität«? Sind das nicht einfach Platitüden, mit denen die Machtunterschiede zwischen Frauen und Männern in der Familie verschleiert werden sollen?

Falls es noch weiterer Beweise bedarf, daß die patriarchalische Kultur Männliches höher bewertet als Weibliches, dann finden wir sie in der Geschichte der Kindstötungen. Die Soziologin Jalna Hanmer begann ihre Untersuchungen zu diesem Thema dank eines scheinbaren Umwegs. Sie stieß bei ihrer Arbeit über Polyandrie – also Systeme, in denen eine Frau mit mehreren Männern gleichzeitig verheiratet ist – auf eine Frage: Wenn bestimmte Frauen viele Männer haben, wo sind dann all die anderen Frauen, die keinen abbekommen? Sie fand heraus, daß es sie nicht gibt. Sie wurden bereits bei ihrer Geburt vernichtet. Oder in den Worten einer Enzyklopädie: »Polyandrie scheint verbunden mit Frauenmangel, welcher sich der Praxis der Tötung weiblicher Kinder verdankt.«

Infantizid, also der Mord an Kindern, bedeutet in aller Regel Mord an kleinen Mädchen und sollte nach Jalna Hanmer passenderweise Femizid oder Gynozid (Frauenmord) genannt werden. Beide Begriffe kann ich in meinem Lexikon nicht finden, wohl aber das Wort »Genozid« (Völkermord), und ich werde mich in meiner Definition des Frauenmords nach dem Vorbild des letzteren richten: Femizid begeht, wer in der Absicht, eine durch ihr weibliches Geschlecht bestimmte Gruppe ganz oder teilweise zu zerstören, vorsätzlich Angehörige der Gruppe tötet, ihnen schwere körperliche oder seelische Schäden zufügt, ihre Kultur auslöscht oder ihr Geborenwerden verhindert, (im Deutschen sinngemäß nach dem »Volksbrockhaus«, A. d. Ü.).

Zu den Gesellschaften, in denen Massenmord an kleinen Mädchen praktiziert wurde, gehören die Griechen, Römer, Chinesen, Tibeter, Eskimos, Araber, Inder und die Maori in Neuseeland.

Von der Antike bis ins Mittelalter gab es eine zahlenmäßige Übermacht von Männern über Frauen. *Eine* Methode, die Bevölkerung zu begrenzen, ist die Vernichtung der Frauen, der »Brüterinnen«, wie die Historikerin Sarah B. Pomeroy berichtet, »und am wahrscheinlichsten erklärt sich das Ungleichgewicht zwischen den Geschlechtern eines Volkes aus dem massenhaften Mord an kleinen Mädchen« (Pomeroy, 1975, S. 46).

Zumeist entschied der Vater darüber, ob ein Kind getötet wurde oder nicht. In der Zeremonie vieler »primitiver« Stämme hob der Vater das Kind nach der Geburt entweder hoch und erklärte es damit zu seinem, oder er ließ es liegen; dann wurde es getötet oder einem Dasein als ausgestoßenes Wesen anheimgegeben. Im alten Rom gab es eine ähnliche Sitte; jedes Neugeborene wurde auf den Boden gelegt und durfte nur am Leben bleiben, wenn der Vater es zu sich heraufzog. Vielleicht haben Ausdrücke wie »ein Kind auf-ziehen« in solchen Gepflogenheiten ihren Ursprung.

Diverse Enzyklopädien von erstklassigem Ruf erklären uns, man könne Kindermord nicht unter die »rohe Brutalität« rechnen. Wirklich nicht? Nun, die kleinen Mädchen wurden in Gräben geworfen, erstickt, ausgesetzt auf einer Bergspitze oder auf dem Stück Rinde, auf dem sie geboren worden waren; sie bekamen den Schädel zerschmettert, wurden ertränkt oder lebendig begraben. Im hellenistischen Griechenland war das Aussetzen von Kindern weit verbreitet. Es gab Leute, die solche Findlinge zu sich nahmen; dann waren sie zumeist automatisch Sklaven. Manche Sklavenhändler nahmen die weiblichen Babys und verkauften sie als Prostituierte (Pomeroy, 1975, S. 140f.).

Bei einer anderen Selektionsart wurden die weiblichen Kinder nicht unmittelbar vernichtet, sondern »nur« systematisch vernachlässigt – man verweigerte ihnen die nötige Nahrung oder gesundheitliche Fürsorge –, und diese Form ging manchmal Hand in Hand mit dem offenen Mord. Da, wo Infantizid gesetzlich verboten war, ließ sich durch Vernachlässigung dasselbe erwünschte Ergebnis erzielen, und dem Gesetz war Genüge getan.

Möglicherweise ist derartige systematische Vernachlässigung verantwortlich für die verräterisch niedrigen Überlebensraten von weiblichen Kindern im alten Griechenland und im alten Rom sowie in einigen Ländern noch heute. Die von Nancy Williamson zitierten Untersuchungen belegen diese Praxis gegenwärtig für Pakistan, Indien, Sri Lanka und Bangladesh (Williamson, 1976). In Nordalgerien, wo Söhne noch immer absolut bevorzugt sind, werden angeblich noch heute massenhaft weibliche Kinder umgebracht oder systematisch vernachlässigt.

Es gibt zwei Methoden, weibliche Föten vor der Geburt auszuschalten. Sehen wir uns zunächst die Geschlechtsbestimmung an, im Unterschied zur Geschlechts*vorher*bestimmung.

Die englische Zeitung *Guardian* berichtete 1982, indische Ärzte seien dabei, mit der Aussonderung weiblicher Föten durch Amniozentese und Abtreibung Geschäfte aufzuziehen. Pioniertaten in diesem neuen Dienstleistungszweig lieferte ein Ehepaar aus Amritsar (Pandschab). Ärzte in Neu Delhi, Bombay und Kalkutta taten es ihnen nach. Ein Arzt aus dem All India Institute of Medical Science in Neu Delhi erklärte, er kenne mindestens fünfzig Kollegen, die eifrig und gegen Höchsthonorare weibliche Föten abtreiben. Es ging immer nur um weibliche Föten, hatte er festgestellt, auch wenn die Eltern bereits drei Söhne und keine einzige Tochter hatten.

Im Juli desselben Jahres starteten Frauengruppen gemeinsam mit einigen Chefärzten eine Kampagne für ein Verbot von Geschlechtsbestimmungen durch Amniozentesen.[3]

Diese Fruchtwasseruntersuchung ist die am häufigsten benutzte Methode zur Geschlechtsbestimmung, aber sie birgt auch Probleme. Der Geschlechtstest läßt sich erst relativ spät während der Schwangerschaft durchführen, das heißt, die Abtreibung kann nicht vor dem zweiten Drittel der Schwangerschaft vorgenommen werden, um die achtzehnte bis zwanzigste Woche herum. Das Risiko, daß die Frau bei einer Abtreibung zu diesem Zeitpunkt stirbt, ist sechsmal höher als während der ersten drei Monate. Folglich ist man auf der Suche nach einfacheren und früheren Methoden der Geschlechtsbestimmung.

Wirksamer als die Amniozentese wäre eine Analyse von Zellen des Embryos, die sich abgetrennt haben und im Gebärmutterhalskanal stecken. Sie ließe sich bereits während der ersten drei Monate machen. In China haben Forscher schon solche Embryonalzellen mit einem Röhrchen aus der Zervix abgesaugt und untersucht; in 93 Prozent der Fälle hatten sie damit das Geschlecht korrekt ermittelt, berichteten sie. Ihr »Anshan-Absaugverfahren« scheint so sicher, so einfach und so genau, daß man sie eigentlich überall anwenden könnte. Mit unheilvollen Folgen für Frauen. Die chinesische Studie berichtete, daß bei hundert Geschlechtsbestimmungen dreißig Abtreibungen aufgrund des »falschen Geschlechts« vorgenommen wurden. Nur ein abgetriebener Embryo war männlich, neunundzwanzig weiblich (Teitung, 1975).

Seit 1975 war aus dieser Richtung nichts mehr zu hören, möglicherweise hat die chinesische Regierung solche Tests nicht gutgeheißen. Im Juli 1982 kritisierten die staatlichen *Gesundheitsnachrichten* offen, daß einige Frauen in Krankenhäusern das Geschlecht ihrer ungeborenen Kinder bestimmen und eine Abtreibung vornehmen ließen, wenn der Fötus weiblich war. (Es steht nicht dabei, ob eine Amniozentese oder das Anshan-Absaugverfahren angewandt worden waren.) Neben dieser technisch verfeinerten Art des Gynozids tauchten sozusagen in Konkurrenz einige traditionelle Formen von Kindesmord auf. Im Monat zuvor hatte ein Bauer bei Shenyang einen Sack aus dem Fluß geborgen und ein totes weibliches Baby darin gefunden; es war mit einem Stein zusammengebunden. In einem Bericht ein paar Jahre zuvor war von acht weiblichen Babys die Rede gewesen, die man erstickt in einem Sack vor einem Büro der Kommunistischen Partei gefunden hatte (Wren, 1982).

Amerikanische Forscher experimentierten mit einer Technik, die der Anshan-Methode ähnlich ist und mit der sich theoretisch bereits in der neunten Schwangerschaftswoche das Geschlecht des Kindes bestimmen läßt. Aber dieser Test erwies sich als weniger zuverlässig als die Amniozentese – er war nur zu 86 Prozent sicher. In fünf von sechsunddreißig Fällen waren Söhne geboren worden, nachdem Töchter vorhergesagt worden waren (Rhine, 1975).[4]

In den siebziger und achtziger Jahren, nachdem die Feststellung männlicher Zellen technisch verbessert worden war, wurden neue Methoden zur Bestimmung des Geschlechts beim Fötus ausprobiert. Man fand heraus, daß sich das Chromatin des männlichen Geschlechts einfärben ließ. Damit konnte man die Zellen von Mutter und Fötus genauer unterscheiden. Die Forscher untersuchten alles mögliche, um das Geschlecht des Fötus festzustellen – den Speichel der Schwangeren (Rosenzweig/Adelman, 1976), den Zervixschleim (Goldstein/Luckesh/Ketchum, 1983; Manuel/Park/

Jones, 1974) und das Blut. In einer Untersuchung des Blutes, das man schwangeren Frauen zwischen der vierzehnten und achtzehnten Schwangerschaftswoche in einer Klinik abgenommen hatte, ergab sich eine Wahrscheinlichkeit von 82 Prozent für die richtige Vorausbestimmung eines Jungen, von 91 Prozent für die eines Mädchens (Grosset/Barrelet/Odartchenko, 1974).

Wieder andere Forscher probierten an einem »fluoreszenzaktivierten Zellsortierapparat« herum, der Fötalzellen aus dem Blut der Mutter isolieren und dann auf das Geschlecht hin untersuchen kann. Sie fanden diese Methode allerdings nicht besonders geeignet (Schroder/Herzenberg, 1980). Noch andere versuchten, mit Ultraschall Penisse, Hodensäcke und große Schamlippen am Fötus zu erkennen (Schotten/Giese, 1980; Weldner, 1981).

Ein führender Embryologe und verschiedene IVB-Pioniere allerdings hatten sich bereits dafür ausgesprochen, statt erst das Geschlecht von Föten zu untersuchen und selektiv Abtreibungen vorzunehmen, doch lieber vorweg das Geschlecht eines Embryos festzustellen und nur diejenigen in die Gebärmutter zu verpflanzen, die das gewünschte Geschlecht hatten.

Wie wir im Kapitel V gesehen haben, kann man heute durch Entnahme von ein paar Zellen das Geschlecht von Kuhembryos bestimmen; bei diesem Prozeß allerdings gehen viele Embryos kaputt (Foote, 1979, S. 19). In den sechziger Jahren machten der IVB-Pionier Robert Edwards und ein Kollege dieses Verfahren auch für Kaninchen möglich. Sie schnitten kleine Stückchen aus den Blastozysten (den »Vor«-Embryos) heraus, untersuchten die Zellkerne, um das Geschlecht zu bestimmen, und setzten dann die Embryos in die Weibchen ein. Als der Nachwuchs geboren wurde, durften sie feststellen, daß sie das Geschlecht korrekt vorausgesagt hatten. (Die Geburt des Nachwuchses übrigens fiel zusammen mit dem Tod der Muttertiere. Aus nicht näher bekannten Gründen töteten die Forscher die trächtigen Kaninchen und holten die Jungen durch eine Operation. Auch die Jungen wurden dann getötet, und durch eine Untersuchung der Fortpflanzungsorgane bestimmten die Forscher dann das Geschlecht.)

Ein Junges hatte keinen Kopf. Die Forscher räsonierten, daß sie womöglich zu tief in den Embryo hineingeschnitten hatten und das kopfbildende Gewebe auf diese Weise verlorengegangen war. (Gardner/Edwards, 1968).

Die beiden Forscher sind der Meinung, daß man für die Versuche, das Geschlecht des Nachwuchses zu bestimmen, viele Embryos braucht, aber nur bekommt, wenn man die Eizellen aus Eierstöcken im Labor zur Reife bringt.

Zwei Jahre später schrieben Edwards und die Genetikerin Dr. Ruth Fowler: »Im Labor befruchtete und bis zum Blastozystenstadium kultivierte Eier können in die Mutter zurücktransferiert werden... Da es dann von jedem Paar viele (menschliche) Blastozysten gäbe, könnte man in gewissem Maß selektieren, indem man entscheidet, welches man der Mutter zurückgibt. Unter anderem läßt sich so das Geschlecht des Babys vorausbestimmen.« (Edwards/Fowler, 1970)

Es könnte möglich werden, noch einen weiteren Schritt zurück in die weibliche Existenz zu gehen, um sie auszulöschen. Noch vor das Fötalstadium, sogar noch vor das Embryonalstadium. Vielleicht läßt sich bald die Sorte Sperma, die weibliche Embryos miterzeugt, herausfiltern und wegwerfen. Und hier kommen wir zur Geschlechts*vorher*bestimmung. Derselbe Edwards, der vorausgesagt hatte, daß die Vorherbestimmung des Geschlechts zu den ersten Anwendungsgebieten der IVB-Forschung gehören würde, räumte ein, daß die Geschlechtsaussonderung im Sperma aus ethischen Gründen der beim Embryo vorzuziehen sei. Er war damals allerdings noch überzeugt von der Unmöglichkeit (Walters, 1979, S. 49).

Das sahen ein paar Leute anders. Manche Forscher waren völlig sicher, daß man Sperma »geschlechtsbestimmen« könne, weil es zwei Sorten Samenzellen gibt – die einen produzieren männliche, die anderen weibliche Embryos. Zum besseren Verständnis hier ein kurzer Blick auf die Art und Weise, in der das Geschlecht eines Kindes gebildet wird: Ei- und Samenzellen haben je dreiundzwanzig Chromosomen, das sind stäbchenförmige Gebilde, die die Gene oder Erbfaktoren enthalten. Eines dieser Chromosomen ist das Geschlechtschromosom. Alle Eizellen enthalten ein X-Chromosom. Die eine Hälfte der männlichen Samenzellen enthält ebenfalls ein X-Chromosom; sie werden »gynogen« (weiblich-zeugend) genannt. Die andere Hälfte enthält ein Y-Chromosom; diese Samenzellen sind »androgen« (männlich-zeugend). Wird eine Eizelle mit einer gynogenen Samenzelle befruchtet, wird das Kind weiblich (XX); bei einer androgenen Samenzelle männlich (XY).

Erst 1929, also vor relativ kurzer Zeit, wurde entdeckt, daß es gynogene und androgene Samenzellen gibt. Und erst damit wurde denkbar, beide Samenzellen auch voneinander trennen zu können. Bereits in den dreißiger Jahren machten sich Forscher an die ersten Experimente zur Selektion des Geschlechts. Zwei Entdeckungen 1969 und 1970, bei denen es gelang, die X- und Y-Chromosomen zu zählen, gaben der Forschung neuen Auftrieb. Sämtliche Methoden zur Vorherbestimmung des Geschlechts – die alle zwischen dem »Bereich des Genialen und dem des Unglaublichen« liegen (Short, 1979) – lassen sich in vier Kategorien aufteilen. Bis heute hat keine einzige belegbare Erfolge aufzuweisen.

1. *Trennungstechniken* zwecks Aufteilung des Spermas in gynogene und androgene Samenzellen für die nachfolgende künstliche Befruchtung mit dem »richtiggeschlechtlichen« Sperma. Zu diesen Techniken gehören Zentrifugation und Sedimentation (das Sperma wird mit Höchstgeschwindigkeit geschleudert, damit die schwereren Samenzellen sich niederschlagen), Elektrophorese (dabei werden die mutmaßlichen Ladungsunterschiede der beiden Zelltypen benutzt, um sie voneinander zu trennen), das sogenannte Wettrennen (das Sperma wird in ein Reagenzglas mit einer zähen Flüssigkeit gegeben, und dann dürfen die beiden Zelltypen »um die Wette« zum Boden des Glases »rennen«) und Ultraschall (mit dem durch Schallwellen den Spermatozoen mit dem »falschen« Geschlecht die Köpfe gekappt werden).
2. *Begünstigung beziehungsweise Benachteiligung von X- und Y-tragenden Samenzellen im Körper der Frau nach dem Geschlechtsverkehr.* Es gibt den Vorschlag, die jeweils nicht gewollte Sorte Samenzellen mittels eines bestimmten Kondoms oder Diaphragmas herauszufiltern, aber Untersuchungen dazu liegen noch nicht vor.

Von Anfang der dreißiger Jahre bis 1942 haben sich die Forscher auf die Säure-Lauge-Methode konzentriert und Spülungen mit doppeltkohlensaurem Natron (Lauge) gegen weiblich-zeugendes, mit Essig (Säure) gegen männlich-zeugendes Sperma ausprobiert, um entsprechend einen Sohn oder eine Tochter zu produzieren. (Übrigens haben Dr. Felix Unterberger, der deutsche Geburtshilfearzt, der diese Methode erfunden hatte, und andere Forscher zwar mit Laugenspülungen experimentiert, aber nie eine Säurespülung ausprobiert, weil sie keine einzige Patientin fanden, die so gern ein Mädchen haben wollte, daß sie mitgemacht hätte, vgl. Gordon, 1978, S. 765.) Als die Wiederholungsversuche die ersten Tests jedoch nicht bestätigten, wurde die Methode weitgehend aufgegeben.

3. *Zeitliche Steuerung (Timing) des Geschlechtsverkehrs* zur Schaffung der besten Bedingungen für eine Befruchtung mit dem »richtigen« Sperma, entweder dem gynogenen oder dem androgenen. Dr. Landrum Shettles führte diese Methode 1961 ein, aber sie hat sich in den vergangenen zwanzig Jahren nicht bewährt. Dr. Rodrigo Guerrero erfand eine andere, der von Shettles genau entgegengesetzte: Shettles hatte Geschlechtsverkehr zwei bis drei Tage vor dem Eisprung empfohlen, damit es ein Mädchen wird, Guerrero empfahl dieselbe Phase für einen Jungen; Shettles behauptete, Geschlechtsverkehr während des Eisprungs bewirke einen Jungen, Guerrero vermutete genau dann ein Mädchen. Beide Methoden blieben unbewiesen.
4. *Antigen-Antikörper-Reaktion zwischen Sperma und Ei.* Arbeiten hierzu wurden in den siebziger Jahren durchgeführt. Es gibt nur eine geringe Wahrscheinlichkeit, daß diese immunologische Behandlung von Sperma praktische Anwendung finden wird. Die Methode basiert auf der Tatsache, daß das Y-Chromosom ein Antigen enthält, das den weiblichen Körper dazu veranlaßt, Antikörper zu bilden. Theoretisch müßte man dem Weibchen Antikörper entweder gegen androgenes oder gegen gynogenes Sperma injizieren und damit das jeweils unerwünschte Sperma unwirksam machen können. Es gibt sogar einen Mann, der auf diese Immuntechnik ein Patent angemeldet hat. Aber bisher war auch mit dieser Methode der Erfolg kaum spürbar.

Zusätzlich zu diesen Grundtechniken zur Vorherbestimmung des Geschlechts ließen sich auch drei der neuen Reproduktionstechnologien dazu benutzen: erstens der Embryotransfer, zweitens die Retortenbefruchtung und drittens das Klonen.

Die letztere Art der ungeschlechtlichen Fortpflanzung ist bislang bei Menschen noch nicht gelungen. Man entnimmt dafür einer Person irgendeine einzelne Körperzelle und bringt sie dazu, sich zu teilen und also einen Organismus zu produzieren, der genetisch mit dem der Elternfigur identisch ist. Das Kind hätte dementsprechend auch dasselbe Geschlecht wie die Person, die die Zelle gespendet hat. Der Präsident der Rockefeller University, Dr. Joshua Lederberg, der 1958 den Nobelpreis für seine Forschung zur Genetik von Mikroben erhalten hat, schrieb dazu: »Kerntransplantation (das ist Klonen, G. C.) ist eine Methode, von der heute bewiesen ist, daß sie eine Geschlechtskontrolle möglich macht, und das könnte hinreichend begründen, daß man mit Versuchen dazu anfängt.«

Die Befürworter der Geschlechtsvorherbestimmung haben verschiedene Notwendigkeiten angeführt, sie durchzuführen, unter anderem Bevölkerungskontrolle. Im Jahr 1973 propagierte John Postgate, man solle doch eine Pille verteilen, die sicherstellt, daß nur noch Jungen geboren werden, als Lösung für die angeblichen Bevölkerungsprobleme in der Welt. Nach Postgate sollte diese »Männerkinder«-Pille umsonst und freizügig verteilt werden, vor allem in der »Dritten Welt«, wo der Wunsch nach männlichen Kindern ohnehin »an Besessenheit grenzt«. Der daraus folgende Mangel an Frauen (Brüterinnen) würde die Zahl der Babys der nächsten Generationen automatisch einschränken und damit auch das Bevölkerungswachstum verringern. Außerdem, so Postgate, würden die Paare auf diese Weise endlich aufhören, ein Kind nach dem anderen in die Welt zu setzen, nur um die erwünschte Zahl von Jungen zu bekommen.

Er malt auch aus, wie die Frauen in einer solchen Welt, in der viele von ihresgleichen eliminiert wären, leben würden. »Man darf Tabus aller Art erwarten, und wahrscheinlich würde auch der Tschador in der einen oder anderen Form wieder nötig. Das Recht von Frauen auf Arbeit, ja sogar auf Reisen ohne Begleitung würde vermutlich vorübergehend in Vergessenheit geraten. In einigen Gesellschaften wird man die Polyandrie wieder begrüßen; in anderen behandelt man die Frauen vielleicht wie Bienenköniginnen, in wieder anderen werden sie als Belohnung für die hervorragendsten (oder entschiedensten) Männer gehandelt.«[5]

Dr. Ho Guan Lim, der ständige Sekretär und Direktor des Gesundheitsdienstes im Gesundheitsministerium von Singapur, scheint Postgates und anderer Leute Überzeugung zu teilen, daß sich das Bevölkerungsproblem mit Hilfe der Geschlechtsvorherbestimmung lösen lasse. Er baute 1975 am Kandang Kerbau Hospital eine eigene Abteilung dafür auf, in der Hoffnung, daß die Paare, wenn sie den erwünschten Sohn bekommen können, insgesamt nur noch je zwei Kinder in die Welt setzen, was der Politik der Regierung entspräche.[6]

Die Abteilung mußte 1977 wieder schließen, die Experimente zur Geschlechtskontrolle erwiesen sich als unbrauchbar. Sie bleiben allerdings in etwas unheimlicher Erinnerung. Von den einunddreißig

Frauen, die die Methode ausprobierten, wollte jede einzelne unbedingt einen Sohn. Ein Blick auf die Tabelle in einem Bericht über die Abteilung (zit. nach Williamson, 1978) liefert Frauen eine beängstigende Information:

»lieber Söhne« wollten 31
»lieber Töchter« wollten 0
Söhne geboren haben (»Erfolgsquote«) 14
Töchter geboren haben (»Versagerquote«) 17

Die nächste Begründung für Geschlechtskontrolle gibt sich therapeutisch. Die Verfechter behaupten, mit Hilfe dieser Praxis ließen sich geschlechtsgebundene Erbkrankheiten ausschalten. 1980 verkündeten Edwards und Steptoe, daß sie mit neuen Experimenten, die auch das Timing des Geschlechtsverkehrs einschlossen, Ehepaaren helfen wollten, das Geschlecht ihres Kindes zu bestimmen. Edwards erklärte, es sei ihr Ziel, die genetischen Störungen zu bekämpfen, die Hämophilie (Bluterkrankheit) und einige Formen von fortschreitender Muskeldystrophie hervorrufen. Therapeutische Motive werden vielen der neuen Reproduktionstechnologien gern zugeschrieben, bemerkte Janice Raymond, denn »sie lenken die Diskussion weg von den gesellschaftlichen und feministischen Dimensionen des Themas und hin auf die persönlicheren, fürsorglichen und angeblich gutgemeinten Aspekte der Technologie.«

Geschlechtskontrolle sei, so argumentieren viele, geradezu ein Segen für die geistige wie auch die körperliche Gesundheit. »Die unmittelbaren psychologischen Auswirkungen der Möglichkeit, das Geschlecht seines Kindes je nach den eigenen Vorlieben zu kontrollieren, scheinen doch beträchtlich und insgesamt fast ausschließlich positiv«, befand der Forscher Edward Pohlman. »Die Empfängnis von Kindern des nicht erwünschten Geschlechts ist häufig auch vom Standpunkt der geistigen Gesundheit aus betrachtet nicht wünschenswert.« Viele Psychotherapeuten, so erläuterte Pohlman weiter, seien der Überzeugung, die Geburt eines Kindes mit dem »falschen« Geschlecht könne zu einer Verwirrung der Geschlechtsrollen führen, und die wiederum zu Homosexualität oder psychischen Problemen.

Was seine Erläuterung so schwierig macht, ist nicht nur, daß es – wie er selbst zugibt – keinerlei Forschung gibt, mit der sich solche Ansichten von Psychotherapeuten belegen ließen, auch nicht, daß er irrtümlich davon ausgeht, daß Homosexualität an sich problematisch sei; die Schwierigkeit ist: »Geschlechtsrollenverwirrung« ist ein als psychologischer Begriff getarnter politischer Begriff. Die Mitglieder einer bestimmten Geschlechterkaste sollen ebenso wie die einer bestimmten Rassenkaste gefälligst auf ihrem jeweiligen Platz bleiben. Frauen, die verschiedene Dienstleistungen verweigern, gelten als »geschlechtsrollenverwirrt«. Dasselbe passiert Schwarzen, die Weißen nicht genügend Zeichen der Unterwerfung entgegenbringen; sie gelten als »verwirrt über ihre rassische Rolle«.

Auch das Argument der angeblichen Chancensteigerung und der größeren Freiheit taucht immer wieder auf. Die Forscher Paul Rosenzweig und Stuart Adelman, die übrigens der Ansicht sind, daß »die Geschlechtsbestimmung beim Embryo innerhalb der ersten drei Monate bald verbreitet sein wird«, bezeichnen eben diese Methode als »neuen Schritt nach vorn für die sexuelle Autonomie des Menschen«. Und weiter: »Eltern könnten bald in der Lage sein, totale Familienplanung zu betreiben, von der Kontrolle über die Größe der Familie über die zeitlichen Abstände zwischen den Kindern bis hin zum Geschlecht des Nachwuchses und der Aufeinanderfolge von männlichen und weiblichen Kindern.«

Es gibt in den Untersuchungen Unmengen von Leuten, die einfach sagen, sie machen sich nichts aus der einen Sorte Menschen (weiblichen) und bevorzugen die andere (männliche); und das wird offenbar als akzeptabel empfunden. Wir müssen uns aber in diesem Zusammenhang einmal genauer ansehen, wie solche Wörter wie »Bevorzugung«, »Vorliebe« eigentlich benutzt werden. Wir reden hier immerhin nicht über die Vorliebe für bestimmte Ferienorte – lieber ans Meer als in die Berge etwa. Wir reden hier über Menschen und darüber, ob Menschen mit bestimmten biologischen Anlagen in Zukunft überhaupt noch auf die Welt kommen dürfen.

Einige Autoren haben Spekulationen darüber angestellt, was in einer Gesellschaft, in der Geschlechtsvorherbestimmungstechniken frei verfügbar wären, so passieren würde. Was sie sich da ausmalen, sind Horrorgesellschaften für Frauen. Ein Sozialwissenschaftler zieht einen bezeichnenden Vergleich zwischen der Forschung zur Vorherbestimmung des Geschlechts und der über Kernwaffen: Beide seien nicht aufzuhalten. »Kernwaffen werden weiterhin perfektioniert, obwohl vielen der daran beteiligten Forscher völlig klar ist, welche beängstigenden Folgen ihre Arbeit haben kann«, schrieb er. »Vermutlich werden die wissenschaftliche Neugier und die Konkurrenz unter den Wissenschaftlern und ähnliches die Forscher genauso dazu bringen, Methoden für die Kontrolle über das Geschlecht des Nachwuchses zu entwickeln, was immer auch die Folgen sein mögen.« (Pohlman, 1966)

Und was für Folgen sind das? Die Untersuchungen zu diesem Thema deuten weltweit darauf hin, daß mehr Söhne als Töchter gewollt werden und daß sich die Zahl der Männer im Vergleich zu der der Frauen entsprechend vergrößern wird. Wie sich in Zukunft das Leben gestalten würde, wäre je nach der Kultur der Gesellschaften mit Frauenmangel verschieden. Spekuliert wird heute bereits über die »Vielmänner-Ehe« und über eine Zunahme von Homosexualität und Prostitution. Die Frau mit Seltenheitswert wird womöglich unter Verschluß gehalten und in Ehe und Fortpflanzung gedrängt, womit die Kontrolle, die die Frauen selbst über ihren Körper haben, weiter eingeschränkt wird. Militaristische Propaganda wird die Männer zu Kanonenfutter erklären, und zu diesem Zweck werden sie auch gezeugt werden. Die jeweilige Regierung wird gesetzlich festlegen, wer unter welchen Umständen die Geschlechtsvorherbestimmungstechnologien überhaupt benutzen darf, und dann und wann werden skandalöse Gesetzesbrüche ruchbar – zum Beispiel in Form von Schwarzmärkten für »Jungspillen« und »Mädchenpillen« (Postgate, 1973; Luce, 1978; Etzioni, 1968; Hanmer, 1981; Pohlman, 1967). Da Frauen mehr lesen, mehr ins Theater gehen und mehr Museen besuchen als Männer, wird der »Konsum« von Kultur abnehmen, wie ein Soziologe das sieht (Etzioni, 1968). Die Kriminalität dagegen, stellt derselbe Etzioni fest, wird ansteigen, denn Männer sind immer überproportional vertreten in den Kriminalstatistiken.

Die Untersuchungen über die Bevorzugung eines bestimmten Geschlechts legen auch nahe, daß wir bei breiter Anwendung der entsprechenden Techniken bald eine Nation von großen Brüdern und kleinen Schwestern haben werden (Westoff/Rindfuss, 1974). Welche Merkmale auch immer mit den Erstgeborenen in Zusammenhang gebracht werden – sie werden sich unter den Männern konzentrieren. Zum Beispiel Ehrgeiz und Erfolg. Soziologische und psychologische Untersuchungen deuten darauf hin, daß erstgeborene Kinder gegenüber den später geborenen im Vorteil sind. Die Erstgeborenen schaffen es mit größter Wahrscheinlichkeit, und zwar gesellschaftlich, bildungsmäßig und ökonomisch; sie haben auch einen höheren Intelligenzquotienten, und mehrere

Studien geben an, daß unter den Collegestudenten Erstgeborene überrepräsentiert sind.

Dank der Vorherbestimmung des Geschlechts also könnte man Frauen nachhaltig aller solcher Vorteile berauben. »Eine Nation von kleinen Schwestern bedeutet nichts Gutes für Frauen als Gruppe«, stellt Jalna Hanmer 1981 fest.

William Altus, Psychologieprofessor an der University of California in Santa Barbara, ist der Ansicht, daß sich die Besserstellung der Erstgeborenen vor allem aus der Tatsache ergibt, daß sie von den Eltern anders behandelt werden. Die Eltern sind eher streng und setzen höhere Erwartungen in das erstgeborene Kind. Es ist auch das einzige Kind, das die Eltern nicht mit anderen teilen muß. Erstgeborene bekommen oft unverhältnismäßig viel emotionale Aufmerksamkeit und ökonomische Unterstützung von den Eltern.

Und die Zweitgeborenen? Eine Untersuchung über Frauen, die als zweites (und letztes) Kind geboren sind, kommt zu dem Ergebnis, daß sie eher dazu neigen, sich selbst geringzuschätzen und unter Minderwertigkeitsgefühlen zu leiden, wenn sie einen älteren Bruder als wenn sie eine ältere Schwester haben (Altus, 1966).

»Was bedeutet es wohl für ein zweitgeborenes Kind, frühzeitig zu erfahren, daß es auch nur als zweites geplant war?« fragt Dr. Roberta Steinbacher, die Leiterin des Urban Studies Department an der State University in Cleveland (1981).

Nehmen wir einmal an, es passiert ein Fehler – und er wird passieren –, und ein Paar, das einen Sohn geplant hat, bekommt statt dessen eine Tochter. Wie werden sie diese Tochter behandeln? Noch heute gehört es zu den üblichen Erfahrungen vor allem von Mädchen, das »falsche« Geschlecht zu haben. Wie wirkt es sich wohl auf Kinder aus, wenn sie erfahren, daß sie nicht das sind, was ihre Eltern sich gewünscht hatten?

Weitere mögliche Konsequenzen der Geschlechtsbestimmung sind eine radikale Verringerung der Anzahl der Frauen in der »Dritten Welt« und eine zunehmende Verarmung der Frauen in den Industrieländern. Postgate hatte eine Politik befürwortet, die zu der ersten Konsequenz führt. Was die zweite betrifft – wenn selektive Abtreibungen zum vorherrschenden Instrument der Geschlechtsbestimmung werden, dann haben arme Frauen weniger Zugang dazu. Schon heute sind die Möglichkeiten abzutreiben für arme Frauen sehr begrenzt, führt Roberta Steinbacher aus. Es würde also unter den privilegierten Weißen mehr erstgeborene Söhne geben, während ihre Zahl unter den Armen dieselbe bliebe. Damit wäre, so Roberta Steinbacher weiter, sichergestellt, daß in der ganzen Welt »immer mehr Frauen in Zukunft zur Armut verdammt sind, während die Männer immer mehr werden und immer einflußreichere und mächtigere Posten besetzen. Welche Selektionsmethode auch benutzt werden mag – im Endergebnis bieten sie alle Möglichkeiten für die dauerhafte Institutionalisierung von Sexismus in der Geburtenregelung.«

Schließlich tragen Frauen die Lasten der Technologie selbst. *Sie* messen täglich ihre Temperatur, zeichnen ihren Menstruationszyklus auf und machen Vaginalspülungen vor dem Geschlechtsverkehr. *Sie* müssen sich mit den physiologischen Wirkungen von Amniozentesen herumschlagen. *Sie* nehmen das Risiko einer späten Abtreibung auf sich, im zweiten Drittel der Schwangerschaft, wo es sechsmal so lebensgefährlich ist wie im ersten. *Sie* müssen sich die wiederholten, gelegentlich schmerzhaften Prozeduren der künstlichen Befruchtung antun lassen.

Viele derer, die sich über Geschlechtsvorherbestimmung geäußert haben, behaupten, daß diese Technologie nur von Leuten benutzt wird, die sie auch wollen. Wir können aber nicht davon ausgehen, daß sie auch nicht zwangsweise angewandt wird, vielleicht an irgendwelchen unwissenden Völkern. Die Theologin Emily Culpepper hat darauf hingewiesen, daß man seinerzeit DES schwangeren Frauen verabreichte und ihnen erklärte, das seien Vitamine. Dieses Medikament wurde später in Zusammenhang gebracht mit schweren Mißbildungen bei den Kindern dieser Frauen.

Dr. R. G. Edwards, Miterzeuger des ersten Retortenbabys der Welt, hat einige Hinweise darauf gegeben, wie er sich die zwangsweise Anwendung der Geschlechtsvorherbestimmungstechnologie vorstellt. Wie wir vorhin gesehen haben, stellte er das Geschlecht von Kaninchenembryos fest, indem er die äußeren Zellen analysierte. Er hat die mögliche Anwendung seiner Technik auch auf Menschen beschrieben und erklärt: »Ungleichgewichtigkeit in der Geschlechtsverteilung ließe sich vermutlich dadurch verhindern, daß man das Geschlecht der neugeborenen Kinder statistisch verfolgt und *bei der Wahl der Eltern – falls nötig – korrigierend eingreift.*« (Hervorhebung von mir, G. C.; Edwards, 1974)

Die meisten Wissenschaftler beziehen sich in ihrer Diskussion über die Geschlechtsvorherbestimmung auf Themen aus dem Vordergrund (mehr Chancen, Krankheitsvorbeugung, Bevölkerungskontrolle) und lassen den Hintergrund völlig außer acht: den Femizid, den Massenmord an Frauen. Wenn in der »Dritten Welt« viele Frauen durch diese Techniken ausgelöscht werden, wenn es in der ganzen Welt weniger erstgeborene Töchter gibt, wenn in den Industrienationen die armen Frauen und die reichen Männer immer mehr werden – dann haben wir es in der Tat mit Frauenmord zu tun.

Jalna Hanmer bemerkt dazu: »Hier wird womöglich eine neue Offensive gegen Frauen im Geschlechterkrieg angezettelt, eine, die die Sozialwissenschaftler im Namen der freien Wahl für glücklichen Familienzuwachs entschlossen sind zu ignorieren.« (Hanmer, 1981)

XI. Leihmutterschaft: *Die glückliche Brüterin*

Jane, eine unfruchtbare Amerikanerin, wollte ein Kind adoptieren, Tom, ihr mohammedanischer Ehemann aus dem Libanon, war dagegen. Er wollte Vater eines eigenen Kindes sein. Während des Vietnamkriegs hatte er eine Idee. Vielleicht konnte er eine Frau finden, die einwilligte, sich mit seinem Sperma befruchten zu lassen, das Baby auszutragen und es dann an Jane und ihn weiterzugeben. Er wußte, in Vietnam starben viele Männer, also gab es viele verwitwete Mütter, und er dachte sich, eine von diesen brauchte vielleicht Geld für die Kinder und war dazu bereit. »Der Herr hat die Frau geschaffen, damit sie Kinder bekommt, und ich dachte, daß eine vielleicht gern täte, was ihre Natur ist, und damit vielleicht jemand anderem hilft und gleichzeitig auch sich selbst und ihrer Familie«, erinnerte er sich (zit. n. Keane, 1981, S. 20ff.).

Im September 1976 wandten sich Jane und Tom an den Anwalt Noel Keane in Dearborn, Michigan, und besprachen Toms Idee. Nach dieser Unterredung lasen sie in einer Zeitung von einem Mann, der eine blonde Sekretärin angeheuert hatte, damit sie ihm ein Kind austrägt. Dieser Kalifornier war der letzte seiner Familie und wünschte sich einen Stammhalter, der seinen Namen weiterführt. Also hatte er im *San Francisco Chronicle* eine Anzeige aufgegeben: »Kinderloser Ehemann, Frau unfruchtbar, möchte Retortenbaby; englische oder nordwesteuropäische Abstammung; bitte, nennen Sie Preis und Alter.« Und jetzt hatte die Sekretärin ihm eine Tochter geboren – für siebentausend Dollar. (Er gab in dem Artikel auch an, daß er immer noch einen Sohn wolle, daß er ihn sich aber zur Zeit nicht leisten könne. »Ich werd's aber bestimmt noch mal versuchen.«)

Keane wußte also, was er für seinen Klienten zu tun hatte. Er gab in mehreren College-Zeitungen in Michigan Anzeigen auf, in denen eine Leihmutter gesucht wurde. Ein Reporter, der sie gelesen hatte, rief ihn an, interviewte Jane und Tom und schrieb einen Artikel über sie. Daraufhin bekam Keane Angebote von zweihundert Leuten (auch ein Mann war dabei, der seine siebenundzwanzigjährige Freundin anbot, »sie raucht zwar, aber sie trinkt nicht und nimmt auch keine Drogen«, schrieb er).

Schließlich fand Keane eine Ersatzbrüterin für Jane und Tom. Außerdem hatte er inzwischen viele neue Klienten gewonnen, die ihrerseits Brüterinnen suchten, und wurde in die landesweit ausgestrahlte »Donahue«-Talkshow eingeladen. Nach diesem Auftritt gingen seine Geschäfte erst recht flott, denn es riefen nun viele Zuschauer an, die entweder Leihmütter suchten oder sich als Leihmütter anboten. Er trat noch ein paarmal in dieser und anderen Shows auf, auch als das schon nicht mehr sensationell war. »Fernsehen und Zeitungsartikel waren der einzig wirkungsvolle Weg, viel besser als Anzeigen jedenfalls.« (Keane/Breo, 1981, S. 173)

Keane führte für diesen Handel mit Brüterinnen ein paar bezeichnende Begriffe ein; er nannte ihn eine »Bewegung«, eine »Sache«. Sich selbst bezeichnete er als »Pionier« und »Champion« dieser »Ersatzmütter«. (Ausnahmsweise ist hier die deutsche Sprache einmal klarer: Auf deutsch heißt es »Leihmütter« oder »Mietmütter«, und das deutet den finanziellen Hintergrund zumindest an; A. d. Ü.)

In den folgenden Jahren taten es ihm einige Leute nach, und bald gab es in den Vereinigten Staaten sechzehn Leihmutterschaftsunternehmen. Viele davon wurden von Ärzte-Anwälte-Teams betrieben, andere von Leuten, die lieber nicht so genau darüber reden wollten, wer sie waren. Einer hatte vorher für eine »große Versicherungsgesellschaft« gearbeitet. Ein anderer erzählte mir, er habe vorher Filme gemacht, Häuser entworfen und als beratender Ingenieur an einem Raketenprojekt gearbeitet. Bis zum Mai 1983 waren schätzungsweise zwischen fünfundsiebzig und einhundert »Leihbabys« in den Vereinigten Staaten geboren.

John Stehura, der Präsident der *Bionetics Foundation Inc.*, die Leihschwangerschaften vermittelt, fürchtet allerdings, das Leihsystem sei finanziell eine zu große Belastung für amerikanische Mittelschichtpaare. Er weiß aber auch Rat. Seiner Meinung nach wird der Preis, den eine Frau für Dienstleistungen im Bereich der Fortpflanzung bekommt, heruntergehen, sobald Leihmutterschaft etwas Alltägliches geworden ist. Dann nämlich können die Unternehmer in die armen Gebiete des Landes gehen und Frauen für die Hälfte der derzeit üblichen zehntausend Dollar finden, erzählte er mir in einem Interview.

Die Fortschritte der Embryotransfertechnologie könnten den Preis noch weiter drücken. Die Leihmutter von heute stellt mit ihrem Ei immerhin noch die Hälfte der Gene für ein Baby zur Verfügung. Dementsprechend haben diejenigen, die sie mieten, ein Interesse daran, sie genauestens auf körperliche, intellektuelle und »rassische« Anlagen hin zu untersuchen. Wenn man aber erst einmal soweit ist, wie Stehura sie nennt: »authentische« Leihmütter zu benutzen (also Frauen, denen der fertige Embryo übertragen wird, die kein einziges Gen dazufügen), dann werden die Kunden sich auch nicht mehr um Intelligenzquotienten und Hautfarben zu kümmern brauchen. Zur Zeit beobachtet Stehura die Fortschritte in der Embryotransfertechnologie sehr aufmerksam, damit er – sobald das erste Dutzend solcher Babys geboren ist – sofort ins Geschäft einsteigen kann.

Auch eine andere Firma beabsichtigt, Embryotransfer und Leihmütter zu koppeln; sie gehört dem Anwalt William Handel und befindet sich in North Hollywood. 1982 erzählte er mir, er stehe in Kontakt mit den Leuten, die in der Reproduktionsbranche arbeiten, und er sei sicher, daß in den IVB-Abteilungen einiger Krankenhäuser genau damit experimentiert werde.

Wie wir in Kapitel VII gesehen haben, ist dem IVB-Team der australischen Monash University bereits eine Schwangerschaft durch den Transfer eines aus einem gespendeten Ei empfangenen Embryos gelungen. Das ist ein mögliches Verfahren, das man für Leihmütter künftig verwenden könnte.

Ist die Embryotransfertechnologie erst einmal ausgereift, dann kann sich die Industrie nach Brüterinnen umsehen – und zwar nicht nur in den armen Landstrichen der Vereinigten Staaten, sondern auch in der »Dritten Welt«. Dort brauche man, so spekuliert Stehura, dann vielleicht nur noch ein Zehntel des jetzigen Preises zu zahlen. Auf die Frage, an welche Länder er denn denke, antwortete Stehura: »Mittelamerika wäre sehr gut.« Es sei »unausweichlich«, meint er, daß die Vereinigten Staaten sich bei der Beschaffung von Leihmüttern »auf die Unterstützung dieser Länder verlasse«. Man müsse sich die Vereinigten Staaten wie eine städtische und Mittelamerika wie eine ländliche Region vorstellen, und »Städte sind schon immer vom Land getragen worden«.

Eine »authentische« Leihmutter aus der »Dritten Welt« müßte nicht einmal besonders gesund sein. »Die Mutter darf ruhig auch ernsthafte Gesundheitsprobleme haben«, erklärte Stehura, »solange sie sich ordentlich ernährt und andere Aspekte ihres Lebens in Ordnung sind, kann sie ohne weiteres eine leistungsfähige Mutter bei einem echten Embryotransfer werden.«

Er ist auch der Ansicht, das komme den Frauen der »Dritten

Welt« doch zugute, denn schließlich verdienen sie auf diese Weise Geld, um ihre eigenen Kinder großzuziehen.

Die Massenmedien haben viel dazu beigetragen, die Leihmutterschaft als Phänomen zu verbreiten. »Die wahren Väter der Leihmutter-Story sind wahrscheinlich die *Donahue Show* und die Illustrierte *People*«, schrieb Keane.

Noch heute wird nach dem anfangs entwickelten Muster verfahren. Diejenigen, die wie Keane ökonomische Gründe haben, Leihmutterschaft zu propagieren, machen auch die Nachrichten darüber. Sie treten im Fernsehen auf und erklären, warum der Handel mit Brüterinnen eine noble Sache sei. Selbstverständlich werden immer nur bestimmte Tatsachen im Zusammenhang mit Leihmutterschaft hervorgehoben, andere dagegen fallen unter den Tisch.

Auch die Inhaber der Leihmutterschaftsfirmen betonen gern das Unglück unfruchtbarer Paare, um ihre Praktiken zu rechtfertigen, in Wirklichkeit aber wollen sie ihren Markt durchaus nicht auf die Unfruchtbaren beschränkt wissen. Manchmal gehören die »leeren Hände«, die diese Unternehmer füllen möchten, keineswegs unfruchtbaren Frauen, sondern alleinstehenden Männern oder fruchtbaren Frauen oder Paaren, die Kinder adoptiert haben. Manche Verfechter der Leihmutterschaft halten sich aus eindeutig politischen Gründen lieber zurück mit Hinweisen auf diese Sorte potentieller Kundschaft, denn noch brauchen sie die Anerkennung des ganzen Verfahrens durch die öffentliche Meinung, damit bald auch entsprechend förderliche Gesetze erlassen werden.

Keane selbst ist für seine Kollegen oft ein Ärgernis, weil er sehr offen auch über diese andere Kundschaft spricht. Er schrieb: »Immer mehr alleinstehende Männer suchen Leihmütter, denn dadurch können sie Kinder haben, ohne sich deshalb romantisch verstricken zu müssen.« Männern, die zwar ein Kind, aber keine Frau wollen, eröffnet Leihmutterschaft »phantastische Chancen«, glaubt Keane. Sie können jetzt einfach dahergehen und ein Kind haben, und das jederzeit. »Und wenn so ein Mann lieber einen Sohn haben möchte, können wir ihm den dank Spermatrennung vor der Befruchtung mit 75- bis 85prozentiger Wahrscheinlichkeit auch beschaffen«, so seine kühne Behauptung. (Krucoff, 1980; wir haben im vorigen Kapitel gesehen, wie haltlos diese Behauptung ist.)

Keane arbeitet zur Zeit mit alleinstehenden Männern, sagt er. Mindestens zwei Brüterinnen haben inzwischen Kinder für getrennt lebende oder geschiedene Männer zur Welt gebracht. (Parker, 1982; Donahue, # 02033) Auch alleinstehende Frauen übrigens suchen Brüterinnen, behauptet Keane.

Er findet absolut nichts dabei, fruchtbare Frauen mit Brüterinnen zu bedienen, und er werde das demnächst vermutlich auch tun. Wenn eine fruchtbare Frau lieber Kinder von einer Brüterin haben möchte, dann wird Keane sie ihr verschaffen, vorausgesetzt, er hat bereits genügend Leihmütter für die unfruchtbaren Frauen.

Auch Alan A. Rassaby, ein Forscher des *Centre for Human Bioethics* an der Monash University in Melbourne, verteidigt die Benutzung von Leihmüttern aus Karrieregründen; für eine vielbeschäftigte Managerin oder ein Fotomodell könne der Drang nach Leihmutterschaft genauso groß sein wie für eine unfruchtbare Frau, meint er. Leider müsse man auch damit rechnen, fügte er hinzu, daß eine solche Karrierefrau in Zeiten, in denen die »Ressourcen knapp« sind, diskriminiert werde (»Ressourcen«, das sind die Körper von Frauen).

Andere Unternehmer dieser Branche lehnen es ab, Leihmütter für fruchtbare Frauen zu beschaffen, und verlangen den Nachweis, daß ihre Kunden verheiratet sind und die Frau keine Kinder bekommen kann. Da sie wählerischer sind als Keane und ihre Leihmütter und Kundschaft mehr kontrollieren, stellen sie sich gern als seriöser dar. Sie äußern sich kritisch über Keanes Bereitschaft, alle möglichen Kunden zu bedienen – alleinstehende Männer, Transsexuelle (bis heute einer) und demnächst auch noch fruchtbare Frauen. Sie haben durchaus keine ethischen Einwände, sie finden nur, seine Haltung sei eine schlechte politische Strategie für die Anerkennung der Leihmutterschaft in der Öffentlichkeit und die Durchsetzung günstiger Gesetze.

Während ich dieses Buch schreibe, gibt es noch kein einziges Gesetz zur Leihmutterschaft in den Vereinigten Staaten.[1] Es gibt allerdings Erlasse gegen Babyhandel, und die könnten den Leihmutterfirmen einigen Ärger bereiten. Solange die gesamte Leihmutterschaft nicht per Gesetz geschützt ist, bedroht jede öffentliche Empörung darüber möglicherweise die Entfaltung dieses »völlig neuen Wirtschaftszweiges«, wie die *New York Times* sich im November 1980 ausdrückte. Und Widerstand gegen die Leihmutterschaft gab es bei öffentlichen Anhörungen von seiten der katholischen Kirche, von Adoptionsagenturen und von der *Concerned United Birthparents* (einer Gruppe von Frauen, die vor Jahren ihre

Babys zur Adoption freigegeben und sehr darunter gelitten hatten).

»Keane will jeden nehmen, der bei ihm in die Tür kommt«, erzählte mir William Handel von der *Surrogate Parent Foundation* verächtlich. »Es klingt moralisch gesehen vielleicht merkwürdig, und das ist auch nicht unbedingt meine Moral, aber wenn man sich ansieht, was er so sagt, dann finde ich, man muß das Ganze einfach aus politischen Gründen und im Sinne einer guten PR konservativ und ruhig angehen. Wenn man einem Ehepaar, das keine Kinder bekommen kann, eine Leihmutter beschafft, kann einem kaum jemand einen Strick draus drehen. Aber jemand, der das für einen alleinstehenden Schwulen tut, wie Keane dauernd, den kann man leicht kritisieren.« (Er habe, sagt Keane dagegen, noch keinen Schwulen beliefert, er würde das jedoch »von Fall zu Fall« entscheiden.)

Er selbst habe moralisch nichts dagegen, homosexuellen Männern Leihmütter zu verschaffen, sagt Handel. Als ihn allerdings zwei homosexuelle Ärzte, die gut verdienten und in einer festen Beziehung lebten, darum baten, lehnte er ab. Er müsse abwarten, bis die Leihmutterschaft überhaupt gesetzlich abgesichert sei, erklärte er ihnen, und so lange führe er sein Geschäft konservativ.

»Ich habe ihnen erklärt, daß es eine *politische* Entscheidung war, sie nicht zu nehmen. Wahrscheinlich wären sie ganz phantastische Eltern gewesen.«

Die ersten gesetzgeberischen Schritte scheinen ihm recht zu geben. Richard Fitzpatrick, der in Michigan den zweiten Gesetzentwurf zum Thema Brüterinnen eingebracht hat, hat sich »bewußt politisch entschlossen«, in dieses Gesetz nur Ehepaare einzubeziehen, keinesfalls alleinstehende Männer, die eine Brüterin suchen. »Die Angelegenheit ist ohnehin schon heikel genug, auch ohne weitergehende Fragen. Selbst die entschiedensten Befürworter haben eingesehen, daß es im Augenblick am allerwichtigsten ist, das Konzept der Leiheltern(sic! G. C.)schaft in eine Gesetzesform zu bekommen.« (Gaynes, 1981)

In den Massenmedien wird aber nicht nur die Tatsache, daß es neben den unfruchtbaren Ehepaaren noch andere Kundschaft für Leihmutterfirmen gibt, verschwiegen, sondern auch die Tatsache, daß es durchaus Adoptionsagenturen gibt, die unfruchtbaren Paaren Kinder vermitteln. Die Verfechter der Leihmutterschaft argumentieren dagegen, diese Kinder seien eben nicht »die richtige

Sorte«, also bleibe unfruchtbaren Paaren eigentlich nur die (weiße) Brüterin.

»Es gibt zwar genug Babys, die man adoptieren könnte, aber eben nicht genug ›erwünschte‹, wenn ich dieses Wort verwenden darf«, erzählte mir Dr. Michael Birnbaum von der Firma *Surrogate Mothering Ltd.* in Philadelphia. »Es gibt jede Menge gemischtrassige Babys, jede Menge behinderte Babys. Aber die meisten Paare wollen doch gern, wenn sie es schon adoptieren sollen, ein perfektes Baby, und das findet man da selten.«

Auch Harriet Blankfield vom *National Center for Surrogate Parenting* in Chevy Chase, Maryland, bestätigte mir, daß die meisten unfruchtbaren Paare kein Interesse haben, ein älteres oder behindertes Kind zu adoptieren. »Egal wie sehnsüchtig sie ein Kind wollten – eins aus der zweiten Garnitur wollten sie nicht. Das ist vielleicht kein schönes Wort, aber so empfinden sie es.«

Ich behandele diesen Umstand nicht, weil ich solchen Ehepaaren nahelegen will, doch ein besonders bedürftiges Kind zu adoptieren (wahrscheinlich würden sie selbst und die Kinder dabei nur Schaden nehmen); ich möchte nur deutlich machen, daß das vorherrschende Motiv dieser Leute nicht ist, ein Kind um seiner selbst willen großzuziehen. Sie möchten statt dessen nur ein bestimmtes Kind, sozusagen ein maßgeschneidertes.

Das Kind ist hier eine Ware. Dr. Richard Levin von der *Surrogate Parenting Association* in Louisville nennt es – scherzhaft? – ein »Produkt«; Keane bezeichnet es als »Investition«. »Wie soll ein Ehemann sicher sein, daß er wirklich der Vater dieser ›Investition‹ ist – er hat doch keinerlei Kontrolle darüber, mit welchen Männern die Leihmutter noch in Kontakt kommt.« (Keane, 1981) Levin behauptet, die Leihmütter in seinem Programm müssen sich zu Vaterschaftstests bereit erklären, damit gesichert ist, daß der Vater des Kindes der Kunde ist und nicht der Ehemann der Leihmutter. »Wir handeln nur mit echten Produkten.« (Donahue, # 04150)

Hauptsächliches Motiv für die genetische, medizinische und psychologische Durchleuchtung der Leihmütter ist der Wunsch, die Qualität des Produktes sicher kontrollieren zu können. »Müssen Sie auch blaue Augen, braune Augen besorgen?« fragte Talkmaster Phil Donahue den Anwalt Keane. »Ja, die Paare wünschen das«, erwiderte Keane. »Man legt von jeder Leihmutter eine Akte an, in der ihre Merkmale aufgelistet sind.« Und er fügte hinzu, man könne sogar den Intelligenzquotienten der Leihmütter herausfinden und tue das auch.

Wie sehr das Baby zur Ware wird, zeigt deutlich der Fall Stiver-Mallahoff. Judy Stiver hatte als Leihmutter im Januar 1983 ein »mangelhaftes Produkt« abgeliefert – ein Baby mit einem sehr kleinen Kopf, was darauf hinwies, daß es eventuell geistig zurückgeblieben war –, und alle ursprünglich beteiligten Parteien hatten das Baby anfangs zurückgewiesen und es zur Adoption freigegeben. Es hatte auch eine Streptokokkeninfektion, und der Mann, der die Geburt per Vertrag bestellt hatte – Alexander Mallahoff aus dem New Yorker Stadtteil Queens –, gab dem Krankenhaus Anweisung, »nichts zur Behandlung der Infektion oder zur sonstigen Pflege des Kindes zu unternehmen«; so steht es in einer eidesstattlichen Erklärung, die das Lansing General Hospital vorlegte, um bei Gericht durchzusetzen, das Kind dennoch behandeln zu dürfen (was geschah).

Der Ehemann der Leihmutter, Ray Stiver aus Lansing, Michigan, trat ebenfalls in der Donahue Show auf und bezichtigte Mallahoff, er habe »das Krankenhaus ersucht, das Baby einzuschläfern, und meine Frau gebeten, ihm noch eins zu machen. Genauso als hätte er eine schadhafte Ware gekauft.« Mallahoff dementierte.

Er behauptete, nicht der Vater des Kindes zu sein, und ein Bluttest gab ihm recht. In eindringlichen und peinlichen Verhören im Fernsehen, die die ganze Nation sehen konnte, wurde Judy Stiver ausgehorcht, wann genau sie nach der Befruchtung mit ihrem Mann Geschlechtsverkehr gehabt habe, und sie erzählte, sie habe mindestens dreißig Tage danach keinen mehr gehabt. Daß sie auch vorher schon keinen hätte haben dürfen, habe ihr niemand gesagt. Als die Stivers mitten in der Sendung (die Ergebnisse des Bluttests wurden direkt eingespielt) erfuhren, daß Ray der Vater des Kindes war, sagten sie, sie würden das Baby behalten. Mallahoff dagegen hatte erklärt, er würde es zur Adoption freigeben, wenn seine Vaterschaft erwiesen sei, nur wenn es normal gewesen wäre, hätte er es behalten wollen.

Wieso eigentlich akzeptiert eine unfruchtbare, verheiratete Frau, daß ihr Mann eine andere Frau künstlich befruchtet? Es gibt verschiedene Erklärungen dafür. Zuerst einmal ist eine solche Frau all dem in Kapitel IX beschriebenen Druck ausgesetzt.

Darüber hinaus sind die Alternativen für viele Frauen sehr finster.

Eine Frau, die über eine Leihmutter an ein Kind gekommen ist, erzählte: »Alles, was ich je vom Leben gewollt habe, war heiraten und Kinder haben.« Dann wurde sie mit fünfundzwanzig totaloperiert (Klaue, 1981, S. 58). Sie war Bankangestellte gewesen, aber das ihr Leben lang tun zu sollen, konnte sie sich nicht vorstellen. »Da muß doch noch mehr sein«, dachte sie sich, und mit »mehr« war ein Kind gemeint. (Auch Lesley Brown, die Mutter des ersten Retortenbabys, die in einer Fabrik Käse verpackt hatte, konnte die Aussicht darauf, den Rest ihres Lebens in der Fabrik zu verbringen, nicht ertragen.)

Die Soziologin Jalna Hanmer sieht noch ein anderes Motiv: Die gesellschaftliche Realität ist so, daß für viele Frauen Kinder die einzige Möglichkeit sind, Zuneigung zu bekommen. »Kinder lieben sie«, argumentiert sie. »Frauen können mit Kindern tatsächliche Liebesbeziehungen haben. Sie mit Männern zu haben ist dagegen äußerst schwierig.«

Auch die Angst, verlassen zu werden, kann ein Motiv dafür sein, daß eine Frau der Befruchtung einer Leihmutter zustimmt. Nehmen wir Jane und Tom, Noel Keanes erste Kunden. Jane hatte erklärt, daß sie Kinder haben wollte, seit sie als kleines Mädchen mit Puppen gespielt hatte. Ihr Mann kam als Libanese aus einer Kultur, in der Kinder als Männlichkeitssymbol gelten, und daß sie bisher keins bekommen hatten, hatte ihre Ehe »bis in die Grundfesten« erschüttert (Keane, 1981, S. 13). Wenn eine Frau wie Jane die Leihmutterlösung »wählt«, dann müssen wir uns fragen: Was passiert ihr, wenn sie es nicht tut? Es kann sehr wohl bedeuten, daß ihr Mann sie verläßt.

Angst vor gesellschaftlicher Ächtung und vor dem Verlassenwerden mit seinen emotionalen und ökonomischen Folgen scheint auch jene Frau von den Westindischen Inseln dazu bewogen zu haben, im Bus von New York bis nach Detroit zu fahren, um über Noel Keane eine Leihmutter zu finden. Der Versuch scheiterte. Die Frau war mit einem Nigerianer verheiratet und wollte bald in seine Heimat übersiedeln. Sie befürchtete, ihr Mann würde sich – unter dem Druck seiner Familie – von ihr scheiden lassen, wenn sie ihm kein Kind schenkte (Fleming, 1978).

Im Fernsehen sehen wir immer wieder Frauen, die uns erklären, wie gern sie Leihmütter sein möchten, daß sie damit Leben schenken und unfruchtbaren Paaren helfen und daß wir, die Zuschauer, doch begreifen sollen, wie edel diese Art von Geschäften zwischen Ehepaaren und Leihmüttern in Wahrheit ist. Wir mögen diese Frauen; sie sind liebenswürdig, intelligent. Mit ihnen zusammen treten Anwälte, Psychiater und Ärzte auf und stellen zur Diskussion, was ihrer Meinung nach zum Thema Leihmutterschaft diskutiert gehört:

Sollte die Brüterin lieber verheiratet oder alleinstehend sein? Sollte sie schon eigene Kinder haben oder lieber nicht? Sollte das Ehepaar sie kennenlernen? Welche Art von Beratung braucht das Ehepaar? Die Brüterin? Welche Daten sollten über sie allgemein vorhanden sein? Was passiert, wenn die Brüterin das Kind nicht mehr hergeben will? Kann sie zur Abtreibung gezwungen werden, wenn sich herausstellt, daß der Fötus das Down-Syndrom ist? Kann der »natürliche« Vater von ihr verlangen, sich einer Amniozentese zu unterziehen? Kann die Brüterin den Vater verklagen, wenn sie selbst aufgrund der Schwangerschaft Schäden davonträgt? Wer ist verantwortlich für das Baby, wenn das Ehepaar sich vor dessen Geburt scheiden läßt? Ist das Kind unehelich? Kann der Samenspender der Brüterin eine Abtreibung verbieten? Was passiert, wenn das Ehepaar stirbt, bevor das Kind geboren ist? Wenn die Brüterin dafür bezahlt wird, ein Baby auszutragen, kann sie dann bei nicht erfolgter Zahlung über das Kind verfügen?

Mit solchen Fragen hält man unseren Blick am Vordergründigen fest. Aber wie bei all diesen Technologien gibt es auch hier etwas mehr als den bloßen Versuch, die leeren Hände unfruchtbarer Paare mit Babys zu füllen. Dieses »Mehr« ist der Hintergrund.

Leihmutterschaft macht Frauen wieder zu Gefäßen für des Mannes Samen, was sie schon für Aristoteles oder für Thomas von Aquin waren. Nach Aristoteles liefert die Frau lediglich Materie, die vom aktiven männlichen Prinzip zum menschlichen Wesen geformt und geknetet wird. Die Männer spielen seiner Meinung nach die Hauptrolle bei der Fortpflanzung, während die Frauen einfach passive Brutkästen für deren Samen sind. Daß die aristotelische Biologie wiedererwacht war, wurde mir 1980 klar, als ich erfuhr, daß ein dreißigjähriger alleinstehender Mann namens Joseph Orbie eine Leihmutter suchte, die ihm einen Sohn gebar. Er wollte auch einen Experten für Geschlechtsvorherbestimmung anheuern, der versuchen sollte, das X-Chromosom aus seinem Sperma herauszuisolieren und die Brüterin mit dem restlichen Y-Sperma zu befruchten (Donahue, # 07290).

Wie wir in Kapitel X gesehen haben, war es immer eine Hauptfunktion von Frauen, Männern Söhne zu gebären. Bald dürfte es –

dank der Technologie – Männern möglich sein, eine Frau nur zu diesem Zweck und mit dem geringsten zwischenmenschlichen Aufwand dafür einzusetzen. Bald können Frauen endlich als reine Gefäße zum Ausbrüten der Söhne von Männern dienen – wie die Leihmutter, die nach Joseph Orbies Vorstellungen auf dem Untersuchungstisch irgendeiner Klinik, die auf Geschlechtsvorherbestimmung spezialisiert ist, liegt und darauf wartet, mit seinem präparierten und hoffentlich männlich-zeugenden Sperma befruchtet zu werden. Obwohl die Frauen die Eier liefern (jedenfalls bis heute) und ihre Babys in ihren eigenen Körpern nähren, wird ihre Beziehung zu diesen Babys nicht anerkannt. Sie haben zu verschwinden, sobald das Kind geboren ist, und die Elternschaft dem Mann zu überlassen. Tatsächlich sieht der Gesetzentwurf von Michigan vor, daß das Kind einer Leihmutter nicht als deren Kind gilt, sondern als das des Mannes, der das Sperma geliefert hat, und seiner Frau.

Daß eine Leihmutter betrachtet wird wie ein Gefäß für des Mannes Samen, zeigt sich auch an der Sprache. Die Frauen werden benannt wie tote Gegenstände – Inkubator, also Brutkasten, oder Behälter, überhaupt wie »eine Art Legebatterie« (Schroeder, 1974), wie gemietetes Eigentum, eine Anlage eben. Und die Frauen beschreiben sich inzwischen schon selbst so.

Obwohl bis heute alle Babys von Leihmüttern deren eigene Kinder sind, mit deren eigenen Eiern gezeugt, tun die Frauen oft so, als sei das nicht wahr. Manche der Kandidatinnen für Leihmutterschaft, die Dr. Philip J. Parker interviewt hat, versicherten, ihre Babys gehörten den Adoptiveltern, und sie erachteten es als unmöglich, daß sie selbst es als Verlust empfinden könnten, ihre Kinder herzugeben. Daß sie keine gefühlsmäßige Anteilnahme erwarteten, begründeten sie laut Parker unter anderem so: »Ich bin ja nur der Brutkasten« und »Ich sorge nur für das Nest« (Parker, 1983). Eine Psychotherapeutin, die mit Handel zusammen in Kalifornien gearbeitet hat, faßte die Haltung vieler Leihmütter, mit denen sie sich unterhalten hatte, so zusammen: »Ich bin nicht die Mutter. Ich bin nur eine Anlage, die der anderen Frau Gelegenheit gibt, Mutter zu werden.« (Krier, 1981)

Mir erzählte eine Leihmutter: »Ich habe das Baby nie als mein eigenes angesehen. Es war deren Kind. Ich dachte, ich mache dasselbe, was meine Hühner machen. Ich brüte das Ei sozusagen aus, und dann können die anderen Hennen es übernehmen.«

Es ist üblich, den Körper der Frau als Eigentum zu betrachten.

Sanford Katz zum Beispiel, Professor an der Boston College Law School und Vorsitzender der Abteilung Familienrecht der *American Bar Association* (amerikanische Juristenvereinigung), kommentiert das folgendermaßen: »Ich würde Leihmutterschaft nicht als den Kauf eines Babys bezeichnen. Ich würde sie als Kauf eines Behälters bezeichnen.« (*New York Times,* Mai 1980) Ein Artikel im *Western Journal of Medicine* beschrieb die Leihmutter als »Anhängsel einer gemieteten Gebärmutter« und ihr Kind als »deren Untermieter«. (Karp/Donahue, 1976)[2]

Die Befürworter der Leihmutterschaft zitieren gern die Bibel; sie spielen die Geschichte von Abraham, Sarah und Hagar aus wie eine Trumpfkarte, weil sie angeblich beweist, daß Leihmutterschaft uralt und gottgewollt und damit also auch moralisch sei.

»Sarah, Abrams Weib, gebar ihm kein Kind. Sie hatte aber eine ägyptische Magd, die hieß Hagar. Und sie sprach zu Abram: Siehe, der Herr hat mich verschlossen, daß ich nicht gebären kann. Gehe doch zu meiner Magd, ob ich vielleicht aus ihr mich aufbauen möge.« (Genesis, 16, Vers 1 und 2)

Sarah gestattete Abraham also, so erklärt Janice Raymond, sich eine Konkubine zu nehmen, damit diese seine Nachkommen zur Welt bringt. Heutzutage lebt diese jüdisch-christliche Tradition, nach der eine Frau nur danach bemessen wird, was sie zur Fortpflanzung beiträgt, in der Medizin weiter und wird in Technologien verkörpert. »Für mich ist das das alles überragende moralische Prinzip, das dahintersteckt: Seine Nachkommen müssen einfach auf die Welt. Es ist die uralte Leier, nur daß sie heutzutage dank der Biomedizin sehr viel leichter Realität wird«, schreibt Janice Raymond.[3]

Entgegen allen Beteuerungen, im Mittelpunkt der Leihmutterschaft stehe der Wunsch, unfruchtbaren Frauen zu helfen, machen die Berichte über Keane, Levin und ihre Kunden deutlich, daß Janice Raymond recht hat: Das alles überragende Prinzip ist der Wunsch des Mannes, seine Nachkommen in die Welt zu setzen.

Levin räumte zwar ein, daß kinderlose Ehepaare doch ein Kind adoptieren können, fügte aber hinzu: »Diese Leute möchten jedoch lieber ein Kind, das mit ihnen verwandt ist, das ihre (das heißt des Mannes, G. C.) Linie fortführt. Die Frauen sagen oft: ›Ich möchte ein Kind von meinem Mann, auch wenn eine andere Frau es austrägt.‹« (Krucoff, 1980)

Auch Keane ließ durchblicken, daß er nach eben diesem moralischen Prinzip handelt. Als er kritisiert wurde, weil er nur die Leihmutter auf Herz und Nieren prüfte, nicht aber den Vater, erwiderte er: »Nun ja, ich finde, jeder Mann hat das Recht, sich fortzupflanzen, nicht?« (Donahue, # 02033)

Bestätigt wird Janice Raymonds Analyse schließlich durch die Kunden solcher Brutfirmen. Mrs. Wallace zum Beispiel, eine Frau, die ihre Fruchtbarkeit wegen einer durch die Intrauterinspirale ausgelöste Infektion eingebüßt hatte, sagte, eine Leihmutter sei ihre einzige Hoffnung, »meines Mannes Kind zu haben«. (Donahue, # 04150)

Manchmal haben Ehefrauen bereits Kinder aus früheren Ehen, können ihrem derzeitigen Mann aber, weil sie inzwischen unfruchtbar geworden sind, keine Kinder mehr schenken. Solche Paare gehören auch zu Keanes Kunden. Er erzählt die Geschichte eines Mannes, der zu ihm kam, besessen von der Idee, ein eigenes Kind zu haben, während seine Frau – die an Diabetes und Nierenerkrankung litt – wenig Begeisterung zu zeigen schien. Sie hatte schon mit ihrer eigenen Pflege rund um die Uhr zu tun. Trotzdem beharrte der Mann darauf, eine Leihmutter zu engagieren. Ungefähr zwei Wochen, nachdem das Paar bei Keane gewesen war, verließ die Frau ihren Mann. Keane berichtet: »Sie hinterließ einen Zettel, auf dem stand, sie könne den Druck, ein Kind zu haben, nicht mehr aushalten.« (Keane, 1981, S. 138)

Da es bisher keine Gesetze zur Leihmutterschaft gibt, ist noch offen, ob ein Vertrag zwischen einem Mann und einer Brüterin von den Gerichten als bindend angesehen wird. Vielleicht nicht – die Erlasse gegen den Babyhandel scheinen zu verbieten, daß eine Frau dafür bezahlt wird, Babys zu gebären.[4]

Als Richard Levin 1979 seine Firma *Surrogate Parenting Inc.* in Louisville eröffnete, ging er davon aus, daß die Gesetze im Bundesstaat Kentucky (wo Louisville liegt) erlaubten, eine Leihmutter zu bezahlen. Der Generalstaatsanwalt Steven Beshear bestritt diese Interpretation und erhob eine Zivilklage, die Richard Levin dazu bringen sollte, aus diesem Geschäft auszusteigen. Die Klage wurde allerdings nicht weiterverfolgt, und so ist die Firma nach wie vor aktiv und hat sogar international expandiert: Sie verschafft inzwischen Ehepaaren in Frankreich, Kanada, Mexiko und Australien US-amerikanische Brüterinnen.

Die Betreiber von Leihmutterfirmen hätten am liebsten Gesetze, die ihre Praktiken ausdrücklich legalisieren und schützen. Manche von ihnen arbeiten direkt mit Leuten und Institutionen zusammen, die für Gesetzentwürfe und Gesetzgebung zuständig sind. »Wir stehen in engem Kontakt mit dem Abgeordneten Mike Ross und helfen ihm beim Entwerfen eines Leihelterngesetzes«, erzählte mir Anwalt William Handel, und später setzte er noch hinzu: »Wir haben ihm bei den Formulierungen geholfen, damit auch alles drin ist, was wir drinhaben möchten.«

Der erste Gesetzentwurf wurde im April 1981 im Repräsentantenhaus von Alaska eingebracht. Inzwischen erörtern neun Bundesstaaten eine entsprechende Gesetzgebung. Ein Teil der Entwürfe enthält massive Angriffe auf die Bürgerrechte der Frau. Sie sehen zum Beispiel vor, eine nie dagewesene Herrschaft der Medizin und des Staates über den weiblichen Körper gesetzlich zu verankern, einen bindenden Vertrag zwischen Männern und Frauen zu etablieren und dem Samenspender mehr Rechte am Kind zu gewähren als der Mutter. Der Gesetzentwurf von Michigan zum Beispiel beabsichtigt, dem Samenspender und dessen Frau bereits bei der Geburt des Kindes sämtliche Rechte einzuräumen.

Der Wunsch nach »bindenden Verträgen« kommt von Keane und anderen Verfechtern. Keane ist der Meinung, Frauen, die einen Leihmuttervertrag unterschreiben, müssen gesetzlich verpflichtet werden können, ihre Babys auch wirklich herzugeben.

Der Entwurf von Michigan beinhaltet außerdem, daß die Leihmutter, die ihr Baby plötzlich doch behalten möchte, vor ein Vormundschaftsgericht zitiert wird. So lange, bis es ein Urteil gefällt hat, bleiben die Rechte über das Kind beim Samenspender. Kann die Frau dort nicht »überzeugend belegen«, daß es den Interessen des Kindes schadet, wenn ihre Rechte an ihm erlöschen, bestätigt der Richter den Vertrag und ordnet die Übergabe des Kindes an den Samenspender und dessen Frau an. (Wenn man festsetzt, daß das Baby dem gehört, der das Sperma dazu geliefert hat, verbietet man der Mutter per Gesetz sogar den Versuch, mit ihrem Baby eine Mutter-Kind-Beziehung einzugehen.)

Jalna Hanmer ist sehr besorgt über derartige Gesetzentwürfe: »Wenn man eine Frau per Gesetz dazu zwingen kann, ihr Kind herzugeben, dann steht dem entsetzlichsten Mißbrauch Tür und Tor offen.« Ähnlich sieht es Annette Baran, die Autorin des Buches *The Adoption Triangle*. Eine Frau kann vorher gar nicht wissen, wie sie sich fühlen wird, wenn sie Schwangerschaft und Geburt durchlebt hat, führt sie aus, und deshalb muß sie jedes Recht haben, es sich anders zu überlegen. »Man kann sie und ihr Kind doch nicht vor der Geburt vertraglich binden«, sagte sie in einem Interview. Manche Leihmütter oder Kandidatinnen haben nie zuvor ein Kind geboren und sind vielleicht überrascht, welche Gefühle eine Schwangerschaft auslösen kann.

Eine Version des Gesetzentwurfs von Michigan beruht auf der Ansicht, Samenspender für eine künstliche Befruchtung und Leihmütter erfüllen vergleichbare Funktionen und seien auch vor dem Gesetz vergleichbar zu behandeln. Demnach würden nach Abschluß eines Leihvertrags der natürliche Vater (der das Sperma geliefert hatte) und seine Frau als die gesetzlichen biologischen Eltern gelten (genauso wie bei der künstlichen Befruchtung, wo die natürliche Mutter und deren Mann in der Gesetzgebung von Michigan als Eltern des Kindes gelten). Als Erklärung für diesen Vorschlag sagte mir sein Verfasser Richard Fitzpatrick: »Wir halten uns an die Philosophie, daß wenn ein Mann die Benutzung seiner Reproduktionsorgane verkaufen, also Geld für Samenspenden erhalten darf, was zur Zeit gesetzlich zulässig ist, dann muß mit Sicherheit auch eine Frau dafür entschädigt werden dürfen, daß sie ihre Reproduktionsorgane spendet oder benutzen läßt. Also halten wir uns, was Elternschaft, Erbschaft und solche Dinge angeht, so dicht wie möglich an sämtliche Reglements bezüglich der künstlichen Befruchtung.« Wenn man nämlich, so argumentiert nicht nur Fitzpatrick, Männern erlaube, ihr Sperma zu verkaufen, Frauen aber verbiete, mit ihren Eiern und Gebärmüttern dasselbe zu tun, dann sei das eine Diskriminierung von Frauen aufgrund ihres Geschlechts.

Ich fragte die Feministin Andrea Dworkin nach ihrer Meinung dazu. »Ich nehme an«, sagte sie, »selbst wenn man sich alle Mühe gibt und sogar so ein Argument noch ernst zu nehmen versucht, muß man ja wohl darauf hinweisen, daß zwischen dem Ejakulat eines Körpers und dem Körper selbst noch immer ein kleiner Unterschied besteht. Derselbe übrigens wie zwischen einer Träne und dem Auge. Das wäre jedem griechischen Philosophen aufgefallen, so alt ist diese Art von Logik. Tränen kann man in einem Glas auffangen, mit den Augen von jemandem ist das schon etwas anderes.« Und weiter: »Es gibt keine Analogie zwischen dem Sperma eines Mannes und der Gebärmutter einer Frau. Gar keine. Sie sind nicht im geringsten vergleichbar. Um es zu betonen: weder physiologisch noch ethisch noch moralisch, noch hinsichtlich dessen, was beide für die Fortpflanzung für eine Bedeutung haben, und sie sind schon überhaupt nicht vergleichbar in bezug auf ihre Bedeutung für die Unversehrtheit und Integrität einer Person. Was ich damit unterstreichen möchte, ist, daß Männer bis heute nicht begriffen haben, daß Frauen keine Gebärmaschinen sind und daß die Körper von Frauen keine Waren sind, die sich bestens zum Verkauf eignen. Die Männer scheinen nicht den geringsten Sinn dafür zu haben, daß Frauen als solchen Persönlichkeitsrechte und Integrität zustehen. Sonst wäre so etwas wie Leihmutterschaft undenkbar.«

Wenn eine Frau sich freiwillig als Brüterin anbietet, dann, so beteuern die Befürworter, sei das doch Ausdruck ihres individuellen Willens. Sie möchte es, sie ist ein freier Mensch, welches Recht soll der Staat haben, sich da einzumischen?

»Niemand zwingt eine Frau, einen solchen Vertrag zu schließen«, antwortete eine Sprecherin des Abgeordneten Mike Roos auf den Einwand, Leihmutterschaft sei die Einführung der Prostitution in die Fortpflanzung (vgl. Kapitel XIV). »Sie tut dies aufgrund ihres eigenen freien Willens und aus den Gründen, die sie für richtig hält. Das ist alles andere als Prostitution. Dies hier ist die freie Wahl einer Frau, ihren Körper zu benutzen, wie immer sie möchte. Und so ist Freiheit nun mal definiert.«

Feministinnen wie Andrea Dworkin sehen das mit der Freiheit etwas anders. Sie argumentieren vielmehr, daß Gesetzgeber und Vertreter der Brüterindustrie für Menschen einen trügerischen Begriff von Freiheit und Gleichheit zusammenbasteln und den dann in ihren Gesetzentwürfen benutzen.

Andrea Dworkin empfindet es als »bitter, daß nur in einer Situation, in der es darum geht, einen extrem entwürdigenden Handel zu rechtfertigen, Gleichberechtigung als Wert angesehen wird. Und daß die Freiheit von Frauen nur an der Stelle als wichtig erachtet wird, wo es um die Freiheit geht, sich auf die oder jene Art zu prostituieren. Man hört diese Leute nie von der Freiheit der Wahl sprechen, wenn es darum geht, daß Frauen Chirurgen werden möchten.« Und weiter: »Feministinnen allerdings sprechen genau da von Freiheit und Gleichheit, und das wirkt, etwas salopp ausgedrückt, nicht gerade attraktiv. Niemand möchte es hören. Das einzige Mal, daß man Leute aus dem Establishment die Gleichberechtigung und Freiheit von Frauen verteidigen hört, ist, wenn es um das gleiche Recht zur Prostitution geht, das gleiche Recht, in irgendeiner Form den Körper, das Ich, zu verkaufen. Das ist jedenfalls verantwortungslos; für gewöhnlich gibt es für Männer nichts Vergleichbares, und trotzdem wird eine trügerische Analogie hergestellt. «

Auf die Beteuerung, es gebe doch aber Frauen, die gern Brüterinnen sein möchten, erwidert Andrea Dworkin, daß man danach fragen muß, in welchem Maß eigentlich der Wille einer Frau durch ökonomische und gesellschaftliche Bedingungen hervorgebracht wird. Dieser Wille entsteht außerhalb der einzelnen Frau. Sowohl für die Prostitution als auch für Leihmutterschaft, so Andrea Dworkin, hat der Staat die gesellschaftlichen, wirtschaftlichen und politischen Bedingungen geschaffen, unter denen es für Frauen aus Überlebensgründen notwendig ist, einige ihrer sexuellen und reproduktiven Fähigkeiten zu verkaufen. Genau das legt ihren gesellschaftlichen Platz fest, und damit werden ihr Sex und ihre Fortpflanzungsfähigkeit zu Waren.

Die Verfechter der Leihmutterschaft dagegen beharren darauf, der Wille einer Frau komme von innen und sei irgendwie unabhängig und unbeeinflußt von der Kultur, in der sie jeweils lebt. Wenn sie (in der Prostitution) ihre Vagina vermiete oder (als Leihmutter) ihre Gebärmutter und ihre Eierstöcke, dann sei das, beteuern sie, ein individueller Willensakt.

»Diese individuelle Frau ist eine Fiktion, und genauso ist es ihr Wille, denn gerade Individualität wird Frauen dadurch abgesprochen, daß sie als Geschlechtsklasse definiert und benutzt werden«, schreibt Andrea Dworkin. »Solange die Frage nach dem sexuellen und reproduktiven Schicksal von Frauen so gestellt wird, als ließe sie sich unter Individuen lösen, so lange werden wir nichts ändern an den derzeitigen Bedingungen, die die sexuelle Ausbeutung von Frauen zementieren. Frauen sind *per definitionem* verurteilt zu einem vorherbestimmten Status, einer vorherbestimmten Rolle und einer vorherbestimmten Funktion.« (Dworkin, 1983)

Eine dieser tatsächlichen Bedingungen, die die Ausbeutung von Frauen zementieren, ist ihr ökonomischer Status. In den Vereinigten Staaten verdienen Frauen nicht einmal zwei Drittel dessen, was Männer verdienen, und dieses Lohnverhältnis ist konstant, unabhängig davon, wie viele Frauen welche Lohnarbeit machen und welche Ausbildung sie haben. Die meisten Frauen bleiben eingesperrt ins Ghetto der »Frauenarbeitsplätze« – jene Handvoll Jobs, die schlecht bezahlt werden und kaum oder gar keine Aufstiegschancen bieten. Erwerbstätige Frauen, das sind typischerweise: Sekretärinnen, Stenotypistinnen, Empfangsdamen, Kellnerinnen, Krankenschwestern, Bankangestellte, Telefonistinnen, Fabrikarbeiterinnen, Verkäuferinnen in Warenhäusern oder Kassiererinnen in Supermärkten, Volksschullehrerinnen, Friseusen/Kosmetikerinnen oder Putzfrauen. Die wenigen, die dem Ghetto entrinnen können, werden diskriminiert bezüglich ihres Gehalts, ihrer Aufstiegsmöglichkeiten und Privilegien und außerdem sexuell belästigt.

In einer solchen Gesellschaft ist es kaum überraschend, wenn Frauen sich durch Geld dazu motivieren lassen, Brüterinnen zu werden. Erinnern wir uns, daß auch jener Tom damals nach einer Witwe Ausschau gehalten hatte, deren Mann in Vietnam gefallen war und die Geld für ihre Kinder brauchte. Einer der Männer, die eine Leihmutter suchten, erzählten in der *Detroit Free Press* (4. Februar 1977), wie die ideale Leihmutter beschaffen sein sollte: Sie hat ihren Mann verloren und »kämpft hart um das tägliche Brot; sie könnte das Geld gut gebrauchen«. Als 1980 in Australien die erste Leihmutter gesucht wurde, die für zehntausend Dollar ein Kind austrug, meldete sich zum Beispiel eine achtzehnjährige Witwe, die ohne einen Pfennig dastand, nachdem ihr Mann bei einem Unfall ums Leben gekommen war. Eine andere, dreiundzwanzig Jahre, hatte einen Mann, der im Sterben lag, und brauchte die zehntausend Dollar dringend, um ihr Kind irgendwie abzusichern. Mehr als die Hälfte der neunzig Bewerberinnen waren geschieden oder alleinstehend, von siebzehn bis vierundvierzig Jahre alt; auch eine ehemalige Prostituierte war dabei (*ST*, 14. Dezember 1980).

Dr. Howard Adelman, ein Psychologe, der Brüterinnen in spe für die Firma *Surrogate Mothering Ltd.* in Philadelphia untersucht, erzählte der *Ob/Gyn News*: »Ich bin überzeugt, die Kandidatinnen, die aus finanziellen Motiven kommen, sind die sichersten. Eine Frau, die arbeitslos ist und Kinder hat, für die sie sorgen muß, ändert kaum plötzlich ihre Entscheidung, die will das Baby, für das sie bezahlt wird, nicht plötzlich behalten.« (Miller, 1983)

Dr. Philip Parker hat festgestellt, daß tatsächlich etwas mehr als vierzig Prozent der Brutanwärterinnen entweder erwerbslos sind oder irgendeine Art Beihilfe beziehen.[5]

Reiche Frauen, schrieb auch Keane, »werden wohl kaum Leihmütter« (Keane, 1981, S. 236). Er bekam auf seine Anzeigen hin Briefe von Frauen aus dem ganzen Land, und die meisten gaben an, sie brauchten Geld (*Chicago Tribune*, 4. Dezember 1977). Eine Menge Frauen waren bereit, sich gegen Bezahlung fortzupflanzen.

Damals hatte Keane noch den Eindruck, seine Kunden könnten ein Honorar zahlen. Als er allerdings – nach einem Gerichtsurteil im März 1977 – erkennen mußte, daß das so nicht ging, fiel die Zahl der freiwilligen Bewerberinnen rapide bis fast auf Null (*Detroit News*, 4. Mai 1978).

Keane bekam nicht genügend Brüterinnen, wenn er ihnen kein Geld anbieten durfte. Er ging vor Gericht, um die Bezahlung von Leihmüttern legalisieren zu lassen. 1980 verlor er in erster Instanz; der Richter schloß sich den Ausführungen des Staatsanwalts an: »Tatsache bleibt, daß dieses Geld vorrangig dafür benutzt werden soll, Frauen zu freiwilliger ›Leihmutterschaft‹ zu ermutigen. Die Kläger haben diesen Prozeß angestrengt, weil nur wenige Frauen neun Monate lang ihren Körper benutzen lassen mögen, wenn sie dafür lediglich mit der Freude belohnt werden, ein Paar glücklich zu machen, weil es das Kind dann adoptieren und aufziehen darf. Folglich ist – ganz im Gegensatz zu den Beteuerungen der Kläger – diese Zahlung überwiegend als Anreiz für die ›Leihmutter‹ gedacht, ein Kind zu empfangen, das sie normalerweise nicht empfangen hätte, neun Monate lang ein Kind auszutragen, das sie normalerweise nicht ausgetragen hätte, ein Kind zu gebären, das sie normalerweise nicht geboren hätte, und dann eben wegen dieser finanziellen Entschädigung auf die elterlichen Rechte für dieses Kind zu verzichten.«[6]

Gewisse Leihmutter-Unternehmer reagieren sehr empfindlich auf die Kritik, daß arme Frauen aufgrund ihrer geringen Möglichkeiten, Geld zu verdienen, gar nicht anders können, als Brüterinnen zu werden. Handel zum Beispiel findet sie unbegründet: Er nehme bedürftige Frauen gar nicht in sein Programm auf. Seine Brüterinnen müssen nachweisen, daß sie gut verdienen. Er gibt allerdings zu, daß seine Firma Frauen aus der Mittelschicht und Arbeiterinnen nimmt, die – gemeinsam mit ihren Ehemännern – das Geld dafür verwenden wollen, ihre Kinder studieren zu lassen oder ihr Haus anzuzahlen.

Eine Leihmutter, die ich interviewt habe, erzählte mir, sie und ihr Mann haben mit dem Geld ihr kleines Transportunternehmen über harte Zeiten gerettet. »Wir vermieten LKWs mit Anhängern, und jetzt, bei den schlechten Zeiten dank Reagan, können wir das Geld gut gebrauchen, damit der Laden weiterläuft.«

Judy Stiver, die Leihmutter für Alexander Malahoff, verdient als Lagergehilfin weniger als fünf Dollar die Stunde, ihr Mann ist Busfahrer, aber nur teilzeitbeschäftigt. Sie erklärte, sie sei Leihmutter geworden, um offene Rechnungen zu bezahlen und – wenn möglich – Urlaub zu machen.

Wer weiß, unter welchem subtilen wortlosen und auch gewalttätigen Druck sogar Frauen mit mittleren Einkommen stehen oder stehen werden, in schlechten Zeiten das Familieneinkommen als Brüterinnen aufzubessern? Vielleicht geht die Idee dazu sogar von den Frauen selbst aus, vielleicht sind sie begeistert davon, etwas für ihre Familie tun zu können, aber in einer Gesellschaft, in der Frauen über ihre Fortpflanzungsfunktionen definiert und für ihre Arbeit chronisch unterbezahlt werden, heißt das gewiß nicht, daß sie »aus freien Stücken« Leihmütter werden.

Außerdem bedeutet die Behauptung, bedürftige Frauen seien für Leihmutterschaftsprogramme nicht zugelassen, nicht, daß das in Zukunft so bleiben wird. Wir haben bereits gesehen, wie vorsichtig die Unternehmer sich verhalten, solange Leihmutterschaft nicht legalisiert ist. Sind die entsprechenden Gesetze erst einmal festgeschrieben, sind solche selbstauferlegten Einschränkungen nicht länger nötig. Stehura sieht es bereits heute als »unvermeidlich« an, daß die Firmen irgendwann arme Frauen für ein Zehntel des jetzt schon niedrigen Brüterinnenlohns beschäftigen werden.

Der »Wille« einer Frau, ihre Gebärmutter zu vermieten, wird neben ihrer finanziellen Lage auch durch ihre emotionale Verfassung bestimmt. Frauen ist eingehämmert worden, daß ihre allerwichtigste Rolle darin besteht, alle anderen und deren Wachstum und Glück zu hegen und zu pflegen. Sicher, die Sorge um andere ist etwas sehr Wertvolles; der Fehler liegt nur darin, daß ausschließlich Frauen damit beschäftigt sein sollen, und zwar so sehr, daß sie für alle anderen wertvollen Tätigkeiten keinen Platz mehr haben. Durch diese »Falle Mitleid« (wie Margaret Adams, 1971, sie nennt) wird ein einzelner Teil der Psyche von Frauen beinah krankhaft überbetont, während die anderen brachliegen.

Die Pharmakraten beuten bei ihrer Jagd nach Leihmüttern oder Eispenderinnen die Emotionalität von Frauen aus. Sie appellieren – über die Massenmedien – an deren Mitleid und fordern sie auf, einem sorgengeschüttelten Ehepaar zu einem »Geschenk des Lebens« zu verhelfen. Sie nennen sie »ganz besondere Frauen« und loben sie als selbstlos, mitfühlend, großherzig, als Frauen, die lieben können. (Im nächsten Atemzug bezeichnen sie sie als »Mietgebärmütter« oder »Gefäße«.)

Die gesellschaftliche Manipulation der psychischen Ressourcen von Frauen ist dem ausbeuterischen Blick, der Frauen als rein sexuelle Objekte sieht, sehr ähnlich. Widerstand gegen diese Manipulation und Ausbeutung ist deshalb so schwer, weil sich unsere Emotionalität nicht so leicht verändern läßt.

»Das Gemeinste, was man einer Frau antun kann, ist, ihr seelisch auf den Zahn zu fühlen, und genau das passiert, glaube ich, bei all den Appellen an Leihmütter«, sagte mir eine Freundin. »Da wird ihre Selbstwahrnehmung vergewaltigt und ausgebeutet. Ich finde, das ist das entsetzlichste Verbrechen gegen eine Person. Ein Mord ist ein Verbrechen gegen ihr körperliches Ich, aber es gibt daneben eine lange Liste von Verbrechen gegen die Gesamtheit ihres Ichs, und dieses gehört dazu.«

Neben ihrem wirtschaftlichen Status und ihrer Emotionalität ist auch der gesellschaftliche Status einer Frau verantwortlich dafür, daß sie weiter ausgebeutet und ihr »Wille« geformt werden kann. Egal, zu was individuelle Begabungen und ein unverwechselbarer Charakter sie befähigen mögen – dieses Gesellschaftssystem nagelt sie fest auf ihre Gebärfähigkeit. Und da ist es nicht überraschend, daß sich manche Frauen nur dann als etwas Besonderes empfinden, wenn sie schwanger sind, und versichern, daß sie es einfach himmlisch finden, sich fortzupflanzen. Und so wird es möglich, daß gewisse Männer mit dem – wie ich es nenne – Bild von der »glücklichen Brüterin« aufwarten, wenn sie erklären wollen, warum Frauen Leihmütter werden wollen. Es ist dasselbe Bild wie das von der »glücklichen Nutte« als Rechtfertigung für Prostitution.

Philip J. Parker stellte bei einer Untersuchung von Kandidatinnen für Keanes Leihmutterprogramm 1983 fest, daß manche der Frauen, die bereits eigene Kinder hatten, es als Chance betrachteten, eine Schwangerschaft zu genießen und gleichzeitig Geld zu verdienen. Die Kandidatinnen »beschrieben ihre Gefühle bezüglich (früherer) Schwangerschaften in allen positiven Schattierungen – von einer annehmbaren Erfahrung bis hin zur schönsten Zeit ihres Lebens, manche wollten am liebsten ihr Leben lang schwanger sein. Sie sind zufriedener gewesen, haben sich als etwas Besonderes, als endlich vollkommen und stimmig empfunden und einen inneren Glanz verspürt; manche fühlten sich weiblicher und anziehender und genossen es, daß sie mit mehr Aufmerksamkeit behandelt wurden«. (Parker, 1983; er gibt übrigens keine genauen Zahlen an, und als ich ihn fragte, wie viele von den 124 Kandidatinnen denn so fühlten, antwortete er, ich solle einfach »manche« sagen, wenn ich seine Untersuchung zitierte. Später fügte er hinzu, daß »einige wenige« Frauen behauptet hatten: »Ich fühle mich besser, wenn ich schwanger bin, als wenn ich es nicht bin.«)

Auch Laurence E. Karp und Roger P. Donahue verteidigen die Leihmutterschaft mit der Versicherung, daß manche Frauen einfach liebend gern schwanger sind. Es werde so viel Lärm um die mögliche Ausbeutung armer Frauen durch Leihmutterschaft und Embryotransfer gemacht, schreiben sie. Sie selbst seien dagegen besorgt darüber, daß man Frauen verbieten wolle, durch Leihmutterschaft ihren Lebensunterhalt zu verdienen. Die Frauen, die sich bei ihnen gemeldet haben, um ihre Dienste anzubieten, »behaupteten, sie seien liebend gern schwanger und wären es gern ständig, wenn sie die Babys nicht behalten müßten. Ihnen erscheint die Vermietung ihrer Gebärmutter als wunderbare Art, ihren Lebensunterhalt zu bestreiten. Wenn man darüber nachdenkt, dann muß man es für inkonsequent halten, daß Frauen diese Art von Lebensunterhalt kategorisch verweigert wird, während wir anderen Leuten erlauben oder sie sogar ermuntern, ihr Geld mit so gefährlichen Tätigkeiten wie Bergbau oder Autorennen zu verdienen.« (Karp/Donahue, 1976)

Der Bioethiker Rassaby hat ähnliche Sorgen. Er leugnet zwar nicht, daß einige Leihmütter Opfer einer ungerechten Gesellschaftsordnung werden könnten, aber er geht davon aus, daß viele Frauen sich lieber ausbeuten lassen als arm zu bleiben. Es sei »kontraproduktiv«, ihnen die »Chance« zur Ausbeutung zu verweigern, findet er (Rassaby, 1982, S. 103).

»Wenn die Männer es zur ethischen Richtschnur erheben, daß Frauen erst in der Schwangerschaft richtig glücklich sind – und nach meiner festen Überzeugung tun sie das –, dann ist das gar nichts Neues«, erklärte Janice Raymond in einem Interview. »Das tun sie seit ewigen Zeiten. Nur ist der Zusammenhang gerade mal ein anderer, und sie haben diesmal einen bestimmten Teil der weiblichen Bevölkerung im Visier – die Leihmütter.«

Janice Raymond meint einen entscheidenden Aspekt dessen, wie der Wille einer Frau gesellschaftlich geformt wird: Männer kontrollieren nicht nur, welche Entscheidungen Frauen offenstehen, sondern auch, welche Entscheidungen sie beigebracht bekommen, treffen zu *wollen*. Es mag ja sein, daß Frauen wirklich schwanger werden wollen, führt sie aus, aber wir haben auch das

Potential für andere Dinge in uns, und das liegt weitgehend brach.

»Das ist für mich viel drastischer: Nicht daß unsere Entscheidungen fremdbestimmt sind, sondern daß unsere *Motivation*, etwas anderes zu wollen, ebenfalls fremdbestimmt ist.«

Die Behauptung von Karp, Donahue und anderen, manche Frauen seien eben gern schwanger, wird so zur *self-fulfilling prophecy*, die alle anderen Entscheidungen ausschließt. Mit dem Hinweis auf die Kräfte im Hintergrund, die den Wunsch von Frauen, lebenslänglich schwanger zu sein, erzeugen, fragt Janice Raymond: »Warum erwähnen all diese Fortpflanzungsbiologen nicht im selben Atemzug, daß Frauen liebend gern Naturwissenschaften betreiben oder Philosophie? So etwas ist nie zu hören. Die Männer posaunen nur die eine Botschaft aus: ›Frauen sind liebend gern schwanger‹, und schränken ihre Entscheidungsfreiheit ein. Und es wird Frauen geben, die entsprechend entscheiden.« Selbstverständlich haben sich viele Frauen dieser Konditionierung entzogen und werden das auch weiterhin tun. Dennoch lassen sich die Auswirkungen einer solchen Konditionierung, die den Frauen so vielfältige Einschränkungen auferlegt, kaum überschätzen.

Andrea Dworkin soll das letzte Wort zum Thema »freie Wahl« haben. Die Vorstellung, der Verkauf des eigenen Körpers sei die höchste Ausdrucksform dessen, was in einer kapitalistischen Gesellschaft als Freiheit gilt, ist ihrer Meinung nach nur eine groteske Spielart des kapitalistischen Laisser-faire. Ebenso grotesk sei das Argument, eine Frau habe das Recht, ihren Körper als Ware zu verkaufen, und das sei eine anerkannte Freiheit.

»Das sind schon sehr bizarre Vorstellungen von Freiheit. Keine Frage ist in all den ach so bedeutenden Disziplinen männlicher Wissenschaft wie Philosophie und Geschichte wichtiger als die Frage danach, was Freiheit ist. Und niemals gibt es darauf eine einfache Antwort. Wie kommt es denn, daß die Antwort – sobald es um Frauen geht – doch ganz einfach ist? Und wieso ist sie so funktional? (...) Wie kommt es, daß sie in bezug auf Frauen etwas mit An- und Verkauf zu tun haben soll?«

Philip J. Parker arbeitet zur Zeit an einer Langzeitstudie über Brüterinnen. Seiner Meinung nach ist finanzieller Gewinn ein legitimes Motiv dafür, ein Kind zu gebären. Es gibt, versichert er, keinen Beweis, daß Brüten aus Geldgründen nachteilige Folgen hat, weder psychische noch medizinische noch rechtliche. Finanzielle Belohnungen seitens eines »dankbaren Ehemanns« könnten, so spekuliert er, sogar manche Ehefrauen dazu motivieren, jetzt Kinder zu bekommen. Für ihn ist beides gleich akzeptabel – daß Ehefrauen *und* Brüterinnen gegen Geld Babys gebären. Manche Leute haben das Gefühl, daß es den gesamten Vorgang der Fortpflanzung herabwürdige, wenn Geld zum Motiv für die Produktion von Kindern werde, bemerkt er und meint dazu: »Ich sehe keine vernünftige Begründung dafür, daß man eine solche Moral dem Rest der Gesellschaft aufoktroyiert.« Seine eigene Grundhaltung lautet schlicht: »Meiner Überzeugung nach gehört es zu den Grundrechten, daß ein Paar sich einer Leihmutter bedient, damit das biologische Kind des Ehemannes ausgetragen werden kann.«

Das Geschäft mit der Leihmutterschaft verteidigt Parker mit Erkenntnissen aus seiner Untersuchung: »Ich habe bisher keinen Beweis dafür gefunden, daß Leihmutterschaft an sich – ob mit oder ohne Bezahlung – ernste psychische Nachteile mit sich bringt und verboten werden sollte, wie manche Leute es möchten.« (Parker, 1982)

Ich vermute, daß Parkers Begründung eine ähnliche ist wie die, mit der der Hl. Thomas von Aquin es für angemessen befand, daß der Mensch Tiere tötet und ißt: »Es ist keine Sünde, ein Ding zu dem Zwecke zu benutzen, zu dem es da ist.« Tiere (unvollkommene Wesen) existieren eben angeblich dazu, daß der Mensch (ein vollkommenes Wesen) sie benutzt. Und so mag auch Parker mit seinen patriarchalischen Wertvorstellungen nichts Schlimmes dabei finden, Frauen zu dem Zwecke zu benutzen, zu dem sie angeblich dasind: zur Fortpflanzung. Für ihn scheint es nicht die Integrität einer Frau zu beeinträchtigen, wenn sie ihren Körper, ihr Ich als Ware verkauft.[7]

Aber Parker untersucht Leihmütter nicht nur, er berät sie auch. Im allgemeinen haben die Leihmütterfirmen Psychologen oder Psychiater wie Parker sowie Juristen und Ärzte dabei. (Die Juristen setzen Verträge auf, die Ärzte untersuchen die Brüterinnen auf ihre Gesundheit und Fruchtbarkeit, besamen die ausgewählten und nehmen oft auch die monatlichen Untersuchungen vor, bis die Geburtshilfe die Frauen übernimmt.) Die Psychologen durchleuchten die Brutkandidatinnen, ob sie auch die passenden geistigen Anlagen mitbringen, und sehen sie, wenn sie dann schwanger sind, etwa einmal pro Monat zur Beratung. Bei Handels Firma ist das etwas anders: »Wir sind das einzige Unternehmen im ganzen Land, das auf

Gruppentherapie für die Leihmütter besteht.« (Andrea Dworkins Kommentar dazu: »Sie wollen einfach um keinen Preis riskieren, daß eine Frau womöglich auf einen eigenen Gedanken kommt.«)

Nach Parkers Ansicht sollte die Leihmutter, wenn sie schwanger ist, spezielle vorgeburtliche Kurse geboten bekommen; ferner sollten Gruppen organisiert werden, in denen schwangere wie entbundene Leihmütter Unterstützung finden. Er hatte festgestellt, daß in einer solchen Gruppe die Frauen sich sehr eng zusammengeschlossen hatten: »Dieses Gefühl der Kameradschaft und der Gemeinsamkeit ergänzt und verstärkt ihre Einfühlsamkeit gegenüber dem Elternpaar.« Das deutet darauf hin, daß auch die Schönfärberei über das Brüten für Geld in solchen Gruppen verstärkt wird.

Annette Baran trat gemeinsam mit einem Leihmütterunternehmer im Fernsehen auf. »Er behandelt die Frauen, als durchliefen sie während der ganzen Schwangerschaft eine Therapie«, berichtete sie. »Und sie erzählen im Chor: ›Wir tun etwas Großartiges für andere Menschen. Wir tragen anderer Leute Babys aus.‹ Das ist wirklich Gehirnwäsche. Und er läßt schmelzende Geigentöne erklingen und erzählt von diesen armen unfruchtbaren Leuten und ihrer *einzigen* Alternative heute.«

Auch Leihmütter selbst erzählen im Fernsehen die Geschichten vom »Geschenk des Lebens«, das sie machen, indem sie einer kinderlosen Frau ein Baby in die »leeren Hände« legen. Janet Porter zum Beispiel erklärte es mit ihrem ausgeprägten »Bedürfnis zu geben«, daß sie bereit war, Leihmutter zu werden. Sie war glücklich über ihr eigenes Kind und wollte diese Freude auch anderen zukommen lassen. (Spermalieferanten erklären selten, Unfruchtbaren helfen zu wollen, Leihmütter dagegen geben häufig Mitleid und das »Geschenk der Liebe« als Motiv an. Etwa 90 Prozent der Leihmutterschaftskandidatinnen, die Parker interviewt hat, allerdings forderten eine Bezahlung dafür, schreibt er in einem Artikel von 1983. Das »Bedürfnis zu geben« war offenbar nicht Motiv genug.)

Sicher gibt es einige wenige Fälle, in denen eine Frau, weil sie mitansieht, wie eine Freundin leidet, ihr wirklich ein Kind *schenkt*. Aber das ist etwas ganz anderes, als wenn Anwälte, Psychiater und Gynäkologen gemeinsam Konzerne aufbauen, die nur den Zweck haben, die Fortpflanzungsfähigkeiten von Frauen an Fremde zu vermarkten.

Und stimmt es denn überhaupt, was die Leihmütter erwarten – daß sie höchstens eine leichte Traurigkeit verspüren werden, wenn sie ihre Babys hergeben müssen? Elizabeth Kane, die sich während der Schwangerschaft selbst als »Inkubator«, als Brutkasten bezeichnet hatte, zeigte später all die komplizierten Gefühle, die ein Mensch eben hat: »Als ich die Adoptivmutter zum ersten Mal mit dem Baby im Arm sah, war ich freudig erregt. Aber dann kamen Depressionen, zum Beispiel am dritten Tag im Krankenhaus, als bei mir die Milch kam und die andere Frau meinen Sohn fütterte. Und als ich mich von ihm verabschiedete, brach mir das Herz. Ich habe wochenlang jeden Sonntag geheult, denn er ist an einem Sonntag geboren.« (Blair, 1982)

Parker interviewte zwölf Leihmütter nach der Geburt. Er stellte »Symptome vorübergehender Trauer« bei ihnen fest, die sehr schwankten. »Eine gab an, daß sie kein bewußtes Verlustgefühl erlebt hatte«, notiert er. »Eine andere beschrieb, daß sie einmal einen Weinkrampf bekommen hatte, und noch eine berichtete, daß sie etwa einen Monat lang jeden Tag zur Stunde der Entbindung geweint und unter Schlaflosigkeit gelitten hatte.«

Während ich dieses Kapitel schrieb, fiel mir das Interview wieder ein, das ich mit Joe, dem Viehzüchter aus dem Mittelwesten, gemacht hatte, bei dem ich Embryotransfers an Kühen beobachten durfte. Er hatte mir erzählt, daß sie immer nach sieben Monaten das Kalb von der Mutter wegnehmen, damit sie »trocken werden« und sich für die Produktion des nächsten Kalbs erholen kann. Man erwartete pro Jahr ein Kalb von jeder Kuh; zum Geschäft gehörte, daß die Kälber zum Schlachten verkauft wurden.

Joe: Wir nehmen ihr das Kalb weg, das nennen wir Entwöhnen. Die Kuh brüllt dann erstmal vier, fünf Tage lang, aber eh du dich versiehst, steht sie wieder auf der Weide und hat das Kalb irgendwie aufgegeben. Nach zwei Wochen hat sie ihr Kalb mehr oder weniger vergessen.

Ich: Sie meinen, Kühe weinen regelrecht?

Joe: Ja, sicher weinen die. Sie brüllen entsetzlich. Das ist mehr so 'ne Art Gekreisch. Die haben ja keine Tränen, um ihre Gefühle zu zeigen, aber sie tun sie eben durch Lautstärke kund.

Ich: Dann haben Kühe also wirkliche Gefühle?

Joe: Nicht Gefühle wie Menschen. Aber sie waren ja sieben Monate mit diesem Kalb zusammen. Sie wissen, das ist ihrs, und ihr Job ist eben hauptsächlich, es aufzuziehen. Das wollen sie nicht einfach hergeben. Das ist wohl nicht genau so wie bei Menschen, aber ich nehme an, ziemlich ähnlich. Menschen zeigen Tränen und sind depressiv, bei Kühen ist es eben bloß die Aufregung, das Gebrüll und solche Sachen.

Und wie tief empfindet eine Frau den Kummer, wenn ihr ihr Kind weggenommen wird? Nehmen die Männer, die die Frau für ein Mietgefäß halten, diesen Kummer wirklich ernster als jene Männer den Kummer einer Kuh, die sie für eine Maschine zur Produktion von marktgerechten Waren, nämlich Kälbern, halten? Kann der Kummer einer Frau als »bloße Aufregung« mißverstanden werden wie der einer Kuh? Und wenn eine Frau weint, wird das dann vielleicht gar nicht als Ausdruck der Trauer interpretiert, sondern als »mehr so 'ne Art Gekreisch« oder – wie Parker es nennt – als »Symptom«?

Wie sensibel ist Parker wirklich gegenüber Frauen als vielschichtigen menschlichen Wesen, wenn er schreibt, daß die zwölf Frauen, die ein Baby geboren und dafür je zehntausend Dollar bekommen hatten, keine psychischen Nachteile erlitten haben, weil sie ja bezahlt worden sind, und wenn er hinzufügt – so als sei es nur gut für die Psyche, wenn für Frauenkörper Geld bezahlt wird: »Tatsächlich erklärte eine Leihmutter sogar, daß sie mit den Verlustgefühlen besser umgehen könne, weil sie mit einem Teil des Geldes etwas für die Wohnung kaufen könne« (Parker, 1981).

Eine Feministin, mit der ich über die Verlusterfahrung bei Leihmüttern diskutierte, empörte sich: »Auf jede erdenkliche Weise wird uns eingehämmert, daß wir einen Mutterinstinkt und Mutterliebe haben. Wenn wir eine Abtreibung machen wollen, dann bekommen wir gesagt, wir würden einen tiefen seelischen Schock davontragen und es wie einen Verlust empfinden. Und jetzt erzählen sie: ›Ach, so lange das Kind nicht deins ist, kannst du es ganz leicht hergeben. Kein Problem.‹ Sie bringen Frauen bei, sich einzureden: ›Das ist gar nicht mein Baby, das ist deins, denn du hast dafür bezahlt.‹ Wie schnell sie ihre Propaganda ändern! Immer wie es ihnen gerade in den Kram paßt!« (Zur Rechtfertigung von Embryotransfers übrigens hatte Dr. John Buster seinerzeit immer versichert, die richtige Mutter des Kindes sei die Frau, ›die es in neun Monaten nährt und formt. Wenn das nicht Muttersein bedeutet – was dann?‹ So berichtet es Donahue, # 08223. Eben das aber wird, wo es um Leihmutterschaft geht, von den Leihunternehmern oft bestritten. Das sei nicht die richtige Mutter, behaupten sie, sondern lediglich ein lebender Brutkasten. Damit versuchen sie, es der Frau schmackhaft zu machen, daß sie ihr das Kind wegnehmen.)

Neuerdings soll es sogar eine gute Therapie sein, das eigene Baby wegzugeben. In einer Untersuchung von 1983 stellte Parker fest, daß 35% der freiwilligen Leihmütter mindestens einmal – durch Abtreibung (26%) oder Adoption (9%) – ein Kind oder einen Fötus verloren hatten. Die Erfahrung, erneut auf ein Baby zu verzichten, schien ihnen bei der Verarbeitung des früheren Verlustes zu helfen, so behauptet er. Auf die Frage, wie hoch denn die Rate dieser Art von Verlust unter Frauen allgemein sei, antwortete Parker, darüber gebe es keine Daten. Falls sie ähnlich hoch liegt, ist seine Theorie von zweifelhaftem Wert.

Ich fragte ihn auch, wie viele Frauen ihm tatsächlich gesagt hatten, sie wollen Leihmütter werden, um eine frühere Abtreibung abzubüßen oder ihre Gefühle aus früheren Kindsverlusten in Griff zu bekommen. Er nannte keine Zahl. Er gab allerdings zu, daß nicht alle Frauen Leihmutterschaft und frühere Abtreibungen in einen solchen Zusammenhang stellten, ja, daß einige diesen Zusammenhang sogar total ablehnten. Aber für ihn besteht er allgemein weiter, »selbst wenn die Frauen sich dessen nicht bewußt sind«. Und auch die rechnete er zu denen dazu, die wegen früherer Abtreibungen Leihmütter werden wollten. Parker übergeht also einfach die wirklichen Erfahrungen von Frauen, wenn sie seiner Theorie widersprechen.

Ich weiß nicht, wie sehr eine Leihmutter trauert. Vielleicht stimmt es, daß einige Frauen ihre Kinder ohne viel Kummer und Verlustgefühle hergeben können. Aber ich bin sicher, wir werden genau das nicht von einem Philip Parker erfahren, nach dessen Überzeugung der Mißbrauch von Frauen für bezahltes Brüten ein »Grundrecht« des Nutznießers ist.

Aber Parker leistet der Leihmutterindustrie noch einen anderen nützlichen Dienst: Er nimmt den Gegnern der Leihmutterschaft etwas Wind aus den Segeln mit seinen Erkenntnissen über deren angebliche irrationale psychische Verfassung. Wer massiv dagegen ist, habe unbewußte Ehebruchs- und Inzestphantasien, behauptet er, und die werden von dem Leihmutterschaftskonzept ans Licht gebracht. Außerdem, oder alternativ dazu, werde womöglich die unerträgliche Kinderfeindlichkeit der Gegner aufgerührt; die sich darin zeige, daß sie eine Leihmutter dafür verdammen, daß sie das Kind, das sie trägt, hergibt. Keane griff das auf: »Diese irrationalen

Gegenargumente, die Parker analysiert, sollten aufgespürt und unschädlich gemacht werden.« (Keane, 1982)

Mir gegenüber sagte Parker, daß man, sobald man Fortpflanzung von Sex und Ehe trenne, einen Schwall von Phantasien in den Leuten freisetze, bei denen ihnen unwohl wird; vor allem Inzestphantasien. Da ich wußte, wie gern er seinen Gegnern vorwirft, für ihre Argumente keine Daten anführen zu können, fragte ich ihn nach der wissenschaftlichen Grundlage seiner eigenen Behauptungen.

»Sie gründen sich auf meine Gespräche mit einigen Leuten«, erwiderte er. »Ich kann da bisher keine Untersuchung bieten. Ich sage das aufgrund meiner Eindrücke bei der Klinikarbeit, aufgrund von informellen Gesprächen – teilweise aufgrund von Interviews ... und manches ist auch meine eigene Spekulation.«

Leihmütter werden dafür bezahlt, eine der biologischen Funktionen von Frauen auszuführen. So etwas passiert nicht das erste Mal; jahrhundertelang sind Frauen dafür bezahlt worden, die Babys anderer Frauen zu stillen. Der Embryologe Dr. Clifford Grobstein sieht einen Zusammenhang zwischen beiden Rollen: »Wenn sich Ethik und öffentliche Meinung günstig entwickeln, dann läßt sich die Rolle der Amme (die in vielen Kulturen anerkannt ist) vermutlich ziemlich rasch erweitern auf das leihweise Austragen von Kindern.« (Ammen wurden 1925 mit der Erfindung der künstlichen Brust – dem Babyfläschchen – und des Muttermilchersatzes überflüssig. Leihmütter werden überflüssig, sobald künstliche Gebärmütter und künstliche Mutterkuchen erfunden sind.)

Auch Ammen wurden medizinisch durchleuchtet, inspiziert, kontrolliert, unter Preis gehandelt und betrachtet wie Kühe, so enthüllen ärztliche Berichte. Wir werden noch sehen, daß die Kontrolle über Leihmütter sehr ähnlich vor sich geht.

Zuerst ein Blick darauf, wie Ärzte Ammen kontrollierten. Dr. Isaac A. Abt, der die Ammen im Sarah Morris Hospital von Chicago beaufsichtigte, berichtete 1917 von seinen Erfahrungen. Er bezog die Frauen aus Entbindungsheimen und Waisenhäusern und untersuchte sie auf ihre Milchproduktion; er kniff ihnen in die Brüste, um zu sehen, ob die Milch herausschoß oder nur tröpfelte. »Tröpflerinnen« wurden abgelehnt.

Wenn sie »angeheuert« waren, zogen die Frauen in die Klinik. Sie bekamen Kost und Logis und acht Dollar pro Woche. Sie mußten leichte Arbeiten verrichten, ihre Zimmer wurden auf Sauberkeit überwacht. Dr. Abt schrieb: »Die persönliche Hygiene der Ammen wird sorgfältig überprüft. Sie müssen regelmäßig baden und jederzeit in sauberen Kleidern angetroffen werden.«

Sie wurden auch gezwungen, um neun Uhr abends zu Bett zu gehen und um acht Uhr morgens aufzustehen. Während der Nacht durfte eine Amme ihr eigenes Baby nicht stillen. Nachmittags – zwischen den Stillzeiten – hatte sie Zeit für etwas Muße. »Dann darf sie turnen oder sich ausruhen ... Wenn sie einen Spaziergang macht, nimmt sie ihr Baby mit; diese Vorsichtsmaßnahme soll dafür sorgen, daß sie keinen Unfug treibt. Nach Einbruch der Dunkelheit darf sie die Anstalt nicht mehr verlassen, ab acht Uhr muß sie in ihrem Zimmer sein.« (Abt, 1917)

Die Ammen legten die Pflegebabys nicht direkt an die Brust. Sie pumpten ihre Milch ab und füllten sie – offensichtlich aus »hygienischen« Gründen – in sterile Flaschen. »Sämtliche Ammen pumpen zur selben Zeit und unter der Aufsicht der Oberschwester und einiger Assistenzärzte. Es ist alles perfekt kontrolliert... Und die Sorgfalt ist auch nötig, denn wir haben in vergangenen Zeiten die Erfahrung machen müssen, daß Ammen uns täuschen wollten, entweder indem sie die Milch verdünnten oder indem sie ihre eigene durch Kuhmilch ersetzten.«

Auch Dr. Owen H. Wilson aus Nashville hat betont, daß man Ammen unbedingt überwachen müsse. Manch eine habe schon ein Fläschchen Milch im Ausschnitt versteckt und dessen Inhalt in die Pumpbehälter gefüllt, warnte er. (Wie aber müssen diese Frauen gewesen sein, daß sie bereit waren, so zu leben?)

Wie seinerzeit die Ammen, so werden heutzutage die Brüterinnen von Ärzten kontrolliert (vgl. Ince, 1984). Die Verträge, die Frauen mit den verschiedenen Leihmutterfirmen abschließen, ähneln sich enorm. Normalerweise verpflichtet sich eine Frau, während der Zeit um die Befruchtung herum keinen Geschlechtsverkehr zu haben, damit sichergestellt ist, daß ihr Arbeitgeber auch tatsächlich der Vater des Kindes ist. Sie erklärt ihr Einverständnis, während der Schwangerschaft nicht zu rauchen, nicht zu trinken und ohne schriftliche ärztliche Erlaubnis keine Medikamente zu nehmen, nicht einmal Aspirin; außerdem, während der Dauer der Schwangerschaft an psychologischer Beratung teilzunehmen. Sie ist vertraglich verpflichtet, sämtlichen Anweisungen des Befruchtungsarztes und des entbindenden Arztes Folge zu leisten. Auch wenn gewisse routinemäßige gynäkologische Praktiken vernichtend kritisiert worden sind – in zahlreichen Büchern und Artikeln und sogar durch Regierungsausschüsse –: Hier muß eine Frau sich ihnen unterwerfen. Sie erklärt sich einverstanden, nichts zu tun, was gegen den Rat des Arztes verstößt und seiner Meinung nach die Geburt gefährden könnte.[8] (Der Arzt, der einer Frau das Sperma überträgt und/oder Schwangerschaftsuntersuchungen an ihr durchführt, sieht sich selbst oft nur als jemand, der die Interessen des Paares oder des Anwalts vertritt, die die Frau angeheuert haben; hierin gleicht er den Tierärzten, die sich auch mitunter eher im Dienste der Besitzer denn der Kuh selber verstehen.)

Die Brüterin muß sich streng an einen Terminplan halten. Keane verlangt von ihr, daß sie sich in den ersten sieben Monaten nicht weniger als einmal im Monat untersuchen läßt, im neunten Monat sogar zweimal. In seinem gemeinsam mit Keane ausgearbeiteten Gesetzesentwurf sieht Fitzpatrick eine ähnliche Klausel vor; wenn dieser Entwurf durchkommt, dann wäre im Staate Michigan eine Brüterin gesetzlich verpflichtet, jedweder medizinischen Anweisung des Arztes, der sie befruchtet hat, und des Arztes, der sie entbindet, Folge zu leisten.

»Das stellt sogar die Reaganschen Angriffe auf die Bürgerrechte noch in den Schatten«, kommentiert Andrea Dworkin. »Selbst Gefängnisinsassen haben verglichen damit mehr Rechte an ihrem eigenen Körper.«

Gemäß dem Gesetzentwurf (der inzwischen allerdings von einem neuen Entwurf überrundet wurde) würde die Leihmutter auch unterschreiben müssen, daß sie den Fötus nicht abtreibt, außer wenn ihr Arzt das für im Sinne ihrer körperlichen Gesundheit erforderlich hält. (Das widerspricht dem Beschluß des Obersten Bundesgerichts von 1973, nach dem das Recht einer Frau, eine Schwangerschaft abzubrechen, zu ihren vom neunten Verfassungszusatz geschützten Rechten auf ihre Intimsphäre gehört. Ob ein solcher Vertrag dieses Recht aufhebt, ist noch nicht geklärt. Verträge zwischen einzelnen können jedoch, wenn sie verfassungswidrige Abmachungen zum Inhalt haben, für ungültig erklärt werden.)

Handel verlangt von seinen Leihmüttern, daß sie ihn jederzeit davon unterrichten, wo sie sich befinden. Warum? »Sie trägt das Kind meines Kunden. Da weiß man schon gern, wo sie gerade ist. Wenn sie woanders hinzieht, müssen wir das wissen. Wenn sie eine andere Arbeit annimmt oder die Krankenkasse wechselt, müssen wir das auch wissen. Wenn in ihrer Familie irgend etwas Traumatisches passiert – wenn jemand stirbt oder seine Arbeit verliert –, dann müssen wir auch das wissen. Wenn irgend etwas passiert, wir kümmern uns drum. Sie bricht den Vertrag, wenn sie uns nichts sagt.«

Zusätzlich zu Kontrollen, die sie über sich ergehen lassen, werden Ammen und Leihmütter unter Wert gehandelt. Ärzte und Juristen legen fest, welche Dienstleistungen von Frauen wieviel wert sind – und das ist sehr wenig. 1917 notierte Dr. Arthur D. Holmes, der Leiter einer Ammenagentur in Detroit: »Wir gaben in Lokalzeitungen und bei Angehörigen des Ärztestandes bekannt, daß wir Frauen suchten, die Totgeburten hinter sich oder ihr Kind nach der Geburt verloren hatten. Wir boten ihnen sieben Dollar pro Woche, dazu Kost und Logis und die Übernahme der nötigen Wäsche... Wir hatten schnell eine Menge Frauen zusammen.« (Hoobler, 1917) Dr. Abt aus Chicago zahlte acht Dollar: »Und wir möchte nicht, daß irgend jemand ihnen mehr zahlt, denn es sind gerade die einkommensschwachen Leute aus der Mittel- und Unterschicht, die Ammen am meisten brauchen.«

Auch die Leihmutterprofis setzen den Lohn für die Arbeit einer Leihmutter sehr niedrig an. Dr. Richard Levin berechnete, daß eine Frau mit den verschiedenen Befruchtungsanläufen, den neun Monaten Schwangerschaft und den sechs Wochen Erholung nach der Geburt etwa anderthalb Jahre verbringt. (Die Geburt selbst vergißt er zu erwähnen.) »Also ist die von uns festgelegte Bezahlung von zehntausend Dollar weniger als der Mindestlohn«, stellt er fest, »und das ist weniger, als ich erträglich finde« (Keane, 1981, S. 220). Aber sie sind da flexibel, denn Dr. Levin sorgt sich – genau wie Dr. Abt früher – darum, die Kundschaft aus der Mittel- und Unterschicht nicht durch die Kosten von Leihmutterschaftsdiensten auszuschließen. »Wenn ein Paar erklärt, daß es nur dreitausend Dollar zahlen kann«, erklärt er, »dann frage ich die Mutter, ob sie im Preis runtergehen kann, oder versuche, eine zu finden, die es für dieses Geld macht.«

Bestenfalls zehntausend Dollar bekommt eine Leihmutter heutzutage für folgende Prozeduren: wiederholte künstliche Befruchtungen, Arztbesuche, wegen derer sie nicht zur Arbeit gehen kann, psychologische und Geburtsberatungen, schwangerschaftsbedingte Mattigkeit, Übelkeit, Gewichtszunahme, Unpäßlichkeit, überdehnte Haut, Schlaflosigkeit; veränderte oder ganz aussetzende sexuelle Betätigung, eine mögliche Fehlgeburt (verschiedene Leihmütter hatten schon Fehlgeburten), schmerzhafte Wehen (»Ich dachte, ich sterbe, so weh tat es«, zitiert Keane eine Leihmutter). Zusätzlich läuft sie in einem von fünf Fällen Gefahr, einen Kaiserschnitt über sich ergehen lassen zu müssen, einen größeren chirurgischen Eingriff also, bei dem es häufig zu Komplikationen kommt. (Auch das ist einigen Brüterinnen bereits passiert.) Viele Frauen ziehen sich während dieser Operation Infektionen zu. Unter Umständen brauchen sie mehr als sechs Wochen, um sich wieder zu erholen. Die Einverständniserklärung, die Keane seine Brüterinnen und Spermalieferanten unterschreiben läßt, enthält auch den Satz: »Die Leihmutter und gegebenenfalls ihr Ehemann wissen, daß sie sämtliche Risiken übernehmen, und sind damit einverstanden; dazu gehört auch das Risiko zu sterben – insgesamt alles, was bei Zeugung, Schwangerschaft, Geburt und Geburtsnachsorge an Komplikationen auftreten kann.« (Keane, 1981, S. 293)

Die Leihmutter leidet womöglich nach der Geburt unter Depressionen – das ist einigermaßen üblich in unserer Kultur – und unter der Qual, ein Kind weggegeben zu haben, das in jedem Sinne *ihr* Kind ist, mit *ihrem* Ei gezeugt, in *ihrer* Gebärmutter ausgetragen, durch *ihre* Wehen zur Welt gekommen.

»Die Fehlgeburt war einfach entsetzlich«, erinnert sich eine Leihmutter. »Ich war überrascht, was für intensive Gefühle ich hatte. Dabei hatte ich mir doch die ganze Zeit eingeredet: ›Das ist deren Kind, ich trag's nur aus für sie.‹ Aber als ich es verloren hatte, habe ich wochenlang Depressionen gehabt. Das war der Anfang vom Ende für mich und für den Zahnarzt und seine Frau.« (Keane, 1981, S. 177)

Und wie ist Handel auf die Summe von zehntausend Dollar für all das gekommen? »Das ist eine willkürliche Zahl, die uns eingefallen ist und die wir für vernünftig hielten.«

Andere Leute finden andere Bedingungen »vernünftig«:

– Ein Gesetzentwurf schlägt vor, daß Leihmütter, die vor dem fünften Monat eine Fehlgeburt haben, außer der medizinischen Versorgung gar nichts bekommen. Verlieren sie den Fötus nach dem fünften Monat, bekommen sie nur zehn Prozent der abgemachten Summe sowie die Behandlung. (Gaynes, 1981)
– Eine Leihmutter in Maryland erhielt dreitausend Dollar, als sie mit einem Kind für ein Ehepaar aus Colorado schwanger wurde. Weitere zehntausend Dollar erhielt sie, als das Baby geboren war. Ihr Vertrag sah vor, daß diese zehntausend Dollar

nicht bezahlt zu werden brauchten, falls das Kind eine Totgeburt war (SPN, Mai 1983).

In gewissem Sinne wurden Ammen und werden Leihmütter angesehen wie Kühe. Der folgende rassistische Schlagabtausch zwischen Dr. Isaac W. Faison aus Charlotte, North Carolina, und Dr. Oliver Hill aus Knoxville, Tennessee, klingt in der Tat, als redeten sie über Vieh; er fand 1917 statt. Dr. Faison bat andere Ärzte inständig, bessere Ersatzmuttermilch zu entwickeln. Er brauche sie unbedingt, denn in diesem Land seien nur wenige weiße Frauen als Ammen zu haben, weil nur wenige uneheliche Kinder gebären. Die meisten verfügbaren Ammen seien »farbig«, erläuterte er, »und auf diese Rasse kann man sich nicht verlassen, wenn es ums Stillen geht«. Dr. Hill eilte zur Verteidigung der schwarzen Ammen des Südens herbei: »Man muß sie eben kultivieren, damit sie brauchbar werden... Ich glaube allmählich wirklich, daß wir hier gegenüber euch Gentlemen in den Städten des Nordens im Vorteil sind, denn die Negerin kommt auch für wenig Geld, wenn man sie nicht im voraus oder zu hoch bezahlt. Und wenn man sie körperlich in Schuß hält, dann gibt sie auch gute Milch.«

Mir gegenüber beschrieb ein Gynäkologe Leihmütter so: »Sie sind gute Mütter, sie werden mit Leichtigkeit schwanger, und sie kommen gut mit der Schwangerschaft klar.« Es erinnerte mich wieder an Joe, der sehr ähnlich von seinen Kühen gesprochen hatte: gute Muttertiere mit einer geräumigen Gebärmutter und reichlich Milch...

Leihmutterschaft hat nicht so »heftige emotionale Reaktionen« ausgelöst, wie sie die künstliche Befruchtung jahrzehntelang hervorgerufen hatte. AID war von Ärzten und Juristen noch verteufelt worden als »Gefahr für Ehe, Familie und Gesellschaft«, als »gesellschaftlich monströs«, als Versuch, »eine anonyme Welt zu erschaffen«, als Bresche für eine »radikale Umwälzung«, in der Institutionen wie »Vater« und »Familienabstammung« jede Bedeutung verlieren (Rubin, 1965).

Auf Leihmutterschaft hat niemand so verängstigt reagiert. Die künstliche Befruchtung hatte den Anspruch des Mannes auf die Vaterschaft angetastet; Leihmutterschaft gibt ihm wieder Boden. Sie gefährdet nicht die patriarchalische Familie und gilt deshalb nicht als »gesellschaftlich monströs«. Sie wird keine »radikale

Umwälzung« auslösen – zum Beispiel die Rückkehr zum Mutterrecht – und nicht die Rolle des »Vaters« zunichte machen.

Im Zusammenhang mit der Leihmutterschaft werden vor allem logistische Fragen aufgeworfen: Wie kann man alles so einrichten, daß die Frauen sich zum Beispiel nicht weigern können, ihre Babys herzugeben, daß sie also die Pläne der Männer, die diese Babys in Auftrag geben, nicht mehr durchkreuzen können?

Im Januar 1984, einige Monate nach meinem ersten Interview mit ihm, informierte mich John Stehura, der Präsident der *Bionetics Foundation,* er wolle sich die Leihmütter künftig auf dem internationalen Markt beschaffen.

»Wir holen die Mädchen aus dem Fernen Osten, aus Korea, Thailand und Malaysia«, erzählte er. (Er erkundete auch die Möglichkeit, die gesamte Schwangerschaft in diesen Ländern abzuwickeln und nur noch die Babys in die Vereinigten Staaten zu bringen.)

Laut seinem ersten Plan sollte die betreffende Frau kein Geld dafür bekommen. Das Ehepaar, das das Kind adoptieren wollte, sollte die Reisekosten und den Lebensunterhalt für sie bezahlen. Stehura fand, daß die Leihmütter trotzdem profitieren, denn sie bekommen etwas zum Leben. »Sie kämpfen doch oft ums nackte Überleben und suchen irgend etwas, mit dem sie Miete und Essen bezahlen können«, erzählte er weiter. Sie kommen aus unterentwickelten Ländern, »wo die Ernährung ein großes Problem ist«. Solche Länder haben zwar keine Industrie, aber einen Fundus an Menschen, befand er: »Sie verstehen noch, sich um ihre Kinder zu kümmern.« Und da das hierzulande nicht mehr so sei, füge sich »alles bestens zusammen«.

Bis zum Redaktionsschluß dieses Buches ist noch keine Frau als Leihmutter in die Vereinigten Staaten importiert worden. Stehura sagte, er sei noch in Verhandlungen über die Einzelheiten, habe aber bereits in Zeitungen im Fernen Osten annonciert, um »Mädchen« anzusprechen.

Der internationale Frauenhandel expandiert.

XII. Die künstliche Gebärmutter: *Endlich raus aus dem »düster dräuenden Ort«*

Es steht zu vermuten, schreibt die Anthropologin Sheila Kitzinger, daß die meisten werdenden Mütter sich nicht mehr wirklich zutrauen, ein gesundes, lebendiges Baby ohne ärztliche Hilfe zur Welt zu bringen. Dieses nicht mehr vorhandene Vertrauen in den eigenen Körper hält sie für eine direkte Auswirkung der männlich geprägten Geburtshilfe. Inmitten all der fortgeschrittenen Technologie kann eine Frau das Gefühl bekommen, daß sie lediglich ein »Behälter« für den Fötus ist, »daß ihr Körper ein unbequemes Hindernis für alle diese gummibehandschuhten Finger und funkelnden Gerätschaften ist, die möglichst bequem und ausgiebig in ihr herumsondieren möchten, ja sogar – es klingt vielleicht albern, aber wir sprechen über *Gefühle* –, daß die Schwangerschaft sich viel effektiver gestalten könnte, wenn *sie* nicht drum herum wäre.« (Kitzinger, 1980, S. 74)[1]

Dieses Gefühl ist ganz und gar nicht albern. Viele Männer sprechen es genau so aus: Es wäre viel besser für die Babys, wenn man ohne den Körper der Frau auskommen und den Fötus in eine »Muttermaschine« aus Glas und Stahl legen könnte.

Die Aussicht auf eine künstliche Gebärmutter erfüllt Gynäkologen, Ethiker und Journalisten mit heftiger Begeisterung.

»Der Gedanke, den Fötus wie durch ein offenes Fenster wachsen sehen zu können, wird von den meisten Verantwortlichen sehr begrüßt, sowohl von Embryologen als auch von Plazentologen und Fötologen«, schrieb der Ethiker Dr. Joseph Fletcher. »Wenn sie den Fötus erst einmal aus der finsteren, unzugänglichen Gebärmutter herausnehmen und sein Leben bei Licht beobachten können, dann wird das unser Wissen enorm vergrößern und die Hindernisse verringern helfen, vor denen die Geburtshelfer und ihre Patientinnen heute noch stehen.« (Fletcher, 1974, S. 102f.)[2]

Nicht nur Hindernisse, auch wirkliche Gefahren. »Die Gebärmutter ist inzwischen die gefährlichste Umgebung, in der Menschen zu leben haben«, schrieb Gerald Leach in *The Biocrats*.

Sie birgt Gefahren, darin sind sich alle Autoren einig. Die Idee ist auch gar nicht neu. Bei seinen Forschungen über die Urbilder der

Großen Mutter-Göttin in antiken Kulturen stellte der Psychologe Erich Neumann fest, daß der Mutterleib gleichzeitig als lebenspendend und todbringend gesehen wird. Er dürstet nach Blut, er kann vernichten, er hat einen Mund voller scharfer Zähne (die berühmte *vagina dentata*). Er zieht den Mann an und in sich hinein und tötet dann den Phallus, um Befruchtung zu erreichen. Und wie der Mutterleib der Frau, so zieht auch der Erd-Mutter-Leib der Großen Göttin alles Lebendige zur eigenen Befriedigung und Befruchtung in sich hinein; sie ist das blutpressende Weib. Dazu Neumann:

»Der Erd-Mutter-Leib wird zum alles verschlingenden Rachen der Unterwelt, und neben dem befruchteten Mutterleib, der schützenden Höhle aus Erde und Gebirge, gähnt der Abgrund der Hölle, das dunkle Loch der Tiefe, der verschlingende Leib von Grab und Tod, von lichtloser Finsternis, des Nichts. Deshalb ist die Frau, die das Leben und alles Lebendige auf der Erde schafft, dieselbe, die alles auch wieder in sich zurücknimmt ... Diese Schreckliche Mutter ist die hungrige Erde, die ihre eigenen Kinder frißt und sich an ihren Leichen mästet; sie ist Tiger und Geier, Geier und Sarg, der fleischfressende Sarkophag, der gierig Blut und Samen von Mensch und Tier leckt, und sie dann – befruchtet und gesättigt – als Wiedergeburt ausstößt und in den Tod treibt, immer und immer wieder in den Tod.« (Neumann, 1974, S. 149)

Der Glaube an den tödlichen Mutterleib überdauerte die Epochen. Die Vorstellung, daß das Böse aus der Gebärmutter und den Eierstöcken hervorgehe und alle Arten von Krankheiten nach sich ziehe, floß auch in das Denken der amerikanischen Geburtshelfer des neunzehnten Jahrhunderts ein. Die Ärzte waren wie besessen von der Gebärmutter der Frau. Sie erklärten kurzerhand, sie hänge eng zusammen mit dem zentralen Nervensystem und diagnostizierten jedwede »nervöse Störung« – Lähmungen, Schreikrämpfe, Schlaflosigkeit, Rücken- und Kopfschmerzen – als Störung der Gebärmutter. »Es ist fast schade, daß eine Frau einen Uterus hat«, jammerte ein Gynäkologieprofessor von der Chicagoer Universität 1860 in seiner Monographie (Wood, 1973). Hysterie – der Begriff leitet sich aus dem griechischen Wort für Gebärmutter ab – war »ein ganz verbreitetes Frauenleiden... ein chronisches Übel, das direkt an die weiblichen Geschlechtsorgane gekoppelt ist«, so der amerikanische Gynäkologe Dr. Augustus Kinsley Gardner (1821–76). Die Behandlungsmethoden für solche angeblich aus der

Gebärmutter herrührenden Beschwerden waren häufig brutal und schlossen die operative Entfernung des ganzen Organs ein.

Der Historiker G. J. Barker-Benfield untersuchte Gardners Schriften und fand heraus, daß Gardner die Gebärmutter entweder mit einem Grab oder mit einem Gefängnis und die schwangere Frau mit einem Schiff verglich, das einen toten Mann trägt. Für ihn »bedeutete die lebenschaffende Kraft der Gebärmutter Tod für den Mann«, schrieb Barker-Benfield und fuhr fort, daß diese Vorstellung von den Geburtshilfeärzten bald zum Ausgangspunkt ihrer eigenen Kontrolle über die Todesgefahren des Geburtsvorgangs erklärt wurde. Gardner hatte die Hebammen aus der Geburtshilfe ausschalten wollen, »und sogar vom Gebärvorgang überhaupt« (Barker-Benfield, 1976, S. 277 und 281).

Die Ansicht, Frauenkörper seien lebensgefährliche Orte und feindselig gegenüber dem Fötus, zieht sich bis heute durch die Literatur über Geburtshilfe und Fortpflanzung.

Auch Frederick Leboyer bezeichnet in seinem Buch *Die sanfte Geburt* den Körper der Frau als Gefängnis, in dem der Fötus zuerst »unterworfen und zusammengepreßt« und später »wie von einer Krake umarmt und erdrückt« werde. Die Wehen schubsen ihn am Ende in »diese Hölle« – die Vagina. Die Mutter ist der »Feind« des Fötus, eben ein Gefängnis, das auf Todesstrafe besteht. »Das Monstrum treibt das Baby noch tiefer«, beschreibt Leboyer die Frau, »es gibt sich nicht zufrieden mit dem Zermalmen, es muß es auch noch verdrehen, ein Akt raffinierter Grausamkeit.«

Männliche Kommentatoren geben über die vom weiblichen Körper ausgehende Gefahr die wildesten Erklärungen ab:

– Der Mensch ist das einzige Säugetier, das aufrecht auf zwei Beinen geht und auch das einzige, das Schwierigkeiten mit dem Gebären des Nachwuchses hat. Das menschliche Skelett habe sich auf eine Weise an den aufrechten Gang angepaßt, daß Geburten schmerzhaft und gefährlich geworden seien. Irgendwie (an dieser Stelle werden die Experten etwas nebulös) gebe es da eine Verbindung zwischen dem aufrechten Gang und dem Kindbettfieber, das vom siebzehnten bis ins neunzehnte Jahrhundert Tausende von Frauen das Leben gekostet hat, und zu dem Risiko von Blutvergiftungen und lebensgefährlichen Blutungen, das Frauen heutzutage noch droht. Der französische Embryologe Robert Francœur zieht diese Verbindung in seinem Buch *Utopian Motherhood* und hat auch die passende Lösung parat: die künstliche Gebärmutter.

– Die Tatsache, daß im ersten Monat nach der Zeugung viele Embryos (bis zu 150 von 1000) sterben, beweist angeblich, daß die Gebärmutter »eine außerordentlich gefahrvolle Umgebung« ist (Leach, 1970, S. 137). Es ist – mit anderen Worten – die Gebärmutter, die den schutzlosen Embryo umbringt, meinen solche Leute; in Wirklichkeit werden viele Embryos schon defekt gezeugt und entwickeln sich nicht weiter.
– Schwangere leben heute in einer Umwelt voller Nikotinschwaden, Abgase, Industriemüll und Infektionskrankheiten. Der Fötus werde eines Tages in einer künstlichen Gebärmutter sicherer sein als im Leib der Frau, der ihn nicht einmal vor Teratogenen zuverlässig schützen kann. (Teratogene sind Stoffe, die Mißbildungen verursachen.) Außerdem werden Embryos im Mutterleib »Opfer« – des Medikamenten- und Drogenmißbrauchs, der schlechten Ernährung sowie der Herz- und Nierenleiden und der anormalen Gebärmutter der jeweiligen Frau. Geburtsfehler lassen sich vermeiden durch maschinelle Schwangerschaften, denn – so führt ein Autor aus – künstliche Gebärmütter rauchen nicht, trinken nicht, fallen keine Treppen hinunter und bekommen auch keine Röteln.
– Wehen seien ebenfalls gefährlich für Babys. Denn zu lange und heftige Kontraktionen können das Baby buchstäblich »zusammenschlagen« (Lerner, zitiert auch in meinem Buch *The Hidden Malpractice* 1980). Laut gewisser Leute kann eine künstliche Gebärmutter sogar das Geburtstrauma abschaffen (zit. nach Walters, 1979, S. 52; Lygre, 1979, S. 27).
– Daß derart unterschiedliche Rechtfertigungen gesucht werden für die Behauptung, der weibliche Körper sei gefährlich – welche die Männer bereits lange, bevor es Autoabgase und Industrieabfälle gab, aufgestellt haben –, legt nahe, daß hier etwas Tiefsitzendes ans Licht kommt. Manche Autoren allerdings finden es nicht einmal nötig, ihre Behauptung überhaupt zu rechtfertigen. Fletcher zum Beispiel meint schlicht: »Wir kommen zu der Erkenntnis, daß die Gebärmutter ein düster dräuender Ort ist, eine lebensgefährliche Umgebung. Wir sollten unseren möglichen Kindern einen Platz wünschen, an dem sie unter bestmöglicher Aufsicht und bestmöglichem Schutz sind.« (Fletcher, 1974)

Auch andere – zum Beispiel therapeutische, eugenische, moralische, psychologische – Rechtfertigungen werden bemüht als Begründung für künstliche Gebärmütter und später die Durchführung der Ektogenese – der »Maschinenschwangerschaft«, das heißt der Schaffung maschineller Bedingungen, die die Austragung eines Fötus außerhalb des Mutterleibes ermöglichen.

THERAPEUTISCHE RECHTFERTIGUNGEN

In einer künstlichen Gebärmutter ließe sich der Fötus nicht nur beobachten und schützen, sondern auch behandeln. Mängel könnten früh entdeckt und durch »probate Mittel und Hormone« oder kleinere Eingriffe bequemer und kontrollierbarer behoben werden. Der Fötus könnte gegen Kinderkrankheiten immunisiert werden (Rosenfield, 1975, S. 139; Kieffer, 1979). Stellt ein Arzt fest, daß eine Frau zu Fehlgeburten neigt, dann spült er einfach ihren Embryo aus und übergibt ihn der Mutter-Maschine (Francœur, 1970, S. 81).

EUGENISCHE RECHTFERTIGUNGEN

In künstlichen Gebärmüttern ließe sich nicht nur die Kontrolle des Fötus bewerkstelligen, sondern weitgehende eugenische Programmierung, Qualitätskontrolle über die Kinderproduktion; die Geschlechtsauswahl wäre viel einfacher (Grossman, 1971; Kieffer, 1979). Kieffer behauptet sogar, von Maschinen ausgetragene Kinder können ihre Erbanlagen besser ausleben, da sie keinen Sauerstoffmangel bei der Geburt erleiden müssen, der ihre geistigen und körperlichen Fähigkeiten beeinträchtigen kann. (Er scheint vorauszusetzen, daß Maschinen nie versagen, nie Stromausfälle haben, daß kein Maschinist je den falschen Hebel drückt oder im kritischen Moment Kaffeetrinken geht.)

MORALISCHE RECHTFERTIGUNGEN

Künstliche Gebärmütter würden Abtreibungen eines Tages überflüssig machen. Unfreiwillig Schwangere gehen einfach ins nächste »Fötus-Adoptionszentrum« und lassen sich den noch lebenden Fötus herausoperieren. Dieser wird entweder in den Uterus einer Leihmutter oder einer unfruchtbaren Frau übertragen oder in eine Mutter-Maschine gegeben. Abtreibungskliniken wären im Zeitalter der Transplantationstechnologie für Föten ein Anachronismus und würden vermutlich gar nicht mehr existieren (Freitas, 1980). Die Ärzte betäuben die Schwangere, orten mit dem Hysteroskop den Fötus in der Gebärmutter und pflücken ihn von der Gebärmutterwand, »wie ein Helikopter, der einen verirrten Bergsteiger rettet« (Nathanson, 1979).

PSYCHOLOGISCHE RECHTFERTIGUNGEN

Die vollkommene Ektogenese bringt für die Männer folgende Vorteile mit sich: Wenn sie ein Ei im Labor befruchten, züchten und dann in eine künstliche Gebärmutter übertragen, dann wissen sie zweifelsfrei, wer der Vater des dabei entstehenden Kindes ist. Während langer Epochen der Geschichte konnte kein Mann da wirklich sicher sein. Vielleicht war er der Vater, vielleicht auch nicht. Reproduktionstechnik kann endlich den Mann von seinen Ängsten befreien. Wie Grossman schreibt: »Der Bevölkerungsteil, der sich der künstlichen Gebärmutter bedient, braucht sich nie wieder Sorgen um Ehelichkeit oder zweifelhafte Vaterschaften zu machen. Es wird zum ersten Mal möglich, völlig zweifelsfrei nachzuweisen, daß ein bestimmter Mann der Vater seiner Kinder ist.« (Grossman, 1971)

»FRAUENFREUNDLICHE« RECHTFERTIGUNGEN

Am meisten profitieren angeblich die Frauen selbst von der künstlichen Gebärmutter. Morgendliche Übelkeit, der schwerfällige Gang, Tritte vom Fötus, schmerzhafte Wehen – all das wäre kein Thema mehr. (»Und welche Frau ist nicht begeistert über arbeitsentlastende Haushaltsgeräte?« fragt der Journalist Rosenfeld, 1975.) Wenn die künstliche Gebärmutter sich durchsetzt, dann »finden die

Schrecken von Schwangerschaft und Geburt keine Nahrung mehr«, Mutterwerden wäre nicht mehr »furchterregender« als Vaterwerden (Grossman, 1971). Durch Ektogenese könnte die Naturwissenschaft »die Entbindung von einem Kind so geringfügig werden lassen wie das Leeren eines Topfes« (Rostand, 1959, S. 85). Indem sie die Kategorie »Risikoschwangerschaft« ausdehnen, puschen sie die Nachfrage nach der »garantiert risikofreien« Erzeugung.

Frauen, die sich für die künstliche Gebärmutter entscheiden, möchten sich vielleicht auch sterilisieren lassen. Hier, genau wie bei Embryotransfer und Retortenbefruchtung, schwingt immer mit, daß die Technologie freundlicherweise den Frauen die Entscheidung einräumt, sich – aus Bequemlichkeit, gesundheitlichen oder sonstigen, stets wohlmeinenden Gründen – sterilisieren zu lassen. Grossman tut gerade so, als hätten Frauen immer die Macht gehabt zu »entscheiden«, zu »wählen«, und als hätten sie sie auch heute; als würden nicht die meisten Frauen eingestuft als »Risikoschwangere« (denn so ist es), als drohte solchen Frauen, die sich trotz allem nicht sterilisieren lassen und ihre Babys selbst bekommen, nicht, womöglich künftig der Kindesmißhandlung bezichtigt zu werden, wie es einigen Frauen ergangen ist, die sich geweigert hatten, im Krankenhaus bzw. durch Kaiserschnitt zu entbinden.

Die Männer also arbeiten an der künstlichen Gebärmutter und der künstlichen Plazenta, und meistens verschanzen sie sich hinter therapeutischen Begründungen, zum Beispiel Atemstörungen bei Neugeborenen, die behandelt werden müssen. Allerdings schafft die Entwicklung der entsprechenden Apparaturen so viele Probleme, daß es sie in naher Zukunft wohl noch nicht geben wird.

Die Plazenta (Mutterkuchen) ist ein schwammartiges Gewebe und bildet sich während der Schwangerschaft an den Wänden der Gebärmutter. Sie hat zwei Oberflächen – die fötale, an der die Nabelschnur hängt, und die maternale. Sie sorgt vor allem – und in einem komplizierten Prozeß – dafür, daß die Nährstoffe und der Sauerstoff aus dem Kreislauf der Mutter in den des Fötus und dessen Abfallprodukte wieder zurück zur Mutter gelangen. Die Bedeutung der Plazenta ist nicht zu überschätzen. Sie dient dem Fötus als Magen, Leber, Nieren und Lunge. Sie sondert außerdem Östrogene und Progesterone ab, die die Schwangerschaft aufrechterhalten.

Seit 1922 haben Forscher Apparate gebastelt, um eine oder mehrere Funktionen der Plazenta zu untersuchen oder nachzuahmen.

Meistens gehören dazu Plastikschläuche, die mit der einen Vene und den zwei Arterien in der Nabelschnur verbunden werden müssen; eine schwierige Prozedur, denn sie sind ganz winzig. Die Plastikschläuche können außerdem die Blutzellen, die durch sie hindurchgehen, beschädigen. Manchmal rutschen sie heraus. Die naturwissenschaftlichen Forscher müssen die exakt richtige Menge Flüssigkeit aus dem fötalen in den mütterlichen Blutkreislauf übertragen und vermeiden, daß sich im Fötus zuviel Blut ansammelt. (Selbst der kleinste Stau bewirkt Blutungen und den Tod des Fötus.) Sie müssen auch verhindern, daß das Blut gerinnt, nachdem sie es mit einem ihrer Apparate mit Sauerstoff angereichert haben. Und noch müssen sie vor allem herausfinden, welche Stoffe der Fötus überhaupt braucht – Aminosäuren, Spurenelemente, Vitamine, Proteine, Enzyme und so weiter – und wie viele davon genau und in welcher Phase seiner Entwicklung. Falsches Maß und falscher Zeitpunkt können ihn töten oder im Prozeß der Organbildung dauerhaft schädigen. All diese Probleme lassen darauf schließen, daß es äußerst schwer ist, die Gebärmutter durch eine Maschine zu ersetzen.

Welche psychischen Auswirkungen so eine Maschine auf die Leibesfrucht hätte, wird selten auch nur angedeutet. Der französische Embryologe Robert Francœur ist da eine Ausnahme. Der Fötus durchläuft, so schreibt er, im Mutterleib bestimmte Zyklen. Wenn seine Mutter wach ist, wird er den ganzen Tag lang durch die Gegend geschaukelt, geht Treppen mit hinauf und hinunter, schwimmt mit ihr im Wasser, tritt ihre elastische Gebärmutter, hört ihre Herztöne. Er wohnt in ihren Gefühlen und Träumen mit. Was passiert mit ihm, wenn dieser vielfältige menschliche Kontakt aufhört und er monatelang still in einer Maschine im Regal liegen muß?

In einer Nachrichtensendung, so berichtete eine Ärztin, hatten männliche Wissenschaftler einen »Baby-Besänftiger« vorgestellt (das war eine Aufnahme mit den Herztönen einer Schwangeren und rhythmischem Glucksen – die Klangwelt der schwangeren Gebärmutter) und waren »ganz begeistert, daß jetzt niemand mehr ein Baby tragen muß, damit es es so gemütlich hat. Sie hatten wieder mal eine Maschine ausgetüftelt, die die Mutter ersetzen können soll. Mir fiel ein, daß ich einmal gehört hatte, wie männliche Ärzte die Apparaturen auf einer Intensivstation für Neugeborene in einer Spezialklinik bewerteten: ›besser als jeder Uterus‹.« (Demeter, 1977, S. 11)

Kommen wir zurück zu den Gebärmüttern von Männerhand.

Dr. Robert Goodlin entwickelte eine künstliche Gebärmutter, die eigentlich eine Hochdruck-Sauerstoffkammer ist, aus Edelstahl, etwa doppelt so groß wie ein Dampfkochtopf und mit einem kleinen Guckloch. Nach acht, neun oder zehn Wochen spontan ausgestoßene menschliche Embryos kamen da hinein, wurden in Salzlösung getaucht und unter den Druck gesetzt, den ein Tiefseetaucher bei etwa 150 Metern Tauchtiefe erlebt. Bei diesem Hochdruck wird der Sauerstoff dem Embryo durch die Haut gepreßt. Schläuche, die hinein- und hinausgehen, transportieren Nährstoffe und Sauerstoff. Goodlins Gebärmutter hat allerdings noch einen Fehler: Sie enthält keine Plazenta, die auch die embryonalen Abfälle beseitigt. Die Embryos überlebten nur ein paar Stunden, keiner mehr als achtundvierzig Stunden.

Die meisten Forscher haben sich auf Perfusionsexperimente konzentriert. Sie haben dem Embryo/Fötus Schläuche an die Nabelschnur angeschlossen, ihm das Blut abgepumpt, die Giftstoffe daraus beseitigt, es mit Nährstoffen und Sauerstoff angereichert und wieder zurückgepumpt. (Eine Forschergruppe, die an ausgewachsenen und Jungtieren statt an Föten experimentiert, hat das Blut direkt ins Herz gepumpt.)

Für diese Experimente benutzten die Forscher ausgewachsene Hunde und frischgeborene Welpen sowie die Föten von Kaninchen, Kühen, Frauen, Schafen und Schweinen. (»Schweine sind gerngesehene Labortiere, weil ihre Föten klein sind und weil sie das ganze Jahr über trächtig werden.«[3]) Manchmal operierten sie sie aus der Mutter heraus, andere Male bekamen sie sie durch Schwangerschaftsabbrüche oder Fehlgeburten. (Experimente an menschlichen Embryos aus Abtreibungen sind inzwischen in den Vereinigten Staaten verboten.) Dann wieder bot die Schlachtung Gelegenheit, an einen Fötus zu kommen.[4]

Sie probierten hin und her – versuchten, die Membranen der Plazenta mit C-Klammern an der Latex-Schale der künstlichen Gebärmutter zu befestigen, dann wieder mit einem Haltering; bohrten 150 (oder etwas weniger) Löcher in den Boden, damit die künstlichen Arterien hinein- und die künstliche Vene hinausführen konnten, simulierten die winzigen Verästelungen der Arterien in der Gebärmutter, brachten Manometer, Gummischläuche, Stöpsel, Strömungsmesser, Sauerstoffzubringer, Flüssigkeitsreservoirs, Nylonfilter, Dialysatoren oder Magnetrührer an ihren Apparaten an, testeten diverse Pumpentypen, hielten ihre künstliche Gebärmutter durch Einblasen von Heißluft oder Einsetzen in ein Warmwasserfaß auf Temperatur, aber was immer sie auch anstellten – kein einziger Fötus mochte sich in diesen Gebärmüttern von Männerhand mehr als ein paar Stunden lang einnisten. Die meisten lebten gerade ein paar Stunden.

Das soll allerdings nicht heißen, daß die Ektogenese nicht eines Tages Wirklichkeit wird. Vielleicht dauert es noch Jahrzehnte, vielleicht sogar viele Jahrzehnte, bis die Probleme gelöst sind. Aber Männer in Labors auf der ganzen Welt arbeiten daran, Schritt für Schritt. Robert Edwards, der Retortenbabypionier, hatte bereits bemerkt: »Heute kann ein großer Teil des Wachstums aus der Gebärmutter heraus verlagert werden.« Die ersten sechs Lebenstage eines Embryos können inzwischen im Labor stattfinden, schrieb er, und Frühgeburten können schon ab dem sechsten Monat im Brutkasten gerettet werden. »Fast die Hälfte der Schwangerschaft läßt sich also bereits *ex vivo* (außerhalb des Mutterleibs, G. C.) erledigen.« (Edwards, 1974) Heute, etwa zehn Jahre nach Edwards Artikel, brauchen die Föten nur noch bis zur zweiundzwanzigsten Woche in der Gebärmutter zu bleiben, um überleben zu können, und die Zeit wird immer kürzer. Von beiden Ende des vorgeburtlichen menschlichen Lebens und von dessen Mitte her also dehnen die Männer die Zeiträume aus, in denen sie das Leben des Fötus erhalten können – sie müssen nur noch die Lücken füllen.

XIII. Klonen:
Der Drang der Patriarchen, sich selbst zu zeugen

Die Idee, ein Mann könne ganz allein, also ohne eine Frau, ein menschliches Wesen erschaffen, ist uralt und findet sich sowohl in der Legende vom Golem im mittelalterlichen jüdischen Mystizismus (der Golem ist eine Lehmfigur, der Leben eingehaucht wurde) als auch in der vom Homunculus, an dem sich die Alchimisten versuchten. Harn, Blut und Sperma von Knaben gehörten zu den alchimistischen Rezepturen für die Erschaffung eines kleinen Mannes. Ein von Paracelsus überliefertes Rezept für einen Homunculus endet so: »Schließlich nach all diesem wirst du ein veritables lebendes Kind bekommen, dessen Gliedmaßen ebenso wohlproportioniert sind als die eines jeglichen Kindes, das von einem Weib geboren ward.« Wir haben hier den klassischen patriarchalischen Mythos von der alleinigen Elternschaft des Mannes.

Klonen ist das (vielleicht haltlose) Versprechen, diesen Mythos zum Leben zu erwecken. Und zwar so: Bei der geschlechtlichen Vermehrung von Tieren vereinigen sich Ei- und Samenzelle, von denen jede in ihrem Kern die genetische Information, also die dreiundzwanzig Chromosomen enthält. Das befruchtete menschliche Ei enthält sechsundvierzig Chromosomen, und so viele sind auch in jeder einzelnen Körperzelle. Das Ei kann sich damit zum Embryo entwickeln. Klonforscher nun wollen ohne Befruchtung, also ungeschlechtlich, aus einer Zelle einen Embryo machen. Theoretisch klont man einen Menschen, indem man jemandem eine einzelne Körperzelle entnimmt und sie dazu bringt, sich zu teilen und schließlich einen erwachsenen Organismus zu produzieren, der mit dem des »Elternteils« genetisch identisch ist. Es gibt dafür verschiedene experimentelle Methoden. Eine beginnt mit der Zerstörung und Entfernung des Ei-Zellkerns und damit der genetischen Information; das heißt Enukleation (wörtlich: Entkernung) und wird mikrochirurgisch oder mit Laser- oder Ultraviolettstrahlen gemacht. Danach wird der Zellkern aus irgendeiner Körperzelle in die kernlose Eizelle gebracht. Diese hat jetzt statt dreiundzwanzig den vollständigen Satz von sechsundvierzig Chromosomen – und läßt sich täuschen, sich für befruchtet zu halten. Also fängt diese scheinbefruchtete Eizelle an, sich zu teilen. In einem Vorembryonalstadium wird sie in die Gebärmutter einer Frau eingesetzt, die entsprechenden Techniken sind von den Retortenkliniken entwickelt worden. In ferner Zukunft kann sie vielleicht auch einer künstlichen Gebärmutter übergeben werden. Die Erbstruktur des so entstandenen Embryos, später Fötus, ist dieselbe wie die des Zellkernspenders.

Bei dieser Methode werden zwar immer noch Frauen benötigt – sie liefern das Zytoplasma, sozusagen den »Eidotter«, und (bis jetzt noch) die Gebärmutter –, aber das Kind kann, wie zwei Autoren betonen, »trotzdem ein reiner Nachkömmling des Mannes und nur des Mannes sein«. (Rorvik/Shettles, 1971, S. 88; gelegentlich erwähnen solche Autoren – ebenso *en passant* wie ich hier –, daß selbstverständlich auch Frauen alleiniger Elternteil sein können; man kann ja auch einen Zellkern aus ihrem Körper mit dem enukleierten Ei zusammenfügen. Aber eigentlich empfinden sie das als eine Art perversen Umgang mit der Technologie.)

Auch auf dem Gebiet des Klonens gilt wie in der Reproduktionstechnologie generell der Mann als der aktive Teil der Fortpflanzung, die Frau dagegen als der passive. In David Rorviks 1978 erschienenem Buch *In His Image* wird die angebliche Entstehung des ersten geklonten Menschen beschrieben. Es erregte dermaßen die öffentliche Meinung, daß der amerikanische Kongreß Anhörungen zum Thema Klonen durchführen mußte. Rorviks Bericht wurde gründlich widerlegt.

Ich nehme sein Buch dennoch ernst – als Vision: Max, ein älterer wohlhabender Geschäftsmann, wünscht sich einen Erben. Er kann nicht in Frieden sterben, bevor er nicht »sich selbst noch einmal geschaffen hat, wiedergeboren ist«. Entschlossen, notfalls über eine Million Dollar dafür zu opfern, wendet er sich an Rorvik, einen Sachbuchautor, und bittet ihn, ihm einen Wissenschaftler zu suchen, der ihn klont. Rorvik stößt auf »Darwin«, und der bringt kurz danach sein gesamtes Team in irgendein ungenanntes Land der »Dritten Welt«, wo Max mehrere Fabriken und Plantagen besitzt. Hier werden Vorschriften über die »aufgeklärte Zustimmung« bei medizinischen Experimenten sehr viel lockerer gehandhabt. In einer Klinik, die Max fürs Volk gebaut hat, macht sich Darwin ans Werk; er benutzt Patientinnen als »Rohmaterial« für seine Experimente. Er möchte ihre Eier und ihre Gebärmutter und hält die Frauen im unklaren über das, was er mit ihnen macht.

Rorvik fragt ihn, ob die Patientinnen über die Risiken informiert seien, zum Beispiel das, schwanger zu werden. Darwin weicht aus, was Rorvik beunruhigt. »Er arbeite jedenfalls, so sagte er dann, ausschließlich mit verheirateten Frauen, damit nicht plötzlich eine schwangere Jungfrau bei seinen ›Studien‹ herauskommt.« Auf die Frage, ob die Frauen bezahlt werden, erwidert Darwin gereizt, eine Stunde in seinem Labor oder OP bringe mehr Lohn als das, was diese Frauen mit einem Monat Plantagen- oder Fabrikarbeit verdienen. Rorvik schließt sich Darwins Auffassung an, nach der die Frauen enorm von Darwins Mißbrauch profitieren. (Die niedrigen Löhne hatte – als Besitzer der Plantagen und Fabriken – natürlich Max festgesetzt.)

Als Darwin die Klontechnik im Griff hat, muß eine Leihmutter her. Weil Max, der siebenundsechzig ist, sie vielleicht zu seiner Hauptmätresse machen will, besteht er auf einer hübschen Jungfrau. Ein etwas schmieriger Roberto sammelt die hübschesten Teenager auf den Plantagen und in den Fabriken zusammen. Er ist so eine Art »Beschaffer«, auch der vielen Mädchen, die bei Darwins »Studie« benutzt werden. (Rorvik hatte übrigens ursprünglich vorgehabt, einen pornographischen Science-fiction-Thriller mit dem Titel *The Clone* zu verfassen...) Aus Robertos Karteien wählt Max »Spatz« aus, und Spatz gebiert ihm seinen Klon und zieht mit nach Kalifornien, um Vater und Sohn zu dienen.

Mit der Art und Weise, in der Rorvik seine fiktive Erzählung über das Klonen eines Mannes ausspinnt, bleibt er den Wert- und Wahnvorstellungen dieser seiner Kultur treu. Die Entwertung der Frau, die Reduzierung ihres gesamten Wesens auf die beiden einzigen Funktionen, die Männer von ihr wollen (Sex und Fortpflanzung) und der rassistische Mißbrauch von Frauen aus der »Dritten Welt« als »Rohmaterial« für den westlichen Mann, die man ebenso ausbeuten kann wie das Land, auf dem sie leben, sind sehr präzis geschildert; ebenso der Drang des Patriarchen, sich selbst zu gebären, seine eigene Mutter zu sein und ewig zu leben.

Die Verheißung der Unsterblichkeit ist anscheinend einer der attraktivsten Aspekte beim Klonen. Erst wenn der Mann ein Wesen nach seinem eigenen Ebenbild und mit seinen eigenen Genen schaffen kann, erzielt er eine genetische Kontinuität, die ihm bei geschlechtlicher Fortpflanzung nie ganz sicher ist. Aber Klonen verspricht noch eine andere Art von Unsterblichkeit. Es gibt bereits Vorschläge, jedermann solle ein paar Kopien von sich als eine Art Ersatzteillager anlegen. Braucht er dann mal eine Lebertransplantation, kann er einfach die seines Klons nehmen und braucht keine Angst zu haben, daß sie abgestoßen wird. (Nicht erörtert wird bisher, wie denn der Klon, immerhin ein Mensch, leben soll, bevor er diesem Kannibalismus zum Opfer fällt.) Dank solcher ständigen Erneuerung von kaputten oder verschlissenen Einzelteilen könnte er ewig leben.

Liest man die Literatur über Fortpflanzungstechnologien aller Art (nicht nur über das Klonen), stellt man fest, daß der Traum von der Unsterblichkeit immer wiederkehrt. Der Kreislauf von Geburt, Wachstum und Tod, der in der göttinzentrierten Religion verehrt wird und sich darstellt in der Frau, die ein Kind gebiert, ist dem Patriarchen schon lange ein Dorn im Auge. Er will nicht sterben. Er will nicht wieder zurück in den dunklen Schoß der Erde. Für ihn ist die Unvermeidbarkeit des Todes eine Beleidigung. Er träumt davon, dem Tod zu widerstehen, indem er seine Klone bei lebendigem Leib plündert und Organe verpflanzt oder sich einen Körper aus rostgeschütztem Stahl zusammenbaut oder Zellen manipuliert, damit sie nicht altern. Er phantasiert von einer stählernen Gebärmutter – mit einer Glasluke dran, damit auch Licht hineinkann –, die seine Klone austrägt. Sein Drang, durch die Reproduktionstechnologie die Geburt zu kontrollieren, ist demnach auch der Drang, den Tod zu kontrollieren.

Klonen ist aber offenbar auch eine weitere Möglichkeit, Eugenik zu betreiben. Es könnte das Element des Zufalls aus den Erbangelegenheiten verbannen und durch bewußte Selektion ersetzen. Muller, 1959, Lederberg, 1966, und Fletcher, 1974, haben die Klonierung des Menschen unter anderem folgendermaßen begründet:

– Das Geschlecht des Kindes läßt sich vorherbestimmen. (Es wäre nämlich dasselbe wie das der Person, die den Zellkern gespendet hat.)
– Erbkrankheiten lassen sich vermeiden, wenn man den Leuten erlaubt, sich selbst zu klonen, anstatt durch geschlechtliche Fortpflanzung mit dem möglicherweise übertragenden »Partner« eventuell erbkranke Nachkommen zu produzieren. (Dieses Argument wird auch gern als therapeutische Begründung benutzt.)
– Gesellschaftlich nützliche Leute mit bestimmten Eigenschaften lassen sich durch Klonen vermehren. Der Ethiker Joseph Fletcher zum Beispiel führt an, daß die Forscher vielleicht gern mehr Leute klonen würden, die unempfindlich gegenüber Schallwellen mit hohen Dezibelwerten und damit von unschätzbarer Bedeutung in

der Raumfahrt und bei Flügen in großen Höhen sind. (Fletcher malt nicht aus, was die Gesellschaft mit solchen Klonen anstellen wird, die – wenn sie erwachsen sind – *nicht* Piloten werden möchten. Die Idee, daß diese Menschen einen eigenen Willen haben könnten, scheint ihm nicht gekommen zu sein. Er hat im Grunde lediglich die Erschaffung einer Klasse von Dienstboten oder Sklaven mit speziellen Funktionen im Sinn.)

– Besonders hochwertige Einzelne könnten vermehrt werden, zum Beispiel Einstein.

»Klonen befriedigt die technischen Interessen der Eugeniker in einem Maß, wie Züchtungen nach den Mendelschen Gesetzen es nicht vermögen«, schrieb der Genetiker Dr. Joshua Lederberg. »Hat man einmal ein besonders hochwertiges Individuum oder Erbbild (Genotyp) identifiziert, warum soll man es dann nicht direkt kopieren, anstatt allen Risiken ausgesetzt zu sein – zum Beispiel dem des ungewollten Geschlechts –, die aus dem Zufallscharakter der geschlechtlichen Fortpflanzung folgen.«

Neben Unsterblichkeitsverheißungen und eugenischer Attraktivität bietet Klonen weitere Vorteile:

– Es liefert sterilen Ehepaaren Kinder.
– Man kann damit weit entfernte Planeten kolonialisieren; man schickt einfach einen Biologen mit einem Vorrat Körperzellen ins All.
– Die Familienähnlichkeit bleibt erhalten – was Fletcher (1974, S. 154) als »guten Grund« fürs Klonen bezeichnet.

Wenn es erst einmal künstliche Gebärmütter gibt, lassen sich die Klon-Experimente beschleunigen (ebenso die mit »Chimären«: Mischlingen aus Mensch und Tier), denn man braucht dann keine menschlichen Wirtinnen mehr, die sie austragen. Lederberg vermutete, daß man mit dem ersten Versuch, einen kompletten Menschen zu klonen, bis nach der Entwicklung einer künstlichen Gebärmutter warten wird. Wieso auch sollten Frauen sich dazu hergeben, in ihrem »düster dräuenden« Mutterleib Klone zu beherbergen? Dr. James Watson, der 1962 den Nobelpreis für seinen Beitrag zur Entdeckung der DNA-Struktur erhielt, hat eine Theorie parat: Ein totalitärer Staat, der Frauen als Leihmütter für Klone zwangsverpflichtet, sei gar nicht nötig, denn »die Langeweile und Sinnlosigkeit des Lebens vieler Frauen reicht womöglich schon aus, um ihre Bereitschaft zu solchen Experimenten zu garantieren – ob sie nun legal oder illegal sind« (Watson, 1971).

Auch Watson, der wie manche anderen Forscher das Klonen von Menschen ablehnt, sieht die Retortenbefruchtungen als Bresche für die Klon-Experimente. Bereits sieben Jahre vor der Geburt des ersten Retortenbabys hatte er davor gewarnt, daß – wenn eine solche »Heldentat« erst einmal vollbracht sei – menschliche Eier zu einer jederzeit »verfügbaren Ware« würden und man sich um »experimentelle Manipulationen an ihnen reißen« würde. In den Krankenhäusern lagern dann Hunderte von isolierten Eiern, schrieb er weiter, denn bei jeder Laparoskopie kann man einer Frau mehrere gleichzeitig herausoperieren. Vielleicht werden diese Überschüsse tatsächlich weitgehend für wertvolle experimentelle Zwecke benutzt, aber die Versuchung, Klonversuche damit zu unternehmen, liegt seiner Meinung nach nahe.

In den sechziger und siebziger Jahren wagten viele Wissenschaftler die Vorhersage, daß Klonen noch zu unseren Lebzeiten möglich sein werde. Auf solche Spekulationen hin erschienen damals eine Menge Reportagen in den Massenmedien. »Möchten Sie Ihre eigene Britt Ekland? Machen Sie sich eine!« titelte die Zeitschrift *Esquire* 1969, in der sechs »Klone« jenes spärlich verhüllten Filmstars abgebildet waren.

Bei den Kongreßanhörungen anläßlich Rorviks Buch protestierte Dr. Robert G. McKinnell, ein Professor für Genetik und Zellbiologie an der Universität von Minnesota, Klonen sei »nicht als Technik für reproduktive Zwecke entwickelt worden; es ist wohl eher eine Methode, die neue Erkenntnisse in der Zellbiologie befördert«. Klonen wird zum Beispiel angewandt, um den Prozeß der Differenzierung (in dem das befruchtete Ei eine Vielfalt von Zelltypen ausbildet) zu untersuchen, aber auch in der Krebszellenbiologie und Immunologie, und es scheint sich auch für Untersuchungen über die Entstehung von Mutationen und über das Altern zu eignen (*Developments*, 1978, S. 14). Ein anderer Kollege sagte aus, Klonen sei kein Endpunkt, sondern ein Instrument für die Erforschung der Zellentwicklung (*Developments*, 1978, S. 90).

Es stimmt wohl, daß die Bedeutung des Klonens für die Forschung, die mit Fortpflanzung nichts zu tun hat, in den Massenmedien vernachlässigt wurde. Aber schließlich haben die Forscher als erste über das Klonen von Menschen spekuliert. Nach dem Aufruhr um Rorviks Buch scheinen sie diese Möglichkeit geschlossen herunterspielen zu wollen. Dr. Jonathan Beckwith von der Harvard-Universität jedenfalls wirft seinen Kollegen vor, daß sie die möglichen

Gefahren des Klonens leugnen und – aus Angst vor der öffentlichen Meinung und rechtlichen Folgen – verschweigen, wie ausgefeilt ihre Techniken bereits sind (*Developments*, 1978, S. 26).

Gelungen ist Klonen bisher mit begrenztem Erfolg bei Amphibien (Lurchen) und mit zweifelhaftem Erfolg bei Säugetieren. Wird es dennoch eines Tages auch beim Menschen möglich? Bevor wir diese Frage behandeln, sollten wir einen kurzen Blick auf die Klonexperimente an Pflanzen und Tieren werfen.

Jede Körperzelle in einer Pflanze oder einem Tier besitzt von Anfang an alle Gene, die für die Entwicklung des gesamten Wesens nötig sind. Während des Wachstums dieses lebendigen Organismus differenzieren sich die Zellen, um jeweils bestimmte Organe zu bilden. Eine Zelle, aus der ein Auge wird, braucht die Gene nicht, die eine Leber produzieren können. Aber verliert sie sie damit auch?

Voraussetzung dafür, Menschen überhaupt klonen zu können, ist, daß sie sie nicht verliert, sondern daß der Kern einer jeden Zelle in jedem Gewebe unseres Körpers die komplette »Blaupause« für die Entwicklung des gesamten Organismus enthält; daß also nicht nur Samenzelle und Eizelle diese lebensnotwendigen Gene besitzen. Unabhängig von der Differenzierung in besondere Organe bleibt in jeder Körperzelle das Potential für die Reproduktion eines vollständigen erwachsenen Menschen im Verborgenen erhalten.

Der Zellphysiologie-Professor F. C. Steward hat in den frühen sechziger Jahren an der Cornell University nachgewiesen, daß diese Theorie für Pflanzen zutrifft; er klonte eine Karotte. Den ersten richtigen Erfolg bei Tieren hatte es bereits in den fünfziger Jahren gegeben; zwei amerikanische Embryologen hatten Frösche geklont, nachdem sie eine Technik zur Übertragung eines Zellkerns aus einer Zelle in eine andere entwickelt hatten (Briggs/King, 1952). Dieser Erfolg beruhte allerdings auf Experimenten mit Embryogewebe aus einem sehr frühen Entwicklungsstadium und nicht mit Gewebe von ausgewachsenen Fröschen.

Anfang der sechziger Jahre führte der englische Embryologe J. B. Gurdon ihre Arbeiten fort und kam einen Schritt weiter; es gelang ihm, ausgewachsene Froschklone zu produzieren, die Kerne entnahm er den voll ausdifferenzierten Darmzellen von Kaulquappen. Nur wenige der Transplante (1,5 Prozent) entwickelten sich weiter und wurden zu ausgewachsenen Fröschen (Gurdon, 1962). Gurdons Produktion eines ausgewachsenen Frosches aus einer differenzierten Zelle zeigte ebenso wie Stewards Erfolg bei Pflanzen, daß ausgereifte Zellen tatsächlich die gesamte Erbinformation enthalten und veranlaßt werden können, sie abzulesen und ein ausgereiftes Tier zu produzieren.

An der Universität im englischen Oxford probierte ein Forscher vergebens eine neue Klonmethode für Säugetiere aus: die Zellverschmelzung. Er verschmolz Ei- und Körperzelle eines Kaninchens miteinander und benutzte dazu als biochemischen Katalysator einen Virus, den er vorher mit Ultraviolettstrahlen inaktiviert hatte (Bromhall, 1975).

Der amerikanische Biologe Peter C. Hoppe und der Genfer Mikrochirurg Karl Illmensee schafften als erste die Produktion eines Säugetierklons (Hoppe/Illmensee, 1981). Sie entnahmen mit einer winzigen gläsernen Pipette einer gerade befruchteten Eizelle einer grauen Maus den Zellkern, fügten ihn in das kurz vorher befruchtete Ei einer schwarzen Maus, nachdem sie diesem Ei das Kernmaterial entnommen hatten. Den Embryo kultivierten sie zunächst vier Tage lang und setzten ihn danach einer weißen Maus ein. Die so geklonte Maus war grau und männlich. Parallelversuche mit den Kernen andersfarbiger Mäuse unterschiedlichen Geschlechts ergaben: Die Klone hatten keine Verwandtschaft mit der schwarzen Maus, die die kernlose Eizelle geliefert, oder mit der weißen, die sie ausgetragen hatte. Ist das Experiment gültig, dann beweist es, daß man mit den Kernen von Säugetierembryos klonen kann.

Wie gültig es allerdings ist, wurde fraglich, als Leute aus Illmensees Team Unregelmäßigkeiten in dessen Forschungsberichten zur Sprache brachten. Untersuchungskommissionen aus Wissenschaftlern, die unabhängig voneinander in Genf und an Hoppes Labor in Maine recherchierten, fanden keine Indizien für eine Fälschung, ebensowenig wie eine internationale Prüfungskommission. Letztere stellte in Illmensees Berichten allerdings tatsächlich viele Irrtümer, Korrekturen und Widersprüchlichkeiten fest, die »ernste Zweifel« am Wahrheitsgehalt der ursprünglichen Entdeckung aufkommen ließen. Die Versuche sind seitdem erfolglos wiederholt worden (Marx, 1983; Neuman, 1984).

1983 berichteten Forscher in Philadelphia von bedeutenden Fortschritten bei der Zellkerntransplantation, jener Prozedur, die bei einer Art des Klonens angewandt wird. Mit einer verfeinerten Technik, die den werdenden Embryo weniger beschädigt, hatten sie den Kern eines Mäuseembryos in einen Embryo einer anderen Rasse und Farbe eingepflanzt und diesen dann in die Gebärmutter einer Leihmutter-Maus übertragen. Ihre Versuchsserie ergab zehn Mäuse, die sich genetisch sowohl von der Leihmutter als auch von der Spenderin der kernlosen Eizellen unterschieden (McGrath/Solter, 1983). Die beiden Forscher haben sich übrigens *nicht* dazu geäußert, ob sie identische Mäuse (Klone) produziert hatten, obwohl die von ihnen benutzte Technik das erlaubt hätte, denn nachdem der Embryo sich einige Male geteilt hat, könnten sie den Teilen wiederum die Kerne entnehmen und sie anderen entkernten Eizellen einpflanzen. (Sie haben diese Technik erfolgreich auf die Arbeit mit Embryozellen aus späteren Entwicklungsstadien ausgedehnt.)

Die Fortpflanzungstechniker warten keineswegs auf irgendeinen wissenschaftlichen oder technischen Durchbruch, der ihnen ermöglichen wird, Menschen zu klonen. Techniken und Instrumente sind weitgehend da und greifbar. Anhand von Tiereiern hat man Techniken ausgearbeitet, mit denen man den Zellkern entnehmen und den Spenderkern des Tieres, das man klonen möchte, einsetzen kann. Und da sie bei Mäuseeiern funktionieren, werden sie es auch bei menschlichen Eiern, denn sie haben dieselbe Größe. Alle anderen Techniken stammen aus den Retortenkliniken: die Entnahme ausgereifter menschlicher Eier, die Kultivierung in einer Nährlösung – nachdem sie »renukleiert« (also mit einem neuen Zellkern versehen) sind bis zu einem frühen Embryonalstadium und die spätere Übertragung in die Gebärmutter einer Frau.

Die Forscher warten also im Grunde nur noch auf die Beantwortung der Frage: Ist es biologisch möglich, einen erwachsenen Menschen zu klonen? Kann es angehen, daß etwas bei Pflanzen und Fröschen geht, bei Säugetieren dagegen nicht? (Trotz der Mäuseexperimente von Illmensee und Hoppe ist der Nachweis bei Säugetieren noch nicht eindeutig erbracht, und deren Experimente konnten bislang nicht wiederholt werden). Im Laufe der Spezialisierung verliert die menschliche Zelle die Fähigkeit, alle Gene zu aktivieren. Ist es überhaupt möglich, die »stillgelegten« Teile der »vollständigen Blaupause« in einer ausdifferenzierten Zelle zu reaktivieren?

Bis heute hat kein einziger Klon-Forscher mit Zellen von *ausgewachsenen* Tieren experimentiert. Vielleicht funktioniert Klonen nur mit bestimmten Typen ausdifferenzierter Zellen (Spermatogonien, das sind die Zellen, aus denen die Samenzellen gebildet werden, werden dabei stets genannt), mit anderen dagegen nicht. Vielleicht ist es aber auch tatsächlich biologisch vollkommen unmöglich, einen ausgewachsenen Menschen zu klonen, und die Phantasie, daß irgend jemand beurteilen wird, welche Erwachsenen besonders wertvoll sind und kopiert werden müssen (die Massenmedien basteln da immer gern Traumpaare wie Albert Einstein und Raquel Welch...), wird niemals Wirklichkeit. Aber selbst wenn – daß Klon und Elternteil völlig identisch sein werden, ist höchst unwahrscheinlich. Die Gene mögen dieselben sein, aber Charakter und Seele stecken nicht in den Genen. Auch die Umgebungen, in denen Vater – oder Mutter – und Klon aufwachsen, können sehr verschieden sein. Das beginnt bereits bei der Umgebung namens Gebärmutter. Schwangere haben sehr unterschiedliche Mutter-Fötus-Beziehungen, die Plazenta bildet sich verschieden aus und bindet sich auch verschieden an den Uterus. All das hat vermutlich subtile Auswirkungen auf den Nachwuchs, bei allen Säugetieren (Edwards/Sharpe, 1971, S. 89; Edwards, 1974; Eisenberg, 1976, S. 324). Zu den Alpträumen, die Klonen auslöst, gehört der, daß jemand wie Hitler sich Tausende von Klonen verschaffen und mit ihrer Hilfe die Welt beherrschen könnte. Aber es ist denkbar, daß jemand mit Hitlers Genen dennoch anders aussieht und Humanist wird.

Daß man vielleicht nie erwachsene Menschen klonen können wird, heißt aber noch lange nicht, daß Menschen überhaupt nicht geklont werden können, im Gegenteil: Es ist sogar wahrscheinlich, daß die Wissenschaftler aus menschlichem Embryonalgewebe Klone werden produzieren können. Sie werden dann allerdings nie erfahren, wie vollendet diese gelungen sind, denn es hat ja nie ein vollendetes »Original« vor ihnen gegeben.

Viele Forscher werden, wenn es sich als unmöglich erweist, erwachsene Menschen zu klonen, das Interesse am Klonen von Menschen überhaupt verlieren. Aber es gibt Interesse am Klonen von Tieren, zum Beispiel von Haustieren. Klonspezialist Dr. Clement Markert von der Yale-Universität dazu: »Im allgemeinen können wir alles verbessern, was die Natur uns bietet, und alle Tiere so züchten, daß sie unseren eigenen Bedürfnissen besser entsprechen.«

Eins dieser »Bedürfnisse« ist, Tiere in Experimenten bei lebendigem Leib aufzuschneiden. Für solchen Laborbedarf lassen sich genetisch identische Tiere klonen.

Wir starren stets darauf, welche Auswirkungen irgendeine Technologie auf uns haben könnte, aber während wir das tun, bekommen die schlimmsten Auswirkungen vielleicht alle Tierarten zu spüren, nur nicht die Spezies Mensch.

XIV. BRUTBORDELLE:
Eine Kaste von Gebärerinnen

Während der Sklaverei galten schwarze Frauen als Tiere, denen man die Kinder wegnehmen konnte, um sie zu verkaufen wie Kälber. Noch ein Jahr, nachdem der Import afrikanischer Sklaven in die Vereinigten Staaten verboten worden war, urteilte ein Gericht in South Carolina, daß Sklavinnen keinen rechtlichen Anspruch auf ihre Kinder haben. Die Sklavenhalter durften weiterhin in jedem Alter die Kinder von den Müttern weg verkaufen.

Die Frauen hielt man für Brüterinnen, nicht für Mütter. Man durfte ihren Körper ebenso für reproduktive Zwecke verkaufen, wie die Körper von Frauen allgemein für sexuelle Zwecke verkauft werden durften und dürfen. Auf den ersten Blick erscheint es vielleicht unglaublich, daß Frauen je als Brüterinnen haben angesehen werden können; in einem unaufgeklärten früheren Jahrhundert ja, vielleicht gerade noch, aber doch nicht heute und schon gar nicht in Zukunft. Der genauere Blick dagegen zeigt:

Bei den Nazis gab es auch Pläne, Frauen als Fortpflanzungsprostituierte, als Brüterinnen zu benutzen. Für ihren Versuch, die deutsche Rasse »reinzuerhalten«, hatten sie eine Art Doppelstrategie ausgearbeitet: Vernichtung einerseits, Fortpflanzung nach Plan andererseits. Für letztere gründete Himmler am 12. Dezember 1935 den »Verein Lebensborn e. V.«. Dieser Verein stellte Heime, in denen »rassisch wertvolle« Schwangere ihre Kinder austragen und gebären konnten.

Es gab beim »Lebensborn« verschiedene Ideen, wie der »nordische« Nachwuchs zu garantieren sei; ich will hier nur eine erörtern: die gewaltsame Entführung von »rassisch wertvollen« Mädchen aus bestimmten besetzten Gebieten – aus der Tschechoslowakei, Ungarn, Rumänien und Polen –, die als Brüterinnen dienen sollten.

Keiner der »Lebensborn«-Führer hat je zugegeben, daß ein solcher Plan existiert hat; er wird auch in keinem der erhaltenen Nazi-Dokumente erwähnt.[1] Wenige Wochen vor dem Zusammenbruch des deutschen Reiches zerstörte die SS alle Karteien über die entführten Mädchen. Dennoch – ein paar der Mädchen haben überlebt und sind heute erwachsene Frauen. Sie erinnern sich. Clarissa Henry und Marc Hillel haben sie interviewt, ebenso einige der deutschen Familien, denen sie zeitweilig zugewiesen worden waren.

Alycia Sosinka, geboren 1935 in Lodz, wurde ihrer Mutter im September 1942 weggenommen und zusammen mit anderen polnischen Mädchen in ein »Lebensborn«-Internat gesteckt. Sie berichtete:

»Das Leben in dieser Kaserne war ein ständiger Alptraum. An der linken Hand und im Nacken hatte man uns ein Erkennungszeichen markiert (noch heute sieht man die weißen Narben). Wir hatten schreckliche Angst vor dieser Markierung, die in Wirklichkeit nicht schmerzhaft war. Eines Tages sagte man uns: ›Ihr werdet zwei oder drei reinrassige Deutsche gebären und dann verschwinden...‹

Wir bekamen auch dauernd Spritzen. Heute glaube ich fast, daß es Hormonspritzen waren, damit wir schneller geschlechtsreif wurden. Diese Behandlung war für alle Mädchen gleich, für Polinnen, Tschechinnen, Ungarinnen und Rumäninnen.« (Hillel/Henry, 1975, S. 247)

Alycia kam für einige Monate zu deutschen Bauern. Deren Tochter erzählte den Journalisten, ihre Eltern hätten Alycia gern adoptiert, aber das ging nicht, weil die SS sie, wenn sie fünfzehn oder sechzehn war, zur »Zeugung von Nachwuchs« abholen wollte.

Doch diese Sichtweise von Frauen findet sich nicht nur in totalitären Staaten. Auch in liberalen Demokratien haben sich Männer allen Ernstes über die Erschaffung einer »Kaste von Gebärerinnen« unterhalten, darüber, Frauen als »Berufsbrüterinnen« einzusetzen und sich einen »Stall« Mütter zu halten.

Der amerikanische Soziologe Kingsley Davis spekulierte während der Weltwirtschaftskrise (als die Geburtenraten sanken), daß man Frauen für das Kinderkriegen bezahlen müsse, damit aus ihnen Berufsbrüterinnen werden konnten. Viele Funktionen der Familien seien längst von verschiedenen Institutionen übernommen worden, nur die Fortpflanzung und Aufzucht der Kinder nicht, schrieb Davis. Wenn man jedoch an einer ordnungsgemäßen Ausführung Interesse habe, dann solle man diesen Bereich nicht länger der Familie überlassen, sondern ihn ebenfalls Einrichtungen übertragen, »die die einzelnen dazu motivieren können, ihrer jeweiligen Funktion nachzukommen«. Und wenn der Staat Frauen finanzielle Anreize anbot, dann konnte er wahrscheinlich auch von Frauen, die vom Kinderproduzieren leben, den Nachweis ihrer »Tüchtigkeit« verlangen. »Er schafft damit allmählich und vermutlich unbeabsichtigt einen neuen Beruf – den der Kinderaufzucht«, schrieb Davis weiter. »Und es wäre nur noch ein kleiner Schritt zur Berufsausbildung für solche Kinderaufzieherinnen, womit man sowohl die Moral als auch den gesellschaftlichen Status dieser Beschäftigungsgruppe verbessern könnte.«

Das System wäre gleichzeitig effektiv in bezug auf Quantität wie Qualität der Kinder: »Man könnte Spermalieferanten nach ihrer biologischen Tüchtigkeit auswählen, die Frauen, die die Kinder austragen, dagegen nach ihrer geistigen und körperlichen Befähigung.« (Am Ende seines Artikels betonte Davis, er sei weder Prophet noch Fürsprecher einer neuen Fortpflanzungsinstitution.)

1978 schrieb der Leiter der Abteilung Bevölkerungsforschung an der Princeton-Universität, Charles F. Westoff, ebenfalls, irgendeine Form von Subventionierung der Fortpflanzung sei nötig. Wieder einmal war die Bevölkerung der Vereinigten Staaten niedrig und würde in etwa fünfzig Jahren sogar schrumpfen. Wenn die Frauen weiter außerhalb des Hauses arbeiten gingen, Verhütungsmittel nahmen und insgesamt weniger Kinder bekamen – wie sollte dann die nächste Generation zustande kommen? Finanzielle Anreize seien womöglich nicht zu umgehen, schrieb er, unter Hinweis auf Davis' Spekulationen über Berufsbrüterinnen.

Heute, wo Frauen von Leihmütterfirmen eingekauft werden, um Brutdienste zu leisten, wird das Berufsbrüten wieder öfter diskutiert. Juristen, Ärzte, Gesetzgeber und Ethiker äußern sich über die »Institutionalisierung« der Leihmutterschaft, darüber, daß der Staat die Frauen überwachen und eine Einrichtung schaffen solle, die sie als Leihmütter zuläßt.

Berufsbrüten könnte etwas ganz Alltägliches werden, schreibt der Anwalt Russell Scott, wenn »gesunde junge Wirtsmütter nicht nur bezahlt, sondern auch sozialversichert und ausgebildet werden und anderweitig gesellschaftliche Anerkennung erhalten könnten«. Die Höhe der Bezahlung wird, wie der Gesellschaftskritiker Vance Packard, aber auch John Stehura von der *Bionetics Foundation* beschrieben haben, von Land zu Land verschieden sein. »Wirtsmütter« aus der »Dritten Welt« werden es billiger machen, und wenn Embryotransfer erst einmal eine Routinesache ist, dann ist der Weg frei, sie zum Austragen der Babys der Reicheren in der westlichen Welt zu benutzen.

Daß ein Wort wie »Stall« in den Diskussionen über Leihmütter auftaucht, kann kaum überraschen – Mutterschaft wird zu einem neuen Zweig der Prostitution. Die meisten Leihmutterfirmen sammeln Dossiers mit Fotos und allem Drum und Dran von jeder Leihmutter, so daß ihre Kunden aus einem »Stall Frauen« auswählen können. Zwar müssen die »Mädels« hier nicht – wie im Bordell – antreten, um sich vom Freier aussuchen zu lassen; aber ihre Dossiers treten für sie an, in Reih und Glied.

John Stehuras *Bionetics Foundation* zum Beispiel gibt vierteljährlich ein Heft heraus, in dem die angeblich »zuchtwilligen« Frauen mit Fotos abgebildet sind; so etwas macht manchen Leuten in der Leihmütterindustrie Unbehagen. Sie erwägen, ob es nicht Reglements gegen solchen Mißbrauch geben müßte. Aber Einzelkataloge von Frauen, die in geschmackvollen, holzgetäfelten Konferenzräumen herumgezeigt werden, und Frauenfotos in billigen Zeitungsdruckprospekten, die jedermann für ein paar Dollar nach Hause geschickt bekommen kann, unterscheiden sich bestenfalls in Stil und Klasse, aber nicht im Wesen.

Manche Fortpflanzungsprostituierte sind vielleicht zuvor anschaffen gegangen. In England mietete ein kinderloses Ehepaar für etwa 20000 DM eine neunzehnjährige Prostituierte, die ein mit dem Sperma des Ehemannes künstlich befruchtetes Baby für sie austragen sollte. Hierfür ging das Paar zu einem Gericht in London, bei dem die Bußgeldverfahren gegen Prostituierte abgewickelt werden, und suchte sich eine aus; die tat es dann zwar nicht selbst, war aber bereit, für etwa dreitausend Mark Anteil eine Kollegin zu beschaffen.

Und so geschah es. (»Miss C.«, noch eine Jugendliche, merkte allerdings im Laufe der Schwangerschaft, daß sie das Kind nicht würde hergeben können. Sie sagte es dem Ehepaar. Dieses Paar entführte das Kind nach der Geburt, aber die Mutter bekam vom Gericht das Sorgerecht zugesprochen, nachdem sie die Prostitution aufgegeben und einer Überwachung zugestimmt hatte. Der »Vater« erhielt Besuchsrecht für die Dauer von zwei Jahren; vgl. Scott 1981, S. 217).

Wir wissen natürlich heute noch nicht, wie die Tatsache, daß die Männer die totale Kontrolle über die Fortpflanzungsfähigkeit der

Frau übernehmen, die gesellschaftlichen Institutionen verändern wird. Andrea Dworkin hat eine mögliche Form dafür beschrieben: das Reproduktionsbordell (Dworkin, 1983). Ihre Vision von Einrichtungen, in denen Frauen ihre Gebärmütter, Eierstöcke und Eier von Männern vermarkten lassen, ist nicht völlig aus der Luft gegriffen. Es gilt schließlich auch seit einigen Jahrhunderten als akzeptabel, bestimmte Frauen in Bordelle zu sperren, wo sie kontrolliert und als eine Art Kollektion von Körperteilen betrachtet werden, die keinerlei Geist oder Individualität besitzen, sondern wie Fleisch benutzt werden.

Überall »einen Stall Leihmütter« einzurichten, heißt, Fortpflanzungsbordelle in primitiver Form aufzumachen. Eine Art Fortpflanzungsfließband wäre die Folge, und je größer die technischen Fortschritte, desto raffinierter würden auch die Fließbandtechniken und desto schärfer die Kontrolle über Frauen. Modelle für solche Einrichtungen kennen wir bereits bei Zucht- und Nutztieren. Die meisten der Tiere, die für genetisch wertlos befunden werden, dienen als Brüterinnen für die Embryos von »höherwertigen« Tieren. Die Unterscheidung in »wert« und »unwert« bezüglich der Erbanlagen wird vermutlich noch zunehmen. Dr. Peter Elsden vom Animal Reproduction Laboratory der Universität von Colorado nannte folgende Proportionen in einem Modellbericht: Zur Verbesserung der Herde solle man die etwa zehn bis zwanzig Prozent Spitzentiere superovulieren und mit ihnen besonders viele Embryos produzieren, die restlichen, minderwertigen achtzig bis neunzig Prozent dagegen als Embryoempfängerinnen benutzen. »Die unteren zwei Drittel werden als fortpflanzungsungeeignet aussortiert (Merzvieh), während das eine Drittel Spitzentiere viermal mehr Nachwuchs als üblich produziert, da man mit Superovulation viermal so viele Jungtiere erzielt.«

Meiner Einschätzung nach würden auch in Fortpflanzungsbordellen für Frauen die meisten als »unwert« eingestuft und sterilisiert werden, ihr Nachwuchs also »ausgemerzt«. (Wir haben bereits gesehen, wie die neuen Technologien beim Menschen mit Sterilisation in Zusammenhang gebracht werden, und zwar gewöhnlich dadurch, daß suggeriert wird, von der Sterilisation profitieren vor allem die Sterilisierten; vgl. Muller, 1961, Fletcher, 1974 und 1976, Seed/Seed, 1978, Djerassi, 1979 und *Appendix*, 1979, Edwards.) Als mit Sicherheit »unwert« gelten dann nichtweiße Frauen, und sie werden auch als Brüterinnen für die »wertvollen« eingesetzt werden. Die für genetisch »höherstehend« befundenen und deshalb als Eispenderinnen ausgewählten weißen Frauen werden damit zu Embryomaschinen. Dank Superovulation könnten zweijährige Mädchen ebenso wie fünfzig-, sechzigjährige Frauen dazu gebracht werden, Eier zu produzieren. (Reproduktionsexperten arbeiten zur Zeit daran, Frauen auch nach den Wechseljahren noch »fortpflanzungsgeeignet« zu erhalten. Einer von ihnen erzählte mir, er behandele auch Patientinnen von über fünfzig Jahren wegen Unfruchtbarkeit und finde die Aussicht, ältere Frauen zum Kinderkriegen zu befähigen, obwohl sie stets »Angst davor eingeredet bekommen«, viel aufregender als Befruchtungen außerhalb des Mutterleibs.)

Die Reproduktionsingenieure in solchen Bordellen würden auf drei Ebenen tätig werden: bei der Beschaffung von Eiern, bei deren Manipulation und beim Embryotransfer.

Beschaffung von Eiern

Für dieses auch »Rekrutierung« genannte Verfahren gibt es eine Menge Möglichkeiten: Zum Beispiel Spülungen nach der von den Seed-Brüdern gemeinsam mit dem Ärzteteam des *Harbor-UCLA Medical Center* entwickelten Technik. Vermutlich kommen dabei allerdings nicht genügend Eier heraus. Oder zwei weitere Techniken, die in Tierversuchen bereits erprobt wurden: Bei der einen werden röhrchenförmige Instrumente in den Bauch der Frau eingesetzt und dort belassen, die ständig Eier »fördern«; bei der anderen werden die Eierstöcke komplett so versetzt, daß man bequemer an die Eier herankommt. Schließlich kann man noch Kulturen von Oogonien (Ureizellen) anlegen; das wird für Tiere bereits anvisiert.

Aber die besseren Erträge werden wahrscheinlich mit anderen Techniken erreicht werden. Wie sie aussehen, das wird 1976 im *Farm Journal* erörtert: »Die Brunstkontrolle – Durchbruch zur industriellen Schweineproduktion. Die Kontrolle über den weiblichen Zyklus wird die Lücken der Fließbandproduktion schließen.« (Mason/Singer, 1980)

Diese Lücke auch bei Frauen zu schließen, daran arbeiten die Retortenkliniken in der ganzen Welt, wie wir in Kapitel VII gesehen haben. In einem Fortpflanzungsbordell würden die Frauen dann an den jeweils geeigneten Tagen ihres Zyklus antreten und ihre Pergonal®-Spritzen (humanes Menopausen-Gonadotrophin) zur Anregung ihrer Eierstöcke bekommen. Die Bioingenieure superovulieren natürlich nur die zehn bis zwanzig Prozent »Spitzenfrauen«, verfolgen die Entwicklung der Eier mit Ultraschall und Bluttests und operieren sie ihnen später heraus. Vielleicht geben sie den Frauen großzügig einen Monat Erholungspause, so daß sie »nur« sechsmal pro Jahr eine solche Operation über sich ergehen lassen müssen.

Aber es gibt noch eine Möglichkeit, die zur Zeit ebenfalls an Tieren ausprobiert wird. Als die Spitzenkuh Sabine 2A 1982 starb (bei einem Kaiserschnitt übrigens), entfernten ihr die Embryologen der Firma *Genetic Engineering Inc.* die Eierstöcke, entnahmen ihnen sechsunddreißig Eier und froren sie ein. Die Embryos von Sabine hatten schon zu ihren Lebzeiten mindestens zehntausend Dollar eingebracht, die eingefrorenen und wieder aufgetauten und in der Retorte befruchteten sind vermutlich genauso lukrativ (Brotman, 1983). Dasselbe läßt sich natürlich auch an Frauen vornehmen – auch eine »wertvolle« Frau könnte lange, nachdem sie tot ist, für die Fortpflanzung »ausgeschlachtet« werden.

Aber nicht nur tote Frauen wären nützlich für diese Bordelle; auch Frauen, die nie geboren wurden. Man könnte weibliche Embryos bis zu der Phase entwickeln, in denen sie Eierstöcke ausbilden, und diese Eierstöcke könnte man dann kultivieren, damit die Bioingenieure ihnen Eier entnehmen. Wer braucht schon eine vollständig entwickelte Frau – Hauptsache, man hat ihre Eierstöcke....

Die partielle Ektogenese (Schwangerschaft außerhalb der Gebärmutter) – nämlich die Kultivierung von Organrudimenten vom ersten Moment ihres Entstehens an bis zu einem reiferen Stadium – ist heute schon fester Bestandteil der Techniken gewisser biologischer Studien. Dr. Clifford Grobstein (1981, S. 48) sagt voraus, daß man, wenn man die verschiedenen einzelnen Prozeduren zusammenfassen und auf eine einzige Tierart anwenden könnte, bald ganze Organe außerhalb des Mutterleibs aus einem befruchteten Ei produzieren könnte. Zu den am gründlichsten erforschten Organen gehören die Eierstöcke. Wenn man sie extern zur Reife bringen könnte, so Grobstein weiter (S. 278), dann hätte man bald genügend Vorräte für Retortenbefruchtungen, ohne Frauen operieren zu müssen.[2]

Auch die Techniken, Eierstöcke am Leben zu erhalten und nach Eiern zu durchsuchen, werden heute in den Massenmedien als »Segen« für Frauen, als »Therapie« dargestellt. Ein Gynäkologe berichtete in einer Frauenzeitschrift über die Experimente dieser Art an Kaninchen am Pennsylvania Hospital und an der Universität of Pennsylvania School of Medicine, und schlug vor: »Nehmen wir einmal an, eine Frau muß sich eines fernen Tages einer Hysterektomie (Totaloperation) unterziehen. Man könnte dann vielleicht bald ihre Eierstöcke retten und ihre Eier befruchten – alles im Labor.« (Lauersen, 1982) Der Artikel hatte die Überschrift: »Kinderkriegen auf neuen Wegen: Wie die Wissenschaft helfen kann!«

Manipulationen an Eiern

Die »rekrutierten« Eier könnten innerhalb des Fortpflanzungsfließbands auf verschiedene Weise manipuliert werden:

- Man kann – nach dem Motto »Aus 1 mach 2« – Zwillinge aus einem Embryo machen.
- Man kann die Eier »unwerter« Frauen zum Klonen nehmen, indem man die Eizellkerne mit Laser zerstört und sie durch die Kerne »werter« Männer ersetzt.
- Man kann die weiblichen Erbanteile aus der Eizelle entfernen und sie mit zwei Spermatozoen auffüllen, so daß ein Kind mit zwei Vätern und ohne Mutter dabei herauskommt. Das Sperma dürfte sogar ruhig abgestorben sein; es gibt Hinweise aus Tierversuchen, daß auch totes Sperma noch funktioniert (Seidel, 1980).
- Man kann durch genetische Manipulationen verschiedene Eigenschaften erzielen. Sollte die vollständige oder teilweise Ektogenese je auf Menschen angewandt werden, wäre es »ein Kinderspiel für die ›Menschenzüchter‹, Augenfarbe, Körperbau und womöglich Gesichtszüge des jeweils entstehenden Menschen zu ändern«, schrieb der Biologe Jean Rostand in naiver Zuversicht im Jahr 1959 (S. 84). Bis heute ist allerdings erst so wenig wirklich bekannt über die menschlichen Gene, daß derartige Gen-Manipulationen ausgesprochen schwierig sein dürften.
- Man könnte die Eier in einer Nährlösung aus Stoffen des weiblichen Körpers im Labor befruchten. »Wir haben unsere Nährlösung mit winzigen Stückchen aus der Gebärmutter oder den Eileitern angereichert, damit sie dem weiblichen Fortpflanzungsbereich ähnelt«, hatten die Retortenpioniere Steptoe und Edwards 1980 (S. 54) beschrieben. Ein anderer Reproduk-

tionsingenieur benutzte »zerhackte Gewebeteile der Eileiterschleimhaut« (Shettles, 1955).

- Man kann das Geschlecht bestimmen, indem man ein Ei entweder mit Sperma aus einer »Gynosamenbank« oder mit Sperma aus einer »Androsamenbank« befruchtet. Aber auch wenn die Teilung in weiblich-zeugendes und männlich-zeugendes Sperma noch nicht sicher funktioniert, können Reproingenieure das »richtige« Geschlecht besorgen, indem sie einige Zellen aus dem befruchteten Ei entnehmen und das Geschlecht untersuchen. Die meisten Produkte aus dieser Embryomanufaktur wären männlich. Der Bedarfsplan für weibliche Embryos würde von der Bordellverwaltung festgelegt.

Embryotransfer

Auch hierfür gibt es verschiedene Möglichkeiten. Die Reproingenieure können den Embryo einfrieren für den späteren Gebrauch. Sie können ihn auch sofort einer Frau aus den unteren Rängen, einer von den achtzig bis neunzig Prozent der weiblichen Bevölkerung, übertragen. (Die könnte man dann auch in Ruhe Brüterinnen nennen; man müßte nicht mehr Beschönigungen wie »Leihmütter« benutzen, um die Öffentlichkeit gewogen zu halten.)

Der übertragene Embryo kann die gesamten neun Monate in der Brüterin verbringen. Auch Kreißsäle wären in den Bordellen nicht mehr nötig; Geburten würden dort am Fließband passieren. Was viele Frauen über ihre Erfahrungen mit der Geburtshilfe in amerikanischen Krankenhäusern in den fünfziger Jahren beschrieben haben, dürfte auch für das Fortpflanzungsbordell der Zukunft gelten: »Sie geben einem Medikamente, ob man sie will oder nicht, und schnallen einen an wie Tiere.« – »Die Frauen werden herdenweise wie Tiere durch ein Geburtsfließband geschleust, unter Drogen gesetzt und angeschnallt, damit die Ärzte die Babys alle mit der Zange holen können.« – »Ich kam mir wirklich vor wie ein Tier in der Falle.« (Shultz, 1958 und 1959)

Die Reproingenieure können den Embryo aber auch nur ein paar Monate lang von der Brüterin austragen lassen und den Fötus dann durch Kaiserschnitt herausnehmen; zu jedem Zeitpunkt, von dem an ihre Brutkästen den Rest übernehmen können. (Heute ist das die einundzwanzigste Schwangerschaftswoche.) Im Brutkasten läßt er sich dann leicht operieren oder impfen oder auf jede andere Weise bequem so verändern, wie sie ihn gern hätten.

Die Brüterin muß nicht einmal mehr leben. So jedenfalls scheinen einige Fälle der jüngsten Vergangenheit nahezulegen, bei denen der Körper einer gehirntoten Schwangeren so lange am Funktionieren gehalten wurde, bis der Fötus reif für die Entbindung war. Ein Fall war der einer Siebenundzwanzigjährigen, die in der zweiundzwanzigsten Schwangerschaftswoche einen Gehirnschlag erlitten hatte. Ihr Mann und andere Familienangehörige wünschten, daß ihre Körperfunktionen so lange aufrechterhalten werden sollten, bis der Fötus problemlos lebensfähig war. Die größten medizinischen Herausforderungen während der neun Monate, die sie den Körper der Toten künstlich am Leben hielten, bestanden darin, so berichteten die Ärzte, die nachlassenden Körperfunktionen der Frau auszugleichen und Infektionen unter Kontrolle zu bekommen. Die Gehirntote bekam *Diabetes insipidus* (»Wasserharnruhr«), Addison-Krankheit (Nebennieren*rinden*insuffizienz) und immer wiederkehrende septische Infektionen (Blutvergiftungen). Die Ärzte untersuchten alle zwei Stunden das Blut. Nachdem die Frau über zwei Monate klinisch tot war, entbanden sie ein gesundes Baby durch Kaiserschnitt und stellten die Geräte ab. Sie hörte auf zu atmen. Die Verwandten gaben an, sie hätten »eine riesige Freude« bei der Geburt empfunden (*Star-Ledger*, 31. März 1983). »Diese Erfahrung hat mich davon überzeugt, daß es hier keine großen Hindernisse mehr gibt. In Zukunft werde ich Angehörige auf diese Möglichkeit hinweisen«, sagte einer der Ärzte (OGN, 1. Juni 1983).

Aber vielleicht bedarf es bald gar nicht mehr vieler Frauen, weder lebendiger noch toter. Wenn die Pharmakraten erst einmal ihre künstliche Gebärmutter fertig haben, dann können sie die kultivierten Embryos direkt in die Mutter-Maschine stecken. Bislang braucht ein Embryo, der durch künstliche Befruchtung, Transfer, im Reagenzglas oder durch Klonen entstanden ist, noch eine Frau, die ihn austrägt. Bislang also verharrt die Fortpflanzung auf dem Niveau von Heimarbeit und Kleingewerbe. Aber mit künstlicher Gebärmutter und Plazenta »könnten industrielle Fertigung und Babyfarmen die vorherrschende Produktionsweise werden« (Hanmer, 1980).

Das wäre der Höhepunkt eines jahrhundertelangen Prozesses.

XV. Die dauerhafte Sicherung der Reproduktion:
Wie man sich der »Magie der Mutterschaft« bemächtigt

Ich möchte jetzt das Gebiet der futuristischen Visionen über Reproduktionsbordelle wieder verlassen und zu den Anfängen zurückkehren, in die Zeiten vor vielen Jahrhunderten, als die Frau noch die einzige Schöpferin des Kindes war. Ich möchte herausfinden, wie die Rolle des Mannes bei der Fortpflanzung – die zunächst anscheinend gar nicht vorhanden war – allmählich sein Bewußtsein durchdrungen hat.

In den Gesellschaften der neueren Steinzeit wußte der Mann nichts von seinem Anteil an der Zeugung; einen Zusammenhang zwischen dem Geschlechtsakt und der Geburt eines Kindes neun Monate später kannte er nicht. Im Leib der Frau, so konnte er sehen, reifte – wie an Bäumen – eine Frucht heran. Bestimmt war es irgendein Geist, der die Frau schwängerte, vielleicht kam er mit dem Wind, durch einen Stern, einen Vogel, mit dem Regen oder durch den Mond in ihren Körper.

Die Menschheit verehrte jene furchteinflößende Kraft der Frau, Leben hervorzubringen und dieses Leben mit der Milch aus ihrem Körper zu nähren. Jahrtausendelang betete sie eine weibliche Gottheit an, die Große Göttin, und ihr Ebenbild, die Menschenmutter. Zur Großen Göttin hat die Menschheit fünfmal länger gebetet, als unsere Geschichtsschreibung existiert, sehr viel länger also als zu jeder anderen Gottheit (Lederer, 1968, S. 10).

Der Glaube des Mannes, er spiele bestenfalls eine Nebenrolle bei der Fortpflanzung, hat ihm schwer zu schaffen gemacht, wie wir an den vielen Fällen von Schwangerschafts- und Gebärneid sehen können, von denen nicht nur Psychiater, Soziologen, Historiker, Anthropologen berichten, sondern auch Mütter, die ihre kleinen Söhne beobachten. Die Männer der Frühzeit, der »primitiven« Gesellschaften und des Christentums haben alle auf verschiedene Weise versucht, die Schöpfungskraft der Frau in die Hand zu bekommen. Sie haben ihre eigenen Geschlechtsorgane verstümmelt, um gebären zu können, oder sie haben Wehen und Entbindungen simuliert (Couvade). Sie haben sich in Frauengewänder gekleidet oder Initiationsriten vollzogen, in denen die männlichen Förderer der Knaben Männer gebären. Der Psychiater Bruno Bettelheim hat über solche Methoden ausführlich in *Die symbolischen Wunden* geschrieben.

Zunächst die Selbstverstümmelung. Die Galloi, die Priester der Göttin Kybele, kastrierten sich auf dem Höhepunkt der Erregung freiwillig und liefen mit ihren Genitalien in der Hand durch die Straßen. Auch die Zuschauer dieses Rituals wurden ergriffen und kastrierten sich. Jeder Gläubige warf seine Genitalien in das Haus einer Frau, und diese Frau gab ihm dann Frauenkleider, die er bis an sein Lebensende trug. Bettelheim hält diese Sitte, die vom zweiten Jahrhundert v. Chr. bis ins vierte Jahrhundert n. Chr. in Rom herrschte, für einen Beweis, daß Männer bereit sind, »›weiblich‹ zu werden, um an den überlegenen Kräften der Frauen teilzuhaben« (Bettelheim, 1975, S. 125).

Auch bei weniger drastischen Selbstbeschneidungen lieferten die Männer den Frauen ihr Blut oder ihre Vorhaut ab. Aber welches Entgelt erwarteten sie? Bettelheim vermutet, daß es »ein Anteil an der großen und verborgenen Schöpfungskraft der Frauen ist, ein Geschenk, das nur Frauen machen können, da nur Frauen es besitzen«.

Auch bei der Subinzision scheinen ähnliche Erwartungen im Spiel. Diese Art der Beschneidung ist ein Initiationsritus einiger »primitiver« Stämme, unter anderem praktiziert bei den Hauptstämmen der Aborigines in Australien. Bei dieser Zeremonie wird der Penis aufgeschlitzt; offensichtlich ein Versuch, die männlichen Geschlechtsteile in weibliche zu verwandeln. Der Schlitz wird mit Begriffen bezeichnet, die soviel bedeuten wie »Vagina« oder »Penis-Mutterleib«. Die ganze Wunde, genannt »Vulva«, wird immer wieder aufgerissen, so daß sie ständig blutet. Dieses Blut wird tatsächlich mit dem Blut der Menses verglichen. In Neu-Guinea, wo ebenfalls Subinzisionen vorgenommen werden, unterliegt der Mann, dessen Penis blutet, denselben Tabus wie eine menstruierende Frau.

Ein anderer Versuch des Mannes, die Funktion der Frau zu übernehmen, ist die Couvade; erklärt wird sie häufig als Brauch, die bösen Kräfte abzulenken, damit sie dem Kind kein Übel tun. Im Extremfall arbeitet die schwangere Frau bis wenige Stunden vor der Geburt und geht erst dann mit anderen Frauen zusammen in den Wald, um niederzukommen. Nach ein paar Stunden steht sie wieder auf und kehrt zu ihrer Arbeit zurück. Währenddessen liegt ihr

Mann in der Hängematte und simuliert Wehen und Geburt; er fastet oder ißt dünnen Haferschleim und wird von Frauen gepäppelt und versorgt. Das dauert manchmal tage- oder sogar wochenlang.

Die Couvade wurde auf allen Kontinenten praktiziert, nicht nur in der Antike, sondern bis in die Neuzeit. Die *Encyclopedia Britannica* weiß von Couvaden im Baskenland und Brasilien noch zu Beginn des zwanzigsten Jahrhunderts. Mit dieser Sitte lenken die Männer von der Bedeutung der Frauen ab und tun so, als könnten sie selbst gebären. Aber sie kopieren nur die unbedeutenden Äußerlichkeiten, wie Bettelheim kommentiert; das Wesentliche können sie nicht nachmachen. »Solch ein Nachäffen von Oberflächlichkeiten betont um so stärker, wie sehr die realen und wesentlichen Kräfte geneidet werden.«

Eine andere von Bettelheim beschriebene Methode heißt Transvestismus. Er wurde in den meisten antiken Priestergesellschaften praktiziert. Bei den Naven von Neu-Guinea zum Beispiel gehört er zu den Initiationsriten der Jungen. Der Pate des jeweiligen Knaben verkleidet sich als Witwe, macht sich einen schwangeren Bauch, wird mit »Mutter« angeredet und geht zwischen den Anwesenden herum, in hoher, brüchiger (»weiblicher«) Stimme nach seinem »Kind«, dem zu initiierenden Knaben, schreiend.

Initiationszeremonien sind Rituale der Wiedergeburt, in denen männliche Paten der Knaben Männer gebären. Sie scheinen den Zweck zu haben und zu beweisen, daß auch Männer Leben geben können. In manchen dieser Zeremonien wird die Geburt ganz bildhaft nachgestellt. Bei den Poro von Liberia, berichtet Bettelheim, verschlingt der Geist des Krokodils – ein Vertreter der männlichen Gruppe – die Knaben und geht bis zu vier Jahre lang mit ihnen »schwanger«. Während dieser Zeit leben die Knaben im Busch. Wenn sie als junge Männer wieder nach Hause kommen, müssen sie vorgeben, Neugeborene zu sein. Manchmal ziehen solche Riten den Mythos nach sich, die Knaben seien Frauen gestohlen oder Frauen seien extra ihretwegen getötet worden.

Auch christliche Priester praktizieren eine Art Wiedergeburt an Kindern, noch heute, kraft der Macht ihres Gottes. Una Stannard hat das in ihrem Buch *Mrs. Man* beschrieben. Schon die Urchristen hätten geglaubt, vor der Taufe sei kein Mensch wirklich geboren. Die Frauen brachten das Kind nur zum sterblichen, fleischlichen Leben; erst die Männer machten mit Hilfe ihres eigenen »Fruchtwassers«, des Taufwassers nämlich, daraus das ewige und unsterbliche

Leben. Im Jahr 256 n. Chr. schrieb Zyprianus in einem Brief: »Die Geburt der Christen ist die Taufe. Christus hat uns gezeugt aus unserer Mutter, dem Wasser.« (Stannard, 1977) Und schließlich wird die Kirche, die Verkörperung Gottes, selbst zur *Mater Ecclesia* und übernimmt die Schöpfungskraft der Frau. Una Stannard zitiert Tertullian, der von der Kirche gesagt hatte, sie sei »die wahre Mutter allen Lebens ... der zweite Adam«, und Paulus, der im Galaterbrief bekräftigt, sie sei »unser aller Mutter«.

Aber die Männer gebären nicht nur, sie säugen auch. Die Worte Christi sollen es sein, die wahrhaftig den Menschen (den Mann?) nähren, nicht etwa die Muttermilch. Der hl. Clemens zum Beispiel verglich die Suche nach Jesus mit dem Säugen: »Denn für jene, die das Wort einsaugen, wird des Vaters Brust genügend Milch bereithalten« (Stannard, 1977).

Das männliche Begehren, die Schöpfungskraft der Frau zu besitzen, wird nicht nur von Anthropologen bei »primitiven« Völkern und von Feministinnen in christlichen Riten nachgewiesen; auch Psychologen, die mit heranwachsenden Jungen arbeiten, kennen es. Edith Jacobson berichtete in einem Bericht über ihre Patienten, daß sie »Gelegenheit hatte ... einen intensiven und beharrlichen Neid auf die weibliche Fähigkeit zur Reproduktion zu beobachten – einen Neid, der oft durch eine anscheinend normale Männlichkeit verborgen wird« (zit. nach Bettelheim, 1975, S. 76). Sie warf den Psychiatern vor, daß sie relevante Studien über den männlichen Gebärneid notorisch vernachlässigten. Der Psychiater Dr. Wolfgang Lederer stimmt ihr zu: »Es ist wahr, über unsere Angst vor Frauen und unseren Neid auf sie haben wir psychoanalytische Schriften verfassenden Männer ein würdevolles brüderliches Schweigen gebreitet.« (Lederer, 1968, S. 153)

Am Anfang also war die Frau die einzige Schöpferin des Kindes. Aber zu irgendeinem Zeitpunkt, der nicht bekannt ist, entdeckten die Männer irgendeines Volkes die Vaterschaft, den Zusammenhang zwischen dem Geschlechtsakt und der Geburt. Der Mann bemerkte, daß er – indem er einer Frau beischlief – sie schwängerte und Vater des Kindes war, das sie dann gebar. Er begriff, daß er eine körperliche Verbindung zu dem Kind hatte, daß es Fleisch von seinem Fleisch war. Und so begann er, in ihm eine Fortsetzung seiner selbst zu sehen. Wir müssen etwas ausholen, wenn wir begreifen wollen, wie die allmähliche Entdeckung der Vaterschaft mit den neuen Reproduktionstechnologien zusammenhängt. Die ehemalige Hebamme Mary O'Brien, die heute als Soziologin am *Institute for Studies and Education* in Ontario arbeitet, hat in ihrem Buch *The Politics of Reproduction* eine Theorie dafür aufgestellt. Das philosophische Denken, so schreibt sie, hat stets auch versucht, die biologischen Notwendigkeiten des Menschen zu analysieren – das Bedürfnis zu essen, sich sexuell zu verhalten, die Notwendigkeit zu sterben – und aufzuzeigen, wie solche Bedürfnisse und Notwendigkeiten das menschliche Verständnis (oder Bewußtsein) und die Beziehungen des Menschen zur Welt formen. Marx zum Beispiel habe in gewisser Weise unser Bedürfnis zu essen in ein theoretisches System transformiert, nach welchem unsere produktive Arbeit unser Bewußtsein bestimmt. Der Existentialismus habe dasselbe für den Tod geleistet, und Freud habe bewiesen, wie unsere Libido unser Bewußtsein formt. Eine andere biologische Notwendigkeit sei von den Philosophen jedoch bisher ignoriert worden: die Geburt. Über sie gebe es keine Philosophie, die den Philosophien der Arbeit, der Sexualität und des Todes vergleichbar wäre.

Und dennoch formt auch die Geburt unser Bewußtsein als Menschen. Mary O'Brien schreibt, daß das Bewußtsein von Männern und Frauen über die Fortpflanzung unterschiedlich ist, weil beide unterschiedliche Erfahrungen mit der Fortpflanzung machen. Für Frauen ist sie eine kontinuierliche Erfahrung, etwas Andauerndes. Sie nimmt teil am Geschlechtsakt, das befruchtete Ei wächst in neun Monaten in ihr heran, sie gebiert das Kind unter Wehen, nährt es mit ihrer Milch und zieht es auf. Für den Mann gibt es keine kontinuierliche Erfahrung der Fortpflanzung. Er ejakuliert sein Sperma in die Frau hinein und wendet sich danach wieder seinen Geschäften zu. Neun Monate später bringt die Frau ein Kind zur Welt, das sowohl seins wie ihres ist. Aber er kann sich das nur schwer vorstellen. Er muß eine intellektuelle Leistung vollbringen, wenn er die Paarung und die viel später stattfindende Geburt im Zusammenhang sehen will. Vaterschaft ist also eine abstrakte Idee; Mutterschaft dagegen eine Erfahrung, schließt Mary O'Brien.

Das Sperma des Mannes erfährt eine Entfremdung (das heißt, es wird entäußert, von ihm getrennt) beim Geschlechtsakt, und diese Entfremdung negiert seine Elternschaft. Der Mann hat keine Gewißheit, daß das neun Monate später geborene Kind wirklich seins ist. Auch das Ei der Frau wird – nachdem es sich mit dem Samen des Mannes vereint und in ein Baby in ihrem Leib verwandelt hat – bei der Geburt von ihr entfremdet. Aber bis dahin erlebt sie einen Prozeß, der sie mit der Trennung versöhnt. Die Wehen bestätigen ihr, dieses Kind ist *ihr* Kind, und bewirken, daß sie zu ihm eine ähnliche Beziehung hat wie ein Arbeiter zu seinem Produkt. Sie braucht danach nichts zu tun, um diese Trennung von der Menschheit wieder rückgängig zu machen. Der Mann dagegen wird von der Kontinuität, der Fortdauer der Menschheit, und von dem Gefühl des Einsseins mit der Natur getrennt, sobald sein Samen ihm entfremdet ist. Er *erfährt* die Verbundenheit der Generationen nicht wirklich, wie die Frau sie durch ihre Wehen erfährt. Er bleibt in seiner eigenen kurzen Lebensspanne isoliert. Er muß sich nicht anstrengen, gar Wehen durchstehen; er verausgabt höchstens ein paar Kalorien beim Geschlechtsverkehr.

Entfremdung ist das Getrenntsein des Menschen von der Welt und von der Erfahrung der Welt; sie ist die Negation des Ich. Aber das Bewußtsein, so führt Mary O'Brien aus, kann diese Entfremdung und diese Negation überwinden. Daß der Beitrag des Mannes zur Elternschaft gleich Null ist, kann der Mann kaum ertragen, so scheint es. Er mußte also irgend etwas erfinden, um sein Getrenntsein von seinem Samen und von der genetischen Kontinuität zu neutralisieren. Er hat angefangen, sich das Kind anzueignen. Er kooperiert mit anderen Männern, um die Unsicherheit der Vaterschaft abzuschaffen und seine eigenen Rechte am Kind zu sichern, etwas, mit dem die Natur ihn nicht versehen hatte. Die Durchsetzung eines solchen Besitzrechts muß einhergehen mit der Schaffung von Ideologien bezüglich der männlichen Höherwertigkeit und von passenden gesellschaftlichen Strukturen. Erbfolge in Königshäusern, Erstgeburtsrecht – all das sind Versuche des Mannes, die Diskontinuität seiner Erfahrungen mit der Fortpflanzung zu überwinden. Ein ähnlicher Versuch, die Entfremdung von seinem Samen zu durchbrechen und einen Anspruch auf das Kind durchzusetzen, ist die jahrhundertelang vorherrschende Vorstellung, die Frau trage zu dem Kind lediglich »Materie« bei, der Mann dagegen Geist.

Wir können in allen Rechtssystemen der Welt sehen, wie sich der Mann erst das Kind angeeignet hat, bevor er vor einem knappen Jahrhundert sich als Vater die alleinige Vormundschaft zubilligte. Er erhielt damit das Recht, seiner Frau während der Ehe die Kinder wegzunehmen, und konnte nach seinem Tod die Vormundschaft einem Mann übertragen anstatt der Mutter. Die Väter erhielten auch regelmäßig das Sorgerecht bei der Scheidung zugesprochen. Erst

1886 wurde es in England Gesetz, daß auch eine Frau – allerdings nur unter besonderen Umständen – dieses Sorgerecht über die eigenen Kinder bekommen konnte. In den Vereinigten Staaten war das noch in den neunziger Jahren des letzten Jahrhunderts – außer in fünf Bundesstaaten – alleiniges Recht der Väter (Stannard, 1977, S. 299).

Um sich seiner Vaterschaft zu versichern, mußte der Mann die sexuellen Aktivitäten seiner Frau kontrollieren und dafür sorgen, daß kein anderer Mann sie schwängerte. Erst dann konnte er seinen Söhnen seinen Namen, seine Macht und seinen Besitz weitergeben. Auf diese Weise – und das erwähnt Mary O'Brien nicht – erlangte auch er mit der Zeit eine »Kontinuität«. Es waren Männer, die das gesellschaftliche Leben in die private und die öffentliche Sphäre aufteilten, um sich selbst die Exklusivrechte über eine bestimmte Frau zu sichern, und die mittels Gesetzen die Frau körperlich fernhielten von anderen Männern. Mit der Ehe und der Entstehung der patriarchalischen Familie schufen Männer sich zwei Institutionen, um ihre Probleme mit der Fortpflanzung zu lösen.

Es ist unwichtig, inwieweit Mary O'Brien recht hat; interessant an ihren Ausführungen ist, daß sie eine Diskussion in Gang gebracht haben. Sie hat darauf hingewiesen, wie die Auswirkungen der Fortpflanzung auf das Bewußtsein in der patriarchalischen Gesellschaft unsichtbar gemacht wurden und wie nötig es gerade heute ist, endlich eine Philosophie der Geburt zu erarbeiten.[1]

Die Reproduktionstechnologien nun bieten den Männern Möglichkeiten, sich genetische Kontinuität zu verschaffen und ihre Fortpflanzung dauerhaft zu sichern:

- Samenbanken und künstliche Befruchtung erlauben ihm, Kinder noch nach seinem Tod zu zeugen. Mantegazza, der 1866 als erster die Idee für Samenbanken gehabt hatte, dachte bereits daran, daß Männer nach ihrem Tod auf dem Schlachtfeld ihren rechtmäßigen Erben durch Gefriersperma zu Hause erzeugen konnten. Mehr als hundert Jahre später notierte der Gefrierspermapionier Dr. Jerome K. Sherman, daß der Mann durch Spermalagerung »die Empfängnis noch lange nach seinem Tod, im Alter und nach Verlust der Hoden sicherstellen kann«. (Sherman, 1973)
- Geschlechtsbestimmung kann ihm Söhne und damit eine Form der Unsterblichkeit sichern; er sieht sich in seinem Sohn wiedergeboren.

– Die Erschaffung einer exakten Kopie, eines Klons, ist – wie ein Autor schreibt – »eine Möglichkeit, persönliche Kontinuität zu erlangen, und zwar viel direkter als natürlicher Nachwuchs... Ein Klon ist mit seinem Spendervater total identisch, er tritt unmittelbar in seine Fußstapfen, führt fort und vervollkommnet, was immer jener begonnen hat, ist im buchstäblichen Sinne sein Erbe.« (Ebon, 1978, S. 2f.)

Aber die Reproduktionstechnologien bieten noch mehr: Sie transformieren die Erfahrung der Mutterschaft und geben sie unter die Kontrolle von Männern. Der Anspruch der Frau auf die Mutterschaft läßt nach, der des Mannes auf die Vaterschaft wird stärker. Vor allem aber verschaffen die Techniken Frauen dieselbe Art reproduktiver Diskontinuität, wie Männer sie jetzt noch erleben. »Und das ist eins der Kernstücke der Technologien«, kommentiert die englische Soziologin Jalna Hanmer. Die Frauen verlieren allmählich das Gefühl, ein Baby sei ihrs, hat sie festgestellt. Je komplexer die Technologien werden, desto mehr Intellekt müssen Frauen aufbringen, um zu begreifen, was sie selbst zur Geburt ihrer Kinder beigetragen haben. Ihre Eier? Ihre Gebärmutter? Ihre Wehen? Mutterschaft wird das, was Vaterschaft immer gewesen ist – ein intellektueller Akt, mit dem die Frau zum Beispiel einen kausalen Zusammenhang zwischen der Entnahme von Eiern aus ihrem Bauch und der Geburt eines Kindes neun Monate später durch eine andere Frau herstellt. Und währenddessen erobern sich die Männer – indem sie Frauen die Eier herausoperieren, Embryos übertragen, Babys durch Operationen zur Welt bringen oder die Schalthebel an der künstlichen Gebärmutter bedienen – mehr Erfahrung mit der Kontinuität des Fortpflanzungsvorgangs, als ihr Geschlecht je besessen hat.

In Zukunft, so erläuterte mir ein Biopionier, wird es drei Arten von Müttern geben: die genetische Mutter, die ihre Eier »spendet« oder verkauft; die Leih- oder Geburtsmutter, die das Baby austrägt, und die soziale Mutter, die es aufzieht.

In diesem System zersplitterter Mutterschaft wird keine der drei Frauen noch einen zwingenden Anspruch auf das Kind erheben können. Dr. Joseph Fletcher findet das auch gar nicht angebracht; er – als Medizinethiker – ist der Meinung, eine Frau, deren Ei zur Produktion eines Kindes benutzt wird, habe keinerlei Anspruch auf dieses Kind. Er schreibt, daß die Eltern-Kind-Beziehungen insgesamt »überdacht« werden müssen: »Sie können sich heute nicht mehr auf das gemeinsame Blut oder die Gebärmutter berufen, nicht einmal mehr auf die Erbanlagen ... Der Umstand, daß jemand ein Kind zeugt oder die zur Zeugung nötigen Elemente spendet oder das Kind austrägt, ist kein Grund, sich als Vater oder Mutter zu fühlen und Ansprüche zu stellen.« Elternschaft, behauptet er, werde man in Zukunft moralisch begreifen müssen, nicht mehr biologisch. Heutzutage sei »Mutterschaft etwas ebenso Unsicheres, wie es die Vaterschaft immer war«.

Der moderne Reproduktionstechniker, den Männer wie Dr. Fletcher im Sinn haben, ist ein Bruder des Alchimisten, der seinerzeit ebenfalls auf der Suche war – nach der einen einzigen Universalmedizin, »irgendeiner machtvollen Substanz, die dem Mann die Kontrolle über die Materie und das ewige Leben verschafft« (Cummings, 1966). Auch der Alchimist trachtete nach nichts Geringerem als danach, die »Magie der Mutterschaft« auf Männer zu übertragen. Zu diesem Schluß jedenfalls kommen die beiden Wissenschaftlerinnen Sally G. Allen und Joanne Hubbs in einer Untersuchung von 1980. Hier komme die aggressive Anmaßung des Mannes deutlich heraus.[2] Paracelsus hatte die Frage: Ist es »nach allen Regeln der Kunst und der Natur« möglich, daß der Mensch eines Tages außerhalb des Leibes der Frau, des natürlichen Mutterleibes also, geboren werde, schlicht bejaht. Der Höhepunkt dieses alchimistischen Prozesses wird häufig dargestellt im Bild der Geburt eines männlichen Kindes, das nach Paracelsus »durch die Kunst« das Leben sowie auch »Leib, Fleisch, Gebein und Blut« erhält und »durch die Kunst« geboren wird.

Ziel der Forscher ist gegenwärtig, Leben – statt durch die Natur – durch die »Kunst« hervorzubringen und einen Mann instand zu setzen, nicht nur Vater, sondern auch Mutter des Kindes zu sein. Die chirurgischen Geschlechtsumwandlungen werden eines Tages vielleicht wirklich Männer zu Frauen umbauen. Bereits heute werden in der Mehrzahl der Fälle Männer in künstliche Frauen umgewandelt, nicht umgekehrt. Männer schneiden ihresgleichen den Penis und die Hoden ab, konstruieren operativ eine »Vagina« und spritzen ihre Patienten mit Hormonen voll. Fletcher sieht für die Zukunft folgende Perspektive: »Transplantationen und Ersatzteillagermedizin bringt uns dem Tag näher, an dem – wenn die automatische Abstoßung fremder Gewebe erst einmal überwunden ist – ein Uterus auch in den Körper eines Mannes eingepflanzt werden kann; der Mann hat genug Platz in seinem Bauch für eine Schwangerschaft mit künstlicher Befruchtung und Eitransfer.« Die Ärzte können dann auch – indem sie die Hoden des Mannes inaktivieren – »seine rudimentären Brüste zur Milchproduktion stimulieren, denn auch Männer haben Milchdrüsen«. Und falls die Chirurgen noch keinen Geburtskanal bauen können, wird das Kind durch Kaiserschnitt geholt, und die männliche oder transsexualisierte Mutter könnte es selbst stillen ...

»So wie die Dinge heute liegen«, schreibt Fletcher weiter, »haben Frauen vier reproduktive Funktionen: Sie menstruieren, ovulieren, sie sind schwanger und sie säugen – Männer dagegen schwängern nur. Aber mittels Chirurgie und Hormon werden die Ärzte diese Funktionen vielleicht hin und her verschieben; der Anfang ist bereits gemacht.« Auf diese Weise möchten Reproduktionstechniker – wie seinerzeit die Alchimisten – die »Magie der Mutterschaft« auf den Mann übergehen lassen.

Es hat in den letzten Jahren eine Menge Schlagzeilen über »kinderkriegende Männer« und Interviews mit Fachleuten dazu gegeben; sie versichern, es sei theoretisch möglich, daß Männer Kinder bekommen. Bei Mäusen hat man bereits erfolgreich Embryos in männliche Tiere transplantiert. Dr. Landrum Shettles, ein Pionier auf den Gebieten Retortenbefruchtung und Geschlechtsbestimmung: »Die medizinische Literatur quillt über von Frauen, die Bauchhöhlenschwangerschaften ausgetragen haben. *Das* können auch Männer.« Auch Jerome Lejeune, französischer Genetikprofessor, trug 1983 bei einer Konferenz über Retortenbabys in London vor, daß man einem Mann sehr wohl das mit seinem Sperma befruchtete Ei einer Frau in den Bauch einpflanzen und neun Monate später durch Kaiserschnitt diesen Mann von einem Kind entbinden könne (Veitch, 24. Mai, 1983, Gillie, 29. Mai 1983).

Es wird vermutlich noch einige Zeit dauern, bis die Männer soweit sind (falls sie es je werden), aber daß ein paar Forscher bereits daran arbeiten, ist bemerkenswert. Und ebenso bemerkenswert ist, daß sich an der Monash-Universität und im Queen Victoria Medical Centre in Melbourne bereits Freiwillige für die entsprechenden Experimente gemeldet haben. Dr. H. Bower, der als Psychiater mit Transsexuellen arbeitet, gab an, daß fast jeder Mann, der dort operativ »transsexualisiert« (also geschlechtsumgewandelt) wird, ein Kind möchte (Roberts, 31. Juli 1981). »Die Transsexuellen wären phantastische Eltern, davon bin ich fest überzeugt. Ich habe Hunderte von ihnen kennengelernt, sie sind alle sehr mütterliche, warmherzige Geschöpfe.«

Fletcher führt an, daß in der Schöpfungsgeschichte der Bibel keine Mutter vorkommt: Gottvater war die erste Mutter der Genesis. Er hat Adam aus Staub künstlich erschaffen. Adam wurde die zweite Mutter – er gebar Eva, während der männliche Gott als Geburtshelfer fungierte. Erst in der dritten Runde bekamen wir endlich eine weibliche Mutter: Eva gebar Kain und Abel. Fletcher: »Seit jener Zeit sind Frauen die alleinigen Mütter, bis heute, wo die Fortpflanzung wieder einmal zum Kunstprodukt wird, wie sie es im Garten Eden gewesen war – samt mutterlosen Kindern und männlichen Müttern.« Der Bogen schließt sich – die neue Biologie arbeitet an der Restauration der Geburtsweise vor dem Sündenfall (Fletcher, 1974).

Der Mythos, Adam und später Jesus – »sein eingeborener Sohn« (was nicht etwa heißen soll, daß er der *einzige* ist, sondern daß er von-einem-allein-geboren wurde) – seien von Gottvater geschaffen worden, ist nach Janice Raymond ein fundamentaler patriarchalischer Mythos: Der Vater ist beide Eltern auf einmal. Reproduktionstechnologie setzt diesen Mythos um. Die Väter können (anscheinend?) die Mütter aus der gesamten Fortpflanzung verdrängen. (Nur Robert Francœur denkt darüber nach, wie die Frauen wohl darauf reagieren mögen, daß sie ihrer Rolle in der Fortpflanzung beraubt werden – nicht nur als Eilieferantinnen und Brutkästen, sondern insgesamt, von Anfang bis Ende. »Theoretisch könne ein einzelner Mann, allein auf irgendeinem Planeten, aus einem Stück seiner Haut eine gesamte Bevölkerung zeugen, wenn er leistungsfähige Brutkästen und die richtige Klontechnik hat!« (Francœur, 1970, S. 158)[3])

Wenn Technologie – falls sie es je tun sollte – die Männer instand setzt, Leben zu zeugen und selbst zu gebären in ihren Laboratorien, dann brauchen Frauen ihre Schöpfungskraft auch nicht mehr. Edward Grossman hat argumentiert, daß sie sich, wenn sie künstliche Gebärmütter zur Verfügung hätten, sicher sterilisieren lassen würden. In seinem Artikel »Wie die Mutter aus der Mode kommt – ein Szenario« beschreibt er wohlwollend, wie mit Hilfe der Technologie die Schrecken des gesamten Gebärvorgangs beendet werden könnten, eines Vorgangs, der »noch heute irgendwie prähistorisch, wild und wie eine Naturgewalt anmutet« und viele Menschen denken läßt, Anatomie sei Schicksal. Der Mann dagegen arbeite daran, das zu ändern – seine Medizin und seine Technologie mache endlich aus Frauen Wesen, die dem Manne gleich sind. Sie lösche alles Zyklische und Periodische in Frauen aus (mit Hormonen, zum Beispiel denen in der Pille) und verschaffe ihnen die gradlinige Biologie der Männer.

Dennoch wird die Frau auch in Zukunft gebären. »So lange wir uns reproduzieren«, schreibt Grossman weiter, »so lange reproduzieren wir auch das Bild der Frau, die sich in sich selbst zurückzieht, dick wird und in Blut und Wirren die nächste Generation hervorbringt. Das ist der Stoff, aus dem die Mythen sind. Die Technologie ist ein großes Stück vorangekommen auf dem Weg, sie zu zerstören; sie wird womöglich auch den Rest zerstören.« (Grossman, 1971)

Um zu beschreiben, was hier passiert, ist »Revolution« ein viel zu schwaches Wort.

Nennen wir es eine »Metarevolution«; um sie zu begreifen, müssen wir noch einen Blick zurück werfen. Während der Jahrtausende *vor* der Entdeckung der Vaterschaft und noch einige Zeit danach, betete die Menschheit zu einer weiblichen Gottheit, die die gleiche Kraft, Leben hervorzubringen, besaß wie die Menschenmutter. Vielleicht schon vor 25 000 Jahren, seit dem Jungpaläolithikum, mit Sicherheit aber im Neolithikum und im Chalkolithikum im Nahen und Mittleren Osten, später im antiken Griechenland und im alten Rom und noch im neolithischen Europa beteten die Menschen die Große Mutter als Quell allen Lebens an. Sie war der bildgewordene Ursprung, die Genesis. Sie gebar nicht nur alle Lebewesen, sondern auch Meer, Erde und Himmel. Soweit wir heute wissen, war die Religion um diese Göttin die einzige universale Religion, die es je gegeben hat. Sie wurde in vielen Formen verehrt und mit vielen Namen versehen: Anat, Nut, Ashtoreth, Ischtar, Au Set, Isis, Ascherah und Hathor. Sie war »die Tausendnamige«.

In den Gesellschaften, die die Göttin verehrten, war die matrilineare Abstammung üblich; Name, Vermögen und Status wurden von der Mutter auf die Tochter vererbt, die Mutter galt als alleiniger oder doch bedeutendster Elternteil.

Dann wurde die Welt eine andere, und viele vermuten, daß die Entdeckung der Vaterschaft daran schuld war. Als der Mann begriffen hatte, daß er selbst eine körperliche Beziehung zu dem Kind besaß, änderten sich seine religiösen und gesellschaftlichen Institutionen entsprechend seinem väterlichen Zeugungsbewußtsein.

Männliche Götter stürzten die Göttin von ihrem Thron und machten der mütterlichen Erblinie ein Ende. Patrilineare Abstammung trat an ihre Stelle, die Kinder gehörten nicht mehr der Frau, sondern dem Mann. Er besaß sie. Er fing an, ihnen den Stempel seines Namens aufzudrücken, er vererbte seine Macht und seinen Besitz auf seine Söhne.

Dieser Triumph des Vaterrechts über das Mutterrecht ging gewalttätig vonstatten, wie uns Legenden und Mythen, Kulte und Dramen zeigen. Indoeuropäische Stämme aus dem Kaukasus und Südrußland fielen möglicherweise schon im vierten Jahrtausend v. Chr. in die südlicheren Kulturen des Nahen und Mittleren Ostens ein. Von den Invasoren ist überliefert, daß sie männliche Gottheiten anbeteten und vaterrechtlich organisiert waren. Sie zwangen den göttinzentrierten Kulturen während ihres gesamten Wegs von Indien bis nach Griechenland ihre eigene Religion und ihre eigenen vaterherrschaftlichen Bräuche auf. Ihre Legenden erzählen von diesem Konflikt; es sind Geschichten über die Vermählung ihrer Götter mit der Großen Göttin oder sogar über die Ermordung der Göttin.

Die neuen Vatergötter hatten zwar keinen Mutterleib, aber sie spendeten Leben wie die Muttergöttinnen, die sie gestürzt hatten. Patriarchenhirnen sind die unwahrscheinlichsten Legenden entsprungen – die von Zeus, dessen Hirn Athene und dessen Lenden Dionysos entsprungen sein soll, die von Uranos, der Aphrodite hervorbrachte, als er – kastriert von seinem Sohn Kronos – seinen Samen in den Ozean ergoß. Von Jahwe oder Jehova wird behauptet, er habe Adam aus Lehm und aus dessen Rippe dann Eva geschaffen. Zeugungs- und Geburtsorgane anderer Götter sind der Mund, der Penis, die Hüfte. Auch grausame Kaiserschnitte werden bemüht.

Nachdem die Frau jahrtausendelang als Schöpferin gegolten hatte, erhoben sich die Männer selbst zum Schöpfer und sahen die Frau nur noch als passives Gefäß.

In der Antike wußte kein Mensch, wie die Fortpflanzung wirklich vor sich ging. Niemand wußte Bescheid, daß es Eier gab und Sperma oder wie eine Befruchtung funktioniert. Also entwickelten die Menschen der Antike Theorien über die Fortpflanzung. Hippokrates von Kos (etwa 460 bis 375 v. Chr.), der meistgeschätzte unter den frühen griechischen Ärzten, glaubte, daß sowohl die Frau als auch der Mann Samen produzieren und zur Zeugung eines Kindes beitragen, daß aber der Samen des Mannes »stärker« sei. Er spekulierte unter anderem, der männliche Samen berge bereits einen Miniaturmenschen in sich. Die Präformationstheorie entstand, die der römische Philosoph Seneca später so ausführte: »Im Samen eingeschlossen sind alle Körperteile des Menschen, der da entstehen soll, vorgeformt. Das Kind im Leibe seiner Mutter besitzt bereits die Wurzeln des Bartes und der Haare, die ihm eines Tages wachsen werden.« Als zweitausend Jahre später das Mikroskop erfunden worden war und Männer mit ihm zum ersten Mal ihr Sperma untersuchten, redeten sich einige tatsächlich fest ein, sie hätten einen Homunculus, einen winzigen Mann darin erkennen können (Eisenberg, 1976, S. 320).

Die meisten Naturwissenschaftler und Philosophen der Antike stellten sich den Mann gern als Erzeuger von Leben in der Frau vor. Aristoteles (384 bis 322 v. Chr.) zum Beispiel betrachtete die Frau als Abart, wenn auch als eine, die in der Natur selbst vorkommt. Der Mann dagegen sei der Lebensspender, deklarierte er, und diese Ansicht sollte das wissenschaftliche Denken jahrhundertelang beherrschen, bis zu dem Zeitpunkt, als der Mensch beobachten konnte, wie Sperma ein Ei befruchtet, und Aristoteles' Idee unhaltbar wurde. Er hatte auch behauptet, das Sperma flöße der »toten Materie«, für die er das Menstruationsblut hielt, die Seele ein. Der Samen des Mannes erfuhr allmählich eine Art Heiligsprechung; er wurde zum Lebensfunken schlechthin. Aristoteles begründete damit eine Ära der Vergötzung des Spermas, die bis heute andauert. (Der hl. Thomas von Aquin übrigens übersetzte Aristoteles' Theorien später in katholisches Dogma ...)

Auch die zwischen dem zweiten und dem vierten vorchristlichen Jahrhundert in Indien verfaßten *Gesetze des Manu* schrieben dem Mann die aktive, der Frau dagegen die passive Rolle bei der Fortpflanzung zu. Indische Herrscher erklärten, der Sonnengott habe den Menschen geschaffen, indem er seinen Samen der Erdmutter eingegeben habe; sie sei nur der fruchtbare Boden, auf dem er wächst.

Das heftige Verlangen des Mannes, glauben zu können, ihm und nicht der Frau gebühre die Anerkennung für die Zeugung der nächsten Generationen, machten ihn blind dafür, die weiblichen »Hoden« (die Eierstöcke) und die weibliche Geschlechtszelle (das Ei) zu entdecken, beziehungsweise – als er es dann doch entdeckt hatte –

ihre Bedeutung zu begreifen. Schon um 800 v. Chr. beschrieb die Hindu-Medizin die Eileiter. Dennoch zogen die Männer jahrhundertelang vor zu glauben, die Eileiter entsprängen den Eierstöcken und endeten in der Blase, der Samen der Frau werde also ausgeschieden und spiele keine Rolle bei der Entstehung des Kindes.

Galen (131 bis 201 v. Chr.), der berühmte antike Biologe, den die Medizinschulen im Europa des Mittelalters und der Renaissance zu ihrem Lehrmeister erkoren, bezog die Eierstöcke immerhin in seine Lehre ein; er nannte sie sogar weibliche »Hoden« und erklärte, daß sie ebenso wie die des Mannes Samen enthalten. Er bezeichnete die männlichen dann zwar als vollkommener und stärker und lehrte ebenfalls, daß in ihnen die Formprinzipien für den Nachwuchs angelegt seien, aber daß er Frauen überhaupt Hoden zuerkannte, war für die Ärzte und Philosophen des Mittelalters und der Renaissance fast eine Beleidigung. Der spanische Anatom Valverde zum Beispiel ließ das spüren, als er 1572 schrieb: »Ich hätte dieses Kapitel (über weibliche Hoden, G. C.) lieber ausgelassen, damit die Frauen nicht noch anmaßender werden, wenn sie erfahren, daß sie ebenfalls Testikel besitzen und nicht nur die Schmerzen erdulden müssen, wenn das Kind in ihnen heranwächst ..., sondern daß sie selbst auch etwas zu ihm beitragen.« (O'Faolain/Martines, 1973)

Obwohl sie längst wußten, daß verschiedene Tierarten Ova (Eier) hatten, leugneten die Wissenschaftler jahrhundertelang, daß auch Frauen sie besaßen. (Im siebzehnten Jahrhundert glaubten die meisten Physiologen noch, nach dem Koitus erzeuge das Sperma kraft seines *»effluvium«* in der Frau ein Ei.) Das Ovum (Ei) ist jedoch die größte Zelle des menschlichen Körpers. Es ist mit dem bloßen Auge gerade erkennbar. Die (männlichen) Wissenschaftler allerdings glaubten immer noch, es werde vom Sperma erzeugt, also haben sie es stets zur falschen Zeit (nach dem Geschlechtsakt) gesucht und jahrhundertelang übersehen.

Erst der englische Arzt William Harvey (1578–1657) verwarf die aristotelische Vorstellung, nach der das Menstruationsblut bei der Bildung des Fötus eine Rolle spielt, nachdem er um die Mitte des siebzehnten Jahrhunderts Tiere seziert und Rehembryos im Labor untersucht hatte. 1672 bekam die aristotelische Biologie den nächsten Riß, als Regnier de Graaf entdeckte, daß die Eierstöcke Eier produzieren, die durch die Eileiter in die Gebärmutter wandern. Er fand die Follikel in den Eierstöcken, hielt sie jedoch für die Eier selbst. Aber trotz seiner Entdeckung mochten immer noch viele

Wissenschaftler nicht glauben, daß all das etwas mit der Zeugung zu tun hat. Auch de Graaf selbst dachte, die Gebilde dienten lediglich der Ernährung. 1827 schließlich entdeckte der estnische Embryologe Karl Ernst von Baer, daß Säugetiere Eier produzieren. Baer allerdings war überzeugt, diese Eier seien so lange leblos, wie sie nicht vom männlichen Samen befruchtet werden, und haben – auch er sieht es so – lediglich Nährfunktion.

Erst 1861 sahen die Naturwissenschaftler ein, daß das Ei mehr als eine Nahrungsquelle für den Embryo ist: Es ist *die* weibliche Geschlechtszelle. Es dauerte allerdings noch bis in die späten siebziger Jahre des letzten Jahrhunderts, bis sie endlich auch begriffen, daß Ei und Sperma gleichermaßen an der Befruchtung teilhaben.

Aber obwohl das menschliche Ei seit gut hundert Jahren entdeckt ist, dauert die Vergötzung des Spermas an. Ein schönes Bild dafür gibt der bereits erwähnte Schriftsteller David Rorvik (1967, S. 91 f.) bei einer Beschreibung der Befruchtung: »Jetzt ist das sanfte Ei bereit, den Partner zu empfangen: die Spermazelle ... und die ist alles andere als sanft.« Und über die Odyssee des Spermas durch den gefährlichen Unterleib der Frau: »Wenn man bedenkt, wie winzig die Spermien sind, dann bedeutet der achtzehn Zentimeter lange Weg durch den Geburtskanal und die Gebärmutter für sie soviel wie für uns, achthundert Kilometer stromaufwärts zu schwimmen, um einen Lachs zu fangen! Und doch schaffen sie die risikoreiche Strecke oft in weniger als einer Stunde. Sie haben den Titel ›stärkste und schnellste Lebewesen der Welt‹ mehr als verdient.« Welche »heroischen Anstrengungen« des armen Spermleins, um in das Ei zu dringen und »neues Menschenleben zu schaffen« – während das Ei träge und sanft herumliegt und von seinem Prinzen träumt ...

Elridge Cleaver, der in Oakland, Kalifornien, eine eigene Kirche hat, teilt Rorviks Ehrerbietung für das Sperma. Seine »Christlam«-Kirche (von christlich und islamisch) unterhält eine Hilfstruppe, die den Männern beibringt, wie man seine heiligen Körperflüssigkeiten bewahrt; sie heißt »Wächter des Spermas«. »Gott hat seinen Wohnsitz im Sperma des Mannes«, predigte Cleaver. »Es ist das Lebenselement an sich.« (Hinckle, 1980)

Die Entdeckung des Eis überlebt hat auch die Ansicht, die Frau sei lediglich Gefäß für das vom Mann erzeugte Leben. Der katholische Theologe Jean Guitton spricht noch 1967 davon, daß der »Mann das Leben zeugt«, daß das Leben im Mutterleib »wie in einem Gefängnis eingesperrt« sei (Guitton, 1967, S. 25 ff.). Die Frau als Gefäß für den Fötus – dieses Bild pflegt auch die patriarchalische Geburtshilfe. Die Ärzte nennen es »*In-utero*-Transfer«, wenn sie einer Frau ein Ei oder einen Embryo übertragen – als wäre die Frau eine wandelnde Gebärmutter. Und der Inhalt des »Behälters« wird immer wichtiger als der »Behälter« selbst – also bezeichnen sich die Gynäkologen in der Geburtshilfe neuerdings gern als »Föturologen«.

XVI. Reproduktionskontrolle: *Der Krieg gegen den Mutterleib*

In einer Untersuchung über primitive Mythologie, in der er die universelle Rolle des Bildes von der Großen Mutter in vorgeschichtlicher Zeit beschreibt, kommt Joseph Campbell zu folgendem Schluß: »Es kann keinen Zweifel darüber geben, daß während der frühesten Epochen der Menschheitsgeschichte die magischen Kräfte der Frau als ebensolches Wunder erachtet wurden wie das Universum selbst. Dadurch hat die Frau eine wundersame Macht bekommen, die zu brechen, zu kontrollieren und für eigene Zwecke nutzbar zu machen eines der Hauptanliegen des männlichen Teils der Bevölkerung gewesen ist.« (zit. nach Rich, 1977, S. 103)

Dieses Anliegen erledigt heutzutage im wesentlichen der Facharzt für Gynäkologie und Geburtshilfe. Er kontrolliert die weiblichen Zeugungsorgane und -vorgänge und erfüllt damit das männliche Bedürfnis, die Zeugungskraft der Frau insgesamt zu kontrollieren. Dieses Bedürfnis scheint Männer heute nicht weniger stark zu beschäftigen als die Alchimisten des siebzehnten Jahrhunderts oder die Schamanen mit ihren Couvaden, Subinzisionen, Transvestismen und anderen Initiationsriten. Margaret Mead hat mir im Februar 1976 geschrieben, die Geburtshilfe in den Vereinigten Staaten enthülle die Eifersucht des Mannes auf die Potenz der Frau, neues Leben zu schaffen: »Der Mythos von der Insel der Frauen findet sich auf der ganzen Welt, dieser Mythos, der die Angst des Mannes ausdrückt, die Frau könnte ohne ihn gebären. Am Ende landet der Mann dann stets auf der Insel und bringt den Frauen bei, wie sie ordentlich zu gebären haben. Der Geburtshelfer von heute ist eine Verkörperung dieses männlichen Verlangens, die Kontrolle über die Geburt zu übernehmen.«

Dr. Joan Mulligan, eine Hebamme, Krankenschwester und Professorin für Krankenpflege und Frauenstudien an der University of Wisconsin in Madison, und Dr. Nancy Stoller Shaw, eine Soziologin, kamen in den siebziger Jahren – nachdem sie die Praktiken in Entbindungsstationen untersucht hatten – zu ähnlichen Ergebnissen: »Die Ungeduld der Ärzte, wenn sie gebeten wurden, eine schmerzhafte Untersuchung aufzuschieben, äußerte sich häufig in brutalen und gemeinen Sprüchen und Anspielungen auf die sexuellen Handlungen, die zur Schwangerschaft geführt hatten«, schrieb Joan Mulligan. »Irgend etwas am Verhalten der Schwangeren kurz vor der Niederkunft scheint die Ärzte tatsächlich zu brutalisierenden und entmenschlichenden Reaktionen zu bewegen; ich halte es nicht für übertrieben zu behaupten, daß der Uterusneid ein ebenso reales Phänomen ist wie der Penisneid.« (Mulligan, 1976, S. 232) Nancy Shaw schrieb in *Forced Labor* (der Titel ist ein Wortspiel, weil *labor* gleichzeitig Arbeit und Wehen bedeutet; also Zwangsarbeit und erzwungene Wehen, A. d. Ü.): »Die meisten Ärzte machen den Eindruck, als wollten sie den Frauen durchaus nicht helfen oder zusehen, sondern als wollten sie ihre Macht über die Frau und den Geburtsvorgang demonstrieren. Sie sind immer begierig darauf zu beweisen, daß ihre technische Macht größer ist als die Kräfte der Natur.« (Shaw, 1974, S. 134)

Ich habe dieses Kontrollbedürfnis von Männern auch in der Fachpresse gefunden, die ich seit mehr als zehn Jahren lese. Mir fällt der Artikel von Dr. John Beazley im *American Journal of Obstetrics and Gynecology* von 1975 ein; er hatte für ein »aktives Management der Wehen« plädiert. Das bedeutet, daß der Arzt die Geburt mit Medikamenten, Apparaten oder Operationen künstlich einleitet, kontrolliert und auch beendet. Beazley führt die technischen Entwicklungen an, die eine »bessere Beherrschung der Geburtsvorgänge« bewirkt haben. Die vom Arzt kontrollierte Entbindung nach Plan stehe kurz vor ihrer Verwirklichung, schrieb er: »Und schließlich macht das aktive Management der Geburt zwingend, daß die Ärzte nicht nur einzelne Verantwortungsbereiche übernehmen, sondern den gesamten Prozeß des Gebärens. Wir müssen die ganze Situation vollständig unter Kontrolle bekommen.« (Beazley, 1975)

In den Vereinigten Staaten haben sich die Geburtshilfe und später die Gynäkologie als Spezialgebiete der Medizin im neunzehnten Jahrhundert entwickelt. Der Historiker G. J. Barker-Benfield hat die Ursprünge teilweise nachverfolgt. Auch er kommt zu dem Ergebnis, daß es »das Verlangen (der Männer, G. C.), die innersten Naturkräfte zu erobern und in die Hand zu bekommen« ist, was ihnen ermöglicht hat, die Frauen – zu einer Zeit, in der man erwarten sollte, daß die weibliche Sittsamkeit einen so radikalen Sittenwandel hätte bremsen müssen – aus ihrer Tätigkeit als Hebamme herauszudrängen. (Barker-Benfield, 1976)

Der Angriff der Männer auf die Hebammen begann in den zwanziger Jahren des neunzehnten Jahrhunderts, aber in die entscheidende Phase ging er erst zwischen 1900 und 1930. Um die Jahrhundertwende besorgten Hebammen fast die Hälfte sämtlicher Geburten in den Vereinigten Staaten, 1935 dagegen nur noch ein Sechstel (Devitt, 1979). Bei ihrer Kampagne gegen ihre Konkurrentinnen schreckten die Ärzte vor nichts zurück, denunzierten die Hebammen als schwachsinnige, pestverseuchte alte Fregatten. An die einwandererfeindlichen Ressentiments der zwanziger Jahre appellierend nannten sie sie »unamerikanisch«, »fremde« Elemente, die mit jeder Welle »schmutziger Einwanderer« an die Küste gespült werden. Sie propagierten, die Hebamme gefährde das Leben von Mutter und Kind, und schafften damit genügend Druck auf die einzelnen Bundesstaaten, daß ihre Rivalinnen schließlich ausgeschaltet waren.

Sie hatten allerdings selbst keinerlei wissenschaftlichen Nachweis darüber bringen können, daß sie mehr Sicherheit für Mutter und Kind garantierten. »Sie behaupteten es nur, aber es stimmte nicht«, erzählte mir Barker-Benfield. »Ich versuche zur Zeit zu klären, warum gynäkologische Störungen im Gegenteil häufig im Gefolge von Geburten passieren, bei denen die Männer ihre Hände im Spiel haben. Es kann gut sein, daß die männlichen Gynäkologen sogar mehr Schaden angerichtet haben als die Hebammen.«

Zu den berüchtigsten der von ihnen provozierten Schäden gehört das Kindbettfieber, eine Epidemie, die daher rührte, daß sich die Ärzte zwischen einer Untersuchung von kranken Patientinnen und einer Entbindung nicht die Hände wuschen. Dem Kindbettfieber sind Tausende von Frauen zum Opfer gefallen; es hat weitere Tausende dauerhaft geschädigt. Die Männer praktizierten außerdem eine derart aggressive und brutale Geburtshilfe – sie beschleunigten den Wehenprozeß, den sie lästig fanden, zum Beispiel häufig durch Zangen –, daß sie den Gebärmutterhals aufrissen oder den Geburtskanal durchlöcherten. Und schließlich schütteten sie adstringierende scharfe Flüssigkeiten, zum Beispiel Karbolsäure, die in bestimmter Konzentration Gewebe verbrennt, in den Geburtskanal, kaum daß die Geburt zu Ende war, weil sie unbedingt ein eben erst entdecktes Wesen töten wollten: den Bazillus (Corea, 1979).

Das neue Fachgebiet Gynäkologie, davon ist Professor Barker-Benfield überzeugt, wurde vor allem dazu geschaffen, die Schäden wieder zu reparieren, die die Geburtshelfer an den Körpern von Frauen angerichtet hatten.

Im zwanzigsten Jahrhundert setzten die Ärzte eine »Reform der Geburtshilfe« durch, die zunächst die Hebammen verdrängte und schließlich die Geburten aus der eigenen Wohnung in die Krankenhäuser verlagerte. Um 1900 hatten nur etwa fünf Prozent aller Amerikanerinnen im Krankenhaus entbunden; 1940 waren es schon etwa die Hälfte und 1960 fast alle.[1] Im Krankenhaus verwandelten die Ärzte das Gebären allmählich in eine technologische Glanzleistung, die Männer an passiven und häufig bewußtlosen Frauen vollbrachten. Ab 1920 machten sie den Dammschnitt zur Routine, praktizierten »vorsorglich« Zangengeburten und leiteten – zu ihrer eigenen Bequemlichkeit – die Wehen künstlich ein. Inzwischen haben sie die Palette ihrer Eingriffe erweitert, sie geben Sedativa, um die Wehen zu verlangsamen, und andere Medikamente, um sie zu beschleunigen, sie greifen zu Ultraschall und elektronischen Monitoren, um den Fötus zu beobachten, und sind mit Kaiserschnitten schnell zur Hand. Diese Manipulationen am natürlichen Geburtsvorgang sind seit den frühen achtziger Jahren derart häufig geworden, daß eine Frau, der es gelingt, *nicht* durch Kaiserschnitt entbunden zu werden, das für einen Triumph halten darf. Die Schäden und Risiken, die diese Eingriffe an Frauen und Babys anrichten, sind ausführlich dokumentiert.[2]

Daß der Mann die aktive Rolle übernommen und der Frau die passive Rolle aufgezwungen hat, hat den Eindruck entstehen lassen, daß Frauen ohne Männer gar nicht mehr entbinden können und daß es eine entsetzliche Verantwortungslosigkeit, womöglich eine Form von Kindesmißhandlung ist, wenn sie es trotzdem versuchen. Die entsprechende Propaganda hat in den letzten Jahren so zugenommen, daß die meisten Frauen sie glauben und Angst haben, ihr Baby außerhalb des von Männern kontrollierten Krankenhauses zu bekommen.[3]

Im Krankenhaus konnten sich die Männer den nächsten Aspekt der weiblichen Schöpfungskraft vornehmen: die Fähigkeit der Frau, ein Kind aus ihrem eigenen Körper zu nähren. In den dreißiger Jahren begannen die Ärzte, die Muttermilch (ein Werbeplakat der Firma Gerber nannte sie »eine veränderliche Ausscheidung«) durch künstliche Milch zu ersetzen; bald gab es immer mehr Pharma- und Milchfirmen, die sie herstellten. Die Praxis, Frauen während der Wehen ruhigzustellen oder zu betäuben, bewirkte nicht selten, daß sie nicht mehr richtig stillen konnten, denn das ebenfalls ruhiggestellte Neugeborene konnte nicht richtig saugen. Ohne daß die Frauen davon erfuhren, gaben ihnen manche Ärzte sogar gefährliche Medikamente wie DES oder Depo-Provera, um die Milchproduktion zu bremsen.

Auch die strenge Terminplanung, wann und unter welchen Bedingungen die Frauen im Krankenhaus ihre Babys zu sehen bekamen, erschwerte das Stillen; die Ärzte trennten Mutter und Kind, um die Nachfrage nach Stillen zu drosseln, und legten fest, daß ein Baby nur höchstens alle vier Stunden gefüttert werden durfte. Viele Babys allerdings weinen, weil sie öfter an die Brust möchten, vor allem in den ersten Lebenstagen, und die Mutterbrust braucht häufiges Saugen, damit die Milchproduktion angeregt wird. Auf den Säuglingsstationen jedoch bekamen die Babys oftmals ein Fläschchen extra, ohne daß die Mütter davon erfuhren, und hatten entsprechend wenig Hunger, wenn sie ihnen gebracht wurden. Folge: die Milch trocknete aus.

Nachdem sie die Geburt auf ihr Hoheitsgebiet gezerrt hatten, konnten Ärzte das Vertrauen der Frauen in den eigenen Körper untergraben und sie unsicher machen gegenüber Vorgängen, die früheren Völkern als Quelle von Macht gegolten hatte: gegenüber der Menstruation, der Schwangerschaft und dem Stillen. Seit den dreißiger Jahren nahm das Stillen rapide ab. 1946 stillten nur noch etwa 65 Prozent aller Mütter selbst, ob mit oder ohne Extrafläschchen. 1956 waren es nur noch 37 Prozent, 1966 27 Prozent (Meyer, 1968), 1971 14 Prozent (Martinez/Nalezienski, 1979).[4] Die Talsohle lag um 1970 herum, und seitdem kommt Stillen wieder in Mode, vor allem bei gebildeten Müttern der Mittelschicht. (Es wurde in den siebziger Jahren bekannt, daß die Muttermilch Immunstoffe und Antikörper enthält, die das Kind gegen Infektionen schützen.) 1975 stillten bereits wieder 38 Prozent aller Frauen in den Vereinigten Staaten, die im Krankenhaus entbunden hatten (American Academy of Pediatrics, 1978).

Auch die gynäkologische Chirurgie ist Ausdruck des Drangs nach Kontrolle über die Geburt. Wenn die Gynäkologen die Zeugungsorgane einer Frau »reparieren« konnten, dann »konnten sie sich den Anschein geben, als seien sie selbst die Schöpfer der weiblichen Fortpflanzungsfähigkeit« (Barker-Benfield, 1976, S. 109). Die Macht des Gynäkologen rangiere vor der des Helden und des Staatsmanns, denn – so analysierte der »Vater der modernen Gynäkologie« J. Marion Sims – der Gynäkologe garantiere die Zukunft der Gesellschaft. Indem er die Fortpflanzungsorgane von Frauen »reparierte« und das Kinderkriegen regelte, kontrollierte er auch die Schaffung legaler männlicher Identität, denn er sorgte für die Weiterführung des Namens und die Vererbung des Besitzes.

Die Gynäkologen konnten die Fortpflanzungsorgane der Frau allerdings auch zerstören – bei jeder Frau, die sie für »fortpflanzungsungeeignet« befanden.

Chirurgie wurde erst im neunzehnten Jahrhundert mit der Entwicklung von Betäubungs- und antiseptischen Techniken zur praktischen Behandlungsmethode, und erst damit konnte sich die Gynäkologie entfalten. Zuerst stellten die Gynäkologen das bei der Geburt zerrissene Gewebe wieder her, entfernten Eierstockzysten, Gebärmuttertumore und im Eileiter steckengebliebene Eier. Die »Indikationen« für Unterleibsoperationen wurden bald immer zahlreicher, und schließlich entfernten Gynäkologen beide Eierstöcke und/ oder Eileiter – um Frauen von der »Onanie«, gewissen »Neurosen« und von der »Ovariomanie« zu heilen; letzteres war eine chronische Erkrankung der Fortpflanzungsorgane, die gemeinsam mit »geistigen Störungen« auftrat.

Die *American Medical Association* gründete 1873 eine Sektion für diese neue Fachrichtung Geburtshilfe und Frauen- und Kinderkrankheiten, und im selben Jahr informierte Dr. Robert Battey aus Rome, Georgia, die Öffentlichkeit über eine neue Operation, die er erfunden hatte: die Kastration der Frau. Dabei wurden die gesunden Eierstöcke von Frauen entfernt, die Krämpfe bei der Menstruation hatten, dazu neigten, sich umbringen zu wollen, widerspenstig oder erotisch zu aktiv waren (Barker-Benfield, 1976).[5]

Die Attacken der Chirurgie auf die Fortpflanzungsorgane der Frau sind heute keineswegs beendet. Die Gynäkologen plädieren oft für prophylaktische Hysterektomie (die »vorsorgliche« Totaloperation), Oophorektomie (Eierstockentfernung) oder Mastektomie (Brustamputation) und führen sie auch durch, mit dem Argument, wenn man Gebärmütter, Eierstöcke und Brüste – die Teile, in denen die Zeugungskräfte der Frau wohnen – entfernt, so lange sie noch gesund sind, dann können sie auch nicht von Krebs befallen werden.

1977 war die Hysterektomie die am häufigsten durchgeführte Operation in den ganzen Vereinigten Staaten, und das ist sie bis heute, während ich dieses schreibe. Dr. R. C. Wright hatte 1969 in

Obstetrics and Gynecology dafür plädiert, die Gebärmutter nach der jeweils letzten gewünschten Schwangerschaft routinemäßig zu entfernen, weil sie krebsgefährdet sei: »Der Uterus hat nur eine einzige Funktion: die Fortpflanzung. Wenn keine Schwangerschaft mehr gewünscht ist, dann wird er zu einem nutzlosen, blutenden, symptomeproduzierenden und potentiell krebsgefährdeten Organ und sollte entfernt werden.« (Wright, 1969) Ein solches Vorgehen läßt sich mit der Logik von Heilmaßnahmen nicht mehr in Einklang bringen; es ist genau das, was Susanne Morgan »Krieg gegen den Mutterleib« genannt hat.[6]

Bei der Hysterektomie, bei der eigentlich »nur« die Gebärmutter entfernt werden soll, schneiden die Gynäkologen häufig auch gleich die Eierstöcke mit heraus, angeblich als Vorbeugung gegen Krebs, obwohl Eierstockkrebs selten vorkommt, in etwa einem Prozent aller Krebserkrankungen. Die *American Cancer Society* nennt für 1977 die Zahl von 17000 Fällen, in denen Frauen neu an Eierstockkrebs erkrankten. Im selben Jahr bekamen 60000 Männer Prostatakrebs, aber bisher spricht niemand davon, routinemäßig »vorsorgliche« Prostatektomien an Männern vorzunehmen (Morgan, 1980, S. 34 und S. 56).

In der Ausgabe vom 1. September 1977 des namhaften *New England Journal of Medicine* sprach sich Dr. Robert M. Goldwyn für ein aggressives Vorgehen zur Vorbeugung von Brustkrebs aus: für die Entfernung der Brüste. Die subkutane Mastektomie mit anschließender plastischer Rekonstruktion werde immer beliebter in den Vereinigten Staaten, notierte er. Manche Ärzte praktizieren sie als »Prophylaxe« bei besonders krebsgefährdeten Patientinnen. Dr. Goldwyn räumte zwar ein, die Diagnosen dafür, einer Frau die Brüste komplett wegzuschneiden, seien nicht ausgereift und widersprüchlich. Trotzdem werden mit Hilfe solcher Diagnosen immer wieder Patientinnen amputiert: Frauen zum Beispiel, in deren Familie Brustkrebs oder jede andere Art von Leiden in der Brust (und dazu gehören auch besonders große Brüste) häufig vorkommen. (Ich habe diese Praxis in *The Hidden Malpractice* ausführlich kritisiert.)

Daß Operationen an den Zeugungsorganen der Frau in den siebziger Jahren in die Höhe schnellten, wie ein Bericht des *US Department of Health, Education and Welfare* belegt, kann uns nicht überraschen. In der Gruppe der Fünfzehn- bis Vierundvierzigjährigen mußten Frauen doppelt so viele Operationen über sich ergehen lassen wie Männer. Kaiserschnitte stiegen auf 156 Prozent der Zahlen des vergangenen Jahrzehnts. 48 Prozent der älteren und 23 Prozent der jüngeren Frauen wurden die Eierstöcke entfernt, Totaloperationen stiegen auf 22 Prozent unter jüngeren Frauen, künstliche Erweiterungen und Ausschabungen der Gebärmutter (Dilationen und Kürettagen) auf 23 Prozent. Tubenligaturen (das Abbinden der Eileiter) verdreifachten sich (OGN, 1. März 1980).

An dieser Stelle werden die Beobachtungen, die Bruno Bettelheim (1975) an gefühlsgestörten Jungen gemacht hat, interessant. Er beschreibt, daß diese einen heftigen Wunsch, Kinder zu bekommen, äußerten und das Gefühl hatten, sie seien um diese Fähigkeit betrogen worden. Insbesondere zwei, ein sieben- und ein achtjähriger Junge, sprachen von »Beschiß«, daß sie keine Vagina hatten, und »äußerten häufig den Wunsch, die Vagina von Mädchen und Frauen zu zerreißen oder herauszuschneiden«, aus Neid und frustriertem Verlangen. Andere Jungen sagten zwar nicht, daß sie auch weibliche Geschlechtsorgane haben wollten, phantasierten aber häufig davon, Brüste und Vaginas ab- und herauszuschneiden und zu zerreißen. Angesichts des Ausmaßes, in dem männliche Gynäkologen tatsächlich die gesunden Zeugungsorgane von Frauen vernichten, empfinde ich bei Bettelheims Beobachtungen einen Schauder. Das war mein Hauptargument in diesem Kapitel: Daß Männer die weibliche Zeugungskraft zum Teil deshalb operativ beschneiden, weil sie anders mit ihrem Neid auf sie nicht umgehen können. Aus demselben Grund haben andere Männer Initiationsriten für Jungen erfunden, Couvadebräuche eingeführt und die Hebammen verdrängt.

In der Vorgeschichte wurde die Frau angebetet, und seit die Menschheit ihre Geschichte tradiert, gab es nur kurze hundert Jahre, nämlich seit der Entdeckung des menschlichen Eis, in denen der Mann nicht hat verleugnen können, daß die Frau zur Entstehung eines Kindes etwas beiträgt. Erst 1861 begriff der Mann, daß das Ei die weibliche Keimzelle ist, und noch später, am Ende der siebziger Jahre des letzten Jahrhunderts, daß Ei- und Samenzelle gemeinsam die Befruchtung bewirken. Sobald er hatte einsehen müssen, daß er *nicht* der alleinige Elternteil war, begann der Mann, den Mythos von der Alleinelternschaft wiedererstehen zu lassen – diesmal nicht im Namen der Religion oder der Wissenschaft, sondern im Namen der Technologie.

Im neunzehnten Jahrhundert, als manche Männer mit der Etablierung von Geburtshilfe und Gynäkologie beschäftigt waren, machten andere sich an die Entwicklung dessen, was wir für »neue« Reproduktionstechnologien halten. Die »alten« und die »neuen« Technologien, die alle denselben Zweck hatten: Kontrolle über die Zeugungskraft der Frau, entwickelten sich in Konkurrenz zueinander. Die erste *In-vitro*-Befruchtung wurde 1878 in den Vereinigten Staaten versucht, zur selben Zeit (1857–1880), als die Ärzte ihren Kreuzzug gegen illegale Abtreibungen erfolgreich abschließen konnten. Fünf Jahre zuvor war die Sektion Geburtshilfe und Frauen- und Kinderkrankheiten innerhalb der *American Medical Association* gegründet worden. Die erste künstliche Befruchtung einer Frau mit Spendersamen fand 1884 statt, auf dem Höhepunkt der Praxis, Frauen wegen »Nymphomanie« und »Eierstockleiden« zu kastrieren (1880–1900). 1890, als der erste Embryotransfer bei Tieren gelang, führte die *American Gynecological Society* ihre erste Debatte über Geburtenkontrolle (Speert, 1980, S. 62). Und 1912, mitten in der Kampagne der amerikanischen Ärzteschaft gegen Hebammen, wurden die ersten Säugetierembryos im Labor gezüchtet.

Die »alte« Reproduktionstechnologie benutzen die Männer heute in ihren Fachgebieten Gynäkologie und Geburtshilfe; dort haben sie sich das Monopol über Geburt, Empfängnisverhütung, Abtreibung und Sterilisation gesichert. Sie üben damit eine Art primitiver Kontrolle über die Reproduktion aus. Aber die »neuen« Technologien werden sie bald instand setzen, die lebensspendenden Kräfte der Frau selbst zu übernehmen. »Ich danke Ihnen für mein Baby«, hatte Lesley Brown zu Dr. Steptoe gesagt; er und sein Partner Dr. Edwards waren die »Laboreltern« des ersten Retortenbabys der Welt.

Die »neuen Technologen« sprechen in ihren Berichten stets gern davon, daß sie mit ihren Übergriffen ein bestimmtes Ziel im Auge haben: eine »effektivere Reproduktion«, die »Verbesserung der natürlichen Fortpflanzung«.

Die komplette Kontrolle und Herrschaft über Frauen und ihre Reduzierung auf bloße Materie könnte im Fortpflanzungsbordell erfolgen, wie ich es in Kapitel XIV beschrieben habe. Es wäre die Krönung eines jahrhundertelangen Prozesses. Als die patriarchalischen Stämme die Große Göttin entthronten – die in sich Frauen, Tiere, die Natur *und* Männer geborgen hatte –, nahmen sie für sich in Anspruch, daß Männer, von der Natur getrennt, nun mal über ihr stehen und von ihrem Gottvater die Herrschaft über Frauen und Tiere empfangen hatten. Sie nahmen Tiere nicht mehr als Wesen wahr, die eine Seele haben; sie achteten sie auch nicht mehr als heilig. Die Frauen verloren, wie wir gesehen haben, ihren heiligen Charakter und wurden zu bloßen Gefäßen für das von Männern geschaffene Leben. Seit jener Zeit haben die Männer nicht aufgehört, die Natur, die Frauen und die Tiere zu unterwerfen.

Heutzutage schreiben Wissenschaftler darüber, wie der Mensch, also der Mann, die äußere Welt beherrschen kann, die Erdoberfläche; wie er Wüsten überfluten, Dschungel nutzbar machen, Ozeanströmungen umlenken kann; wie er »das Erdinnere sondieren«, die Welt über sich beherrschen kann, indem er »in die oberen Regionen der Luft eindringt« und sich ins All katapultiert. »Kontrollieren werden wir, und zwar nicht nur die biologischen Funktionen auf der Erde«, sagte mir ein Pionier der neuen Reproduktionstechnologien in einem Interview. »Und expandieren werden wir, in Raum und Zeit, um das Universum unter Kontrolle zu bekommen. Einen Mann auf den Mond zu schicken, ist doch nur eine Kleinigkeit. Wir werden das Universum kolonialisieren.« Andere Reproduktionsingenieure malen sich aus, Gefriersperma von Menschen oder Klonzellen ins All zu schicken, um Planeten zu kolonialisieren.

Aber auch die innere Welt – die Zellen, Chromosomen, Gene – fällt der Eroberung durch den Mann zum Opfer. »Daß wir einen veritablen Kosmos in uns tragen, sollte uns zu denken geben«, schrieb der Nobelpreisträger und Genetiker H. J. Muller. »Es bedeutet, daß wir, zusätzlich zur äußeren, noch eine innere Welt haben, die wir begreifen und verwalten müssen.« Beide müssen »unserer intelligenten Kontrolle unterworfen werden«. Und wie? Zunächst durch Erforschung. »Die moderne Genetik hat bereits die ersten Invasionen ins Reich des Ultramikroskopischen innerhalb der Ei- und Samenzellen hinter sich und von diesen Erkundungsfahrten die ersten ›Landkarten‹ mitgebracht, wie wir sie nennen.« (Muller, 1935, S. 22 und S. 68)

Bezogen auf die genetische Verbesserung des Menschen, die sich durch fortgeschrittene Reproduktionstechnologien erreichen lasse, hat Muller keinen Zweifel, daß sie tatsächlich auch angewandt werden: »Undenkbar, daß der Mensch je freiwillig auf seine potentielle Herrschaft verzichten wird, nachdem er einmal so weit gegangen ist ... Unsere genetische Verbesserung ist nicht nur offenkundig möglich, sondern sie ist auch bei weitem sicherer und machbarer als jede weitere Eroberung des Atoms, des interplanetaren Raums oder der äußeren Natur im allgemeinen... Selbst wenn wir scheitern bei der Eroberung der äußeren Natur – uns selbst haben wir doch erobert.« (Muller, 1935, S. 123)

Wenn er »uns selbst« erobern will, muß der Mensch, also der Mann, zunächst Tierzuchttechniken auf Menschen, also auf Frauen übertragen. Er muß die biologischen Vorgänge in Frauen effektiver kontrollieren. Deshalb haben wir in Kapitel VII den Mann vom »Eisprung von Männerhand« sprechen gehört, vom »Eisprung auf Bestellung« und davon, daß er, der Mann, die Rolle des weiblichen Hypothalamus spielen möchte.

Jean Rostand, der eigentlich die Nutzung der neuen Reproduktionstechnologien und anderer Mittel zur Schaffung von Übermenschen (das heißt solchen, die den von Frauen geborenen überlegen sind) befürwortete, gab zu bedenken: »Sollen wir, um uns noch besser von Tieren abgrenzen zu können, wirklich die Anwendung von Techniken auf uns selbst zulassen, die bis dato ausschließlich auf Tiere angewendet wurden?« (Rostand, 1959, S. 99)

Wenn Reproduktionsingenieure heute an den Körpern von weiblichen Tieren manipulieren, dann nehmen sie über ihre Motive kein Blatt vor den Mund. Sie wollen einige Weibchen in Maschinen verwandeln, damit sie »höherwertige« Tiere produzieren; die anderen sollen nur noch Brutkästen für die Embryos der »wertvolleren« Weibchen sein. Sie wollen, wie mir ein Unternehmer erklärte, »Embryos zum geringeren Preis herstellen«. Machen sie sich an die Manipulation von Körpern der menschlichen Weibchen – jener Wesen, die wie die Tiere zu der Natur gehören, die der Mann kontrollieren muß –, dann ändert sich ihre Sprache. Heute behaupten sie, sie manipulieren aus lauter Mitleid; um Unfruchtbaren neue Hoffnung zu geben; um Geburtsfehler zu verhindern; um Frauen mehr Chancen und größere Freiheit zu verschaffen. Sie vernebeln, daß ihre Manipulationen die Frauen als Gesamtheit betreffen, indem sie immer wieder das »Recht« der einzelnen Frau betonen, diese Technologien zu benutzen.

Vielleicht fällt die Entscheidung, eine andere Sprache zu sprechen, wenn es um die Anwendung von Tierzuchttechniken auf Frauen geht, in manchen Fällen sogar sehr bewußt. Dr. Bernhard Rubin jedenfalls behauptet in seiner Untersuchung über die medizinische und juristische Literatur zum Thema künstliche Befruchtung durch Spendersamen, daß Begriffe wie »Spenderbefruchtung aus therapeutischen Gründen« und »Halbadoption« eigens geprägt worden sind, um jeden Vergleich mit der Tierzucht zu vermeiden (Rubin, 1965).

Aber vielleicht wird sich auch diese »neue« Sprache bald verändern. (Denn vielleicht entdecken die Frauen trotz ihrer, daß das Patriarchenhirn Frauen und Tiere noch immer im Zusammenhang sieht, als zu unterwerfende Natur; vgl. Griffin, 1978.) Schon heute wird ein Begriff gleichermaßen für Frauen und Tiere verwendet: die »Höherwertigkeit« des Nachwuchses. Die Schöpfung des »Übermenschen« ist ein alter Traum der männlichen Menschheit, und je besser die Mittel der Technologie, desto wahrscheinlicher ist, daß er wahr wird, schrieb Rostand 1959. Zu den biologischen Methoden, durch die der Mensch modifiziert werden kann, gehören viele der in meinem Buch erörterten Technologien. Rostand nennt solche Geschöpfe »denaturierte Menschen«, Menschen, die aus der Natur entfernt worden sind und sich selbst über sie stellen. Damit sind auch die traditionellen Begriffe Elternschaft, Mutterschaft und Sex »in einem Prozeß der Denaturierung«. Wir wollen festhalten, daß die »denaturierten Menschen« von Männern ohne Gebärmutter hervorgebracht werden, und nicht von Frauen, und daß sie den armen Exemplaren, die von bloß »naturierten« Müttern geboren wurden, weit überlegen sein sollen, höherwertig eben. Die Männer übernehmen also die Manufaktur des Lebens, und selbstverständlich können sie das viel besser als Frauen.

Inzwischen ist der Mann schon weit entfernt von jener Phase, in der er seinen Neid auf die Frau und ihre Zeugungskräfte durch Couvaden, Transvestismus und Subinzisionen zum Ausdruck brachte. Er braucht sich auch nicht mehr nur auf spirituelle Geburten in seinen mutterleibförmigen Taufbecken, nicht einmal mehr auf die körperliche Geburt mit seinen elektronischen Monitoren, Zangen, Messern zu beschränken.

Jetzt hat er Laboratorien.

Zur deutschen Ausgabe

Die »zweite Garnitur« der Retortenväter und Fortpflanzungsingenieure möchte aufholen. Die europäischen Pharmakraten perfektionieren ihre Labore und ihre Techniken und spinnen ihre Träume von der MutterMaschine. Mancher Vertreter dieser Zunft, so z. B. der Kieler Professor Kurt Semm, zählt die Bundesrepublik ohnehin schon zur Weltspitze. Er versicherte auf dem 88. Deutschen Ärztetag 1985 in Travemünde: »Wenngleich das erste extrakorporal erzeugte Kind auch in England geboren wurde, so ist aufgrund wissenschaftlicher Basisarbeit neben Australien Deutschland vorrangig zu nennen.«

Bis März 1985 zählte Professor Semm 131 Retortenkinder in »Deutschland« (wobei er allerdings die DDR-Retortenbabys außen vor ließ) und 22 IVB-Kliniken und -Praxen. Beide Zahlen waren bald überholt; schon Ende 1985 gab es mindestens 30 IVB-Gruppen und etwa 200 Kinder. Wie überall in der industrialisierten Welt bieten in der Bundesrepublik ständig neue IVB-Ärzte ihre Dienste an; aber die wenigsten werden in der nächsten Zeit handgreifliche Erfolge (d. h. tatsächliche Retortenkinder) vorweisen können. Sicher, vom Weltniveau der Retorten-Produktionsweise ist die Bundesrepublik noch weit entfernt. Als Spitzenreiter gilt derzeit das Trounson-Wood-Team der Monash-University in Melbourne, das bereits eine private Firma mitgegründet hat und nun darangeht, in den USA eine IVB-Kliniken-Kette aufzumachen. Auch wissenschaftlich erzielte das Team einen Durchbruch: Es gelang ihm (gleichzeitig mit einer französischen Forschergruppe), menschliche Eizellen einzufrieren und einige davon in befruchtungsfähigem Zustand wieder aufzutauen.

Ob es den bundesrepublikanischen Fortpflanzungsmedizinern nun an der nötigen Phantasie in Forschung und Kommerz mangelt oder ob die anderen schlicht mehr »Glück« haben – jedenfalls konnten sie bisher keine internationalen »firsts« verbuchen. Aber sie spielen eine wichtige Rolle bei den Bemühungen der Europäer, Anschluß an die amerikanischen und australischen Pioniere zu bekommen. In Bonn-Bad Godesberg trafen sich die führenden Herren (und vereinzelten Damen) der europäischen Reproduktionstechnik am 23. Juni 1985. Retortenurvater Robert Edwards hatte den Anstoß gegeben, endlich eine eigene »Europäische Gesellschaft für menschliche Fortpflanzung und Embryologie« zu gründen. Das Kongreßprogramm bot mehr als 170 Beiträge zu Themen wie In-vitro-Fertilisation, Embryoimplantation, Entwicklung des Fötus und »Qualitätskontrolle« bei der IVB. Vieles klang eher nach einem Austausch von Kochrezepten, die geeignet schienen, die Erfolgsraten der Retortenzeugung nach oben zu kitzeln: Man nehme lieber Nährlösung X als Y, lieber teflonbeschichtete Schläuche anstelle von schlichtem Plastik, mehr Progesteron und weniger HCG.

Hier und da gewährten die Gynäkologen und Embryologen allerdings auch Einblicke in ihre Zukunftspläne. Einige Forscher berichteten z. B. von ihren Versuchen, Rinder- und Rattenembryonen in einer künstlichen Gebärmutter zu züchten. Dies sei lediglich eine »billige und einfache Methode«, um »die Qualität der Embryonen zu analysieren und die nicht lebensfähigen zu verwerfen«. Von einem gänzlichen Austragen dieser Embryonen außerhalb des Mutterleibes war unter den Forschern nicht die Rede. So etwas wäre ja unseriös gewesen.

Die deutsche Ärzteschaft ist allemal bemüht, ihre Seriosität unter Beweis zu stellen, denn allmählich ist eine gewisse öffentliche Unruhe über die Auswirkungen und die ethischen Dimensionen des biomedizinischen Fortschritts nicht mehr zu übersehen. Das haben die Mediziner erkannt. Zur Abwendung von Mißbrauch (und zur Beschwichtigung der Öffentlichkeit) richtete die deutsche Ärztekammer alsbald eine Ethikkommission ein, womit sie jedoch nicht lange allein bleiben sollte. Ob Bundesregierung, Bundestag, Kirche oder politische Partei: kaum eine staatliche oder staatstragende Institution, die ein solches Gremium entbehren könnte. Da man in ihnen immer wieder die gleichen Personenkreise (oder gar Personen), Fragestellungen, Interessen und Ergebnisse antrifft, ließe sich das alles sicher effizienter gestalten. Man ist jedoch sehr um Pluralität bemüht, wobei unter Pluralität die Berücksichtigung möglichst vieler wissenschaftlicher Disziplinen der Zunft verstanden wird: Human- und Veterinärmediziner, Gentechniker, Gynäkologen, Humangenetiker, Theologen, Philosophen und insbesondere Juristen sind gefragt. Nicht gefragt sind Frauen, es sei denn, man stößt auf eine der wenigen Medizinerinnen, die selbst Fortpflanzungstechniken anwenden und propagieren – *sehr* gefragt ist Frau Prof. Dr. Lieselotte Mettler, die als IVB-Ärztin und Mutter von sechs Kindern (zwei eigenen und vier adoptierten) gleich doppelt qualifiziert ist.

1985 beendeten zwei der wichtigsten Ethikkommissionen in der Bundesrepublik ihre Arbeit – die sogenannte Benda-Kommission und die bereits erwähnte Kommission der Bundesärztekammer. Beide sahen ihre Aufgabe darin, die »rechtlichen und ethischen« Probleme der Fortpflanzungstechniken zu durchleuchten. Nach *gesundheitlichen* Folgen für die behandelten Frauen fragte niemand, nicht einmal die Kommission der Bundesärztekammer; ihr Thema lautete: »Ethische und rechtliche Aspekte der extrakorporalen Fertilisation und der Forschung an menschlichen Embryonen«. Rechtzeitig zur Absegnung auf dem 88. Deutschen Ärztetag lagen die kollegialen Empfehlungen der Kommission vor. Professor Semms Erfolgsmeldungen aus der bundesrepublikanischen IVB-Praxis dienten den Delegierten zur Einstimmung. Mit dem Beschluß des Ärztetags kam die Ärzteschaft den Kommissionen der Bundesregierung und des Bundestags, der Kirchen und der Parteien, aber auch einer breiteren öffentlichen Diskussion zuvor. Ihr Vorstoß, von sich aus Verantwortungsbewußtsein und Selbstbeschränkung unter Beweis zu stellen, speiste sich aus der Hoffnung, man werde ihnen die weiteren Details schon überlassen; entsprechend mußten die Beschlüsse der Presse verkauft werden: »Strenge Regeln für die In-vitro-Fertilisation« lautete die Überschrift des Deutschen Ärzteblatts vom 31. 5. 1985, und das Gros der deutschen Presse folgte dieser Auslegung (obwohl die Überschrift des Berichts in der *Zeit* vom 24. 5. 1985 – »Die Kuh ist aus dem Stall« – leichte Zweifel durchschimmern ließ).

Strenge bewiesen die Mediziner allerdings in erster Linie gegenüber Leihmüttern und unverheirateten Frauen; erstere wurden überhaupt verboten, letzteren sollte die Methode der In-vitro-Befruchtung zur Erfüllung ihres Kinderwunsches grundsätzlich entzogen werden. Was ihre Standesgenossen anging, wollten die Ärzte hingegen keine Strenge walten lassen. Zwar schrieb die *Zeit*: »Eindeutig und klar beschlossen die Delegierten, Experimente mit Embryonen grundsätzlich abzulehnen«, sie übersah dabei aber den entscheidenden Nachsatz »...soweit sie nicht der Verbesserung der Methode oder dem Wohl des Kindes dienen«. Die Interpretation dieser Bedingungen liegt wieder alleine in Forscher- und Ärztehand, und so bleibt die Frage: Was ist denn nun eigentlich verboten? Oder: Wurde nicht schlußendlich alles erlaubt?

Die Kommission hatte sich Bedenkzeit ausgebeten, um die Frage der sogenannten verbrauchenden Experimente an überschüssigen Embryonen, die bei der In-vitro-Befruchtung zwangsläufig anfallen, im Detail zu betrachten. Im Oktober 1985 wurden ihre »Richtlinien zur Forschung an frühen menschlichen Embryonen« vom Vorstand der Bundesärztekammer verabschiedet. Wer hiervon eine Klärung erwartet hatte, wurde wiederum enttäuscht. Es hieß nun, Embryonenversuche sollten gestattet sein, wenn sie »einen unmittelbaren oder mittelbaren klinischen Nutzen im Sinne eines prophylaktischen, diagnostischen oder therapeutischen Fortschrittes zum Ziele haben« und sofern sie »einem hohen wissenschaftlichen Standard entsprechen«. Ein schlechter Forscher, wer es nicht schafft, irgendeinen zumindest mittelbaren Nutzen und den erwünschten hohen wissenschaftlichen Standard nachzuweisen!

Sogar die Möglichkeit, Embryonen ausschließlich zu Forschungszwecken im Reagenzglas zu produzieren, wollte man nicht grundsätzlich ausschließen. In den Richtlinien liest man zwar, derartiges sei grundsätzlich nicht gestattet, aber aus dem Kleingedruckten erfahren wir, daß »grundsätzlich« keineswegs ein generelles Verbot bedeutet, sondern die Bereitschaft signalisiert, über Ausnahmen nachzudenken.

Ausnahmen, Hintertürchen und Kontroversen, die unter der Decke gehalten wurden – das waren die wesentlichen Merkmale der Empfehlungen, die die Benda-Kommission dann Ende November 1985 aussprach, genauer: die »Interministerielle Arbeitsgruppe In-vitro-Fertilisation, Genomanalyse und Gentherapie«, im Auftrag der Bundesminister Engelhard (Justiz) und Riesenhuber (Forschung und Technologie). Sechs der männlichen Teilnehmer der Kommission der Bundesärztekammer und Frau Dr. Mettler waren mit von der Partie, und das, was dann im Mittelpunkt der ministeriellen Pressemitteilungen und der Schlagzeilen stand, erinnerte sehr an die Richtlinien der Ärztekammer. Man erteilte der Leihmutterschaft und der Menschenzüchtung, so hieß es, eine klare Absage, denn, so Engelhard, solche Methoden würden »die seelische Entwicklung des Kindes unberücksichtigt lassen und es in seiner Menschenwürde verletzen«. Auch gegen das Klonen (das Herstellen erbgleicher Individuen) oder die Herstellung von Hybridwesen zwischen Mensch und Tier wollte der Minister »ohne jedes Wenn und Aber strafrechtlich« vorgehen. Bei solchen Horrorvisionen (die z. Zt. noch nicht im Bereich des Machbaren liegen) fiel es den meisten Kommissionsmitgliedern nicht schwer, scheinbar eindeutige ethische Grenzen zu ziehen.

Wie leicht sich allerdings solche Grenzen verschieben lassen, zeigt die Haltung der Experten zur Gentherapie. Solche Versuche, die Gene von erbkranken Menschen, potentiell aber jede »unerwünschte« Erbanlage zu manipulieren, könnten sowohl an den Körperzellen eines Kindes oder Erwachsenen vorgenommen werden, als auch an den Geschlechtszellen oder an allen Zellen eines Embryos. Im zweiten Fall (der Keimbahn-Gentherapie) wird die genetische Veränderung an alle Nachkommen weitergegeben. Praktiziert werden beide Arten der genetischen Manipulation bisher nur in Tierversuchen; die Manipulation an Körperzellen wird voraussichtlich 1986 zum ersten Mal von einigen Forschergruppen in den Vereinigten Staaten unternommen werden. Für die Benda-Kommission sind solche Experimente ähnlich wie Organtransplantationen zu bewerten und somit unbedenklich. Erst bei Veränderungen von Keimbahnzellen konnten die Experten die Gefahr einer Menschenzüchtung erkennen, von der sie sich in der Öffentlichkeit deutlich zu distanzieren versuchten. Doch mit ihrem Votum zur Keimbahnmanipulation haben die Ethiker und Theologen offenbar dem Druck der Humangenetiker und Gentechniker nachgegeben. Sie hielten solche Eingriffe nur für »derzeit nicht zu vertreten«. Noch vor einem Jahr sprachen Politiker und Wissenschaftler von einem Tabu; kein Forscher werde jemals wagen, es zu brechen. Daraus ist inzwischen eine zeitlich begrenzte Beschränkung geworden, und selbst diese Schranke war dem Kommissionsmitglied und Gentechniker Prof. Doerffler zuviel. In seinem Sondervotum zum Kommissionsbericht bemängelte er die negative Grundhaltung und das mangelnde Verständnis der Mitberatenden für die neuen Konzepte der Biologie. Doerffler (und auch einige seiner Berufsgenossen, z. B. der Humangenetiker Schloot) hat die Frage der Ethik im Sinne der Forschungsfreiheit für Gentechniker neu definiert. Für ihn könnte es »medizinisch und ethisch indiziert sein«, in Zukunft Genübertragungen auf menschliche Keimbahnzellen durchzuführen. Mehr als die drohende genetische Normierung des Menschen schrecken solche Herren die Vorstellung, durch gesetzliche Verbote könne »ein verfehlter Präzedenzfall« für die Beschränkung der Forschung geschaffen werden.

Prof. Doerffler stützte sich in seinem Sondervotum auch auf die sehr viel forschungsfreundlichere Handhabung im Ausland. In anderen europäischen Ländern (und erst recht in den USA und Australien) »ist man behutsam vorgegangen und hat die Forschung gesetzgeberisch nicht eingeschränkt«. Und in der Tat hat bisher kein Land den Fortpflanzungstechnikern nennenswerte gesetzliche Schranken auferlegt. Die Bestrebungen, innerhalb der Europäischen Gemeinschaft eine »Harmonisierung« der Rechtslage herbeizuführen, könnten damit enden, daß die Hintertürchen, die mit den Benda-Empfehlungen aufgestoßen wurden, völlig aus den Angeln gehoben statt wieder zugeschlagen werden. Mit Ausnahme vielleicht von England hat das Treiben der Fortpflanzungsmediziner und Gentechniker in keinem anderen Land Europas soviel Aufmerksamkeit auf sich gezogen und auch soviel Kontroverse hervorgerufen wie in der Bundesrepublik. Entsprechend liberal sind dann auch die Reglementierungsvorschläge der staatlichen Ethikkommission der Nachbarstaaten. Kulturelle Unterschiede schlagen sich z. T. zwar nieder in Form einer unterschiedlichen Handhabung beispielsweise der Spenderanonymität (worauf z. B. die Franzosen besonderen Wert legen), im Hinblick auf eine Reglementierung der Medizin und der Forschung gibt es jedoch kaum Unterschiede. So gesehen können die bundesrepublikanischen Forscher darauf hoffen, gewissermaßen von den Vorarbeiten ihrer Kollegen zu profitieren, wie ein kleiner Bruder, der früher in den Genuß der vom großen erkämpften Rechte kommt.

Die öffentliche Auseinandersetzung um die Gen- und Fortpflanzungstechniken in der BRD kommt gerade erst in Gang. Die Reaktionen der Ärzte auf fachliche Kritik oder gar moralische Ablehnung der Gentechnologie machen deutlich, daß ihnen überhaupt nicht an einer Debatte gelegen ist. Zweifeln an ihrem Problembewußtsein begegnen sie mit scharfen Kommentaren im *Deutschen Ärzteblatt*. Relativ moderat waren noch die Worte, die sie gegen die saarländische Landesregierung richteten, als diese Anfang 1986 beschloß, die ärztlichen Richtlinien nicht automatisch zu übernehmen und eigene Anhörungen zur In-vitro-Befruchtung zu veranstalten. Staatsmänner, auch wenn sie sich provinziell geben und etwas hinter der Zeit sind, müssen dennoch mit Respekt behandelt werden. Ganz andere Töne schlugen sie allerdings an, als es galt, die Kritik von Frauen zurückzuweisen. Anlaß zu diesem Angriff war die Tatsache, daß einige führende Mitglieder der Arbeitsgemeinschaft sozialdemokratischer Frauen (AsF) sich mit dem Scheuklappenblick ihrer Partei in Sachen Fortpflanzungstechniken nicht zufriedengeben wollten.[1] Ihnen mißfiel es, daß in den »Vorschlägen« die Frau nur als »mütterliches Umfeld« für den Embryo betrachtet wird. Einige Sozialdemokratinnen sprachen sich sogar deutlich gegen die In-vitro-Befruchtung aus, eine Position, die bis dahin innerhalb des Parteienspektrums nur von grünen Frauen vertreten wurde. Kurz darauf war in einem Kommentar des *Ärzteblatts* zu lesen: »Es ist schon geradezu erheiternd, bisweilen politisierende Frauen zu sehen, die von ihrem Körper keine Ahnung haben – und das dann noch fast gleichzeitig in zwei verschiedenen Parteien.« Nicht nur in der Politik, sondern auch wenn es um ihren eigenen Körper geht, sind Frauen in den Augen dieser Ärzte also völlig inkompetent.

Während die Ärzte und Naturwissenschaftler ihre Standesrechte verteidigen und die Politiker sich beeilen, ihnen mit gesetzlichen Minimallösungen entgegenzukommen, wächst die Zahl der »politisierenden Frauen«, die eine umfassende Kritik der neuen Fortpflanzungstechniken öffentlich machen. Auf dem Kongreß »Frauen gegen Gentechnik und Reproduktionstechnik« trafen sich im April 1985 erstmals etwa 2000 Frauen, (»Fachfrauen« und Laien), um ihre Ablehnung dieser beiden Techniken zu formulieren und in Zusammenhang zu bringen. Gerade die Verbindung zwischen der Entwicklung der Fortpflanzungsmedizin und der Gentechnologie, zwischen Manipulation der menschlichen und der nichtmenschlichen Natur, wurden deutlich herausgearbeitet. Die historische Kontinuität in der Verbreitung wissenschaftlich verbrämter eugenischer Ideologien in der Genetik und Humanmedizin war besonders für behinderte Frauen der Anstoß, sich mit den neuen Gen- und Fortpflanzungstechniken zu beschäftigen. Es ist wohl auch kein Zufall, daß gerade in der Bundesrepublik eine breite Diskussion sehr viel früher in Gang gekommen ist als in den meisten anderen Ländern, in denen diese Techniken angewandt werden. Hier ist das Bewußtsein um die Gefahr einer neuen Eugenikbewegung, die mit den sub-

1 Im Herbst und Winter 1985/86 hatten die Kommissionen der beiden großen Parteien ihre »Vorschläge« (SPD) bzw. »Leitsätze« (CDU) zur Reproduktionstechnologie vorgelegt. Wie im Benda-Bericht findet sich in beiden Grundsatzpapieren die Sorge um die Menschenwürde der Frau (und überhaupt das Wort »Frau«) nur an einer einzigen Stelle, nämlich dort, wo es um die Leihmutterschaft geht.

tileren Argumenten und verfeinerten Methoden der gentechnischen Diagnostik, der genetischen Datenerfassung und der Gentherapie genannten Manipulation des menschlichen Erbguts arbeitet, recht groß.

Während in den bundesrepublikanischen Auseinandersetzungen um die neuen Möglichkeiten der Menschenzüchtung die Vergangenheit der nationalsozialistischen Rassenhygiene und Menschenversuche gegenwärtig ist, vergißt man andernorts leicht, daß die Eugenik keine nazi-deutsche Erfindung ist. Sie entstand zu Zeiten Darwins in England und erlebte Anfang dieses Jahrhunderts in den USA eine erste Blüte.

Eine Handvoll Frauen, darunter die Autorin der MutterMaschine, Gena Corea, erkannten Anfang 1984 die Notwendigkeit einer internationalen Zusammenarbeit von Frauen gegen die neuen Machtphantasien der Pharmakraten. Im Rahmen eines internationalen Frauenforschungskongresses in Groningen, Holland, gründeten sie das »Feministische Internationale Netzwerk zu den Neuen Reproduktionstechniken« (FINNRET). Auf einer ersten FINNRET-Notkonferenz im Juli 1985 widerlegten die Teilnehmerinnen aus 17 Ländern mit einer Fülle von Beweismaterial die Behauptung der Reproingenieure, es ginge ihnen nur um das Glück der unfruchtbaren Frauen. Es geht nicht um »Mutterglück« für alle Frauen, es geht vielmehr um eine Auslese von bestimmten Frauen, die auch bestimmte Kinder bekommen sollen. Jalna Hanmer nennt diese in ihrem Beitrag »fit mothers«, also tüchtige oder geeignete Mütter – jedenfalls keine alleinstehenden Frauen oder Lesbierinnen, auch nicht Inderinnen oder arme Brasilianerinnen, die Mann eher für Menschenversuche mit neuen Verhütungsmitteln braucht. Für die armen und nicht-weißen Frauen: Sterilisierungen und Zerstörung der Fruchtbarkeit und Gesundheit; für die wohlhabenden, weißen, gebildeten Frauen: Retortenbabys und von Leihmüttern geborene Kinder.

Innerhalb dieser feministischen Debatte gab und gibt es auch Kontroversen, so etwa in der Frage, ob die künstliche Befruchtung, als »low-tech«, ohne Ärzte und im Rahmen von Frauen-Selbsthilfegruppen, zu akzeptieren sei. In der grundsätzlichen Einschätzung jedoch herrschte Einigkeit. Dementsprechend wurde zum Abschluß der Notkonferenz FINNRET in FINRRAGE umbenannt – Feminist International Network of Resistance to Reproductive and Genetic

Engineering. Damit sollte der Zusammenhang der Kritik an Gen- *und* Fortpflanzungstechniken betont werden und gleichzeitig der Widerstand der FINRRAGE-Frauen gegen diese Techniken zum Ausdruck gebracht werden. Letzteres wird durch das neue Kürzel unterstrichen, denn »rage« bedeutet auf englisch »Wut, Zorn«.

FINRRAGE ist zunächst als Informationsnetz geschaffen worden; nationale Kontaktfrauen und eine internationale Koordinatorin sollen den Informationsaustausch erleichtern. Über das FINRRAGE-Netz sollen nicht nur Hinweise auf die Pläne und »Erfolge« der Retortenväter zirkulieren, sondern auch über die Erfolge des Frauenwiderstands. Die Informationen, die Erfahrungen und die Streitgespräche, die bei den Fachkonferenzen der Fertilitätsdoktoren und in den staatlichen Ethikkommissionen keinen Platz finden, werden den Mittelpunkt weiterer FINRRAGE-Treffen bilden. Sie werden insbesondere der Vorbereitung eines Internationalen Tribunals über medizinische und wissenschaftliche Verbrechen gegen Frauen dienen, das 1987 von FINRRAGE organisiert werden wird. Auf dem Tribunal werden Frauen aufgrund persönlicher Erfahrung oder aufgrund ihrer Gegenforschung berichten: über die psychischen und körperlichen Folgen fortpflanzungstechnischer Eingriffe wie In-vitro-Fertilisation, Embryospülung, pränatale Diagnostik und Leihmutterschaft, aber auch über Mißbräuche im Zusammenhang mit Abtreibungen, Sterilisationen, Verhütungsmitteln, Geburtspraktiken und Klitorisbeschneidungen.

Daneben gilt es, nach phantasievollen Aktionen Ausschau zu halten. Etwa wie die der Unbekannten, die angeblich im Auftrage eines Instituts ausgewählte schweizer Politiker aufforderten, ihr Sperma zur Untersuchung einzuschicken, da sie Vertreter einer kleinen Gruppe von Menschen seien, die eine »äußerst günstige Genkombination« besitzen. Bei Redaktionsschluß des Buches lag weder der Sperma-Rücklauf noch das Untersuchungsergebnis dieser »Diskreditierung der Genforschung« (wie es ein Sprecher des Instituts nannte) vor.

Paula Bradish

Kontakte und Hinweise

Internationale Kontaktfrau von FINRRAGE:
Renate Duelli-Klein, P.O. Box 583, London NW3 IRQ, GB

Kontaktfrau für die Bundesrepublik:
Paula Bradish, Zülpicher Str. 3, 5300 Bonn 1
Bezugsadresse für FINRRAGE-Infopakete und die Dokumentation der Konferenz im Juli 1985 (z. Zt. nur in englischer Sprache). Zur Zeit werden regionale Kontaktfrauen für die Bundesrepublik ermittelt, die auch Kontakte zu lokalen Gruppen herstellen können.

Gentechnik Archiv Essen, Eltingerstr. 35, 4300 Essen 1

Genetischer Informationsdienst, z. Hd. J. Wieckmann, Barmbeker Str. 24, 2000 Hamburg 60
Gibt monatlich erscheinenden Rundbrief heraus mit Nachrichten und Berichten von Initiativen.

Gruppe »Helga«, c/o Zentrum Esch-Haus, Niederstr. 32–34, 4100 Duisburg 1
Verleiht eine Dia-Serie zu Gen- und Fortpflanzungstechniken gegen eine geringe Gebühr.

Anmerkungen

Einleitung

1 Siehe Corea, 1985; Scully, 1980; Duden, 1980; Ehrenreich/English, 1976.

Kapitel 1

1. Dieser Augenzeugenbericht eines Studenten von Pancoast wird zitiert in Gregoire/Mayer, 1965. AID ohne Einwilligung der Frau gilt nach französischem Recht als Vergewaltigung (JAMA, 15. 11. 1947, S. 729, zitiert nach T. Hall, 1979).

2 »Mutterarbeit ist mehr als Erwerbsarbeit ... Mutterarbeit führt zur Selbstverwirklichung der Frau«, heißt es auch in: Die sanfte Macht der Familie, Leitsätze und Dokumentation der 19. Bundestagung der Sozialausschüsse der Christlich-Demokratischen Arbeitnehmerschaft, Mannheim, 1981. Zur Diskussion der »Neuen Mütterlichkeit« in der Bundesrepublik siehe Beck-Gernsheim, 1984.

3 In der Bundesrepublik, einem Land, das in puncto Geburtenrückgang an der Spitze der Weltstatistik steht, wird eine Qualitätskontrolle wegen der fehlenden Geburtenquantität gefordert. Laut einer Broschüre der »Stiftung für das behinderte Kind« (Genetische, geburtskundliche und pädiatrische Prävention, Marburg 1977), sei es »entscheidend wichtig, diese weniger gewordenen Schwangerschaften und Geburten optimal zu betreuen« (zitiert in: Sierck/Radtke, 1984).

4 Zur Geschichte der Eugenik siehe auch Gould, 1981; Kevles, 1985; Beckwith und Yoxen, beide in: Herbig, Hg., 1981; Müller-Hill, 1984.

5 Zur Sterilisations- bzw. Zwangssterilisationspraxis, insbesondere in Deutschland und in der Bundesrepublik, siehe Literaturhinweise in Fußnote 4 sowie: Bock, 1985; Kollek/Hansen, 1985; Ebbinghaus/Kaupen-Haas/Roth, 1984; Sierck/Radtke, 1984; Petersen/Heidenreich, 1986.

6 Dr. Dirk Propping hat sich in seiner Essener Praxis auf die künstliche Befruchtung spezialisiert. Als Kriterien bei der Auswahl von Samenlieferanten nennt er u. a.: keine abstehenden Ohren oder Hakennasen, mindestens 1,75 m groß, keine »ausgeflippten Typen«, aus »geordneten Verhältnissen« stammend. Äußerliche Kriterien leiten ihn auch bei der Auswahl der zu behandelnden Paare (z. B. keine übermäßig dicken Menschen). Darüber hinaus sollten die Paare »streß-stabil« sein (Stern, 30. 5. 1984).

7 Der Eugeniker Sir Julian Huxley machte sich ebenfalls Sorgen über radioaktive Strahlung nach einem Atomkrieg. Er schlug vor, dieser Bedrohung mit dem Einfrieren von Samenzellen und, sobald technisch möglich, von Eizellen,

zu begegnen. Dann könne man tief in der Erde Schutzbunker für die Samenbanken bauen. »Schutzbunker für Samen bringen bessere genetische Ergebnisse als Schutzbunker für Menschen – und sie sind viel billiger.« (Huxley, 1963)

8 Karl-Heinz Roth hat die Biographie von H. J. Muller vorgestellt und dessen wissenschaftliche und propagandistische Arbeit analysiert in dem Aufsatz »Sozialer Fortschritt durch Menschenzüchtung? Der Genetiker und Eugeniker H. J. Muller (1890–1967)« in: Kollek/Hansen, 1985.

9 Für eine Zusammenfassung der Diskussion dieser These von der genetischen Verschlechterung der Menschheit (insbesondere Mullers Vorstellung vom »genetic load«) siehe Vogel/Motulsky, 1979.

10 Folgende Autoren beschäftigten sich in neuerer Zeit mit IQ-Tests, Zwillingsstudien und Forschungsarbeiten zu Intelligenz und Vererbung: Van den Daele und Lewontin/Rose/Kamin, beide in: Kursbuch 80, 1985.

KAPITEL 2

1 In der Bundesrepublik wurde die standesrechtliche Ächtung der künstlichen Befruchtung erst 1970 durch einen Beschluß des 73. Ärztetags aufgehoben. Heute werden ca. 2000 Kinder jährlich mit Spendersamen gezeugt (laut einer Sendung des *SWF II* am 8. 5. 1984, zitiert in Benda, 1984).

2 Viele Samenzellen überstehen das Einfrieren nicht; die Zeugungsraten mit aufgetautem Sperma sind um 10–33% niedriger als mit frischem Sperma. Die Dauer ihrer Lagerfähigkeit ist noch umstritten. Obwohl gelegentlich von erfolgreichen Befruchtungen berichtet wird mit Samenproben, die zehn Jahre eingefroren waren, reichen die Daten nicht aus, um die Zeugungsraten zu ermitteln. Außerdem gibt es bislang noch keine Langzeitstudien über Kinder, die mit Tiefkühlsperma gezeugt wurden. (AMA, 1974; OGN, 1. 6. 1980; Bunge, 1954)

3 Viele Mütter unehelicher Kinder werden noch heute in anderer Form bestraft, nämlich, indem sie unter Druck gesetzt werden, ihre Kinder zur Adoption freizugeben. Davon berichten »birthmothers«, betroffene Frauen, die sich in den letzten Jahren in der Gruppe »Concerned United Birthparents« in den USA organisiert haben. »Ohne Ausbildung, ohne Arbeit, ohne Aufklärung über finanzielle Unterstützung, hatte kaum eine von uns eine Alternative.« Diese Situation hat sich in den USA im letzten Jahrzehnt allerdings spürbar verändert. Während 1970 mehr als 90% der unverheirateten Mütter ihre Kinder weggaben, waren es 1981 weniger als 10% (Anderson, 1981; siehe auch Swientek, 1982 zur Situation in der BRD).

4 Dieser Fall – Orford vs. Orford – wird dargestellt in: Kritchevsky, 1981; Katz, Appendix, 1979, S. 5f.

5 Die Abkürzung AIH steht auch für die homologe künstliche Befruchtung, im

Gegensatz von AID, d. h. heterologe künstliche Befruchtung. Die Verwendung der Begriffe homolog (laut Duden »gleichliegend, übereinstimmend, entsprechend) und heterolog (abweichend, abnorm) ist zumindest etwas unklar. Auf welche Weise soll das Sperma des Ehemannes »übereinstimmen« mit der Eizelle der Frau, während das Sperma eines Spenders »abweicht«?

6 Auch in der Bundesrepublik ist AID für alleinstehende Frauen nicht illegal. Dennoch gibt es kaum Ärzte, die bereit sind, sie durchzuführen (siehe z. B. *Stern*, 30. 5. 1984, S. 151; Uscni Bub/Elke Weymann, »Lasset uns den Menschen machen«, WDR-Sendung vom 20. 4. 1984). Erwin Deutsch, Professor für Arzt- und Arzneimittelrecht und Mitglied der »Benda-Kommission« (siehe Nachwort) empfiehlt, sie nur in »besonderen Ausnahmefällen« zu gestatten und diese Praxis durch eine Kontrollkommission überwachen zu lassen. (Deutsch, 1985, S. 242)

KAPITEL 3

1 Mit Spendersamen gezeugte Kinder einer verheirateten Frau gelten in der BRD als ehelich. Allerdings kann der Ehemann innerhalb von zwei Jahren die Ehelichkeit anfechten, auch wenn er der AID-Zeugung zunächst zugestimmt hat. In diesem Fall ist der Samenspender unterhalts- und erbersatzpflichtig. Kann der Spender aufgrund des Verhaltens des Arztes nicht ermittelt werden (z. B. bei Verwendung eines »Samen-Cocktails«, eine Mischung aus verschiedenen Samenproben), ist der Arzt haftpflichtig (Deutsch, 1985, S. 241).
Hier spricht sich Deutsch für eine Veränderung der rechtlichen Regelungen aus, damit das Kind in »einer geordneten Familie aufwächst« und Spender wie Ärzte von Verpflichtungen zum Unterhalt oder Schadenersatz freigestellt werden.

2 Die Frage der Ehelichkeit von AID-Kindern wird weitgehend irrelevant, sobald die diskriminierenden Gesetze gegen uneheliche Kinder aufgehoben werden, wie es z. Zt. in einigen US-Bundesstaaten der Fall ist (Kritchevsky, 1981).

3 Die relevanten Urteile waren: Hoch vs. Hoch, Illinois, 1975 und People vs. Sorensen, California, 1968.

4 Die American Association of Tissue Banks (Amerikanische Vereinigung der Gewebe-Banken) hat 1980 vorläufige Richtlinien erlassen, die die Notwendigkeit der Spenderanonymität betonen. Demnach sollte nur der Samenbankdirektor Zugang haben zu den Listen, aus denen die Identität der Samenspender zu ermitteln wäre. (AATB, 1980)
Auf einer Anhörung des Ausschusses für Recht und Bürgerrechte des Europa-Parlaments sprachen sich mehrere Experten und Expertinnen gegen die Spenderanonymität aus. Ihre zentrale Begründung war bezeichnend: Bei Anonymität der Spender könne man keine Familien-Erbdaten des Kindes ermitteln. Damit wären wichtige genetische Untersuchungen oder Erhebungen, z. B. im Zusammenhang mit der Feststellung erblich bedingter Anfälligkeiten für bestimmte Berufskrankheiten, unmöglich. (Europa-Parlament, 1985)

5 In den USA wie in der BRD liegt es im Ermessen des Arztes, wie oft der Samen eines Spenders verwendet wird bzw. wie viele Kinder von einem Spender gezeugt werden. Der obenerwähnte Essener-AID-Arzt Propping hat z. B. schon zwölf Kinder mit dem Samen eines Spenders gezeugt. (*Stern*, 30. 5. 1984, S. 151)

6 Bei der in Fußnote 4 erwähnten Anhörung des Europa-Parlaments scheute man sich nicht, über diskriminierende, eugenisch motivierte Aussonderungskriterien für Samenspender laut nachzudenken. Die Sachverständige Dr. Peggy Norris aus Großbritannien warnte vor der unbekannten Anzahl von homosexuellen Samenspendern. Sollte sich die Homosexualität als vererbbar erweisen, sei die Menschheit jetzt schon womöglich »in big trouble«.

KAPITEL 5

1 Nach einer Schätzung wurden 1981 in den USA 25 000 Rinderschwangerschaften nach einem Embryotransfer erzeugt (IETS, 1982, S. 33). Im Jahre 1984 waren es bereits ca. 100 000.
Der Besamungsverein Neustadt a. d. Aisch hat die Methode 1974 erstmalig in der Bundesrepublik erprobt. 1984 wurden ca. 1600 Rinder-Embryotransfers in der BRD durchgeführt. Der Neustädter Verein führt auch Transfer-Programme in Österreich, Luxemburg, Spanien und Südafrika durch und unterstützt ausländische Teams bei der Einarbeitung in der Methode. (Niemann/Smidt, 1984, S. 280f.; Görlach/Hahn, 1983, S. 17f.)

2 Thorsten, 1980, S. 197. Thorsten schreibt weiter, daß jedes Jahr im Frühling Kinder zu Ehren des Oestris Eier suchten und vom Kaninchen, »dem fruchtbaren Liebling der Göttin«, Geschenke erhielten.

KAPITEL 6

1 Auch in der Bundesrepublik gibt es einen regen Austausch zwischen Human- und Veterinärmedizinern in Sachen Fortpflanzungstechniken, z. B. im Rahmen von gemeinsamen Tagungen und Veröffentlichungen (siehe z. B. Jüdes, 1983). Einige weitere Beispiele: Prof. Dr. Joachim Hahn ist wissenschaftlicher Leiter des Rinder-Embryotransfer-Programms in Neustadt a. d. Aisch, Präsident der Deutschen Gesellschaft zum Studium der Fertilität und Sterilität und Mitglied der Benda-Kommission (siehe Nachwort). Prof. Dr. Kurt Semm, Leiter der Frauenklinik der Universität Kiel und Chef der dortigen IVB-Gruppe unter Prof. Dr. Lieselotte Mettler, ist zugleich Human- und Veterinärmediziner.
In ihrem Beitrag auf der FINRRAGE-Konferenz 1985 in Schweden ging die Biologin Ramona Koval auf diesen Zusammenhang näher ein. Es sei kein Wunder, sagte sie, daß Australien in der Fortpflanzungstechnik führend sei. Erstens bräuchte man noch viele australische Kinder (anstelle der Einwanderer) zur Besiedlung des großen Landes, und zweitens spiele die Viehzucht wirtschaftlich eine zentrale Rolle. Mit IVB und Embryotransfer könne man zwei Fliegen mit einer Klappe schlagen.

2 Die Right-to-Life-Bewegung in den USA versucht seit einigen Jahren die Libe-

ralisierung der Abtreibungspraxis zu bekämpfen, u. a. auch mit Bombenanschlägen auf Abtreibungskliniken.

3 In einer gynäkologischen Zeitschrift schrieben amerikanische Ärzte: »Es wäre möglich, daß im Laufe der nächsten 40 Jahre eine versuchte vaginale Geburt in jedem Einzelfall gerechtfertigt werden muß. Vielleicht ist es nicht allzu provozierend, anzudeuten, daß die vaginale Geburt in nicht allzu ferner Zukunft die Ausnahme und nicht die Regel sein wird.« (Sutherst/Case, 1975, S. 259)

4 Siehe den Zeitungsbericht »Court orders cesarean if needed to save baby« (Gericht ordnet Kaiserschnitt an, falls notwendig um Baby zu retten), *Boston Sunday Globe,* 25. 1. 1981, S. 11, sowie Hubbard et al., 1979.

KAPITEL 7

1 Nach dem Nürnberger Codex über medizinische Versuche am Menschen ist die »freiwillige Zustimmung der Beteiligten absolut notwendig. Das heißt, daß die beteiligte Person ... in der Lage sein muß, die freie Macht der Wahl auszuüben, ohne daß Druck, Betrug, Täuschung, Nötigung, Übervorteilung oder andere Art von Zwang im Spiele sind; außerdem sollte sie genügend Wissen und Verständnis der Sachverhalte besitzen, um eine aufgeklärte und einsichtige Entscheidung treffen zu können ... Die Art, die Dauer und das Ziel des Versuchs müssen ihr mitgeteilt werden«. (United States vs. Karl Brandt et al., 1946–1949)

2 In den vorliegenden Studien zur Gewinnung, Untersuchung und/oder Befruchtung von Eizellen gibt es so gut wie keine Hinweise darauf, daß die Frauen ihre Zustimmung gaben oder überhaupt wußten, daß ihre Eizellen entnommen und verwandt wurden. Dies gilt für fast alle in diesem Kapitel zitierten Studien und auch für diejenigen der Kieler IVB-Gruppe (Mettler und Semm, 1980).

3 Quellen zur Geschichte der IVB-Forschung sind: Rock/Menkin, 1944; Menkin/Rock, 1948; Whittingham, 1979; Mastroianni/Noriega, 1970; Karp/Donahue, 1976; Soupart/Strong, 1974; Rock/Hertig, 1948; Biggers, 1979.

4 Hier einige der möglichen Gründe für das Scheitern eines Embryotransfers:
- Weil Embryonen sich in der Schale langsamer entwickeln als im Mutterleib, könnte der physiologische Zustand der Gebärmutter nicht mehr dem des Embryos entsprechen.
- Möglicherweise gibt ein in vivo befruchtetes Embryo Stoffe oder Hormone ab, die von einem in vitro befruchteten Embryo nicht erzeugt werden, so daß die Gebärmutterschleimhaut der Frau für ein Reagenzglasembryo weniger empfänglich ist.
- Die chirurgische Eientnahme könnte den Eifollikel beschädigen. Der corpus luteum, der aus dem Follikel entsteht, würde dann vielleicht zu wenig Hormone produzieren, um die Gebärmutterschleimhaut zu stimulieren.
- Dem corpus luteum könnten hormonale Signale vom Embryo fehlen, was zu einer Auflösung führen könnte.

- Auch Beschädigungen der Eierstöcke bei der Laparoskopie oder der Gebärmutter beim Embryotransfer könnten eine Rolle spielen.

5 Dr. Landrum Shettles hatte schon 1973 eine In-vitro-Befruchtung versucht, mußte aber das Experiment auf Anweisung seines Chefs abbrechen. Sein Vorgesetzter habe, so Shettles, den Medienrummel nicht ertragen können (Rorvik, 1981; zum IVB-Wettbewerb siehe auch Packard, 1977, S. 241 ff.).

6 Drei Monate nach der Geburt von Louise Brown wurde die Geburt des zweiten Retortenkindes in Kalkutta bekanntgegeben. Es wurde behauptet, das Embryo sei 53 Tage eingefroren gewesen, bevor die indische Gruppe des Gynäkologen Dr. Subhas Mukherjee es wieder einpflanzte. Mukherjee hatte in Edinburgh mit Tierembryonen gearbeitet und sollte am Krankenhaus in Kalkutta Verhütungsforschung betreiben. Seine IVB-Versuche führte er geheim durch; nach der Geburt sagte die indische Regierung, sie habe von den Experimenten nichts gewußt.
Manche Forscher nannten Mukherjees Gefrierembryo einen Schwindel, also ließ die Indian Medical Association seine Versuchsdaten überprüfen. Sie wurden nicht bestätigt. Der Untersuchungsausschuß nannte die Sache »unglaubwürdig« und hielt nicht nur das Einfrieren und Auftauen für einen Betrug, er meinte auch, die Mutter habe auf natürlichem Wege empfangen. Im Juni 1981 erhängte sich Mukherjee (Gupta, 26. 6. 1981).

7 Kostendämpfung war das Hauptmotiv für die Superovulation bei vielen IVB-Teams. Dr. Trounson erklärte, so bräuchte man das OP-Personal nicht ständig in Bereitschaft zu halten, denn »wenn man den Mädchen nur eine Spritze gibt, hast du wirklich was erreicht in bezug auf die Kosten.« (ABS, 4. 4. 1981) Seit einiger Zeit erproben Ärzte eine ambulante »Eigewinnung« mit Ultraschallüberwachung, bei der die Nadel durch die Scheide und die Blase hindurchgeführt wird. Gegenüber der Laparoskopie bietet dieses Verfahren wiederum enorme Kostenvorteile. Eine Entnahme kostet statt zwischen 1250 und 3800 Dollar nur noch 600, denn sie erfordert »keine Krankenhausbetten, keinen Anästhesisten und keine Zeit im OP«. Ein paar Probleme bleiben noch zu lösen, heißt es in einem Bericht. In mehreren Fällen mußte die Prozedur abgebrochen werden, weil die Frauen die Schmerzen nicht aushielten oder ohnmächtig geworden waren. (OGN, 15. 12. 1984) Aliza Gisenberg, so berichtet Myra Noveck in der *Jerusalem Post* im August 1985, verlor im Hadassah Hospitel in Gin Kerem, Israel, das Bewußtsein bei der neuen Eigewinnungsmethode. Wenige Stunden später war sie tot. 1982 bereits war Zenaide Maria Bernardo in Brasilien an den Folgen eine Laparoskopie gestorben. (Quelle: Ana Regina Gomes dos Reis, Juli 1985)

8 Prof. Kurt Semm berichtete über den Stand der IVB in der Bundesrepublik im Mai 1985 auf dem 88. Deutschen Ärztetag. Semm hatte an 33 »vermutliche« Zentren Fragebögen verschickt, von denen 22 antworteten. In 19 Fällen handelte es sich um Kliniken, zwei der IVB-Gruppen waren in Praxisniederlassungen (worum es sich beim 22. Fall handelt, wird nicht erwähnt). Zwischen 1980 und dem 31. 3. 1985 wurden insgesamt 102 Geburten mit 131 Kindern (Zwillinge und Mehrlinge) registriert. Diese 131 Kinder entfielen auf nur acht

der 22 Zentren; von diesen acht verzeichneten wiederum drei Kliniken laut Semm 70% der klinischen Schwangerschaften.

9 Für die BRD schreibt Semm, daß zwar z. Z. »noch die in der Pionierzeit ausschließlich berücksichtigte tubare (durch Eileiterverschluß bedingte, P. B.) Sterilität mit 74%« der behandelten Frauen als Indikation für die Reagenzglaszeugung dominiere. Allerdings kämen immer mehr Fälle von männlicher Subfertilität hinzu; diese Fälle machten heute schon 12% der Gesamtzahl aus (Semm, 1985). Nach den Richtlinien des Ärztetags vom Mai 1985 gilt Eileiterverschluß als »uneingeschränkte Indikation« für die Retortenzeugung, während männliche Fertilitätsstörungen, immunologische Sterilität und Sterilität mit unklaren Ursachen als »eingeschränkte Indikationen« gelten.

10 Embryoversuche der von Short beschriebenen Art gibt es noch nicht (bzw. sie sind noch nicht bekannt geworden). Dagegen hat sich die Vorhersage von Childs inzwischen bewahrheitet. Sogenannte »überschüssige Embryonen«, also solche, die für einen Embryotransfer nicht verwendet werden können oder sollen, weil sie als defekt eingestuft werden oder die Behandlung der Frau beendet wurde, fallen in allen IVB-Kliniken an. Über die Frage, ob es zulässig sei, mit solchen Embryonen Experimente durchzuführen, wurde in den letzten zwei Jahren besonders in Großbritannien eine hitzige Debatte geführt. Dort brachte der konservative Abgeordnete Enoch Powell einen Antrag im Parlament ein, der jegliche Embryoforschung verbieten sollte. Die Wissenschaftler reagierten sehr heftig, denn ihr Ziel war ein entgegengesetztes: Anstelle der damals gültigen Regelung, die Embryoexperimente nur mit »überschüssigen Embryonen« innerhalb der ersten vierzehn Tage nach der In-vitro-Befruchtung vorsah, forderten sie die Erlaubnis, Eier auch speziell zu Forschungszwecken befruchten zu dürfen. Teil der Gegenkampagne der Forscher war ein »Preisausschreiben« der renommierten Zeitschrift *Nature* (7. 3. 1985, S. 11); der beste Vorschlag für ein phantasievolles Embryoexperiment sollte mit einem Jahresabonnement honoriert werden. Powell kam mit seinem Verbots-Antrag im Parlament nicht durch. Es ist zu vermuten, daß in England (wie auch in der Bundesrepublik nach den Empfehlungen des Ärztetags und der »Benda-Kommission«) der Embryoforschung kaum Schranken auferlegt werden. Weitere Informationen zu den bundesrepublikanischen Empfehlungen im Nachwort; zu der Debatte in England und für eine Analyse des Konflikts, siehe Hohlfeld/Kollek, 1985.

11 Der Lübecker Humangenetiker Schwinger nennt die Übertragung schwerer Erbleiden der Frau als Grund für eine In-vitro-Befruchtung mit gespendetem Ei. Dies wäre allerdings »wahrscheinlich gar nicht notwendig, wenn die Adoption von Kindern bei klarem genetisch begründetem Verzicht auf eigene Kinder zumindest in der Bundesrepublik Deutschland nicht so schwierig wäre« (Schwinger, 1983, S. 78).

12 Im IVB-Programm der Monash University darf das Paar entscheiden, ob die Eier der Ehefrau mit Samenzellen vom Ehemann, von einem Spender oder von beiden befruchtet werden, wenn der Verdacht besteht, daß der Ehemann subfertil ist. Entstehen aus beiden Samenproben Embryonen, so kön-

nen die Paare entscheiden, ob ein Embryo oder beide transplantiert werden (Wood/Westmore, 1983).

13 Benda-Kommission und Deutscher Ärztetag empfehlen die pränatale Adoption in den Fällen, in denen die Embryospende dazu dient, »den Embryo vor dem Absterben zu bewahren, und die Bereitschaft eines Ehepaares besteht, das Kind als eigenes anzunehmen« (Benda et al., 1985). Die »eugenische Indikation« für eine pränatale Adoption wird nicht diskutiert.

KAPITEL 8

1 Dieses Recht meint sicher nicht das Recht, an einem IVB-Programm teilzunehmen, sondern wendet sich vielmehr gegen rassistische Ehegesetze oder Zwangssterilisationen, also gegen Praktiken, die die Entfaltung der natürlich gegebenen Fortpflanzungsfähigkeit einer Person verhindern (Daniel, 1982, S. 73).

2 Zum Sterilisationsmißbrauch in den USA, siehe Corea, 1985; in der Bundesrepublik, siehe Kapitel 1, Fußnote 5.

3 Die Ethikkommission der Bundesärztekammer und die Benda-Kommission der Bundesregierung lehnen IVB für unverheiratete Paare grundsätzlich ab, außer in »begründeten Ausnahmefällen«. Während die Benda-Kommission sich veranlaßt sah, IVB für Frauen, die »allein und ohne personellen Bezug zum Erzeuger des Kindes« leben, noch einmal ausdrücklich abzulehnen, ist für die Ärzteschaft eine solche Situation nicht einmal erwähnenswert (Benda et al., 1985; *Deutsches Ärzteblatt*, 29. 5. 1985, S. 1690ff.).

4 Diese Angabe von 15% stammt aus einer Studie, die Daten aus den Jahren 1965–1976 auswertete. Eine Veränderung der Unfruchtbarkeitsraten ist schwer feststellbar, denn zuverlässige ältere Vergleichsdaten existieren kaum. Eine Studie des National Center for Health Studies gibt an, daß zwischen 1965 und 1982 die Unfruchtbarkeitsrate sich fast verdreifacht hat, d. h., eins von sechs US-amerikanischen Paaren leidet heute an Unfruchtbarkeit. Die Frage, wie man Unfruchtbarkeit definiert, bleibt allerdings offen. In dieser Statistik wird sie diagnostiziert nach einem Jahr erfolglosen Geschlechtsverkehrs; wird die Grenze erst bei zwei oder drei Jahren gesetzt, ergeben sich niedrigere Raten.

5 Manche Tests, mit denen Fruchtbarkeitsstörungen bei Frauen untersucht werden, können ihrerseits zu solchen Problemen führen (Keye, 1982).

6 Nach Ansicht von Judy Norsigian zeigen Ärzte oft wenig Interesse an der Behandlung und Vermeidung von potentiell fruchtbarkeits-zerstörenden Krankheiten. Obwohl inzwischen zahlreiche Studien den Zusammenhang zwischen erhöhten Entzündungsraten bei Spiralenträgerinnen und Unfruchtbarkeit bestätigt haben, ignorieren nach wie vor viele Ärzte diese Gefahr (siehe z. B. OGN, 1. 6. 1980). Gegenüber ihren Patientinnen erwähnen sie selten den Vorteil von Kondomen oder Diaphragmen zur Verhinderung von In-

fektionen. Besonders groß ist das Unwissen deutscher Ärzte über die Bedeutung von Chlamydien als Erreger von Entzündungen der Geschlechtsorgane (50% der Fälle) und Verursacher von Unfruchtbarkeit (z. B. 70% der Fälle von Eileiterverschluß). Zahlreiche Fälle werden aufgrund des Fehlens jeglicher Beschwerden nicht erkannt, in anderen diagnostiziert man Gonokokken. »Bei der Bundeswehr wird heute Chlamydien ebenfalls als häufigste Krankheit festgestellt, weil sie falsch behandelt wurde... Man schätzt, daß es derzeit in jedem Jahr in der BRD 600000 Neuinfektionen gibt.« (*Frankfurter Rundschau*, 31. 12. 1985)

7 Dr. John Biggers äußerte sich skeptisch über die Ergebnisse der zwölf Studien, die bis 1979 an retorten-gezeugten Mäusen, Ratten und Kaninchen durchgeführt wurden. Nur in zwei dieser Untersuchungen wurde von Mißbildungen berichtet, aber, so schreibt Biggers, es ist unklar, ob die Wissenschaftler »aktiv nach Geburtsfehlern gesucht haben« (Biggers, 1979, S. 32ff.).
In ihrem Bericht über IVB-Anhörungen schreibt die Ethics Advisory Board der US-Regierung, daß die geladenen Experten »sich einig waren, daß die bisherigen kontrollierten Tierversuche zur Erforschung der Langzeitwirkungen der In-vitro-Befruchtung und des Embryotransfers nicht ausreichend« seien (DHEW, 1979, S. 35056).

8 Inzwischen sind (u. a. in der Kieler IVB-Arbeitsgruppe) Untersuchungen durchgeführt worden an Eizellen, bei denen die Reagenz-Befruchtung erfolglos war oder »abnorme« Embryonen erzeugt hat. Man vermutet, daß letzteres oft in Zusammenhang steht mit einer abweichenden Chromosomenausstattung. Als mögliche Ursachen hierfür werden genannt: »Menge und Beschaffenheit der Spermien, Eizellreife, hormonelle Stimulierung, Ultraschallbehandlung, Einflüsse der extrakorporalen Fertilisation und Kultivierung.« (Michelmann, 1985) Offenbar besonders hoch ist das Risiko der Befruchtung einer Eizelle mit mehreren Spermien in vitro (10% nach einer Studie der Bonner IVB-Gruppe; Al-Hasani et al., 1984), so daß das Embryo ein oder mehrere zusätzliche Chromosomensätze trägt. Bei der natürlichen Befruchtung wird dies in der Regel durch verschiedene Mechanismen verhindert. Ebenso könnte in der Schale eine Befruchtung mit abnormen Spermien, die in der Vagina eher absterben, häufiger stattfinden.

9 In verschiedenen Veröffentlichungen in den USA, Kanada und Großbritannien wird bemängelt, daß Ultraschalluntersuchungen in der Schwangerschaft zur Routine geworden sind, obwohl mögliche Risiken für den Fötus aus Tierversuchen bekannt sind und »ausreichende Studien zur Feststellung von anatomischen Mißbildungen« beim Menschen noch nicht durchgeführt wurden (Obstetrical practices, 1978).

KAPITEL 9

1 Die Gesundheitsbehörde, die der Eröffnung einer IVB-Klinik in Norfolk, Virginia, zustimmte, gab folgende Erklärung ab: »Insofern als dieses Programm bisher einzigartig ist im Land, könnte eine Ablehnung des Projekts der Verweigerung eines Grundrechts gleichkommen für Individuen, die das Verfah-

ren in Anspruch nehmen wollen, und wäre somit rechtlich möglicherweise nicht vertretbar.«

2 Die Information zu Yvonne Simpson stammt aus einem Zeitungsartikel mit der Überschrift »Blind Mother Refused« (Blinde Mutter abgelehnt). Dieser wurde mir ohne weitere Angaben aus Australien zugeschickt.

3 Mit unserer Umfrage bei den 108 IVB-Kliniken in den USA haben Susan Ince und ich nachgewiesen, wie IVB-Ärzte mit unterschiedlich definierten »Erfolgsraten« und statistischen Tricks ihre Patientinnen und die Öffentlichkeit irreführen. (Corea/Ince, 1985)
Zur Veranschaulichung hier einige Zahlen, die Semm für die IVB-Zentren der BRD zusammengetragen hat. In den 22 Zentren der BRD (genauer gesagt, in den acht der 22, die bisher Geburten zu verzeichnen hatten) betrug die *Rate der klinischen Schwangerschaften pro Embryotransfer* 14,8%, *pro Laparoskopie* zur Eientnahme allerdings nur 8,1% (klinische Schwangerschaften sind solche, die per Ultraschall oder Abhören der fötalen Herztöne eindeutig festgestellt werden). Die *Geburtenraten* waren entsprechend niedriger (aufgrund von Fehlgeburten), nämlich bei 6,1% pro Embryotransfer und nur 3,4% pro Laparoskopie.
Prof. Semm produziert Erfolgsraten, die sich eher sehen lassen können, indem er nicht alle bundesdeutschen Zentren, sondern nur die drei erfolgreichsten in die Statistik einbezieht, die z. Z. 70% der klinischen Schwangerschaften verbuchen können. So zaubert er Geburtenraten von 10,4% pro Laparoskopie und 17,1% pro Embryotransfer. (Semm, 1985) Manche Kliniken verbessern ihre Statistiken, indem sie anstelle der klinischen Schwangerschaften die biochemischen zählen. Hier reicht ein erhöhter Hormonspiegel bei der Frau für die »Erfolgsmeldung« aus – auch wenn man längst weiß, daß die befruchtete Eizelle schon abgegangen ist.

KAPITEL 10

1 Ich fragte die Soziologin Jalna Hanmer, die sich mit der Literatur zur Bevorzugung eines Geschlechts befaßt hat, welche Belege es dafür gebe, daß das zahlenmäßige Geschlechterverhältnis sich früher oder später einpendeln würde. »Gar keine, das ist eben das Erstaunliche. Es gibt keine Belege dafür«, sagte sie.

2 Die Ergebnisse mindestens einer Untersuchung widerlegen die Behauptung, daß Frauen, die zum ersten Mal schwanger sind, einen Sohn gebähren wollen und daß die Geburt eines Sohnes für sie befriedigender ist. Sie stellte fest, daß Frauen, die Töchter bekamen, nach der Geburt seltener an psychischen Störungen leiden als Frauen, die Söhne bekamen (Uddenberg et al., 1971).

3 Malhotra, 1982. Nach diesem öffentlichen Protest teilten die Behörden in Amritsar dem Ehepaar, das diesen Sonder-Service anbot, mit, er verstoße gegen die Gesetze und die medizinische Ethik und könne zu einer Strafanzeige führen. Das Ehepaar kündigte an, es werde sich einem Verbot widersetzen, da es ein Grundrecht des Individuums sei, seinen Beruf auszuüben.

Die »Good Parents Group« (Gruppe der Guten Eltern) mit Sitz in Nutley im US-Bundesstaat New Jersey, unterstützt die Abtreibung von weiblichen Föten bei armen Frauen in Indien (sie nennen diese Praxis »Therabort«). Sie haben die Finanzierung einer Modellklinik für »therapeutische Termination« angeboten. Dort dürfen Frauen, die männliche Föten tragen, nur dann einen Abbruch vornehmen lassen, wenn der Fötus einen Defekt aufweist. In ihrer Broschüre schreibt die Gruppe: »Mit der therapeutischen Termination kann das verarmte Drittel der Menschheit vorwiegend Söhne zur Welt bringen« (Good Parents Group, 1978). Der Initiator der Gruppe, William I. Battin jr., glaubt, Armut reduzieren zu können, wenn arme Menschen nur noch Söhne bekommen und künftige Mütter nur noch aus der Oberschicht kämen. Sie wären in der Lage, sich selbst und ihre Kinder gut zu versorgen, so daß ihre Babys keine Geburtsfehler aufgrund von Mangelernährung hätten. Battin propagiert seine Ideen mit Hilfe kostenloser Broschüren in Indien.

4 Die hier beschriebene Anshan-Technik ist inzwischen von Medizinern in verschiedenen Ländern wiederaufgegriffen und weiterentwickelt worden. Die meist als Chorionzottenbiopsie bezeichnete Technik wird nun als Alternative zur Amniozentese (Fruchtwasserpunktion) für die Feststellung von Erbkrankheiten in der Schwangerschaft gesehen und seit ca. zwei Jahren in der Bundesrepublik erprobt. Bei diesem Verfahren wird kindliches Gewebe aus der Eihülle (Chorion) gewonnen. Im Gegensatz zur Amniozentese (ab 16. Woche der Schwangerschaft) kann hier die Probeentnahme schon in der 7. bis 10. Schwangerschaftswoche erfolgen. Sie liefert so viel Zellmaterial, daß eine Kultivierung der Zellen, wie bei der Amniozentese, entfällt. Die Untersuchungsergebnisse liegen also innerhalb von ein bis zwei Tagen vor. Mediziner werten dies als »erhebliche Erleichterung« für »die betroffenen Eltern«, da die Diagnose und eventuelle Entscheidung für einen Abbruch der Schwangerschaft zu einem Zeitpunkt stattfindet, in der die körperliche und psychologische Belastung für die Frau geringer sind. Implizit heißt das: Mehr Frauen würden sich vermutlich für eine Abtreibung entscheiden, bei entsprechender Diagnose, als heute der Fall ist. Und welche Diagnosen wären das – nicht nur sehr schwere Behinderungen, sondern auch therapierbare Krankheiten oder einfach »unerwünschte« Eigenschaften, wie eben das falsche Geschlecht? Diese Gefahr haben sogar einige Mediziner erkannt und erwägen, den Eltern das Geschlecht nicht mitzuteilen. (Klapp, 1984)

5 Auch die US-amerikanische Autorin Claire Boothe Luce forderte eine »Männerkinder-Pille« gegen die Bevölkerungsexplosion. Sie führt alle internationalen Probleme, einschließlich des drohenden Atomkriegs, auf die »unkontrollierte Fruchtbarkeit der Frauen« zurück. Die These von der Überbevölkerung als Grundursache des Hungers und der Dezimierung von Ressourcen ist in zahlreichen Büchern und Aufsätzen widerlegt worden, siehe z. B. George, 1978; Collins/Lappé, 1978.

6 Nachdem die »Zwei Kinder sind genug«-Kampagne der Regierung auch ohne Geschlechtsvorherbestimmung wohl recht erfolgreich war, startete der Premierminister Singapurs Anfang 1984 einen neuen Feldzug zur eugenischen

Verbesserung der Bevölkerung des Landes. Um Singapurs »hervorragenden Platz in Südostasien« hinsichtlich der technischen und wirtschaftlichen Entwicklung zu sichern, sollten akademisch ungebildete Mütter, die mehr als zwei Kinder bekamen, mit steuerlichen Nachteilen und schlechten Wohnungen und Schulen bestraft werden. Ließen sie sich dagegen sterilisieren, winkten Prämien von umgerechnet 15 000 DM. Akademikerinnen mit mehr als zwei Kindern sollten mit Steuervorteilen, besseren Wohnungen und Schulen belohnt werden. Man organisierte Vergnügungsfahrten, bei denen gebildete Damen standesgemäße Partner finden sollten. Das Programm mußte allerdings Mitte 1985 wieder abgeblasen werden – gerade die weibliche Bildungselite zeigte sich entrüstet und weigerte sich, ihren »Schoß in den Dienst der Nation zu stellen«. (*Nature*, 15. 3. 1984, S. 214 f.; *Die Tageszeitung*, 10. 8. 1985)

KAPITEL 11

1 Eine gesetzliche Regelung der Leihmutterschaft gibt es derzeit (Februar 1986) nicht in der Bundesrepublik. Vor allem seit der Diskussion um das englische Kind »Baby Cotton«, das von einem amerikanischen Paar bei einer Londoner Leihmutter bestellt wurde, (siehe z. B. *Frankfurter Rundschau*, 11. 1. 1985) ist in der Bundesrepublik der Ruf nach einem gesetzlichen Verbot laut geworden. Das Votum der Benda-Kommission lautet: »Dem Gesetzgeber wird empfohlen, den In-vitro-Fertilisationen durchführenden ärztlichen Einrichtungen zu untersagen, einen fremden oder durch heterologe Samenspende extrakorporal erzeugten Embryo auf eine Frau zu übertragen, wenn diese das Kind nach dessen Geburt Dritten zu überlassen beabsichtigt... Allenfalls können für besonders gelagerte Ausnahmefälle Regelungen getroffen werden.« Die Ausnahmen, über die der Gesetzgeber noch befinden soll, sind, erstens, wenn damit ein Embryo vor dem Absterben bewahrt werden kann, und zweitens, wenn eine Frau sich bereit erklärt, für eine nahe Verwandte ein Embryo auszutragen, wenn diese aus medizinischen Gründen dazu nicht in der Lage ist (Benda et al., 1985). Zu den bisherigen Gerichtsurteilen zum Leihmuttergeschäft in der Bundesrepublik, siehe Fußnote 4 in diesem Kapitel.

2 In einem Kommentar zum Fall von Denise Thrane, einer Leihmutter, die sich weigerte, ihr Kind an das Besteller-Ehepaar, James und Biorna Noyes, auszuhändigen, bemerkte die *New York Times* (April 1981), daß »Baby Thrane in einer gemieteten Gebärmutter residiert. Mr. und Mrs. Noyes haben den Mietvertrag womöglich verloren; ihr Anwalt scheint kein erstklassiger Makler zu sein, und Mrs. Thrane besteht auf ihrem Eigentum.«

3 Obwohl es eine jahrhundertealte Tradition gibt, die die Bedeutung der Nachkommenschaft von Männern festschreibt, gibt es keine vergleichbare Tradition für die Nachkommenschaft von Frauen. Es gibt keine sozialen, rechtlichen und ökonomischen Strukturen, die die Lebensqualität eines Mannes in Frage stellen, wenn er nicht fähig ist, seine Frau zu schwängern und ihr Nachkommen zu garantieren. Eine Frau konnte sich noch nie deswegen von ihrem Mann scheiden lassen.

4 In der Bundesrepublik sind diese Fragen ebenfalls noch ungeklärt. Der Heilpraktiker Alfred Hinzer aus Bad Oeynhausen vermittelte schon 1981 eine Leihmutter gegen eine Gebühr von 3500 DM. Wegen Verstoßes gegen das Adoptionsgesetz wurde er zu einem Bußgeld verurteilt, weshalb er nach eigener Aussage aus dem Geschäft ausstieg. Allerdings berichtete der *Stern* (14. 2. 1985, S. 35) von einer Anzeige in einer dänischen Zeitung, mit der Hinzer auch später eine Leihmutter suchte.
Ein von Hinzer vermitteltes Geschäft ist immer noch vor Gericht anhängig; es betrifft die Gültigkeit von Leihmutter-Verträgen. Ein Blutgruppen-Gutachten hatte gezeigt, daß das vertragsgemäß abgelieferte Kind nicht das Produkt der Samen des Auftraggebers war, sondern des Beischlafs zwischen Leihmutter und Ehemann kurz vor der künstlichen Befruchtung. Die austragende Frau wollte das Kind nicht haben, die Besteller (die es seit der Geburt 1982 versorgen) wollten es gern adoptieren – aber sie verlangten das Honorar von 27000 DM von der Leihmutter zurück. Das Oberlandesgericht Hamm hält die Vereinbarungen für sittenwidrig, meint jedoch, diese Ansicht habe sich erst neuerdings durchgesetzt, so daß sie die Forderung nach Rückzahlung aufgrund »ungerechtfertigter Bereicherung« prüfen will (*Frankfurter Rundschau*, 31. 12. 1985, S. 28).

5 Weitere Informationen aus der Studie von Parker: Fast 20% der Frauen hatten die High-School (entspricht etwa mittlerer Reife) nicht abgeschlossen, nur 25% hatten eine berufliche Weiterbildung, eine der 50 befragten Frauen hatte die Hochschule besucht.

6 Keane hatte selbst gesagt: »Ich bin überzeugt, daß ohne das Geld die Rückmeldung gering wäre« (Shepard, 1981). Etwa 90% der von Parker befragten Frauen (Bewerberinnen von Keane) wollte auf jeden Fall ein Honorar (Parker, 1983).
Auch der deutsche Vermittler Hinzer hat festgestellt, daß ohne finanzielle Entschädigung »der Akt aber sicher nicht zum Vollzug« käme. Er sähe am liebsten staatliche Zuschüsse an Leihmütter, meint jedoch, daß damit wohl kaum zu rechnen sei; dabei lasse die zunehmende Überfremdung solche Zuschüsse (natürlich selektiv eingesetzt) angeraten erscheinen.

7 Leihmutter-Bewerberinnen müssen sich psychologischen Tests unterwerfen, und Parker möchte, daß sie dazu gesetzlich verpflichtet werden, um spätere Probleme zu vermeiden. Psychologen sollten nach seiner Ansicht auch in anderen Fällen zum Einsatz kommen, beispielsweise um die Zurechnungsfähigkeit von Leihmüttern, die ihre Kinder behalten wollen, zu überprüfen oder um Gutachten über Frauen zu erstellen, die aufgrund von psychischen Störungen nach der Leihmutterschaft eine Entschädigung fordern.

8 Alan A. Rassaby vom Centre for Human Bioethics der Monash University in Melbourne meint auch, daß die Aktivitäten von Leihmüttern in der Schwangerschaft gesetzlich kontrolliert werden müssen. Zu den Fragen, die er aufwirft, zählen solche wie: Sollten Aktivitäten, die nur potentiell gefährlich sein könnten für den Fötus, wie z. B. Skifahren, der Mutter untersagt werden? Und: Wenn die Mutter gegen eine solche vertragliche Regelung verstößt und

ein behindertes Kind zur Welt bringt, kann sie dann wegen Vernachlässigung der Sorgepflicht verklagt werden?
Auch die Benda-Kommission befürchtet, »daß sich die Ersatzmutter nicht so in ihrer Lebensführung (z. B. Alkohol- und Nikotingenuß) den physischen – und möglicherweise auch psychischen – Bedürfnissen« des Fötus anpassen wird, insbesondere wenn ihre Tätigkeit vorwiegend finanziell motiviert ist; für sie einer der Gründe, Leihmutterschaft abzulehnen.

KAPITEL 12

1 Es ist eine weit verbreitete Fehleinschätzung zu glauben, daß, nach all den Berichten über Geburtspraktiken und mit der Entstehung von Geburts-Selbsthilfegruppen und Einrichtungen für ambulante Geburten in Krankenhäusern, die meisten Frauen heute eine natürliche Geburt erleben könnten. Tatsächlich können das nur wenige, meist akademisch gebildete Mittelschichtfrauen. Für die Mehrzahl von Frauen in den USA haben medizinisch-technische Eingriffe in der Schwangerschaft und bei der Geburt seit 1980 drastisch zugenommen.

2 Dr. Kurt Semm, Direktor der Frauenklinik Kiel, ist ähnlich begeistert von den heutigen Möglichkeiten, die Befruchtung und künftig vielleicht auch die weitere Entwicklung des Fötus aus der »absoluten Finsternis der weiblichen Reproduktionsorgane« (Semm, 1985) ans Tageslicht zu verlegen.

3 Quellen für die Beschreibung solcher Versuche an: Hunden (Callaghan et al., 1962); Kaninchen (Goodlin, 1963); Schweinen (Lawn/McCance, 1962); Schafen (Callaghan et al., 1965; Zapol et al., 1969); Frauen (Westin et al., 1958; Chamberlain et al., 1968).

4 In anderen Experimenten wurden Plazentas sofort nach der Entbindung ins Labor gebracht und an die entsprechenden Geräte angeschlossen, um ihre Funktion zu untersuchen. Es wird nicht erwähnt, ob die Mütter informiert wurden über diese Versuche bzw. ob sie ihre Einwilligung gaben.

KAPITEL 14

1 Hillel und Henry schreiben, daß die Zuchtpläne der Nazis geheimgehalten wurden und daß sie in allen Dokumenten nur mit Umschreibungen erwähnt werden, z. B. Mit dem Wort »Amme« für Brüterinnen (Hillel/Henry, 1976; in deutscher Sprache ist erschienen: Hillel, 1975). Deutsche Untersuchungen über »Lebensborn« haben bisher keine Belege für die Verwendung von Frauen als Brüterinnen geliefert, aber auch nicht widerlegt, daß es solche Pläne gegeben hat.

2 Der Versuch, Eierstöcke außerhalb des Körpers heranzuzüchten, würde vermutlich zuerst an Mäusen gemacht werden. Dazu müßte man ein Ei in vitro befruchten und den Embryo so lange kultivieren, bis sich rudimentäre Eierstöcke bilden. Diese würden dann herauspräpariert und isoliert weitergezüchtet werden, und die daraus gewonnenen Eizellen könnten ihrerseits im Reagenzglas befruchtet werden. Zur Realisierung müßten noch einige Tech-

niken verfeinert werden, schreibt Grobstein, aber dies stelle keine unüberwindbare Schwierigkeit dar. Nach einem Erfolg mit Mäusen ließe sich die Technik wahrscheinlich auch auf Frauen anwenden (Grobstein, 1981, S. 120; siehe auch Rostand, 1959, S. 20f.).

KAPITEL 15

1 Mary Daly warnt hier vor Gebärneidtheorien, denn »wir sitzen in der Falle, wenn wir Penisneid einfach in Gebärneid umkehren, weil solche Theorien Frauen immer noch auf Uterus, Genitalien und Brüste als unsere wertvollsten Gaben fixieren«. Nach ihrer Ansicht ist das, worum uns Männer tatsächlich beneiden, »weibliche Kreativität in all ihren Dimensionen« (Daly, 1980, S. 82).

2 Der Alchemist Michael Meier schrieb eine Abhandlung, die die Geschichte der Atalanta (ein freier, femininer Geist, der von einem listigen jungen Mann eingefangen wird) als eine Allegorie der Technologie darstellt, die über Mutter Natur triumphiert. Meiers Abhandlung wurde von den Wissenschaftlerinnen Allen und Hubbs (1980) untersucht. Meier illustrierte die Phasen des alchemistischen Werks mit einer Serie von furchterregenden Sinnbildern. Die ersten beiden zeigen die Übernahme der Mutterschaft durch den Mann; das Kind wird von einem Mann geboren, die Frau ist nur noch Amme. Im fünften Bild hält der König einen Frosch an die Brust der Frau. Damit, so der Kommentar von Allen und Hubbs, zieht er die Muttermilch aus der Frau heraus – die mütterliche Macht der Schöpfung und des Heilens – und übernimmt sie für den Mann. Spätere Sinnbilder zeigen die Beschleunigung der Entmachtung der Frauen und der Ermächtigung der Männer. Ein Bild zeigt die Geburt von Athena aus dem Kopf von Zeus. Im letzten Bild, das die Entbehrlichkeit der Frauen betont, liegen eine Frau und eine Drachen-Schlange (Sinnbild einer Nabelschnur) miteinander verschlungen im Grab.

3 Raymond betrachtet Transsexualität auch als das Durchspielen des Mythos der Alleinelternschaft des Vaters. In diesen Fällen machen die therapeutischen Väter – Psychiater, Urologen, Gynäkologen, Spezialisten für Hormonbehandlungen und für plastische Chirurgie – aus einem Mann eine Frau, in einem komplizierten Ritus der Wiedergeburt. Schuld an der Existenz von Transsexuellen sind die Mütter; entweder stimmten bei ihnen die Hormone in der Schwangerschaft nicht, oder sie haben das Kind falsch erzogen. Die Therapeuten-Väter berichtigen die Fehler der biologischen Mütter.

KAPITEL 16

1 Devitt, 1979. Die zunehmende Anwesenheit von Ärzten bei der Geburt hat keine Verbesserung für Frauen oder Babys mit sich gebracht. Mit der Abnahme der Geburtshilfe von Hebammen in USA von 50 auf 15% im ersten Jahrzehnt dieses Jahrhunderts stieg die Kindersterblichkeitsrate an. In New York, beispielsweise, waren die Hebammen den Ärzten überlegen in der Verhinderung von Totgeburten und Kindbettfieber. In Newark war die Sterblichkeitsrate bei Müttern, die von Hebammen betreut wurden, 1,7 pro 1000 in

den Jahren 1914–1916; im gleichen Zeitraum betrug die Sterblichkeitsrate in Boston, wo Hebammen verboten waren, 6,5 pro 1000 Frauen (Kobrin, 1966).

2 Etwas seltener als die Operation zur Entfernung der Eierstöcke wurden auch Klitorisbeschneidungen durchgeführt. Die Idee stammte von Dr. Isaac Baker Brown, Chefchirurg am Londoner Surgical Home. Aus den Akten wird deutlich, daß er Frauen mit allen möglichen Symptomen (z. B. feuchte Haut, Sterilität, Verdauungsstörungen, eine Neigung zu Fehlgeburten und Kopfschmerzen) »kurierte«, indem er ihre Geschlechtsorgane zerstörte.
Er besuchte z. B. 1863 eine 20jährige, die an Schlaflosigkeit litt, launisch war und »die Wünsche ihrer Mutter mißachtete«. Nach einer Untersuchung stellte Dr. Brown fest, daß die Symptome durch Masturbation hervorgerufen seien. Nach der Entfernung der Klitoris, so berichtet er, seien »alle Wahnvorstellungen verschwunden«.
Andere Wunder der Heilkunst Dr. Browns: Eine Frau konnte nicht laufen, eine andere nicht sehen, eine dritte war »melancholisch« – sie konnten laufen, sehen, waren wieder fröhlich nach seiner Klitorisbeschneidung. Seine Operation verbesserte sogar die Moral einer Neunzehnjährigen.
Er berichtet: »Hat von Tag zu Tag eine klarere Vorstellung von Gut und Böse.« Eine 57jährige Frau hatte Anfälle, bei denen sie ihren Mann angriff. Nach der Operation »schläft sie gut... gibt aber nicht zu, daß es ihr bessergeht«. Sie beschwerte sich, daß der Arzt sie geschlechtslos gemacht hatte. Wochen später bedankte sich der Ehemann bei Dr. Brown dafür, daß er seine Frau geheilt hatte. »Früher hatte er seine Nächte in ständiger Angst verbracht; nun herrscht in seinem Heim Tag und Nacht Behaglichkeit und Glück.« (Brown, 1866)

3 Dr. Philip Cole von der Harvard University hat errechnet, daß prophylaktische Totaloperationen an einer Million Frauen zu einer durchschnittlichen Erhöhung der Lebenserwartung von nur zwei Monaten führen würde. Das sei »etwa die Zeit, die die Operation selbst und die Erholungsphase danach dauert«. (Brown/Druckmann, 1976) Die Sterblichkeitsrate von Gebärmutterkrebs ist geringer als die Sterblichkeit durch solche Operationen – das stärkste Argument gegen »prophylaktische« Hysterektomien. Trotzdem hat die Mehrzahl der Ärzte auf einer Konferenz der Gynäkologen und Geburtshelfer im Jahr 1971 für die prophylaktische Hysterektomie plädiert, als Mittel gegen Angstzustände oder Krebs, eine Meinung, die 1977 in einer Anhörung vor dem amerikanischen Senat wiederholt wurde.
Wenn die heutige Tendenz beibehalten wird, werden in Zukunft 50% der Frauen im Alter von 65 Jahren in den USA keine Gebärmutter haben – wahrhaftig ein »Krieg gegen den Mutterleib« (Morgan, 1982).
Nach Zahlen aus dem Jahr 1979 werden jährlich 800000 Hysterektomien in den USA durchgeführt. Die Dunkelziffer ist allerdings viel höher, weil die Anzahl der Operationen in Indianerreservaten und in Militärkrankenhäusern (die recht erheblich ist) hier nicht eingeschlossen ist.

Literatur

ABKÜRZUNGEN

AJOG	*American Journal of Obstetricians and Gynecologists*
Appendix	Appendix: HEW Support of Research Involving Human In Vitro Fertilization and Embryo Transfer. Ethics Advisory Board. Department of Health, Education and Welfare. U.S. Government Printing Office
BMJ	*British Medical Journal*
BJOG	*British Journal of Obstetrics and Gynaecology*
COG	*Contemporary Ob/Gyn*
JAMA	*Journal of the American Medical Association*
NEJM	*New England Journal of Medicine*
NYT	*The New York Times*
OGN	*Ob/Gyn News*

AASPEC, 1977, The Ann Arbor Science for the People Editorial Collective, *Biology As a Social Weapon,* Burgess Publishing Co., Minneapolis.

AATB, 1980, *American Association of Tissue Banks Newsletter.* 4 (Supplement): 37, November 1980

ABS, 1981, 4. April, Australian Women's Broadcasting Cooperative, producer. Australian Broadcasting System. Madonna of the 21st Century. *Coming Out.*

ABT, Isaac A., 1917, The Technique of Wetnurse Management in Institutions, JAMA, 11. August 1917.

AGARWAL, Anil, 1979, Das Elend der Unfruchtbarkeit, in: *Die Zeit,* 12. März 1979.

–, 1984, Das bestellte Glück aus der Retorte, in: *Stern,* 30. Mai 1984, S. 63 ff.

THE AGE, 1981, The Ethics of Aiding Nature, 25. Juli 1981.

ALEXANDER, Nancy, J. et al., *Artificial Insemination,* University of Oregon Health Sciences Center, Portland, Oregon, o. J.

AL-HASANI, S., et al., 1984, Polyploidien bei der In-vitro-Fertilisation menschlicher Eizellen: Häufigkeit und mögliche Ursachen, in: *Geburtshilfe und Frauenheilkunde,* Band 44, S. 395 ff.

ALLEN, Sally G. und Joanna HUBBS, 1980, Outrunning Atalanta: Feminine Destiny in Alchemical Transmutation, in: *Signs,* 6(21), S. 210–229.

ALTUS, William D., 1966, Birth Order and Its Sequelae, in: *Science,* 151, 7. Januar 1966, S. 44–49.

AMERICAN ACADEMY OF PEDIATRICS, 1978, Breast-Feeding, in: *Pediatrics,* 62(4), S. 591–600.

AMA, 1973, Human Artificial Insemination: Report of the Judicial Council (angenommen von der American Medical Association House of Delegates im Juni 1974).

AMN, 1980, Human Sperm Is a Medicine, Pharmacists Say, in: *American Medical News,* 11. Oktober 1980.

ANDERSON, Carole, Sue CAMPBELL und Mary Anne COHEN, 1981, Eternal Punishment of Women: Adoption Abuse, zu beziehen bei: Concerned United Birthparents. P. O. Box 573. Milford, Mass. 01757.

ANDREWS, Mason, 1979, Letter to *The Virginia-Pilot*, 18. Oktober 1979.
–, 1979, Testimony submitted in response to Health Systems Agency public hearing (Gutachten, 31. Oktober 1979).
ANNAS, George, 1979, Artificial Insemination: Beyond the Best Interest of the Donor, in: *Hastings Center Report*, August 1979.
–, 1981, Contracts to Bear a Child: Compassion or Commercialism?, in: *The Hastings Report*, April 1981, S. 23f.
ARDITTI, Rita/DUELLI-KLEIN, Renate/MINDEN, Shelley, 1985, *Retortenmütter*. Frauen in den Labors der Menschenzüchter, rororo, Reinbek.
AVERY, T. L., FAHNING, M. L. und GRAHAM, E. F., 1962, Investigations Associated with the Transplantation of Bovine Ova: II. Superovulation, in: *J. Reprod. Fertil, Jg. 1962, S. 212–217.*
BAKER, Jill, 1981, More join test-tube baby race, in: *The Australian*, 31. März 1981; Human embryos frozen for test-tube program, 6. April 1981; Test-tube babies puzzle for legislators, 9. April 1981.
BAKSYS, Sandy, 1979, Woman seeks chance to bear her own child, in: *The Ledger-Star* (Norfolk, Va.), 29. September 1979; Future of test tube baby clinic remains uncertain, in: *The Ledger-Star*, 24. November 1979.
BALLANTYNE, Sheila, 1975, *Norma Jean the Termite Queen*, Doubleday & Co., Garden City, New York.
BARKER-BENFIELD, G. J., 1976, *The Horrors of the Half-Known Life*, Harper & Row, New York.
BARLOW, Susan und Frank SULLIVAN, 1982, *Reproductive Hazards of Industrial Chemicals*, Academic Press, New York.
BEARDEN, H. Joe und John FUQUAY, 1980, *Applied Animal Breeding*, Reston Publishing Co., Inc. Reston, Va.
BEAZLEY, John M., 1975, Active Management of Labor, in: AJOG, 15. Mai 1975, S. 161–168.
BECK-GERNSHEIM, 1984, *Vom Geburtenrückgang zur Neuen Mütterlichkeit?*, Fischer Taschenbuch Verlag, Frankfurt am Main.
BECKWITH, Jon, 1981, Genetik als soziale Waffe, in: Herbig, 1981.
BENDA-KOMMISSION, 1985, Bericht der Arbeitsgruppe In-vitro-Fertilisation, Genomanalyse und Gentherapie, J. Schweitzer Verlag, München 1986.
BETTELHEIM, Bruno, 1975, Die symbolischen Wunden. Pubertätsriten und der Neid des Mannes, Fischer, Frankfurt.
BETTERIDGE, K. J., 1981, An historical look at embryo transfer, in: *J. of Reprod. Fert.*, Bd. 62, S. 1–13.
BIGGERS, John D., 1979, In vitro fertilization, embryo culture and embryo transfer in the human, *Appendix*.
–, 1981, In vitro fertilization and embryo transfer in human beings, in: NEJM, 304(6), S. 336–342.
BLAIR, Betty J., 1982, Surrogate motherhood: Controversy and a dilemma, in: *Detroit News*, 24. November 1982.
BLANDAU, Richard J., 1980, In vitro fertilization and embryo transfer, in: *Fertility and Infertility*, 33(1), S. 3–11.
BOCK, Gisela, 1985, *Zwangssterilisation im Nationalsozialismus*. Untersuchung zur Rassenpolitik und Frauenpolitik, Westdeutscher Verlag, Wiesbaden.
BOSTON SUNDAY GLOBE, 1981, Court orders cesarian if needed to safe baby, 25. Januar 1981.

BRÄUTIGAM, Hans Harald/METTLER, Lieselotte, 1985, *Die programmierte Vererbung,* Hoffmann und Campe, Hamburg.

BREWER, Gail Sforza und Tom BREWER, 1977, *What Every Pregnant Woman Should Know,* Random House, New York.

BRIGGS, R. und T. J. KING, 1952, Transplantation of living nuclei from blastula cells into enucleated frogs' eggs, in: *Proc. Natl. Acad. Sci. U.S.,* 38, S. 455–463.

BROMHALL, J. D., 1975, Nuclear transplantation in the rabbit egg, in: *Nature,* 258, 25. Dezember 1975, S. 719–721.

BROTMAN, Harris, 1983, Human embryo transplants, in: *New York Times Magazine,* 8. Juni 1983; Engineering the birth of cattle, in: *New York Times Magazine,* 15. Mai 1983.

BROWN, Isaac Baker, 1866, *On the Curability of Certain Forms of Insanity, Epilepsy, Catalepsy and Hysteria in Females,* R. Hardwicke, London.

BROWN, Lesley und John, mit Sue FREEMAN, 1979, *Our Miracle Called Louise, a Parents' Story,* Paddington Press Ltd., New York and London.

BUB, Uschi/WEYMANN, Elke, 1984, »Lasset uns den Menschen machen«, WDR-Sendung vom 20. 4. 1984.

BUNDESÄRZTEKAMMER, 1985, Richtlinien zur Durchführung von In-vitro-Fertilisation (IVF) und Embryotransfer (ET) als Behandlungsmethode der menschlichen Sterilität. Bekanntmachung der Bundesärztekammer, in: *Deutsches Ärzteblatt,* 82. Jahrgang, Heft 22, S. 1690ff.

BUNDESMINISTER für Forschung und Technologie (Hrsg.), 1984, *Ethische und rechtliche Probleme der Anwendung zellbiologischer und gentechnischer Methoden am Menschen,* J. Schweitzer Verlag, München.

BUNGE, R. G. und J. K. SHERMAN, 1954, Frozen human semen, in: *Fertility and Sterility,* 5, S. 193–194.

CALLAGHAN, J. C., et al., 1962, Study of prepulmonary bypass in the development of an artificial placenta for prematurity and respiratory distress syndrome of the newborn, in: *Journal of Thoracic and Cardiovascular Surgery,* 44(5), S. 600–607.

CALLAGHAN, J. C., Earl A. MAYNES und Henry R. HUG, 1965, Studies on lambs of the development of an artificial placenta, in: *Canadian Journal of Surgery,* 8, S. 208–213.

CALLAHAN, Sheila, 1981, Ob. starts prenatal counseling before conception, in: OGN, 1. Juli 1981.

–, 1982, In vitro fertilization no longer considered experimental, in: OGN, 17(9), 1. Mai 1982.

CAVALLI-STORZA, L./BODMER, W., 1971, *The Genetics of Human Populations,* San Francisco.

CEDERQVIST, Lars L. und Fritz FUCH, 1970, Antenatal sex determination: A historical review, in: *Clin. Obstet. Gynec.* 13, S. 159–177.

CEQ, 1981, *Chemical Hazards to Human Reproduction.* President's Council on Environmental Quality. 1981–337–130/8008. U.S. Government Printing Office. Washington, D.C. 20402 (Januar 1981).

CHEDD, Graham, 1981, *Hard Choices: Boy or Girl?* Copyright by KCTS/9 and The Regents of the University of Washington, Seattle.

CHICAGO TRIBUNE, 1977, Surrogate mother law: Will it be conceived?, 4. Dezember 1977.

CHILDS, Barton, 1978, Testimony before the Ethics Advisory Board (unveröffentlichtes Gutachten, 16. Sept. 1978).
COG, 1977, Beyond in vitro fertilization: A progress report, Oktober 1977.
–, 1979, Gonadotropins: Their role in inducing ovulation. Symposium, April 1979.
–, 1979, Fertility and infertility: What's new?, Juni 1979.
–, 1984, Referring your patient for in vitro fertilization, Januar 1984.
–, 1984, A British view of IVF issues, Februar 1984.
COHEN, Mark E., 1978, The ›brave new baby‹ and the law: Fashioning remedies for the victims of IVF, in: *Am. J. Law Med.*, Herbst 1978.
COLLINS, Joseph/LAPPÉ, Frances Moore, 1978, *Vom Mythos des Hungers.* Die Entlarvung einer Legende, Fischer TB, Frankfurt am Main.
CONNORS, Denise, 1981, Sex preselection response, in: H. Holmes, B. Hoskins und M. Gross (Hrsg.), *The Custom-Made Child,* Humana Press, Clifton, N. J.
COREA, Gena, 1985, *The Hidden Malpractice,* Harper & Row, New York.
–, 1979, Childbirth 2000, in: *Omni,* April 1979.
–, 1980a, The cesarean epidemic, in: *Mother Jones,* Juli 1980.
–, 1980b, The Depo-Provera weapon, in: H. Holmes, B. Hoskins und M. Gross (Hrsg.), *Birth Control and Controlling Birth,* Humana Press, Clifton, New Jersey.
–, 1984, Dominance and control, in: *Agenda: News Magazine of the Animal Rights Network,* P.O. Box 5234, Westport, Ct. 06881.
COREA, Gena / INCE, Susan, 1985, IVF a game for losers at half of U.S. clinics, in: *Medical Tribune,* 3. Juli 1985.
CRAFT, Ian und John YOVICH, 1979, Implications of embryo transfer, in: *The Lancet,* 22. September 1979.
CROXATTO, Horacio, et al., 1969, Fertility control in women with a progestogen released in microquantities from subcutaneous capsules, in: AJOG, 1(7).
–, 1972, A simple nonsurgical technique to obtain unimplanted eggs from human uteri, in: AJOG, 112(5), S. 662–668.
CUMMINGS, Richard, 1966, *The Alchemists: Fathers of Practical Chemistry,* David McKay Co., Inc. New York.
CURIE-COHEN, Martin, Lesleigh LUTTRELL und Sander SHAPIRO, 1979, Current practice of artificial insemination by donor in the United States, in: NEJM, 300(11), S. 585–590.
DALY, Mary, 1980, *Gyn/Ökologie.* Eine Metaethik des radikalen Feminismus, Frauenoffensive, München.
DANIEL, William J., 1982, Sexual ethics in relation to in vitro fertilization and embryo transfer: The fitting use of human reproductive power, in: W. A. W. Walters und P. Singer (Hrsg.), *Test-Tube Babies,* Oxford University Press, Oxford.
DAUTH, Jürgen, 1985, Bevölkerungspolitik in Singapur: Aufstand gegen die »schöne neue Welt«, in: *die Tageszeitung,* 10. August 1985.
DEMETER, Anna, 1977, *Legal Kidnapping,* Beacon Press, Boston.
DETROIT FREE PRESS, 1977, Bear our baby, couple ask, 4. Februar 1977.
DETROIT NEWS, 1978, Proxy moms bear babies for two childless couples, 4. Mai 1978.
DEUTSCH, Erwin, 1985, Artifizielle Wege menschlicher Reproduktion: Rechtsgrundsätze, in: Rainer Flöhl (Hrsg.), *Genforschung – Fluch oder Segen?* Interdisziplinare Stellungnahmen, J. Schweitzer Verlag, München.

DEVELOPMENTS, 1978, Developments in cell biology and genetics: hearing before the subcommittee on health and the environment of the Committee on Interstate and Foreign Commerce, House of Representatives. Serial No. 95–105. U.S. Government Printing Office. Washington, D.C., 31. Mai 1978.

DEVITT, N., 1979, The statistical case for elimination of the midwife: Fact versus prejudice, 1890–1935, in: *Women & Health,* 4.

DHEW, 1979, Protection of human subjects: HEW support of human in vitro fertilization and embryo transfer. Report of the Ethics Advisory Board, in: *Federal Register,* 18. Juni 1979.

DIASIO, Robert B. und Robert H. GLASS, 1971, *Fertility and Sterility.* 22(5), S. 303–305.

Die sanfte Macht der Familie. Leitsätze und Dokumentation der 19. Bundestagung der Sozialausschüsse der Christlich-Demokratischen Arbeitnehmerschaft, Mannheim 1981.

DJERASSI, Carl, 1979, *The Politics of Contraception,* W. W. Norton & Co., New York/London.

DONAHUE, transcript, Interview with Dr. William Shockley, zu beziehen bei: Multimedia Program Productions. Syndication Services. 140 W. Ninth Street, Cincinnati, Ohio 45202.

–, transcript #04150

–, transcript #07290

–, transcript #02023

–, transcript #02033

–, transcript #08223

DT, 1980, Candice is a world first, *Daily Telegraph* (Sydney), 24. Juni 1980.

DUDEN, Barbara, 1980, »Keine Nachsicht für das schöne Geschlecht«. Wie sich Ärzte die Kontrolle der Gebärmutter aneigneten, in: Susanne von Paczensky (Hrsg.), *Wir sind keine Mörderinnen.* Streitschrift gegen eine Einschüchterungskampagne, rororo, Reinbek.

DWORKIN, Andrea, 1974, *Woman Hating,* E. P. Dutton, New York.

–, 1976, *Our Blood,* Harper & Row, New York.

EBBINGHAUS, Angelika/KAUPEN-HAAS, Heidrun/ROTH, Karl-Heinz, 1984, *Heilen und Vernichten im Mustergau Hamburg,* Konkret Literatur Verlag, Hamburg.

EBON, Martin, 1978, *The Cloning of Man,* New American Library, New York.

EDMAN, Irwin (Hrsg.), 1956, *The Republic,* in: *The Philosophy of Plato,* The Modern Library. New York.

EDWARDS, R. G., 1966, Preliminary attempts to fertilize human oocytes matured in vitro, in: AJOG, 96(2), S. 192–200.

–, 1974, Fertilization of human eggs in vitro: Morals, ethics and the law, in: *Quarterly Review of Biology,* 49, März 1974, S. 3–6.

EDWARDS, R. G., B. D. BAVISTER und P. C. STEPTOE, 1969, Early stages of fertilization in vitro of human oocytes matured in vitro, in: *Nature,* 221, S. 632–635.

–, 1979, Korrespondenz mit Patrick Steptoe und R. G. Edwards, *Appendix.*

EDWARDS, R. G., P. C. STEPTOE und J. M. PURDY, 1970, Fertilization and cleavage in vitro of preovular human oocytes, in: *Nature,* 227, S. 1307–1309.

EDWARDS, R. G. und Ruth E. FOWLER, 1970, Human embryos in the laboratory, in: *Scientific American,* 223(6), S. 44–54.

EDWARDS, R. G. und David SHARPE, 1971, Social values and research in human embryology, in: *Nature,* 231, S. 87–91.

EDWARDS, R. G. und Patrick STEPTOE, 1980, *A Matter of Life,* William Morrow and Co., Inc. New York.

EHRENREICH, Barbara/ENGLISH, Deidre, 1976, *Zur Krankheit gezwungen.* Krankheitsideologie der Frau im 19. und 20. Jahrhundert, Frauenoffensive, München.

EISENBERG, Leon, 1976, The outcome as cause: predestination and human cloning, in: *Journal of Medicine and Philosophy,* 1(4), S. 318–331.

ELSDEN, Peter, 1978, Advances in embryo transfer techniques, in: *Holstein Friesian World,* 10. Februar 1978.

–, 1979, Cost, success and advisability of embryo transfer for your herd, in: *Hereford Journal,* März 1979.

–, Embryo transfer and the beef cattle industry, International Embryo Transfer Society, o. O., o. J.

ETZIONI, Amitai, 1968, Sex control, science and society, in: *Science,* Sept. 1968.

EUROPA-PARLAMENT, 1985, Dokumente zur Anhörung vom 27.–29. November 1985, Ethische und juristische Probleme der Humangenetik, Ausschuß für Recht und Bürgerrechte, Brüssel.

EVHSA, 1979, *Minutes: Project Review Committee: EVHSA* (Eastern Virginia Health Systems Agency), 20. September 1979: *Staff Recommendation: Certificate of Need Request No. VA-1285, Norfolk General Hospital, Norfolk, Virginia,* 9. November 1979.

–, *Consent Form #3, Entitled: Title of Study: Vital Initiation of Pregnancy* (Berechtigungserklärung zur künstlichen Einleitung einer Schwangerschaft im Falle dringender Notlage, Krankenhaus Norfolk, undatierter Formularvordruck der EVHSA).

FELDMAN, David M., 1975, *Marital Relations, Birth Control, Abortion in Jewish Law,* Schocken Books, New York.

FEVERSHAM, 1960, Report of the Departmental Committee on human artificial insemination (Earl of Feversham, chairman), Her Majesty's Stationery Office, London, Juli 1960.

FISHER, Elizabeth, 1979, *Woman's Creation,* McGraw-Hill Book Company, New York.

FLEMING, Susan, 1978, Babies by proxy: A quandary, in: *Detroit News,* 4. Januar 1978.

FLETCHER, Joseph, 1974, *The Ethics of Genetic Control: Ending Reproductive Roulette,* Anchor Press/Doubleday, Garden City, New York.

–, 1976. Ethical aspects of genetic controls, in: Thomas A. Shannon (Hg.), *Bioethics,* Paulist Press, New York/Ramsey, N.J.

FOLSOME, Clair E., 1943, The status of artificial insemination, in: AJOG, 45(6), S. 915–927.

FOOTE, Robert H., 1979, In vitro fertilization in perspective, relative to the science and art of domestic animal reproduction, *Appendix.*

FRANCOEUR, Robert T., 1970, *Utopian Motherhood,* Doubleday and Co., Inc. Garden City, New York.

FREITAS, Robert A. jr., 1980, Fetal adoption: a technological solution to the problem of abortion ethics, in: *The Humanist,* Mai–Juni 1980.

FRÖHLICH, Ute B., 1985, Schwierige Diagnose, aber einfache Behandlung. Jährlich schon mindestens 600000 Chlamydien-Infektionen, in: *Frankfurter Rundschau,* 31. Dezember 1985, S. 23.

FRYE, Marilyn, 1983, *The Politics of Reality: Essays in Feminist Theory,* The Crossing Press, Trumansburg, New York.

GAIR, George F., 1981, Auszug aus einem Bericht des National Health and Medical Research Council zum Stand der IVB-Programme d. J. 1980 in Australien (in: Antwort des neuseeländischen Gesundheitsministers auf die Anfrage der Abgeordneten Marilyn Waring, Neuseeland, 1. Oktober 1981).

GARDNER, R. L. und R. G. EDWARDS, 1968, Control of the sex ratio at full term in the rabbit by transferring sexed blastocysts, in: *Nature,* Jg. 1968.

GAYLIN, Willard, 1972, We have the awful knowledge to make exact copies of human beings, in: *New York Times Magazine,* 5. März 1972.

–, 1974, On the borders of persuasion: a psychoanalytic look at coercion, in: *Psychiatry,* S. 1–9.

GAYNES, Mindy, 1981, Legal questions surround surrogate parenting, in: *State Legislatures,* Juli, August 1981.

GEORGE, Susan, 1978, *Wie die anderen sterben.* Die wahren Ursachen des Welthungers, Rotbuch Verlag, Berlin.

GILLIE, Oliver, 1983, Could a man be a mother?, in: *The Sunday Times* (London), 29. Mai 1983, S. 14.

GÖRLACH, Albert/HAHN, Rudolf, 1983, Embryo-Transfer. ET-Service-Programme des Besamungsvereins Neustadt a. d. Aisch e. V., in: *Zuchtwahl und Besamung,* Band 100, S. 17f.

GOLBUS, Mitchell S., ET AL., 1974, Intrauterine diagnosis of genetic defects: results, problems and follow-up of one hundred cases in a prenatal genetic detection center, in: AJOG, 118(7), S. 897–905.

GOLDSTEIN, Arthur I., Robert C. LUCKESH und Myrna KETCHUM, 1973, Prenatal sex determination by fluorescent staining of the cervical smear for the presence of a Y chromosome: An evaluation, in: AJOG, 15. März 1973.

GOODLIN, Robert C., 1963, An improved fetal incubator, in: *Trans. Amer. Soc. Artif. Int. Organ.* IX, S. 348–350.

GORDON, A. D. G., 1978, Bicarbonate for a boy, vinegar for a girl, in: *Nursing Times,* Mai 1978.

GOULD, Stephen Jay, 1981, *The Mismeasure of Man,* W. W. Norton & Company, New York.

GRAHAM, Robert Klark, 1981, *The Future of Man,* Foundation for the Advancement of Man, Escondido, California.

GREENHILL, J. P., 1947, Artificial insemination: its medicolegal implications: A symposium, in: *Amer. Prac.* I(5), S. 227–241.

GREGOIRE, A. T. und Robert C. MAYER, 1965, The impregnators, in: *Fertility and Sterility,* 16(1), S. 130–134.

GRIFFIN, Susan, 1978, *Woman and Nature,* Harper & Row, New York.

GROBSTEIN, Clifford, 1979, External human fertilization, in: *Scientific American,* Jg. 1979.

–, 1981, *From Chance to Purpose: An Appraisal of External Human Fertilization,* Addison-Wesley Publishing Co., Reading, Mass.

GROSSET, L., V. BARRELET und N. ODARTCHENKO, 1974, Antenatal fetal sex determination from maternal blood during early pregnancy, in: AJOG, 120(1), S. 60–63.

GROSSMAN, Edward, 1971, The obsolescent mother, in: *The Atlantic Monthly,* 227(5).

DIE GRÜNEN im Bundestag, AK Frauenpolitik/Sozialwissenschaftliche Forschung und Praxis für Frauen e. V. (Hrsg.), 1985, *Frauen gegen Gentechnik und Reproduktionstechnik,* Dokumentation zum Kongreß vom 19.–21. 4. 1985 in Bonn, Kölner Volksblatt Verlag, Köln.

GUITTON, Jean, 1967, *Feminine Fulfillment,* Paulist Press Deus Books, New York.

GUPTA, Ranjan, 1981, Jibes put test-tube baby pioneer on path to suicide, in: *Sydney Morning Herald,* 26. Juni 1981.

GURDON, J. B., 1962, The developmental capacity of nuclei taken from intestinal epithelium cells of feeding tadpoles, in: *J. Embryol. Exp. Morph.,* 10(4), S. 622–640.

HANMER, Jalna, 1985, Meine Gebärmutter gehört mir, in: Arditti, Duelli-Klein, Minden, 1985.

–, 1981, Sex predetermination, artificial insemination and the maintenance of male-dominated culture, in: H. Roberts (Hrsg.), *Women, Health and Reproduction,* Routledge & Kegan Paul, London.

–, und Pat ALLEN, 1980, Reproductive engineering – the final solution?, in: Brighton Women and Science Collective, *Alice Through the Microscope: The Power of Science over Women's Lives,* Virago, London.

HANSEN, Friedrich/KOLLEK, Regine, 1985, *Gentechnologie – Die neue soziale Waffe,* Konkret Literatur Verlag, Hamburg.

HARRIS, Muriel, 1978, Louise: the test-tube mirácle, in: *Nursing Mirror,* 2. November 1978.

HARRIS, Seale, 1950, *Woman's Surgeon,* Macmillan Co., New York.

HARRISON, Michelle, 1982, *A Woman in Residence,* Random House, New York.

HAYS, H. R., 1964, *The Dangerous Sex,* G. P. Putnam's Sons, New York.

HEINSOHN, Gunnar/STEIGER, Otto, 1985, Die Vernichtung der weisen Frauen, März Verlag, Herbstein.

HERBIG, Jost (Hrsg.), 1981, *Biotechnik.* Genetische Überwachung und Manipulation des Lebens, rororo, Reinbek.

HERON, Fran, 1981, Carla is born – and she's a little miracle, in: *Daily Mirror* (Sydney), 26. Mai 1981.

HILLEL, Marc und Clarissa HENRY, 1975, *Lebensborn e. V.:* Im Namen der Rasse, Zsolnay Verlag, Wien/Hamburg.

HINKLE, Warren, 1980, Why Eldridge Cleaver is a wife-beater, in: *San Francisco Chronicle,* 13. Mai 1980.

HODGEN, Gary D., 1983, Surrogate embryo transfer combined with estrogen-progesterone therapy in monkeys, JAMA, 250(16), S. 2167–2171.

HOHLFELD, Rainer/KOLLEK, Regine, 1985, Versuche am Menschen? Zur Debatte um künstliche Befruchtung, *Wechselwirkung,* Nr. 27, November 1985, S. 30ff.

HOOBLER, B. Raymond, 1917, Problems connected with the collection and production of human milk, in: JAMA, 11. April 1917.

HUBBARD, Ruth, Mary Sue HENIFIN und Barbara FRIED (Hrsg.), 1979, *Women Look at Biology Looking at Women,* Schenkman Publishing Co., Cambridge, Mass.

HULL, Gloria T., et al., 1981, *All the Women Are White, All the Blacks are Men, But Some of Us Are Brave,* The Feminist Press, Old Westbury, New York.

HULKA, J. F., Bericht des Ad Hoc Committee on Artificial Insemination, American Fertility Society (deren Vorsitzender Hulka ist).

HUTCHINS, Robert Maynard (Hrsg.), 1952, *Summa Theologica,* Great Books of the Western World, 19, Thomas Aquinas, I., Vol. I. Encyclopedia Britannica Co., Chicago.

HUXLEY, Julian, 1963, »Eugenics in Evolutionary Perspective«, in: *Perspectives in Biology and Medicine,* 6, Winter 1963, S. 178.

ILLMENSEE, Karl und Peter C. HOPPE, 1981, Nuclear transplantation in Mus Musculus: Developmental potential of nuclei from preimplantation embryos, in: *Cell.,* 23, S. 9–11.

International Embryo Transfer Society (IETS), 1981, Directory of Members, LaPorte, Colorado.

–, 1982, Proceedings of the owners and managers workshop, 8. Jahresversammlung der IETS (Sitzung vom 17. Januar 1982), Denver, Colorado.

JAMA, 1939, Artificial insemination and illegitimacy, in: JAMA, 112(18), 6. Mai 1939, S. 1832f.

–, 1972, Genetic engineering: Reprise, in: JAMA, 220(10), 5. Juni 1972, S. 1356f.

–, 1979, Artificial insemination by donor: Survey reveals surprising facts; und: Sex selection before child's conception, in: JAMA, 241(12), 23. März 1979.

JANSEN, Robert P. S., 1982, Spontaneous abortion incidence in the treatment of infertility: Addendum on in vitro fertilization, in: AJOG, 144(6), S. 738f.

JANSSEN-JURREIT, Marieluise, 1985, Ein fremdes Kind in meinem Bauch, in: *Stern,* 17. Januar 1985, S. 46ff.

JME, 1978, Case conference, »Lesbian couples: Should help extend to AID?«, in: *Journal of Medical Ethics,* 4, S. 91–95.

JOHNSTON, Ian, 1981, Selection of patients and the place of spontaneous or stimulated cycles, in: A. W. Walters und Carl Wood (Hrsg.), *VII Asian and Oceanic Congress of Obstetrics and Gynaecology, Melbourne, 1981, Scientific Proceedings,* Ramsay Ware Stockland Pty. Ltd., Melbourne.

JONES, Howard W. jr., 1982, The ethics of in vitro fertilization – 1982, in: *Fertility and Sterility,* (37)2, S. 146–149.

–, 1983, Variations on a theme, in: JAMA, 250(16), S. 2182–2183.

–, et al., 1983, What is a pregnancy? A question for programs of in vitro fertilization, in: *Fertility & Sterility.* 40(6), S. 728–733.

JONES, O. Hunter, 1976, Cesarean section in present-day obstetrics, in: AJOG, 126(5), S. 521–530.

JONES, R. C., 1971, Uses of artificial insemination, in: *Nature,* 229, 19. Februar 1971.

JONES, Syl, 1980, Interview mit William Shockley, in: *Playboy,* August 1980.

JRM, 1973, In vitro fertilization of human ova and blastocyst transfer: An invitational symposium, in: *J. of Reproductive Medicine,* 11(5), S. 192–204.

JÜDES, Ulrich (Hrsg.), 1983, *In-vitro-Fertilisation und Embryotransfer (Retortenbaby).* Grundlagen, Methoden, Probleme und Perspektiven, Wissenschaftliche Verlagsgesellschaft, Stuttgart.

JUNGK, Robert/MUNDT, Hans Josef (Hrsg.), 1966, *Das umstrittene Experiment: Der Mensch,* Verlag Kurt Desch, München.

KAMIN, L., 1974, *The Science and Politics of IQ*, Halsted Press, New York; zitiert nach: Lewontin, R. C., Biological Determinism as a social weapon, in: Ann Arbor Science for the People (Hrsg.), *Biology As a Social Weapon*, Burgess, Minneapolis.

KANDELL, Jonathan, 1974, Argentina, hoping to double her population in this century, is taking action to restrict birth control, NYT, 17. März 1974.

KAPLAN, Bruce, 1981, Frozen baby soon: Brave new world coming closer, *Daily Telegraph* (Sydney), 5. Juli 1981.

KARP, Laurence E. und Roger P. DONAHUE, 1976, Preimplantation ectogenesis, in: *The Western Journal of Medicine*. 124(4).

KASS, Leon, 1971, Babies by means of in vitro fertilization: Unethical experiments on the unborn?, in: NEJM, 285, S. 1174–1179.

–, 1972, Making babies. The new biology and the »old« morality, in: *Public Interest*, 26, S. 19–56.

KATZ, Barbara F., 1979, Legal implications of in vitro fertilization and its regulation, *Appendix*, 4. Mai 1979.

KEANE, Noel P. und Dennis L. BREO, 1981, *The Surrogate Mother*, Everest House, New York.

KERN, Patricia A. und Kathleen M. RIDOLFI, 1982, The Fourteenth Amendment's protection of a woman's right to be a single parent through artificial insemination by donor, in: *Women's Rights Law Reporter*, 7(3), S. 251–284.

KEVLES, Daniel J., 1985, *In the Name of Eugenics*. Genetics and the Uses of Human Heredity, Alfred A. Knopf, New York.

KEYE, William R. 1982, Strategy for avoiding iatrogenic infertility, in: COG, 19, S. 185–195.

KIEFFER, George H., 1979, *Bioethics: A Textbook of Issues*, Addison-Wesley Publishing Co., Reading, Mass.

KITZINGER, Shelia, 1978, *Women As Mothers*, Vintage Books, New York.

KLEIMAN, Dena, 1979, Anguished search to cure infertility, in: *New York Times Magazine*, 16. Dezember 1979.

KOBRIN, Frances E., 1966, The American midwife controversy: A crisis of professionalization, in: *Bulletin of the History of Medicine*, 40, S. 350–363.

KRIER, Beth Ann, 1981, The moral and legal problems of surrogate parenting, in: *Los Angeles Times*, 10. November 1981.

KRITCHEVSKY, Barbara, 1981, The unmarried woman's right to artificial insemination: A call for an expanded definition of family, in: *Harvard Women's Law Journal*, 4(1).

KRUCOFF, Carol, 1980, Surrogate parenting is controversial birth technique, in: *Hartford Courant* (Connecticut), 9. November 1980.

LANGER, G., et al., 1969, Artificial insemination: A study of 156 successful cases, in: *Int. J. of Fertility*, 14(3), S. 232–240.

LAUERSEN, Niels und Eileen STUKANE, 1982, New ways of making babies: How science can help!, in: *Cosmopolitan*, 193, November 1982, S. 262.

LAWN, L. and R. A. MCCANCE, 1961, Ventures with an artificial placenta. I. Principles and preliminary results, in: *Proceedings of the Royal Society: Series B: Biological Sciences* (London), 155 (10. April 1962), S. 500–509.

LEACH, Gerald, 1970, *The Biocrats*, McGraw-Hill Book Company, New York.

LEDERBERG, Joshua, 1966, Experimental genetics and human evolution, in: *Bulletin of the Atomic Scientists*, Oktober 1966, S. 4–11.

LEDERER, Wolfgang, 1968, *The Fear of Women,* Harcourt Brace Jovanovich, Inc. New York.

LEE, Brian, 1980, And now – test tube twins on the way, in: *New Scientist,* 25, 18. Dezember 1980.

LEIBO, S. P. und Peter MAZUR, 1978, Methods for the preservation of mammalian embryos by freezing, in: Joseph C. Daniel jr. (Hrsg.), *Methods in Mammalian Reproduction,* Academic Press, New York.

LERNER, Gerda, 1973, *Black Women in White America,* Vintage Books, New York.

LEVIE, L. H., 1972, Donor insemination in Holland, in: *World Medical Journal,* 19(5).

LEVIN, Arthur, 1978, Artificial fertilization: The newest therapy, in: *Parents,* November 1978.

LEWONTIN, R. C./ROSE, Steven/KAMIN, Leon J., 1985, *Zu Paaren treiben.* Lehren aus der Zwillingsforschung, in: *Kursbuch* 80, Begabung u. Erziehung, Berlin.

Life, 1965, A test-tube colony, 10. September 1965.

LISTER, John, 1978, Extrauterine conception – More uniformity? – Operation dump, in: NEJM, 28. September 1978, S. 705–707.

LOPATA, A., 1980, Pregnancy following intrauterine implantation of an embryo obtained by in vitro fertilization of a preovulatory egg, in: *Fertility and Sterility,* 33(2).

LUCE, Clare Boothe, 1978, Fewer moms would slow pop clock, in: *Seattle Times,* 6. August 1978.

LYGRE, David G., 1979, *Life Manipulation: From Test-Tube Babies to Aging,* Walker and Co, New York.

MANUEL, May, I. J. PARK und Howard W. JONES jr., 1974, Prenatal sex determination by fluorescent staining of cells for the presence of y chromatin, in: AJOG, 15. Juni 1974.

MARTINEZ, Gilbert A. und John P. NALEZIENSKI, 1979, The recent trend in breast-feeding, in: *Pediatrics,* 64(5), S. 686–715.

MARX, Jean L., 1983, Bar Harbor investigation reveals no fraud, in: *Science,* 220, 17. Juni 1983, S. 1254.

MASON, Jim and Peter SINGER, 1980, *Animal Factories,* Crown Publishers, New York.

MASTROIANNI, Luigi, 1979, In vitro fertilization and embryo transfer, in: *Appendix,* 4. Mai 1979.

–, und Carlos NORIEGA, 1970, Observations on human ova and the fertilization process, in: AJOG, 107(5), S. 682–690.

MAULE, James Edward, 1982, Federal tax consequences of surrogate motherhood, in: *Taxes – The Tax Magazine,* September 1982, S. 656–668.

MCCARTHY, Don, 1980, Parenting and technology, in: *Boston Pilot,* Mai 1980.

MCCORDUCK, Pamela, 1981, Babies from the lab, in: *Redbook,* Juni 1981.

MCGRATH, James und Davor SOLTER, 1983, Nuclear transplantation in the mouse embryo by microsurgery and cell fusion, in: *Science,* 220, 17. Juni 1983, S. 1300–1302.

MCLAUGHLIN, Loretta, 1983, *The Pill, John Rock, and the Church,* Little, Brown & Company, Boston / Toronto.

MCLEAN, Stuart, 1980, Tiny test tube baby beating all odds, in: *Daily Telegraph* (Sydney), 24. Juni 1980.

MCMULLEN, Jay (Reporter), 1979, *CBS Reports: The Babymakers*, 30. Oktober 1979 (Transskript).

MENKIN, Miriam F. und John ROCK, 1948, IVF and cleavage of human ovarian eggs, in: AJOG, 55(3), S. 440–452.

MENNING, Barbara Eck, 1977, *Infertility*, Prentice-Hall, Englewood Cliffs, New Jersey.

–, 1980, The emotional needs of infertile couples, in: *Fertility and Sterility*, 34(4), S. 313–319.

–, 1981, In defense of in vitro fertilization, in: H. Holmes, B. Hoskins and M. Gross (Hrsg.), *The Custom-Made Child?*, The Humana Press, Clifton, New Jersey.

–, 1981, Donor insemination: the psychosocial issues, in: COG, 18, Oktober 1981, S. 155–172.

MERSSON, Günter, 1984, *Fortpflanzungstechnologien und Strafrecht*, Studienverlag Brockmeyer, Bochum.

METTLER, L. und K. SEMM, 1980, Follicular puncture for human ovum recovery via pelviscopy, in: *Archives of Andrology*, 5(1), S. 87–89.

MEYER, Herman F., 1968, Breast-feeding in the United States: Report of a 1966 national survey with comparable 1946 and 1956 data, in: *Clinical Pediatrics*, 7(12), S. 708–715.

MICHELMANN, H. W., 1985, Chromosomenuntersuchungen an frühen menschlichen Embryonalstadien, in: *Fortschritte der Medizin*, 103. Jahrgang, Nr. 10, S. 265 ff.

MILLER, Robert H., 1983, Surrogate parenting: An infant industry presents society with legal, ethical questions, in: OGN, 18(3).

MOHR, James C., 1978, *Abortion in America*, Oxford University Press, New York.

MORAN, John F., 1915, The endowment of motherhood, in: JAMA, 9. Januar 1915.

MORGAN, Susanne, 1982, *Coping with a Hysterectomy*, The Dial Press, New York.

MÜLLER-HILL, Benno, 1984, *Tödliche Wissenschaft.* Die Aussonderung von Juden, Zigeunern und Geisteskranken, 1933–1945, rororo, Reinbek.

MULLER, H. J., 1935, *Out of the Night: A Biologist's View of the Future*, The Vanguard Press, New York.

–, 1959, The guidance of human evolution, in: *Perspectives in Biology and Medicine*, III(1).

–, 1961, Human evolution by voluntary choice of germ plasm, in: *Science*, 134(348).

MULLIGAN, Joan E., 1976, Professional transition: Nurse to nurse-widwife, in: *Nursing Outlook*, 24(4), S. 228–233.

MURRAY, Finnie A., 1978, Embryo transfer in large domestic mammals, in: Joseph C. Daniel jr. (Hrsg.), *Methods in Mammalian Reproduction*, Academic Press, New York.

MWN, 1979, Dr. Steptoe's full report – at last, in: *Medical World News*, 19. Februar 1979.

NATHANSON, Bernard und Richard N. OSTLING, 1979, *Aborting America*, Pinnacle Books, New York.

NATURE, 1985, An appeal to embryologists, 7. März 1985, S. 11.

–, 1984, Eugenics in Singapore, 15. März 1984, S. 214.

NEUMANN, Erich, 1974, *The Great Mother*, Princeton University Press, Princeton, N. J.

Newsweek, 1982, The sperm-bank scandal, 16. Juli 1982.

NIEMANN, H./SMIDT, D., 1984, Einige aktuelle und zukünftige biotechnische Methoden in der Tierproduktion, in: *Deutsche Tierärztliche Wochenschrift*, Band 91, S. 280ff.

NJI, 1978, Welcome, Miss Test-Tube!, in: *The Nursing Journal of India*, LXIX(8).

NONNEMACHER, Peter, 1985, Baby Cotton oder der käufliche Nachwuchs, in: *Frankfurter Rundschau*, 11. Januar 1985.

NORMAN, Colin, 1984, No fraud found in Swiss study, in: *Science*, 223, 2. März 1984, S. 913.

NT, 1981, Aborigines given birth control drug banned in the U.S., in: *National Times* (Australia), 15. März 1981.

NYT, 1980, Gestation, Inc., in: *New York Times*, 23. November 1980.

–, 1981, Love for sale, in: *New York Times*, 2. April 81.

–, 1982, Embryo »donation« criticized, in: *New York Times*, 29. Januar 1982.

O'BRIEN, Mary, 1981, *The Politics of Reproduction*, Routledge & Kegan Paul, London und Boston.

Obstetrical Practices in the United States, 1978, Anhörung vor dem Subcommittee on Health and Scientific Research of the Committee on Human Resources, U.S. Senate, 17. April 1978, U.S. Government Printing Office, Washington, D. C.

O'FAOLAIN, Julia und Lauro MARTINES (Hrsg.), 1973, *Not in God's Image*, Harper & Row, New York.

OGN, 1980, Predictions of fetal sex: A cautionary tale; und: »Vasectomy insurance« misleading because future fertility of sperm not guaranteed, beide: 1. Juni 1980.

–, 1980, Suit impels fertility clinic to alter stand on marital status, 1. Dezember 1980.

–, 1981, Surrogate mother's right to renege is challenged, 15. Mai 1981.

–, 1981, Reproduction complication rate higher among DES-exposed women, 15. Dezember 1981.

–, 1983, Maintenance of brain-dead gravida held viable course, 1. Juni 1983.

–, 1983, Ovum donor transfer may see wide use in treating infertility, 1. Dezember 1983.

–, 1984, Outpatient In-vitro-Fertilization Economical, 15. Dezember 1984.

PACKARD, Vance, 1977, *The People Shapers*, Bantam Books, New York.

PARKER, Philip J., 1982, Surrogate motherhood: The interaction of litigation, legislation, and psychiatry, in: *International Journal of Law and Psychiatry*, 5(2/4).

–, 1982, The psychology of surrogate motherhood: An updated report of a longitudinal pilot study. (Vortrag auf dem interdisziplinären Surrogate Mother Symposium an der Wayne State University am 20. November 1982.)

–, 1983, Motivation of surrogate mothers: Initial findings, in: *American Journal of Psychiatry*, 140(1).

PARKER, Roy, 1979, Gutachten vor der öffentlichen Anhörung der Eastern Virginia Health Systems Agency.

–, 1979, To aid childless couples, in: *Virginian-Pilot,* 22. November 1979.
PEEL REPORT, 1973, Appendix V: Report of panel on human artificial insemination, in: *British Medical Journal Supplement,* 7. April 1973.
PEMBREY, Marcus, 1979, Brief, in: *Lancet,* 20. Oktober 1979.
People, 1983, A UCLA doctor, first to transplant human embryos, offers hope to infertile women, 8. August 1983, 20(6).
PETERSEN, Peter/HEIDENREICH, Wolfgang, 1986, Sterilisation geistig Behinderter. Durch ein Strafgesetz wurde niemandem geholfen, in: *Deutsches Ärzteblatt,* Ausgabe B, 83. Jahrgang, Heft 5, 31. 1. 1986, S. 239ff.
PFAFFLIN, Friedemann, 1983, The connection between eugenics, sterilisation and mass murder in Germany 1933–1945, Vortrag auf der Jahresversammlung der International Academy of Sex Research (22.–26. November 1983), Arden House, New York.
–, und Jan GROSS, 1982, Involuntary sterilization in Germany from 1933 to 1945 and some consequences for today, in: *Int. J. of Law and Psychiatry,* 5, S. 419–423.
POHLMAN, Edward, 1967, Some effects of being able to control sex of offspring, in: *Eugenics Quarterly,* 14(4), S. 274–281.
POMEROY, Sarah B., 1975, *Goddesses, Whores, Wives and Slaves,* Schocken Books, New York.
POSTGATE, John, 1973, Bat's chance in hell, in: *New Scientist,* 5. April 1973.
PRIGGE, Marlies, 1985, Das gekaufte Kind. Der erste deutsche Leihmutter-Skandal, in: *Stern,* vom 14. 8., S. 32ff.
PROCEEDINGS, 1919, *The proceedings of the International Conference of Women Physicians,* The Woman's Press, New York, zu beziehen bei: Rudolf Matas Medical Library, Elizabeth Bass Collection, Tulane Medical School, New Orleans.
RAMANAMMA, A. und Usha BAMBAWALI, 1980, The mania for sons: an analysis of social values in South Asia, in: *Social Science and Medicine,* 14B, S. 107–110.
RAMSEY, Paul, 1970, *Fabricated Man: The Ethics of Genetic Control,* Yale University Press, New Haven, Conn.
–, 1972, Shall we »reproduce«?, in: JAMA, 220.
RANDEL, Judith, 1981, Breeding the perfect cow, *Science.* 2(9).
RASSABY, Alan A., 1982, Surrogate motherhood: the position and problems of substitutes, in: W. Walters and P. Singer (Hg.), *Test-Tube Babies,* Oxford University Press, Melbourne.
RAYMOND, Janice, 1979, Fetishism, feminism and genetic technology. Paper given at American Association for the Advancement of Science meeting in Houston, Texas.
–, 1979, *The Transsexual Empire,* Beacon Press, Boston.
–, 1981, Sex preselection: A response, in: H. B. Holmes, B. Hoskins und M. Gross (Hrsg.), *The Custom-Made Child,* The Humana Press, Clifton, N. J.
RHINE, Samuel A., et al., 1975, Prenatal sex detection with endocervical smears: Successful results utilizing Y-body fluorescence, in: AJOG, 122(2), S. 155–160.
RICE, Thurman B., 1929, *Racial Hygiene,* Macmillan, New York.
RICH, Adrienne, 1977, *Of Woman Born,* Bantam. New York.

RIESE, Katharine, 1983, *In wessen Garten wächst die Leibesfrucht,* Wiener Frauenverlag, Wien.

ROBERTS, Peter, 1981, One small miracle of creation, in: *The Age* (Australia), 25. Juli 1981; Some men keen to volonteer as mothers, ebd., 31. Juli 1981.

ROCK, John und Arthur T. HERTIG, 1948, The human conceptus during the first two weeks of gestation, in: AJOG, 55(1), S. 6–17.

–, und Miriam F. MENKIN, 1944, In vitro fertilization and cleavage of human ovarian eggs, in: *Science,* 100(2588), S. 105–107.

ROHLEDER, Hermann, 1934, *Test Tube Babies,* Panurge Press, New York.

RORVIK, David, 1971, The test tube baby is coming, in: *Look,* 18. Mai 1971.

–, 1981, Penthouse interview: Dr. Shettles, *Penthouse,* 12. Mai 1981.

–, und Landrum B. SHETTLES, 1971, *Your Baby's Sex: Now You Can Choose.* Bantam, New York.

ROSENZWEIG, Saul and Stuart ADELMAN, 1976, Parental predetermination of the sex of offspring: The attitudes of young married couples with university education, in: *J. Biosoc. Sci.* 8, S. 335–346.

ROSTAND, Jean, 1959, *Can Man Be Modified?,* Basic Books, New York.

ROTH, Karl-Heinz, 1985, Sozialer Fortschritt durch Menschenzüchtung? Der Genetiker und Eugeniker H. J. Muller (1890–1967), in: Kollek/Hansen, 1985.

RTC, 1981, Depo report, in: *Right To Choose* (Australia), 22.

RUBIN, Bernard, 1965, Psychological aspects of human artificial insemination, in: *Arch. Gen. Psychiat.,* 13. August 1965.

SANDLER, Bernard, 1972, Donor insemination in England, in: *World Medical Journal,* 19(5).

SCHAPS, Regine, 1982, *Hysterie und Weiblichkeit,* Campus Verlag, Frankfurt/New York.

SCHLESSELMAN, James, 1979, How does one assess the risks of abnormalities from human in vitro fertilization?, in: AJOG, 135(1), S. 135–148.

SCHOTTEN, Annemarie und Christa GIESE, 1980, The »female echo«: Prenatal determination of the female fetus by ultrasound, in: AJOG, 138.

SCHRODER, Jim und Leonard A. HERZENBERG, 1980, Fetal cells in the maternal circulation: Prenatal diagnosis by cell sorting under a fluorescence-activated cell sorter (FACS), in: Aubrey Milunsky (Hrsg.), *Genetic Disorders and the Fetus,* Plenum Publishing Co., New York.

SCHROEDER, Leha Obier, 1974, New life: Person or property?, in: *Am. J. Psychiatry,* 131(5), Mai 1974, S. 541–544.

SCHWINGER, Eberhard, 1983, Humangenetische Aspekte der In-vitro-Fertilisation und des Embryotransfers beim Menschen, in: Jüdes, 1983.

SCOTT, Russell, 1981, *The Body As Property,* The Viking Press, New York.

SCULLY, Diana, 1980, *Men Who Control Women's Health,* Houghton Mifflin Co., Boston.

SEED, Randolph W. und Richard G. SEED, 1978, Erklärung vor dem Ethics Advisory Board of the Department of Health, Education and Welfare, 13. Oktober 1978.

SEIDEL, George E. jr., 1975, Embryo Transfer, in: *Charolais Bull-O-Gram,* April–Mai 1975.

–, 1975, Embryo transfer V: future developments, in: *Charolais Bull-O-Gram,* Dezember 1975.

–, Embryo transfer, a growing concept, *Guernsey Breeder's Journal,* 1980
–, 1981a, Superovulation and embryo transfer in cattle, in: *Science,* 211(4479), S. 351–358.
–, 1981b, Critical review of embryo transfer procedures with cattle, in: Luigi Mastroianni jr., and John D. Biggers (Hrsg.), *Fertilization and Embryonic Development In Vitro,* Plenum Publishing Co., New York.
–, Applications of embryo preservation and transfer, in: Harold Hawk (Hg.), *Animal Reproduction.* BARC, Symposium Number 3. Copyright Allanheld, Osmun, Montclair, o. J.
SEMM, Kurt, 1985, *Derzeitiger Stand der In-vitro-Fertilisation.* Redebeitrag auf dem 88. Deutschen Ärztetag, Pressedrucksache III/2, Pressestelle der deutschen Ärzteschaft, Köln.
SHAW, Nancy Stoller, 1974, *Forced Labor: Maternity Care in the United States,* Pergamon Press, New York.
SHEPHERD, Stephen A., 1981, Heavy response reported to surrogate mother ad., in: *Patriot Ledger* (Quincy, Massachusetts), 6. Januar 1981.
SHERMAN, J. K., 1964, Research on frozen human semen: Past, present and future, in: *Fertility & Sterility,* 15(5), S. 485–499.
–, 1973, Synopsis of the use of frozen human semen since 1964: State of the art of human semen banking, in: *Fertility & Sterility,* 24(5), S. 397–412.
SHETTLES, Landrum, 1955, A morula stage of human ovum developed in vitro, in: *Fertility & Sterility,* 6(4), S. 287–289.
SHORT, Roger V., 1979a, Human in vitro fertilization and embryo transfer, *Appendix.*
–, 1979b, Summary of the presentation by Dr. P. C. Steptoe and Dr. R. G. Edwards at the Royal College of Obstetricians, *Appendix.*
–, 1979c, Sex determination and differentiation, in: *British Medical Bulletin,* 35(2), S. 121–127.
SHULMAN, Joseph, 1978, Gutachten vor dem Ethics Advisory Board of the U.S. Department of Health, Education and Welfare (September 1981).
SHULTZ, Gladys Denny, 1958, Cruelty in maternity wards, in: *Ladies' Home Journal,* Dezember 1958.
SIERCK, Udo/RADTKE, Nati, 1984, *Die Wohltäter-Mafia.* Vom Erbgesundheitsgericht zur Humangenetischen Beratung, Selbstverlag, Hamburg.
SMH, 1982, Can a woman give another her test-tube baby?, in: *Sydney Morning Herald,* 5. Mai 1982.
–, 1984, Test tube doctors clash at meeting, in: *Sydney Morning Herald,* 25. Mai 1984.
SOUPART, Pierre, 1978, Cytogenetics of human preimplantation embryos (Antrag auf ein Forschungsprojekt beim National Ethics Advisory Board at the National Institutes of Health, Bethesda, Maryland, 15. September 1978).
–, und Patricia Ann STRONG, 1974, Ultrastructural observations on human oocytes fertilized in vitro, in: *Fertility & Sterility.* 25(1), S. 11–44.
SOUTHERST, John R. und Barbara D. CASE, 1975, Caesarean section and its place in the active approach to delivery, in: *Clinics in Obstetrics and Gynaecology,* 2(1), S. 241–261.
SPEERT, Harold, 1980. *Obstetrics and Gynecology in America: A History,* Copyright by the American College of Obstetricians and Gynecologists, Printed at Waverly Press, Baltimore.

SPN, 1983, Embryo transfer for women without ovaries, in: *Surrogate Parenting News*, 1(4); Oklahoma A. G. bans fees for surrogates, in: *Surrogate Parenting News*, 1(6).

ST, 1980, Volunteer surrogates pour in, in: *Sunday Telegraph* (Sydney, Australia), 14. Dezember 1980.

STANNARD, Una, 1977, *Mrs Man*, Germainbooks, San Francisco.

Star-Ledger, 1983, Brain dead woman gives birth, in: *Star-Ledger* (Newark, N. J.), 31. März 1983.

STEINBACHER, Roberta, 1981, Futuristic implications of sex preselection, in: H. B. Holmes, B. Hoskins und M. Gross (Hrsg.), *The Custom-Made Child*, Humana Press, Clifton, N. J.

STEPTOE, Patrick and R. G. EDWARDS, 1970, Laparoscopic recovery of preovulatory human oocytes after priming of ovaries with gonadotrophins, in: *The Lancet*, 4. April 1970, S. 683–689.

SWIENTEK, Christine, 1982, *»Ich habe mein Kind fortgegeben«*. Die dunkle Seite der Adoption, rororo, Reinbek.

THITUNG HOSPITAL of Anshan Iron and Steel Company, 1975, Fetal sex prediction by sex chromatin of chorionic villi cells during early pregnancy, in: *Chinese Medical Journal*, 1, S. 117–125.

THORSTEN, Geraldine, 1980, *God Herself*, Avon Books, New York.

UDDENBERG, N., P.-E. ALMGREN und A. NISSON, 1971, Preferences for sex of the child among pregnant women, in: *J. Biosoc. Sci.* 3, Juli 1971.

VAN DEN DAELE, Wolfgang, 1985, Eugenik im Angebot, in: *Kursbuch* 80, Begabung und Erziehung, Rotbuch Verlag, Berlin.

VAN STRUM, Carol, 1983, *Bitter Fog: Herbicides and Human Rights*, Sierra Club Books, San Francisco.

VEITCH, Andrew, 1983, How men might be able to give birth, in: *The Guardian*, 24. Mai 1983.

VOGEL, Friedrich/MATULSKY, A. J., 1979, *Human Genetics – Problems and Approaches*, Springer Verlag, Berlin, Heidelberg, New York.

WALKER, Barbara G., 1983, *The Woman's Encyclopedia of Myths and Secrets*, Harper & Row, San Francisco.

WALLACE, Julia, 1979, EVMS must warn of research danger, in: *Ledger-Star* (Norfolk, Va.), 10. Januar 1979.

WALLIS, Claudia, 1984, The new origins of life, in: *Time*, 10. September 1984 (mit Reportagen von Mary CRONIN, Patricia DELANEY und Ruth MEHRTENS GALVIN).

WALTERS, LeRoy, 1979, Ethical issues in human in vitro fertilization, embryo culture and research, and embryo transfer, in: *Appendix*, 4. Mai 1979.

–, 1983, Ethical aspects of surrogate embryo transfer, in: JAMA, 250(16), S. 2183–2184.

WALTERS, William A. W., 1976, Ethical and legal problems of in vitro fertilization and embryo transplants, Manuskript, Juni 1976.

–, und Peter SINGER (Hrsg.), 1982, *Test-Tube Babies*, Oxford University Press, Melbourne.

WATSON, James D., 1971, Moving toward the clonal man, in: *The Atlantic*, Mai 1971.

WEBB, John und Jill BAKER, 1981, Funds pleas by test-tube baby teams, in: *The Australian*, 20. Juni 1981.

WELDNER, Britte-Marie, 1981, Accuracy of fetal sex determination by ultrasound, in: *Acto. Obstet. Gynecol. Scand.*, 60, S. 333f.

WESTIN, Björn, Rune NYBERG und Göran ENHÖRNING, 1958, A technique for perfusion of the previable human fetus, in: *Acta Paediatrica*, 47, S. 339–349.

WESTOFF, C. und Ronald R. RINDFUSS, 1974, Sex preselection in the United States: Some implications, in: *Science*, Mai 1974.

WHELAN, Elizabeth, 1977, *Boy or Girl?*, Pocket Books, New York.

WHITNEY, Leon F., 1934, *The Case for Sterilization*, Stokes, New York.

WHITTINGHAM, D.C., 1971, Survival of mouse embryos after freezing and thawing, in: *Nature*, 233, 10. September 1971, S. 1250ff.

–, 1979, In vitro fertilization, embryo transfer and storage, in: *British Medical Bulletin*, 35(2), S. 105–111.

–, und W. K. WHITTEN, 1974, Long-term storage and aerial transport of frozen mouse embryos, in: *J. Reprod. Fert.*, 36, S. 433–435.

WILLADSEN, S., C. B. FEHILLY und R. NEWCOMB, 1981, The production of monozygotic twins of preselected parentage by micromanipulation of nonsurgically collected cowembryos, in: *Theriogenology*, 15(1), S. 23–27.

WILLIAMSON, Nancy E., 1976, *Sons or Daughters: A Cross-Cultural Survey of Parental Preferences*, Vol. 31, Sage Library of Social Research, Sage Publications, Beverly Hills and London.

–, T. H. LEAN und D. VENGADASALAM, 1978, Evaluation of an unsuccessful sex preselection clinic in Singapore, in: *J. Biosoc. Sci*, 10, S. 375–388.

WOLSTENHOLME, Gordon (Hrsg.), 1963, *Man and His Future*, A Ciba Foundation Volume, J. & A. Churchill, London.

WOOD, Ann Douglas, 1973, »The fashionable diseases«: Women's complaints and their treatment in nineteenth century America, in: *Journal of Interdisciplinary History*, IV(1): 25–52.

WOOD, Carl and Ann WESTMORE, 1983, *Test-Tube Conception*, Hill of Content Publishing, Melbourne.

WOODSIDE, Moya, 1950, *Sterilization in North Carolina*, University of North Carolina Press, Chapel Hill.

WREN, Christopher S., 1982, Old nemesis haunts China on birth plan, in: *New York Times*, 1. August 1982.

WRIGHT, Brett, 1983, Test-tube doctor threatens to resign, in: *Sydney Morning Herald*, 4. Juni 1983.

WRIGHT, R. C., 1969, Hysterectomy: Past, present and future, in: *Obstetrics and Gynecology*. 33, S. 560–563.

WS, 1976, Rented mother has a baby girl, in: *Washington Star*, 19. November 1976.

YOXEN, Edward, 1981, Molekularbiologie und die Möglichkeit einer Neo-Eugenik-Bewegung, in: Herbig, 1981.

ZAPOL, Warren M., Theodor KOLOBOW, Joseph E. PIERCE, Gerald G. VUREX und Robert L. BOWMAN, 1969, Artificial placenta: two days of total extrauterine support of the isolated premature lamb fetus, in: *Science*, 166, 31. Oktober 1969, S. 617f.

Register